人力资源和社会保障部职业能力建设司推荐
冶金行业职业教育培训规划教材

矿山爆破技术

（第2版）

主　编　陈国山
副主编　王铁富　刘洪学　包丽明
吕国成　季德静　马红超

北　京
冶金工业出版社
2023

内容提要

本教材为矿山企业行业职业技能培训教材，是参照矿山行业职业技能标准和职业技能鉴定规范，根据矿山企业的生产实际和岗位群的技能要求编写的，并经人力资源和社会保障部职业培训教材工作委员会办公室组织专家评审通过。

全书共分11章。主要内容有凿岩爆破的基础知识、基本常识，爆炸物品的管理；爆破工程的施工管理；岩石的物理力学、凿岩爆破性质；常用凿岩工具、地下采矿露天采矿凿岩设备；岩石破碎爆破机理；常用起爆器材、传爆器材、炸药的性质、成分、应用；矿山电力起爆法和非电导爆管、导爆索起爆法；露天采矿道路开挖、台阶推进、临近边坡爆破及其他爆破方法；地下采矿井巷施工、地下采场浅孔及深孔爆破方法；其他煤矿、高硫矿山、建材矿山爆破方法；矿山爆破危害及爆破事故的处理方法。

本书可作为矿山开采爆破人员的培训教材（配有教学课件）。也可供城市建设、公路铁路建设、水电建设类从事工程爆破的技术人员学习与参考。

图书在版编目(CIP)数据

矿山爆破技术/陈国山主编. —2版. —北京：冶金工业出版社，2019.5（2023.7重印）

人力资源和社会保障部职业能力建设司推荐　冶金行业职业教育培训规划教材

ISBN 978-7-5024-7560-4

Ⅰ.①矿…　Ⅱ.①陈…　Ⅲ.①矿山爆破—职业教育—教材　Ⅳ.①TD235

中国版本图书馆CIP数据核字（2017）第202302号

矿山爆破技术（第2版）

出版发行　冶金工业出版社　　**电　话**　(010)64027926

地　址　北京市东城区嵩祝院北巷39号　　**邮　编**　100009

网　址　www.mip1953.com　　**电子信箱**　service@mip1953.com

责任编辑　俞跃春　杜婷婷　美术编辑　彭子赫　版式设计　孙跃红

责任校对　石　静　责任印制　窦　唯

北京印刷集团有限责任公司印刷

2010年10月第1版，2019年5月第2版，2023年7月第2次印刷

787mm×1092mm　1/16；15.75印张；422千字；234页

定价48.00元

投稿电话　(010)64027932　投稿信箱　tougao@cnmip.com.cn

营销中心电话　(010)64044283

冶金工业出版社天猫旗舰店　yjgycbs.tmall.com

（本书如有印装质量问题，本社营销中心负责退换）

冶金行业职业教育培训规划教材
编辑委员会

序

吴溪淳

改革开放以来，我国经济和社会发展取得了辉煌成就，冶金工业实现了持续、快速、健康发展，钢产量已连续数年位居世界首位。这其间凝结着冶金行业广大职工的智慧和心血，包含着千千万万产业工人的汗水和辛劳。实践证明，人才是兴国之本、富民之基和发展之源，是科技创新、经济发展和社会进步的探索者、实践者和推动者。冶金行业中的高技能人才是推动技术创新、实现科技成果转化不可缺少的重要力量，其数量能否迅速增长、素质能否不断提高，关系到冶金行业核心竞争力的强弱。同时，冶金行业作为国家基础产业，拥有数百万从业人员，其综合素质关系到我国产业工人队伍整体素质，关系到工人阶级自身先进性在新的历史条件下的巩固和发展，直接关系到我国综合国力能否不断增强。

强化职业技能培训工作，提高企业核心竞争力，是国民经济可持续发展的重要保障，党中央和国务院给予了高度重视，明确提出人才立国的发展战略。结合《职业教育法》的颁布实施，职业教育工作已出现长期稳定发展的新局面。作为行业职业教育的基础，教材建设工作也应认真贯彻落实科学发展观，坚持职业教育面向人人、面向社会的发展方向和以服务为宗旨、以就业为导向的发展方针，适时扩大编者队伍，优化配置教材选题，不断提高编写质量，为冶金行业的现代化建设打下坚实的基础。

为了搞好冶金行业的职业技能培训工作，冶金工业出版社在人力资源和社会保障部职业能力建设司和中国钢铁工业协会组织人事部的指导下，同河北工业职业技术学院、昆明冶金高等专科学校、吉林电子信息职业技术学院、山西工程职业技术学院、山东工业职业学院、安徽工业职业技术学院、武汉钢铁集团公司、山钢集团济钢公司、云南文山铝业有限公司、中国职工教育和职业培训协会冶金分会、中国钢协职业培训中心、中国钢协人力资源与劳动保障工作委员会教育培训研究会等单位密切协作，联合有关冶金企业、高职院校和本科院校，编写了这套冶金行业职业教育培训规划教材，并经人力资源和社会保障部技工教育和职业培训教材工作委员会组织专家评审通过，由人力资源和社会保障部职业能力建设司给予推荐，有关学校、企业的编写人员在时间紧、任务重的情况下，克服困难，辛勤工作，在相关科研院所的工程技术人员的积极参与和大力支持下，出色地完成了前期工作，为冶金行业的职业技能培训工作的顺利进行，打下了坚实的基础。相信这套教材的出版，将为冶金企业生产一线人员理论水平、操作水平和管理水平的进一步提高，企业核心竞争力的不断增强，起到积极的推进作用。

随着近年来冶金行业的高速发展，职业技能培训工作也取得了令人瞩目的成绩，绝大多数企业建立了完善的职工教育培训体系，职工素质不断提高，为我国冶金行业的发展提供了强大的人力资源支持。今后培训工作的重点，应继续注重职业技能培训工作者队伍的建设，丰富教材品种，加强对高技能人才的培养，进一步强化岗前培训，深化企业间、国际间的合作，开辟冶金行业职业培训工作的新局面。

展望未来，任重而道远。希望各冶金企业与相关院校、出版部门进一步开拓思路，加强合作，全面提升从业人员的素质，要在冶金企业的职工队伍中培养一批刻苦学习、岗位成才的带头人，培养一批推动技术创新、实现科技成果转化的带头人，培养一批提高生产效率、提升产品质量的带头人；不断创新，不断发展，力争使我国冶金行业职业技能培训工作跨上一个新台阶，为冶金行业持续、稳定、健康发展，做出新的贡献！

编委会的话

党的十九大报告中提出，建设教育强国是中华民族伟大复兴的基础工程，必须把教育事业放在优先位置，深化教育改革，加快教育现代化，办好人民满意的教育。同时提出，完善职业教育和培训体系，深化产教融合、校企合作。这些都对职业教育的发展提出了新要求，指明了发展方向。

在当前冶金行业转型升级、节能减排、环境保护以及清洁生产和社会可持续发展的新形势下，企业对高技能人才培养和院校复合型人才的培育提出了更高的要求。从冶金工业出版社举办首次"冶金行业职业教育培训规划教材选题编写规划会议"至今已有 10 多年的时间，在各企业和院校的大力支持下，到 2014 年 12 月共出版发行培训教材 60 多种，为企业高技能人才和院校学生的培养提供了培训和教学教材。为适应冶金行业新形势下的发展，需要更新修订和补充新的教材，以满足有关院校和企业的需要。为此，2014 年 12 月，冶金工业出版社与中国钢协职业培训中心在成都组织召开了第二次"冶金行业职业教育培训规划教材选题编写规划会议"。会上，有关院校和企业代表认为，培训教材是职业教育的基础，培训教材建设工作要认真贯彻落实科学发展观，坚持职业教育面向人人、面向社会的发展方向和以服务为宗旨、以就业为导向的发展方针，适时扩大编者队伍，优化配置教材选题。培训教材要具有实用、应用为主的原则，将必要的专业理论知识与相应的实践教学相结合，通过实践教学巩固理论知识，强化操作规范和实践教学技能训练，适应当前新技术和新设备的更新换代，以满足当前企业现场的实际应用，补充新的内容，提高学员分析问题和解决生产实际问题的能力的特点，加强实训，突出职业技能。不断提高编写质量，为冶金行业现代化打下坚实的基础。会后，中国钢协职业培训中心与冶金工业出版社开始组织有关院校和企业编写修订教材工作。

近年来，随着冶金行业的高速发展，职业技能培训工作也取得了令人瞩目的成绩，绝大多数企业建立了完善的职工教育培训体系，职工素质不断提高。各企业大力开展就业技能培训、岗位技能提升培训和创业培训，贯通技能劳动者从初级工、中级工、高级工到技师、高级技师的成长通道。适应企业产业升级和技术进步的要求，使高技能人才培训满足产业结构优化升级和企业发展需求。进一步健全企业职工培训制度，充分发挥企业在职业培训工作中的重要作用。对职业院校学生要强化职业技能和从业素质培养，使他们掌握中级以上职业技能，为我国冶金行业的发展提供了强大的人力资源支持。相信这些修订后的教材，会进一步丰富品种，适应对高技能人才的培养。今后我们应继续注重职业技能培训工作者队伍的建设，进一步强化岗前培训，深化职业院校企业间的合作及开展技能大赛，开辟冶金行业职业技能培训工作的新局面。

展望未来，要大力弘扬劳模精神和工匠精神，让冶金行业更绿色、更智能。期待本套培训教材的出版，能为继续做好加强冶金行业职业技能教育，培养更多大国工匠，为我国冶金行业职业技能培训工作跨上新台阶做出新的贡献！

第2版前言

本书是按照人力资源和社会保障部职业培训的有关规划，受中国钢铁工业协会和冶金工业出版社的委托，在2010年出版的《矿山爆破技术》基础上进行了修订。

（1）按照基础、理论、材料、实践、管理的顺序重新编排了章节顺序。

（2）删除了已经淘汰的关于火雷管、导火索、部分区域限制使用的裸露药包爆破的内容。

（3）更新了凿岩工具与设备、起爆材料等内容。

（4）更新了爆破危害与爆破事故内容。

（5）重新编写了起爆技术内容。

（6）重新编写了爆破器材的安全管理内容。

（7）增加了爆破工程管理的内容。

本书由吉林电子信息职业技术学院陈国山担任主编，王铁富、刘洪学、包丽明、吕国成、季德静、马红超担任副主编。参加编写的还有吉林电子信息职业技术学院的孙文武、戚文革，紫金珲春矿业有限公司的何春明、林峰，昊融集团的冷述智、长春黄金研究院邢万芳。第1章由季德静、马红超编写，第2章由孙文武、邢万芳编写，第3章由包丽明、吕国成编写，第4章由冷述智编写，第5、8、9章由陈国山编写，第6章由何春明、林峰编写，第7章由戚文革编写，第10章由王铁富编写，第11章由刘洪学编写。

本书配套课件读者可从冶金工业出版社官网（www.cnmip.com.cn）搜索资源获得。

由于编者水平所限，书中不妥之处，敬请读者批评指正。

编　者

2018年6月

第1版前言

本书是按照人力资源和社会保障部的规划，受中国钢铁工业协会和冶金工业出版社的委托，在编委会的组织安排下，参照矿山行业职业技能标准和职业技能鉴定规范，根据矿山企业的生产实际和岗位群的技能要求编写的，书稿经人力资源和社会保障部职业培训教材工作委员会办公室组织专家评审通过，由人力资源和社会保障部职业能力建设司推荐作为矿山企业职业技能培训教材。

本书是编者在总结多年的教学经验和矿山技术人员的工作经验，并广泛征求同行专家意见以及深入厂矿收集资料的基础上编写的。同时，本书的编写也较全面地体现了矿山爆破的内容，反映了新的爆破成果，适应矿山企业新工艺、新设备的要求，使理论与实际更加紧密结合，满足了当前行业培训的需要。

在编写过程中，以努力贯彻理论与实践相结合为重点，以爆破基本技术和方法为主要内容，在内容上力求理论与实践相结合，内容翔实、丰富、完整、系统，既反映了矿山爆破的最新发展，又符合了生产实际的需要。内容由浅入深，循序渐进。其主要内容包括凿岩爆破的基础知识、基本常识，爆炸物品的管理，爆破工程的施工管理，岩石的物理力学、凿岩爆破性质，常用凿岩工具、地下采矿露天采矿凿岩设备，岩石破碎爆破机理，常用起爆器材、传爆器材，炸药的性质、成分、应用，矿山电力起爆法和非电导爆管、导爆索起爆法，露天采矿道路开挖、台阶推进、临近边坡爆破及其他浅孔爆破方法，地下采矿井巷施工、地下采场浅孔及深孔爆破方法，煤矿、高硫矿山、建材矿山爆破方法，矿山爆破危害及爆破事故的处理方法。

本书由吉林电子信息职业技术学院戚文革（第5、6、8章）、陈国山（第1、2章）、李长权、王洪胜（第9章）、孙文武（第4章）；东北大学赵兴东（第3章）；紫金珲春矿业有限公司何春明、林峰（第7章），昆明冶金高等专科学校翁春林（第10章），辽宁科技学院张敢生（第11章）编写。由戚文革、陈国山、赵兴东担任主编，孙文武、李长权、翁春林担任副主编。

由于编者水平所限，书中不妥之处，敬请读者批评指正。

编　者

2010年3月

目　录

1　岩石的凿岩爆破性质

1.1　岩石的物理及力学性质

在工程爆破的工作中，通常是用凿岩设备在矿岩内进行穿孔并装入炸药进行爆破的方法来破碎矿石或岩石。正确地认识岩石的有关性质，并在此基础上对岩石进行分级，能为爆破设计、施工、制定生产定额以及成本核算等提供依据。

1.1.1　岩石的物理性质

（1）孔隙率。孔隙率 η，是指岩石中各孔隙的总体积 V_0 与岩石总体积 V 之比，用百分率表示。

$$\eta = \frac{V_0}{V} \times 100\% \tag{1-1}$$

岩石孔隙的存在，能削弱岩石颗粒之间的连接力而使岩石强度降低。孔隙率越大，岩石强度降低得就越严重。岩石内孔隙的存在，一方面使破碎岩石所需要的炸药能量降低，但另一方面会因炸药爆炸的能量会从孔隙逸出而使爆破效果受到影响。

（2）密度。密度 $\rho(\mathrm{g/cm^3})$，是指构成岩石的物质质量 M 对该物质所具有的体积 $V-V_0$ 之比，即

$$\rho = \frac{M}{V - V_0} \tag{1-2}$$

（3）体积密度。体积密度 $\gamma(\mathrm{t/m^3})$，是指岩石的质量 G 对包括孔隙在内的岩石体积 V 之比，即

$$\gamma = \frac{G}{V} \tag{1-3}$$

可以看出，岩石的密度与体积密度是不同的。一般地说，岩石的密度和体积密度越大，就越难以破碎，在抛掷爆破时需消耗较多的能量去克服重力的影响。

（4）岩石的碎胀性。岩石破碎成块后，因碎块之间存有空隙而使总体积增加，这一性质称为岩石的碎胀性。它可用碎胀系数（或松散系数）K 表示（其值为 1.2~1.6 之间）。K 是指岩石破碎后的体积 V_1 与破碎前体积 V 之比，即

$$K = \frac{V_1}{V} \tag{1-4}$$

在采掘工程或其他土石方工程中选择采装、运输、提升等设备的容器时，必须考虑矿岩的碎胀性，特别是地下开采矿石爆破所需要或允许碎胀空间的大小，同该矿石的碎胀系数有着密切的关系。

（5）岩石的强度与硬度。岩石的强度是指岩石抵抗外力破坏的能力，或者说是指岩石的完整性开始被破坏的极限应力值。在材料力学中，用强度来表示各种材料抵抗压缩、拉伸、剪切等简单作用力的能力。但是在爆破工程中，由于岩石承受的是冲击载荷，因而强度只是用来

说明岩石坚固性的一个方面。

岩石的硬度，是指岩石抵抗工具侵入的能力。凡是用刃具切削或挤压的方法凿岩，首先必须将工具压入岩石才能达到钻进的目的，因此研究岩石的硬度具有一定的意义。

一般地说，强度和硬度越大的岩石就越难以凿岩和爆破。但值得注意的是，某些硬度较大的岩石往往比较脆，因而也就易于爆破。

（6）岩石的裂隙性。由于岩体存在节理、裂隙等结构面，所以岩体的弹性模量、波传播速度不同于岩石试件。实验表明，对同一种岩石而言，岩体的波速比要比单个岩石试件的值大，而弹性模量及波速则比试件小。工程上常用岩体与岩石试件内的波速比值的平方来评价岩体的完整性，称为岩体的完整系数。由此可见，岩体只能被认为是“由结构面网络和岩块组成的地质体”，它的性质由岩块与结构面共同决定。岩石的裂隙性对爆破能量的传递影响很大，并且由于岩石裂隙存在的差异性很大，使岩体的受力破坏问题更加复杂化。

以上岩石物理性质都从不同方面影响着爆破效果。几种常见岩石的孔隙率、密度、体积密度和波阻抗值列于表 1-1 中。

表 1-1　常见岩石的孔隙率、密度、体积密度和波阻抗

岩石名称	孔隙率/%	密度/$g \cdot cm^{-3}$	体积密度/$t \cdot m^{-3}$	纵波波速/$m \cdot s^{-1}$	波阻抗/$kg \cdot (cm^2 \cdot s)^{-1}$
花岗岩	0.5~1.5	2.6~3.0	2.56~2.67	4000~6800	800~1900
玄武岩	0.1~0.2	2.7~2.86	2.65~2.8	4500~7000	1400~2000
辉绿岩	0.6~1.2	2.85~3.05	2.8~2.9	4700~7500	1800~2300
石灰岩	5.0~20	2.3~2.8	2.46~2.65	3200~5500	700~1900
白云岩	1.0~5.0	2.3~2.8	2.3~2.4	5200~6700	1200~1900
砂　岩	5.0~23	2.1~2.9	2.0~2.8	3000~4600	600~1300
板　岩	10~30	2.3~2.7	2.1~2.57	2500~6000	575~1620
片麻岩	0.5~1.5	2.5~2.8	2.4~2.65	5500~6000	1400~1700
大理岩	0.5~2.0	2.6~2.8	2.5	4400~5900	1200~1700
石英岩	0.1~0.8	2.63~2.9	2.45~2.85	5000~6500	1100~1900

1.1.2　岩石的力学性质

用炸药爆炸来破碎岩石是爆破工程的主要内容，而炸药爆炸加载于介质的载荷是冲击载荷，属于动力学范畴。因此，必须对岩石的动力学性质进行研究。冲击载荷能引起介质中产生波的传播，这种波在介质中统称为应力波。研究岩石动力学性质，首先应研究载荷性质、应力波性质及其传播规律。

1.1.2.1　炸药爆炸的载荷性质

根据介质的应变速率（表 1-2）、冲击速度或加载速度的不同，载荷性质可分为动载荷和静载荷。

表 1-2　载荷状态分类

应变速率/s^{-1}	$<10^{-6}$	$10^{-6}\sim10^{-4}$	$10^{-2}\sim10$	$10\sim10^{3}$	$>10^{4}$
载荷状态	流　变	静　态	准静态	准动态	动　态
试验方法	稳定加载	液压机加载	气动式快速加载	霍金逊杆加载	爆炸或冲击加载

应变速率是指应变随时间的变化率；冲击速度是指试件一端质点相对另一端质点的运动速度。加载速度是指应力随时间的变化率。

由表中可看出，炸药爆炸时周围岩石的应变速率达 10^4以上，属于动载荷。矿岩受到爆炸作用时，其力学特性为动力学特性。

1.1.2.2 岩石的波阻抗

岩石密度ρ与纵波在该岩石中传播速度C的乘积，称为岩石的波阻抗。它有阻止波传播的作用，即所谓对应力波传播的阻尼作用。实验表明，波阻抗值的大小除与岩石性质有关外，还与作用于岩石界面的介质性质有关。岩石的波阻抗值对爆破能量在岩体中的传播效率有直接影响，即炸药的波阻抗值与岩石的波阻抗值相接近（相匹配）时，爆破传给岩石的能量就多，在岩石中所引起的应变值也就大，可获得较好的爆破效果。

1.1.2.3 岩石的弹性与塑性

岩石在外力作用下产生变形，其变形性质可用应力-应变曲线表示，如图 1-1 所示。根据变形性质的不同，可分为弹性变形和塑性变形。弹性变形具有可逆性，即载荷消除后变形跟着消失。这种变形又分为线性变形和非线性变形两种。应力值在比例极限之内时，应力与应变呈线性关系，并遵守胡克定律；当应力值超过比例极限时，则进入非线性弹性变形阶段，其应力应变关系不遵守胡克定律；当应力值超过极限抗压强度（峰值）时，脆性材料则立即发生破坏，而塑性材料则进入具有永久变形特性的塑性变形区。塑性变形是不可逆的，载荷消除后，部分变形将永久保留下来。但是，岩石与其他材料不同，在弹性区内，应力消除之后，应变并不能立即消失，而需要经过一定时间才能恢复，这种现象称为岩石的弹性后效。在弹性后效没有消除之前，如果重新加载，岩石就会出现如图 1-2 所示的应力-应变曲线，其中加载与卸载围成的环形，称为岩石的弹性滞环。岩石破坏前，不产生明显残余变形者称为脆性岩石。铁矿山、有色金属矿山的矿岩，大多属于脆性岩石。

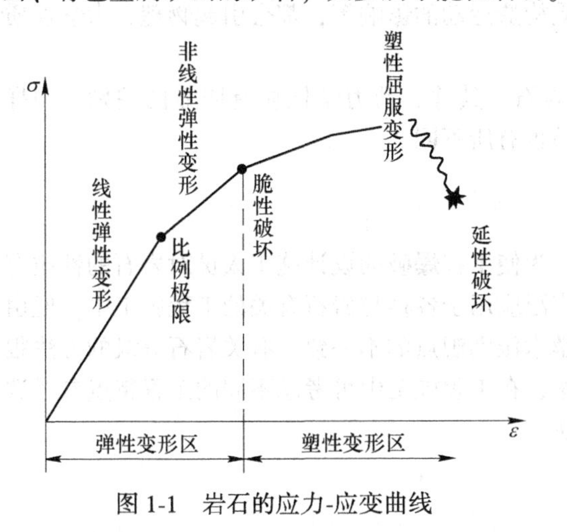

图 1-1 岩石的应力-应变曲线

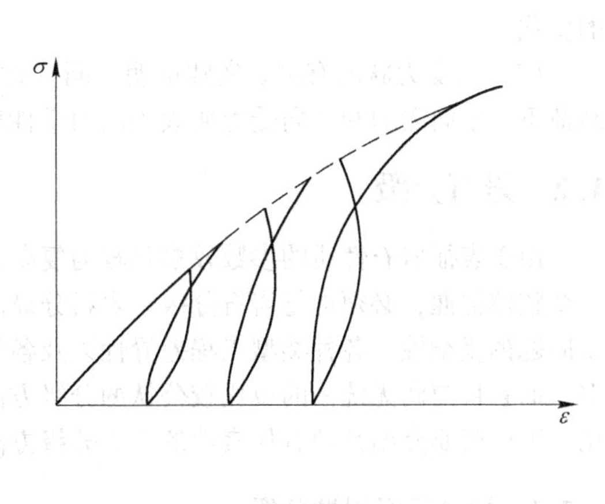

图 1-2 反复加载与卸载的应力-应变曲线

1.1.2.4 岩体在爆炸冲击载荷作用下的力学反应

岩体在爆炸冲击载荷作用下产生一种波，通常称为应力波或纵波，它在岩体中传播，能引起岩体的变形乃至破坏。这种动力学反应的特点是：

（1）炸药爆炸首先形成应力脉冲，使岩体表面产生变形和运动。由于爆轰压力瞬间高达数千乃至数万兆帕，会在岩体表面产生冲击波。爆轰压力的特点是突跃式上升，峰值高而作用时间短，并随着冲击波的传播和衰减而变成应力波，如图 1-3 所示。

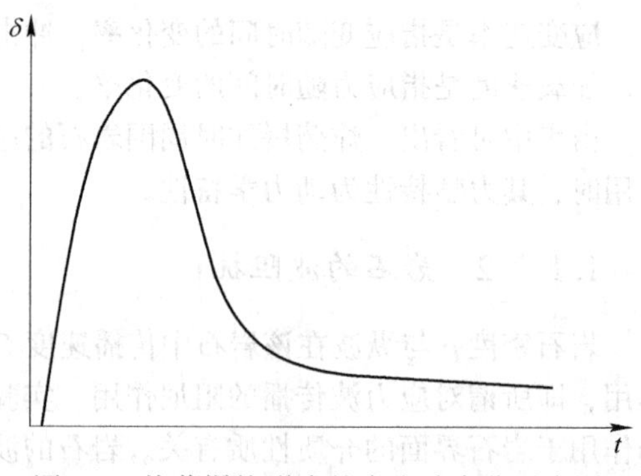

图 1-3　炸药爆炸形成的应力波变化示意图

（2）岩体中某局部被激发的应力脉冲是时间和距离的函数。由于应力作用时间短，往往其前沿扰动才传播了一小段距离而载荷已作用完毕。因此在岩体中产生明显的应力不均现象。

（3）岩体中各点产生的应力呈动态，即所发生的变形、位移和运动均随时间而变化。

（4）载荷与岩体之间有明显的“匹配”作用。在炸药与岩体紧密接触的条件下爆炸时，爆轰压力值与作用在岩体表面的应力值并不相等。这是由于介质或岩体的性质不同，在不同程度上改变了载荷作用的大小。换言之，由于加载体与承载体性质不同，匹配程度也不同，从而改变了作用结果和能量传递效率。

1.1.3　影响岩石物理、力学性质的因素

岩石的物理、力学性质与下述因素有关：

（1）与组成岩石的矿物成分、结构构造有关。例如，由重矿物组成的岩石密度大；由硬度高、晶粒小而均匀矿物组成的岩石坚硬；结构致密的岩石比结构疏松的岩石孔隙率小；成层结构的岩石具有各向异性等。

（2）与岩石的生成环境有关。生成环境是指形成岩石过程的环境和后来环境的演变。如岩浆岩体，深成岩常成伟晶结构，浅成岩及喷出岩则常为细晶结构。又如沉积岩体，海相与陆相沉积相比，其性质有很大差别。成岩后是否受构造运动的影响等，都会引起物理、力学性质的变化。

（3）与受力状况有关。实践证明，同一种岩石，其静、动力学性质有明显的差别。同样载荷下，单向受力和三向受力所表现的力学性质也有所不同。

1.2　岩石分级

由于表征岩石性质的参数较多且较为复杂，为使工程爆破的设计施工人员对岩石的性质有一个整体把握，必须进行岩石分级。岩石分级广泛应用于各种与岩石有关的工程施工中，但由于问题的复杂性、各种类型工程差异性以及各学术派别观点的不一致，有关岩石分级的方法很多，而且目前尚无统一的或比较公认的分级方法，在工程施工中可考虑不同的工程特点参考选用。下面简要介绍几种有代表性的岩石分级方法。

1.2.1　按岩石坚固性分级

按岩石坚固性分级的方法是 20 世纪 20 年代苏联学者普洛吉亚柯夫提出来的。他经过长期的研究，建立了一种岩石坚固性的抽象概念，即岩石的坚固性是凿岩性、爆破性和采掘性等的综合，也是岩石物理、力学性质的体现。岩石坚固性在各种方式的破坏中的表现是趋于一致的。例如，某种岩石在各种破坏条件下，若难于凿岩，也难于爆破，难于崩落、破碎等。普氏

用岩石强度、凿岩速度、凿碎单位体积岩石所消耗的功和单位炸药消耗量等多项指标来综合表征岩石的坚固性，并按岩石坚固性系数值的大小将岩石分为10个等级，如表1-3所示。由于生产力和科学技术的飞速发展，普氏当年采用的多项指标已经不适用，只剩下一个静载抗压强度指标沿用至今，即现在的普氏坚固性系数值直接用岩石的单轴抗压强度来确定。

表1-3 普氏岩石分级简表

等级	坚固性程度	典型的岩石	普氏坚固性系数 f
Ⅰ	最坚固	最坚固、致密和有韧性的石英岩、玄武岩及其他各种特别坚固岩石	20
Ⅱ	很坚固	很坚固的花岗岩、石英斑岩、硅质片岩，较坚固的石英岩，最坚固的砂岩和石灰岩	15
Ⅲ	坚　固	致密花岗岩，很坚固的砂岩和石灰岩、石英质矿脉，坚固的砾岩，极坚固的铁矿石	10
Ⅲa	坚　固	坚固的石灰岩、砂岩、大理岩，不坚固的花岗岩、黄铁矿	8
Ⅳ	较坚固	一般的砂岩、铁矿	6
Ⅳa	较坚固	砂质页岩、页岩质砂岩	5
Ⅴ	中　等	坚固的黏土质岩石，不坚固的砂岩和石灰岩	4
Ⅴa	中　等	各种不坚固的页岩，致密的泥灰岩	3
Ⅵ	较软弱	软弱的页岩，很软的石灰岩、白垩、岩盐、石膏、冻土、无烟煤，普通泥灰岩、破碎砂岩、胶结砾岩、石质土壤	2
Ⅵa	较软弱	碎石质土壤、破碎页岩、凝结成块的砾石和碎石，坚固的烟煤、硬化黏土	1.5
Ⅶ	软　弱	致密黏土、软弱的烟煤、坚固的冲积层、黏土质土壤	1.0
Ⅶa	软　弱	轻砂质黏土、黄土、砾石	0.8
Ⅷ	土质岩石	腐殖土、泥煤、轻砂质土壤、湿砂	0.6
Ⅸ	松散性岩石	砂、山麓堆积、细砾石、松土、采下的煤	0.5
Ⅹ	流沙性岩石	流沙、沼泽土壤、含水黄土及其他含水土壤	0.3

普氏坚固性系数可由下式计算：

$$f=\frac{R}{10} \tag{1-5}$$

式中，f为普氏坚固性系数；R为岩石的单轴抗压强度，MPa。

普氏岩石坚固性分级方法抓住了岩石抵抗各种破坏方式能力趋于一致的这个主要性质，并从数量上用一个简单明了的岩石坚固性系数f表示这种共性，所以在工程爆破中被广泛采用。但是，由于岩石坚固性这个概念过于概括，因而只能作为笼统的、总的分级。实际上有些岩石的可钻性、可爆性和稳定性并不趋于一致。有的岩石易于凿岩，难爆破；相反，有的岩石难凿岩，易爆破。而且以小块岩石试件的静载单向抗压强度来表征岩石的坚固性是不妥当的。

1.2.2　矿山工程岩石分级法

我国目前岩石分级状况，在概念上是普氏分级，而普氏系数f值的确定并无统一标准。为了适应现代化生产的需要，东北工学院（现东北大学）综合考虑了在爆破材料、工艺、参数等标准后进行了爆破漏斗实验和声波测定，根据爆破漏斗的体积、大块率、小块率、平均合格率和波阻抗等大量数据，运用数理统计多元回归分析以及电子计算机处理，得出了岩石可爆性指数F的公式（1-6），并按F值的大小将岩石划分为五级，如表1-4所示。

$$F=\ln\left[\frac{e^{67.22}K_d^{7.42}\ (\rho C)^{2.03}}{e^{38.44V}K_p^{1.89}K_x^{4.75}}\right] \tag{1-6}$$

式中，F为岩石可爆性指数；K_d为大块率,%；K_x为小块率,%；K_p为平均合格率,%；ρC为岩石波阻抗，10^5g/(cm^2·s)。

表1-4　矿山工程岩石可爆性分级

级别		F	爆破性程度	代表性岩石
Ⅰ	$Ⅰ_1$ $Ⅰ_2$	<29 29.001~38	极易爆	千枚岩、破碎性砂岩、泥质板岩、破碎性白云岩
Ⅱ	$Ⅱ_1$ $Ⅱ_2$	38.001~46 46.001~53	易　爆	角砾岩、绿泥片岩、米黄色白云岩
Ⅲ	$Ⅲ_1$ $Ⅲ_2$	53.001~63 63.001~68	中　等	阳起石石英岩、煌斑岩、大理岩、灰白色白云岩
Ⅳ	$Ⅳ_1$ $Ⅳ_2$	68.001~74 74.001~81	难　爆	磁铁石英岩、角闪斜长片麻岩
Ⅴ	$Ⅴ_1$ $Ⅴ_2$	81.001~86 >86	极难爆	矽卡岩、花岗岩、矿体浅色砂岩、石英片岩

这种岩石爆破性分级方法虽然可在现场进行测定，具有可行性，但存在的问题是块度测定工作量及劳动强度都很大，并有一定的随机性，求算指数的计算也不够简便，方法有待于完善。

1.2.3　隧道工程分级法

为适应我国铁路及公路隧道建设发展的需要，在总结我国隧道围岩分类的基础上，并参考国内外有关围岩分类的成果，以1972年制定的我国铁路隧道围岩分类法（该分类法考虑了岩石强度、岩体破碎程度、地下水、风化程度等因素，以定性为主）为基础。增加了完整性系数（K_1）、体积节理数（J_v，条/m^3）、岩石质量指标（RQD,%）、岩石点荷载强度（I_S，MPa）、岩体声波或地震波纵波速度（V_{pm}，km/s）等定量指标，又有工程地质条件的定性描述，提出了以岩体质量数作为划分岩体级别的主要综合定性指标的新方案。根据此法将隧道工程岩体（围岩）分成五级，见表1-5。此外，表1-5还简要叙述了各级岩体的毛洞稳定性。我国铁路隧道就是使用这种方法进行岩体（围岩）分级的。

表 1-5 我国隧道工程岩体（围岩）分级法

级别		主要工程地质特征	岩体质量数（*RMQ*）	毛洞稳定状态（单、双线）
Ⅰ		极坚硬、极完整岩体，呈整体或厚层结构，节理裂隙极不发育，含少量大间距或分散的节理。$J_v<5$ 条/m^3，$R_b>$100MPa，$V_{pm}>5.0$km/s	100~85	极稳定、无塌方，可能产生岩爆
Ⅱ	$Ⅱ_1$	坚硬完整岩体，呈块状结构或层间结合良好的中厚层状结构，节理裂隙较发育。$J_v=5\sim15$ 条/m^3，$R_b>60$MPa，$V_{pm}>4.0\sim5.5$km/s	85~65	稳定，局部有小塌方
	$Ⅱ_2$	中等坚硬完整岩体，呈大块状整体或厚层状结构，节理不发育。$J_v\leqslant5$ 条/m^3，$R_b=30\sim60$MPa，$V_{pm}=4\sim5$km/s	80~65	稳定，局部有小塌方
Ⅲ	$Ⅲ_1$	坚硬块状岩体，呈碎裂镶嵌结构，节理裂隙中等发育，含小断层，层状岩体结合力一般。$J_v=15\sim25$ 条/m^3，$R_b\approx$60MPa，$V_{pm}=3.5\sim4.5$km/s	65~45	暂时稳定，由于局部不稳定，块体的坍塌可能引起较大的塌方
	$Ⅲ_2$	中等坚硬、中等完整岩体，呈碎裂镶嵌结构或中厚层块状结构和软硬互层结构。$J_v=5\sim15$ 条/m^3，$R_b\approx30\sim$60MPa，$V_{pm}=3.4\sim4.0$km/s	65~45	暂时稳定，有不稳定块体塌落
	$Ⅲ_3$	软质完整岩体，呈整体巨块状结构，节理裂隙稍发育。$J_v=5\sim15$ 条/m^3，$R_b=20\sim30$MPa，$V_{pm}=3.0\sim4.0$km/s	60~45	暂时稳定，高应力时容易产生塑性变形和剪切破坏
Ⅳ	$Ⅳ_1$	坚硬、中等坚硬、完整性差的岩体，呈小块状碎裂结构，或层状结构，块体间结合力一般，节理裂隙较发育，时有小断层。$J_v=25\sim35$ 条/m^3，$R_b\approx30\sim60$MPa，$V_{pm}=2.5\sim3.5$km/s	45~25	稳定性差，有较多的松动坍塌，能引起继发性大塌方
	$Ⅳ_2$	软质中等完整岩体，呈块状或层状结构，节理裂隙中等发育。$J_v=15\sim25$ 条/m^3，$R_b\approx10\sim20$MPa，$V_{pm}=2.0\sim$3.0km/s	45~25	稳定性差，除有松动坍塌外，容易产生塑性变形和剪切破坏，能引起继发性大塌方
	$Ⅳ_3$	老黄土，有一定胶结的砾石土。$V_{pm}=1.5\sim2.0$km/s	45~25	暂时稳定至极不稳定，松动坍塌或塑性变形，可能有较大塌方
Ⅴ	$Ⅴ_1$	松散或松软结构岩体，多处破碎或严重风化带，节理裂隙极发育。$J_v>35$ 条/m^3，$R_b<10$MPa，$V_{pm}<2.0$km/s	<25	不稳定至极不稳定，松动坍塌或剪切破坏往往形成大的塌方
	$Ⅴ_2$	除$Ⅳ_3$以外的其他土类围岩		

注：R_b 为岩石饱和抗压极限强度。

复习思考题

1-1 岩石有哪些主要的物理性质，它们对爆破效果有何影响？

1-2 岩石有哪些主要的力学性质，它们对爆破效果有何影响？

1-3 岩石有哪些静、动力学特征？

1-4 岩石分级的意义是什么？

1-5 简述各种岩石分级方法的特点。

2 岩石破碎爆破机理

2.1 岩石的破碎机理

凿岩是指在岩体中穿凿孔眼。凿岩作业是岩石穿爆作业主要工序之一，工作量较大，花费时间较多，对穿爆效率影响很大，特别是在难钻和特难钻的坚硬岩石中更甚。要提高凿岩效率，必须对岩石的可钻性及穿孔破岩机理进行分析研究。

2.1.1 岩石的可钻性

可钻性是用来表示岩石钻眼难易程度的指标，是岩石物理、力学性质在钻眼的具体条件下的综合反映。

凿岩机械的效率取决于穿孔的速度，而穿孔速度取决下列因素：

(1) 在凿岩工具的作用下，岩石的破坏阻力（主要因素）；

(2) 凿岩工具的种类、形状及工作方式（冲击式、回转式等）；

(3) 轴压力和转速；

(4) 孔径及深度；

(5) 排渣方式、速度和清渣彻底性。

所有这些因素与凿岩机械的工艺参数有关。而参数的选择，首先与岩石的可钻性有关。

岩石的可钻性取决于岩石本身的抗压和抗剪强度、凿岩工具工作原理及其类型、孔底岩渣的粒度和形状。岩石的可钻性，常用工艺性指标表示，例如，可以采用钻速、钻每米炮眼所需要的时间、钻头的进尺（钎头在变钝以前的进尺数）、钻每米炮眼磨钝的钎头数或破碎单位体积岩石消耗的能量等来表示岩石的可钻性。显而易见，上述工艺性指标，必须在相同条件下（除岩石条件外）来测定，才能进行比较。

下面介绍两种测试岩石可钻性的方法。一种方法是在考虑了压力 σ、剪切力 τ 及岩石的体积密度 γ 影响因素的基础上，以岩石的钻进难度相对指标 ω 来比较岩石的可钻性。确定 ω 值时可以考虑以下几种情况：

(1) 压力 σ、剪切力 τ 在钻进过程中具有决定意义。冲击式钻进，压力的破坏作用占主要地位；回转式钻进，以剪切力作用为主。相对评价岩石的难钻性时，压力和剪切力的破坏作用可以认为是相等的。

(2) 确定钻进速度时，岩体的裂隙度可忽略不计，只是在确定岩石坚固性指标时才考虑。

(3) 因为只有经常地排出岩渣才能破坏岩石，所以在评价可钻性时，必须考虑岩石的体积密度 γ。

这样，ω 值可以用经验公式确定：

$$\omega = 0.007(\sigma + \tau) + 0.7\gamma \tag{2-1}$$

根据 ω 值，岩石可钻性分为 5 个等级，25 个类别：

Ⅰ级——易钻的（ω=1~5），类别有 1，2，3，4，5；

Ⅱ级——中等难钻的（ω=5.1~10），类别有 6，7，8，9，10；

Ⅲ级——难钻的（ω=10.1~15），类别有11，12，13，14，15；

Ⅳ级——很难钻的（ω=15.1~20），类别有16，17，18，19，20；

Ⅴ级——最难钻的（ω=20.1~25），类别有21，22，23，24，25。

指标$\omega>25$时，属于级外。对于具体的岩石条件，可用指标ω来考虑钻机的功率、参数和钻进速度的计算。

另一种方法是从冲击式凿岩中抽象出来的。它是利用重锤（4kg重锤）自由下落时产生的固定冲击功，冲击钎头而破碎岩石，根据破岩效果来衡量岩石破碎的难易程度。其可钻性指标包括两项：

（1）凿碎比功，即破碎单位体积岩石所做的功，用a表示，单位为J/cm^3。

（2）钎刃磨钝宽，即岩石的磨蚀性，用b表示，单位为mm。

一般说，凿碎比功是衡量可钻性的主要指标，钎刃磨钝宽是第二位的，两者既有区别又有联系。

凿碎比功的计算，先量出纯凿深H（为最终深度减去初始深度值），再算出凿孔的体积，于是凿碎比功a为：

$$a=\frac{4NA}{\pi d^2 H} \tag{2-2}$$

式中，d为实际孔径（一般探钎头直径计），cm；H为纯凿深，cm；N为冲击次数；A为单次冲击功，J。

同一类型的岩石，凿碎比功a值与钎刃磨钝宽b值的关系是：随着a值的增大，b值也增大。但是实验资料表明，钎刃磨钝宽与岩石种类有很大关系，凿碎比功相同的岩石（尤其是石英的含量）不同，钎刃磨钝宽有很大的差别。而岩性相近时，岩石越硬，凿碎比功越大，钎刃磨钝宽也相应增大。因此，a与b既有联系，又有区别。它们反映了岩石可钻性的两个不同侧面。a值大小，对凿岩速度有明显影响；而反映岩石磨蚀性的b值，则在凿岩耗刀率方面有明显影响。由此，在衡量岩石掘进难易程度时，两者应该同时考虑，才能从岩石抵抗破岩刀具和磨蚀破岩刀具的能力的两个方面，说明岩石的可钻性，并预估其凿岩效果。

2.1.2 凿岩破岩机理

凿岩按凿岩工具破碎岩石的原理，可分为冲击式凿岩和旋转式凿岩等。根据岩石的物理性质的不同，可采用不同的凿岩方式。在脆性岩石中一般采用冲击式凿岩，塑性岩石一般采用旋转式凿岩。

冲击式凿岩，就是利用钎子的冲击作用，将岩石凿碎。如图2-1所示，当钎头在冲击力作用下凿到岩石上时，钎刃便切入其中。此时，钎刃下方和旁侧的岩石被破坏，形成一条凿沟$A—A$；随后将钎头转动一个角度，再进行下一次冲击，形成第二条凿沟$B—B$。若钎头的冲击力足够大，转动角度适合，两条凿沟之间的扇形岩体，在凿$B—B$凿沟的同时，就会被剪切破坏。上述过程循环往复，钎头便不断凿碎岩石，炮眼就可逐渐加深。但必须及时排除岩粉，并对凿岩机施以轴向推力，使钎刃可靠地接触眼底岩石，才能更有效地破岩。

对于钎刃是如何侵入岩石的，现在的破岩理论都认为，在冲击力F的作用下（静力压入也是同样的），岩石在钎刃下方被压成致密的核状，此时侵入深度而不大。但当F增大到一定程度，达到岩石的塑性极限时，便产生向两侧作用的推力，使两侧岩石发生剪切破坏，侵入深度就突然增大，故侵入深度呈突跃式，而且破碎坑的体积总比钎头侵入岩石部分的体积大。

这种冲击破岩法，对坚硬岩石的破碎很有效，所需的轴推力不大，钻机机构简单，能在潮湿的条件下可靠地工作，因此被广泛采用。但是它的效率低、能耗大、噪声也大。

旋转式凿岩，就是利用钎子连续地旋转切削破碎岩石的钻眼方法。它的破岩原理如图 2-2 所示。在轴向压力 P 的作用下，钎刃被压入岩石，同时钎刃不停地旋转，由旋转力矩 M 推动钎刃产生切削力 G 向前切削岩石，使孔底岩石连续地沿螺旋线被破坏。由于岩石具有脆性，所以它的破坏是在钎刃前一块接一块地崩落，粉尘颗粒较大。

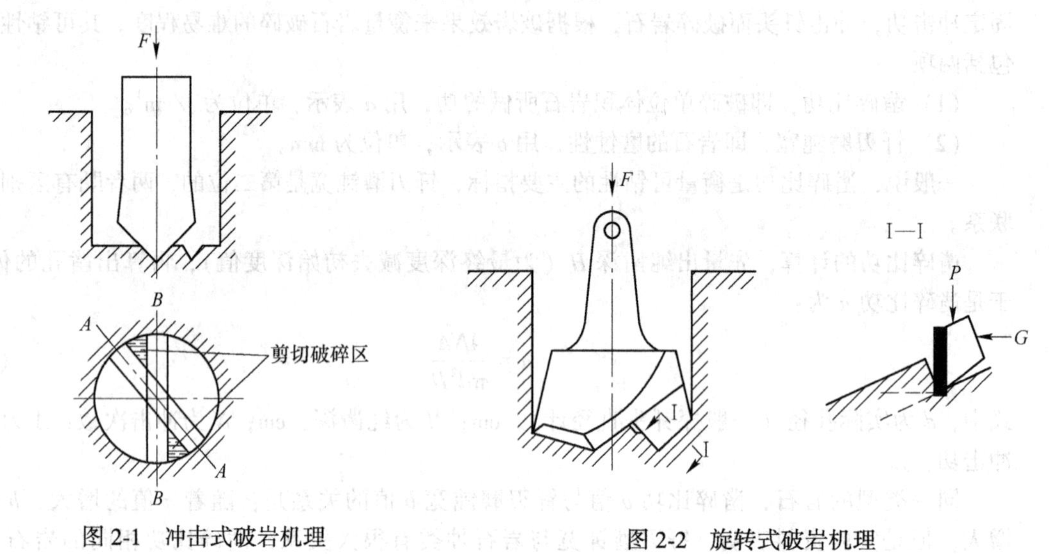

图 2-1　冲击式破岩机理　　　　图 2-2　旋转式破岩机理

2.2　岩石的爆破机理

在工程爆破中，利用炸药爆破来破碎岩体，至今仍然是一种最有效和应用最广泛的手段。在炸药爆炸作用下岩体是如何破碎的，多年来国内外众多学者对此进行了探索，提出了许多理论和学说。然而由于岩石不均质性和各向异性等自然因素，以及炸药爆炸本身的高速瞬时性，给人们揭示岩石的破碎规律造成了种种困难，迄今对岩石的爆破破碎机理，仍然了解很不够，因而所提出的各种破岩理论还只能算是假说。

2.2.1　岩石爆破破岩机理假说

目前，公认的岩石爆破破岩机理有三种：爆生气体膨胀作用理论、爆炸应力波反射拉伸理论和应力波综合作用理论。

2.2.1.1　爆生气体膨胀作用理论

该理论认为炸药爆炸引起岩石破坏，主要是高温高压气体产物膨胀做功的结果。爆生气体膨胀力引起岩石质点的径向位移，由于药包距自由面的距离在各个方向上不一样，质点位移所受的阻力就不同，最小抵抗线方向阻力最小，岩石质点位移速度最高。正是由于相邻岩石质点移动速度不同，造成了岩石中的剪切应力，一旦剪切应力大于岩石的抗剪强度，岩石即发生剪切破坏。破碎的岩石又在爆生气体膨胀推动下沿径向抛出，形成一倒锥形的爆破漏斗坑（见图 2-3）。

该理论的实验基础是早期用黑火药对岩石进行爆破漏斗试验中所发现的均匀分布的、朝向自由面方向发展的辐射裂隙，这种理论称为静作用理论。

2.2.1.2 爆炸应力波反射拉伸理论

这种理论认为岩石的破坏主要是由于岩体中爆炸应力波在自由面反射后形成反射拉伸波的作用。岩石的破坏形式是拉应力大于岩石的抗拉强度而产生的，岩石是被拉断的。其实验基础是岩石杆件的爆破试验和板件爆破试验。

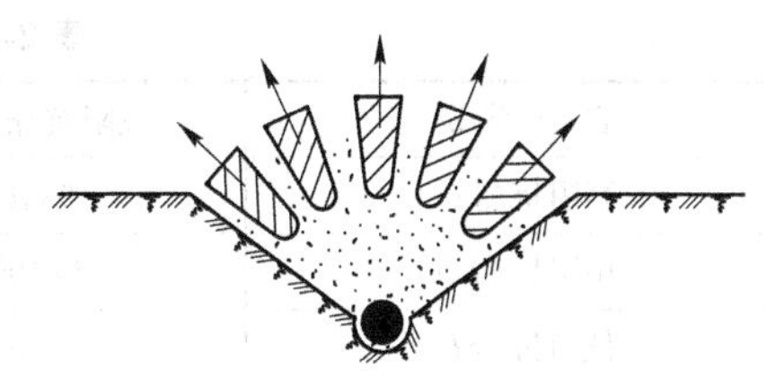

图 2-3 爆生气体的膨胀作用

杆件爆破试验是用长条岩石杆件，在一端安置炸药爆炸，则靠炸药一端的岩石被炸碎，而另一端岩石由于应力波的反射拉伸作用而被拉断，呈许多块，杆件中间部分没有明显的破坏。如图 2-4 所示，板件爆破试验是在松香平板模型的中心钻一小孔，插入雷管引爆，除平板中心形成和装药的内部作用相同的破坏，在平板的边缘部分形成了由自由面向中心发展的拉断区，如图 2-5 所示。

以上试验说明了拉伸波对岩石的破坏作用，这种理论称为动作用理论。

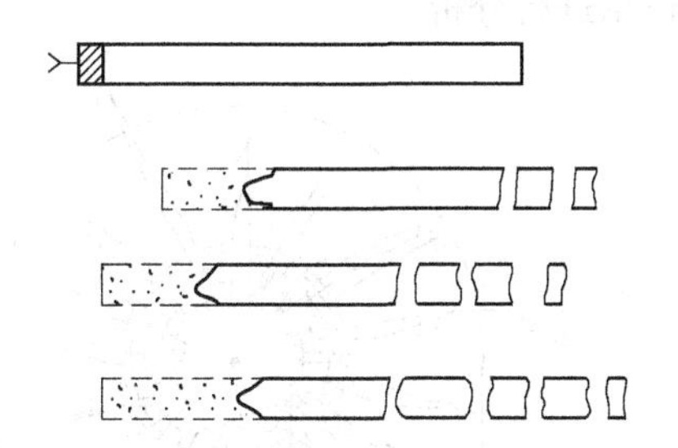

图 2-4 不同装药量的岩石杆件爆破试验

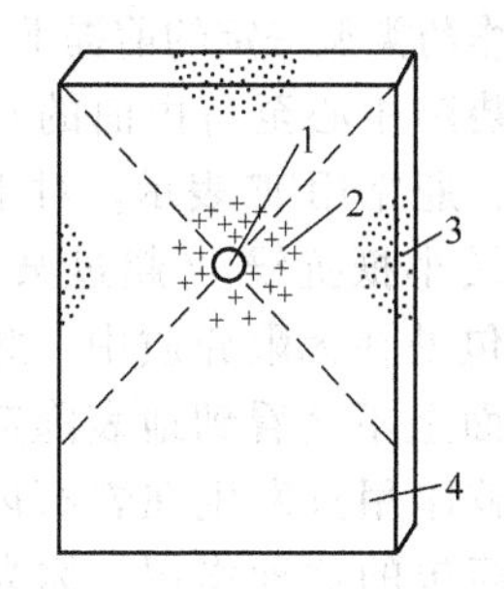

图 2-5 板件爆破试验

1—小孔；2—破碎区；3—拉伸区；4—振动区

2.2.1.3 爆生气体和应力波综合作用理论

该理论认为，岩石爆破破碎是爆生气体膨胀和爆炸应力波综合作用的结果，从而加强了岩石的破碎效果。因为冲击波对岩石的破碎，作用时间短，而爆生气体的作用时间长，爆生气体的膨胀，促进了裂隙的发展；同样，反射拉伸波也加强了径向裂隙的扩展。

至于哪一种作用是主要作用，应根据不同的情况来确定。黑火药爆破岩石，几乎不存在动作用。而猛炸药爆破时又很难说是气体膨胀起主要作用，因为往往猛炸药的爆容比硝铵类混合炸药的爆容要低。岩石性质不同，情况也不同。对松软的塑性土壤，波阻抗很低，应力波衰减很大，这类岩土的破坏主要靠爆生气体的膨胀作用。而对致密坚硬的高波阻抗岩石，应主要靠爆炸应力波的作用，才能获得较好的爆破效果。

综合作用理论的实质是：岩体内最初裂隙的形成是由冲击波或应力波造成的，随后爆生气体渗入裂隙并在准静态压力作用下，使应力波形成的裂隙进一步扩展。即炸药爆炸的动作用和静作用在爆破破岩过程中的综合体现。

爆生气体膨胀的准静态能量，是破碎岩石的主要能源。冲击波或应力波的动态能量与介质特性和装药条件等因素有关。哈努卡耶夫认为，岩石波阻抗不同，破坏时所需应力波峰值不同，岩石波阻抗高时，要求高的应力波峰值，此时冲击波或应力波的作用就显得重要，他把岩石按波阻抗值分为三类，见表 2-1。

表 2-1　岩石的波阻抗分类

岩石类别	波阻抗/g·(cm²·s)⁻¹	破坏作用
高阻抗岩石	$15\times10^5 \sim 25\times10^5$	主要取决于应力波，包括入射波和反射波
中阻抗岩石	$5\times10^5 \sim 15\times10^5$	入射应力波和爆生气体的综合作用
低阻抗岩石	$<5\times10^5$	以爆生气体形成的破坏为主

2.2.2　爆破破岩内部作用和外部作用

炸药在岩体内爆炸时所释放出来的能量，是以冲击波和高温高压的爆生气体形式作用于岩体。由于岩石是一种不均质和各向异性的介质，因此在这种介质中的爆破破碎过程，是一个十分复杂的过程。

2.2.2.1　爆破的内部作用

下面在炸药类型一定的前提下，对单个药包爆炸作用进行分析。

岩石内装药中心至自由面的垂直距离称为最小抵抗线，通常用 W 表示。对于一定的装药量来说，若最小抵抗线 W 超过某一临界值时，可以认为药包处在无限介质中。此时当药包爆炸后在自由面上不会看到地表隆起的迹象。也就是说，爆破作用只发生在岩石内部，未能达到自由面。药包的这种作用，称为爆破的内部作用。

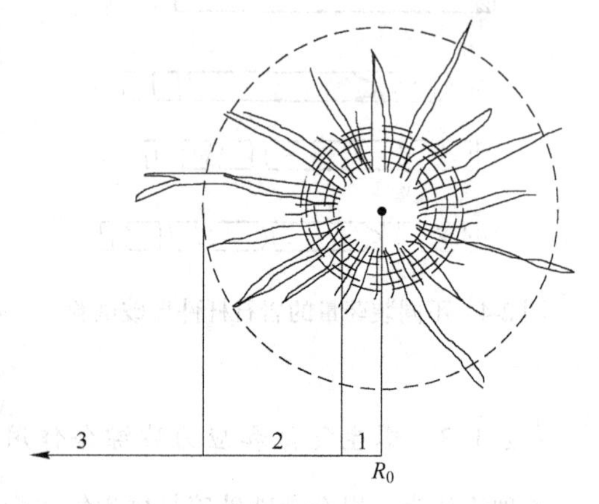

图 2-6　药包在无限岩体内的爆炸作用
R_0—药包半径；
1—近区（压缩粉碎区），$(2\sim7)R_0$；
2—中区（破裂区），$(8\sim150)R_0$；
3—远区（震动区），大于 $(150\sim400)R_0$

炸药在岩石内爆炸后，引起岩体产生不同程度的变形和破坏。如果设想将经过爆破作用的岩体切开，便可看到图 2-6 所示的剖面。根据炸药能量的大小、岩石可爆性的难易和炸药在岩体内的相对位置，岩体的破坏作用可分近区、中区和远区三个主要部分，即压缩粉碎区、破裂区和震动区三个部分。

(1) 压缩粉碎区形成特征。爆破近区是指直接与药包接触、邻近的那部分岩体。当炸药爆炸后，产生两三千摄氏度以上的高温和几万兆帕的高压，形成每秒数千米速度的冲击波，伴之以高压气体在微秒量级的瞬时内作用在紧靠药包的岩壁上，致使近区的坚固岩石被击碎成为微小的粉粒（约为 0.5~2mm），把原来的药室扩大成空腔，称为粉碎区；如果所爆破的岩石为塑性岩石（如黏土质岩石、凝灰岩、绿泥岩等），则近区岩石被压缩成致密坚固的硬壳空腔，称为压缩区。

爆破近区的范围与岩石性质和炸药性能有关。比如，岩石密度越小，炸药威力越大，空腔半径就越大。通常压缩粉碎区约为药包半径 R_0 的 2~7 倍，破坏范围虽然不大，但却消耗了大部分爆炸能。工程爆破中应该尽量减少压缩、粉碎区的形成，从而提高炸药能量的有效利用。

(2) 破裂区的形成特征。炸药在岩体中爆炸后，强烈的冲击波和高温、高压爆轰产物将炸药周围岩石破碎压缩成粉碎区（或压缩区）后，冲击波衰减为应力波。应力波虽然没有冲击波强烈，剩余爆轰产物的压力和温度也已降低，但是，它们仍有很强大的能量，将爆破中区的岩石破坏，形成破裂区。

通常破裂区的范围比压缩粉碎区大得多，比如压缩粉碎区半径一般为$(2\sim7)R_0$，而破裂区的半径则为$(8\sim150)R_0$，所以，破裂区是工程爆破中岩石破坏的主要部分。破裂区主要是受应力波的拉应力和爆轰产物的气楔作用形成的，如图2-7所示。由于应力作用的复杂性，破裂区中有径向裂隙、环向裂隙和剪切裂隙。

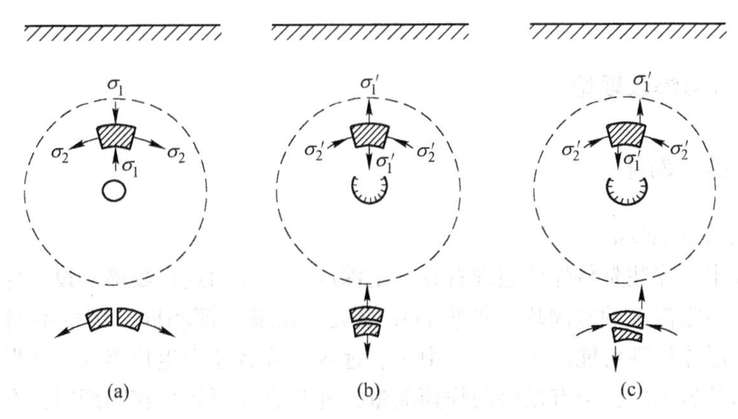

图2-7 破裂区裂隙形成应力作用示意图

(a) 径向裂隙；(b) 环向裂隙；(c) 剪切裂隙

σ_1—径向压应力；σ_2—切向拉应力；σ_1'—径向拉应力；σ_2'—切向压应力

(3) 震动区效应。爆破近区（压缩、粉碎区）、中区（破裂区）以外的区域称为爆破远区。该区的应力波已大大衰减，渐趋于正弦波，部分非正弦波性质的小振幅振动，仍具有一定强度，足以使岩石产生轻微破坏。当应力波衰减到不能破坏岩石时，只能引起岩石质点作弹性振动，形成地震波。

爆破地震瞬间的高频振动可引起原有裂隙的扩展，严重时可能导致露天边坡滑坡、地下井巷的冒顶片帮以及地面或地下建筑物构筑物的破裂、损坏或倒塌等。地震波是构成爆破公害的危险因素。因此必须掌握爆破地震波危害的规律，采取降震措施，尽量避免和防止爆破地震的严重危害。

2.2.2.2 爆破的外部作用

在最小抵抗线的方向上，岩石与另一种介质（空气或水等）的接触面，称为自由面，也叫临空面。当最小抵抗线 W 小于临界抵抗线 W_c 时，炸药爆炸后除发生内部作用外，自由面附近也发生破坏。也就是说，爆破作用不仅只发生在岩体内部，还可达到自由面附近，引起自由面附近岩石的破坏，形成鼓包、片落或漏斗。这种作用称为爆破的外部作用。

2.2.2.3 结论

综合上述论述，可以归纳出下列几点重要结论：

(1) 应力波来源于爆轰冲击波，它是破碎岩石的能源，但气体产物的静膨胀作用同样是十分重要的能源。

(2) 坚硬岩石中，冲击波作用明显，而软岩中则气体膨胀作用明显，这一点在选择炸药爆速和确定装药结构时应加以考虑。

（3）粉碎区为高压作用结果，因岩石抗压强度大且处在三向受压状态，故粉碎区范围不大；裂隙区为应力波作用结果，其范围取决于岩性。片落区是应力波从自由面处反射的结果，此处岩石处于受拉应力状态，由于岩石的抗拉强度极低，故拉断区范围较大；震动区为弹性变形区，岩石未被破坏。

（4）大多数岩石坚硬有脆性，易被拉断。这就启示人们，应当尽可能为破岩创造拉断的破坏条件。应力反射面的存在是有利条件，在工程爆破中，如何创造和利用自由面是爆破技术中的重要问题。

2.2.3 爆破漏斗与爆破理论

2.2.3.1 爆破漏斗

A 爆破漏斗的形成

在工程爆破中，往往是将炸药包埋置在一定深度的岩体内进行爆破。设一球形药包，埋置在平整地表面下一定深度的坚固均质的岩石中爆破。如果埋深相同，药量不同；或者药量相同，埋深不同，爆炸后则可能产生近区、中区、远区，或者还产生片落区以及爆破漏斗。

在均质坚固的岩体内，当有足够的炸药能量，并与岩体可爆性相匹配时，在相应的最小抵抗线等爆破条件下，炸药爆炸产生两三千摄氏度以上的高温和几万兆帕的高压，形成每秒几千米速度的冲击波和应力场，作用在药包周围的岩壁上，使药包附近的岩石或被挤压，或被击碎成粉粒，形成了压缩粉碎区。此后，冲击波衰减为压应力波，继续在岩体内自爆源向四周传播，使岩石质点产生径向位移，构成径向压应力和切向拉应力的应力场。形成与粉碎区贯通的径向裂隙。

高压爆生气体膨胀的气楔作用助长了径向裂隙的扩展。由于能量的消耗，爆生气体继续膨胀，但压力迅速下降。当爆源的压力下降到一定程度时，原先在药包周围岩石被压缩过程中积蓄的弹性变形能释放出来，并转变为卸载波，形成朝向爆源的径向拉应力。当此拉应力大于岩石的抗拉强度时，岩石被拉断，形成环向裂隙。

在径向裂隙与环向裂隙出现的同时，由于径向应力和切向应力共同作用的结果，又形成剪切裂隙。纵横交错的裂隙，将岩石切割破碎，构成了破裂区（中区），这是岩石被爆破破坏的主要区域。

当应力波向外传播到达自由面时产生反射拉伸应力波。该拉应力大于岩石的抗拉强度时，地表面的岩石被拉断形成片落区，在径向裂隙的控制下，破裂区可能一直扩展到地表面，或者破裂区和片落区相连接形成连续性破坏。

与此同时，大量的爆生气体继续膨胀，将最小抵抗线方向的岩石表面鼓起、破碎、抛掷，最终形成倒锥形的凹坑，此凹坑称为爆破漏斗。如图 2-8 所示。

B 爆破漏斗的参数

设一球状药包在自由面条件下爆破形成爆破漏斗的几何尺寸如图 2-8 所示。其中爆破漏斗三要素是指最小抵抗线 W，爆破漏斗半径 r 和漏斗作用半径 R。最小抵抗线 W 表示药包埋置深度，是岩石爆破阻力最小的方向，也是爆破作用和岩块抛掷的主导方向，爆破时部分岩块被抛出漏斗外，形成爆堆；另一部分岩块抛出之后又回落到爆破漏斗内。

在工程爆破中，经常应用爆破作用指数（n），这是一个重要的参数，它是爆破漏斗半径 r 和最小抵抗线 W 的比值，即

$$n = \frac{r}{W} \tag{2-3}$$

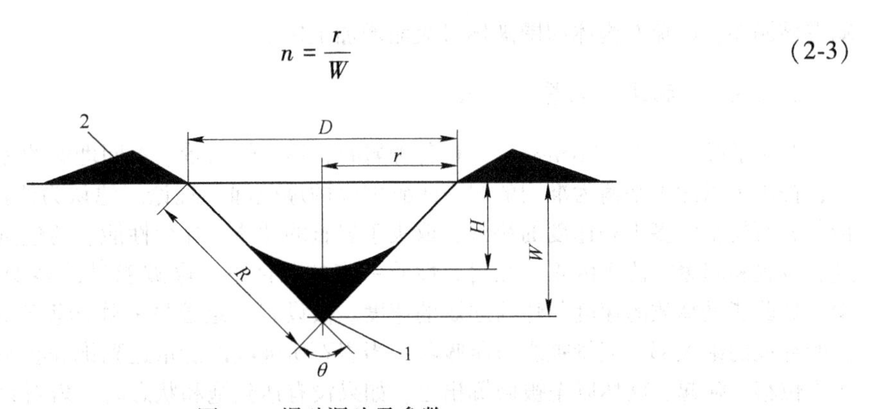

图 2-8　爆破漏斗及参数

D—爆破漏斗直径；H—爆破漏斗可见深度；r—爆破漏斗半径；
W—最小抵抗线；R—漏斗作用半径；θ—漏斗展开角；
1—药包；2—爆堆

C　常见漏斗形式

爆破漏斗是一般工程爆破最普遍、最基本的形式。根据爆破作用指数 n 值的大小，爆破漏斗有如下四种基本形式（如图 2-9 所示）。

（1）松动爆破漏斗（图 2-9（a））。爆破漏斗内的岩石被破坏、松动，但并不抛出坑外，不形成可见的爆破漏斗坑，此时 $n \approx 0.75$。它是控制爆破常用的形式。$n<0.75$，不形成从药包中心到地表面的连续破坏，即不形成爆破漏斗。例如工程爆破中采用的扩孔（扩药壶）爆破形成的爆破漏斗就是松动爆破漏斗。

（2）减弱抛掷爆破漏斗（图 2-9（b））。爆破作用指数 $0.75<n<1$，成为减弱抛掷漏斗（又称加强松动漏斗），它是井巷掘进常用的爆破漏斗形式。

（3）标准抛掷爆破漏斗（图 2-9（c））。爆破作用指数 $n=1$。此时漏斗展开角 $\theta=90°$，形成标准抛掷漏斗。在确定不同种类岩石的单位炸药消耗量时，或者确定和比较不同炸药的爆炸性能时，往往用标准爆破漏斗的体积作为检查的依据。

（4）加强抛掷爆破漏斗（图 2-9（d））。爆破作用指数 $n>1$，漏斗展开角 $\theta>90°$。当 $n>3$ 时，爆破漏斗的有效破坏范围并不随炸药量的增加而明显增大，实际上，这时炸药的能量主要消耗在岩块的抛掷上。在工程爆破中加强抛掷爆破漏斗的作用指数为 $1<n<3$，根据爆破具体要求，一般情况下取 $n=1.2 \sim 2.5$。这是露天抛掷大爆破或定向抛掷爆破常用的形式。

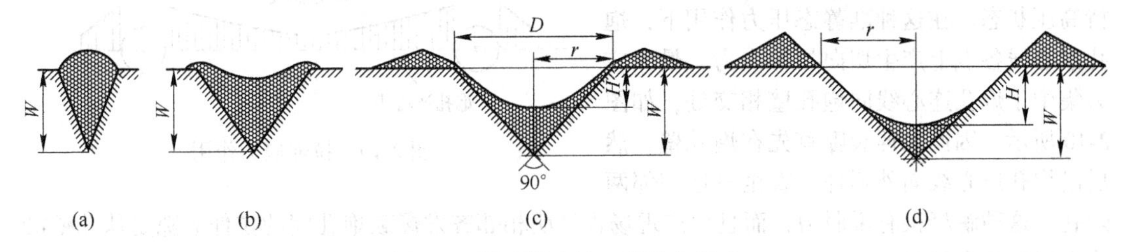

图 2-9　爆破漏斗的四种基本形式

（a）松动爆破漏斗；（b）减弱抛掷爆破漏斗（加强松动）；（c）标准抛掷爆破漏斗；（d）加强抛掷爆破漏斗

在工程爆破中，要根据爆破的目的选择爆破漏斗类型。如在筑坝、山坡公路的开挖爆破中，应采用加强抛掷爆破漏斗，以减少土石方的运输量；而在开挖沟渠的爆破中，则应采用松动爆破漏斗，以免对沟体周围破坏过大而增加工作量。

2.2.3.2　利文斯顿爆破理论

利文斯顿（C. W. Livingston）在各种岩石、不同炸药量、不同埋深的爆破漏斗试验的基础上，提出了以能量平衡为准则的岩石爆破破碎的爆破漏斗理论。他认为炸药在岩体内爆破时，传给岩石能量的多少和速度的快慢，取决于岩石的性质、炸药性能、药包重量、炸药的埋置深度、位置和起爆方法等因素。在岩石性质一定的条件下，爆破能量的多少取决于炸药量的多少、炸药能量释放的速度与炸药起爆的速度。假设有一定数量的炸药埋于地下某一深处爆炸，它所释放的绝大部分能量被岩石所吸收。当岩石所吸收的能量达到饱和状态时，岩体表面开始产生位移、隆起、破坏以至被抛掷出去。如果没有达到饱和状态时，岩石只呈弹性变形，不被破坏。

2.2.3.3　自由面对爆破的影响

自由面在爆破破坏过程中起着重要作用，它是形成爆破漏斗的重要因素之一。自由面既可以形成片落漏斗，又可以促进径向裂隙的延伸，并且还可以大大减少岩石的夹制性，有了自由面，爆破后岩石才能从自由面方向破碎、移动和抛掷。

自由面数越多，爆破破岩越容易，爆破效果也越好。当岩石性质、炸药情况相同时，随着自由面的增多，炸药单耗将明显降低，炮孔与自由面的夹角越小，爆破效果越好。当其他条件不变时，炮孔位于自由面的上方时，爆破效果较好（但此时可能大块产出率较高）；炮孔位于自由面的下方时，爆破效果较差。

2.2.3.4　单排成组药包齐发爆破

为了解释成组药包爆破应力波的相互作用情况，有人在有机玻璃中用微型药包进行了模拟爆破试验，并同时用高速摄影装置将试块的爆破破坏过程摄录下来进行分析研究。分析研究后认为，当药包同时爆破，在最初几微秒时间内应力波以同心球状从各爆点向外传播。经十几微秒后，相邻两药包爆轰波相遇，产生相互叠加，于是在模拟试块中出现复杂的应力变化情况，应力重新分布，沿炮孔中心连心线得到加强，而炮孔连心线中段两侧附近则出现应力降低区。

应力波和爆轰气体联合作用爆破理论认为，应力波作用于岩石中的时间虽然极为短暂，然而爆轰气体产物在炮孔中却能较长时间地维持高压状态。在这种准静态压力作用下，炮孔连心线各点上产生切向拉伸应力，最大应力集中于炮孔连心线同炮孔壁相交处，如图2-10所示。因而拉伸裂隙首先在炮孔壁，然后沿炮孔连心线向外延伸，直至贯通相邻两炮孔。这种解释很有说服力，而且生产现场也证明相邻齐发爆破炮孔间的拉伸裂隙是从孔壁沿连心线向外发展的。

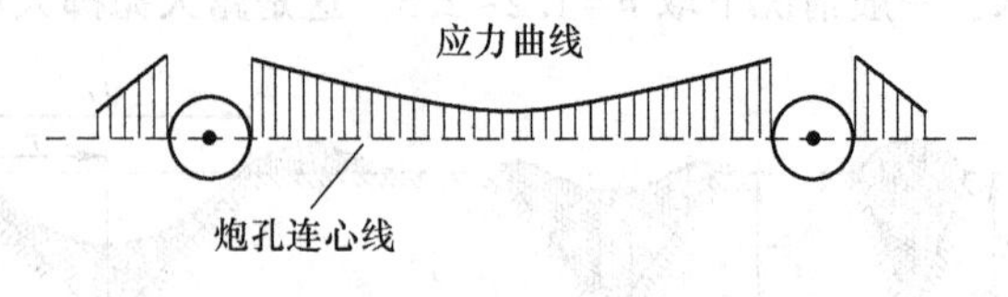

图 2-10　拉伸应力作用

根据上述理论，适当增大相邻炮孔距离，并相应减少最小抵抗线，避免左右相邻的压应力和拉应力相互抵消作用，有利于减少大块的产生。此外，相邻两排炮孔的梅花形布置比矩形布置更为合理，这一点已经被生产中采用大孔距、小抵抗线爆破取得良好效果所证明。

2.2.3.5 多排成组药包齐发爆破

多排成组药包齐发爆破时，只有第一排炮孔爆破具有优越的自由面条件，继后各排炮孔爆破均受到较大的夹制作用。所以多排成组药包齐发爆破效果不佳，工程实际中很少应用，一般被微差爆破所代替。

复习思考题

2-1 简述爆破的内部作用。

2-2 简述爆破的外部作用（爆破漏斗的形成过程）。

2-3 爆破漏斗分为几类，这对工程爆破有何意义？

2-4 什么是自由面，什么是最小抵抗线，它们对工程爆破有何意义？

2-5 多排成组炮孔齐发起爆在工程爆破中为什么基本不用？

3　凿岩工具与设备

3.1　地下矿山凿岩

3.1.1　凿岩钎具

通常把凿岩机使用的凿岩工具称为钎具（含钎头、钎杆、钎尾等），把潜孔钻机、牙轮钻机等钻凿大孔径的工具称为钻具（含钻杆、钻头等）。它们对凿岩速度有较大影响，只有合理选择钎（钻）具，才能充分发挥凿岩机械的效率。

（1）钎头。根据钎头上所镶硬质合金的形状不同，分为刃片型钎头、球齿型钎头和复合片齿型钎头三大类型。每种类型具有不同的布置方式，如图 3-1 所示。

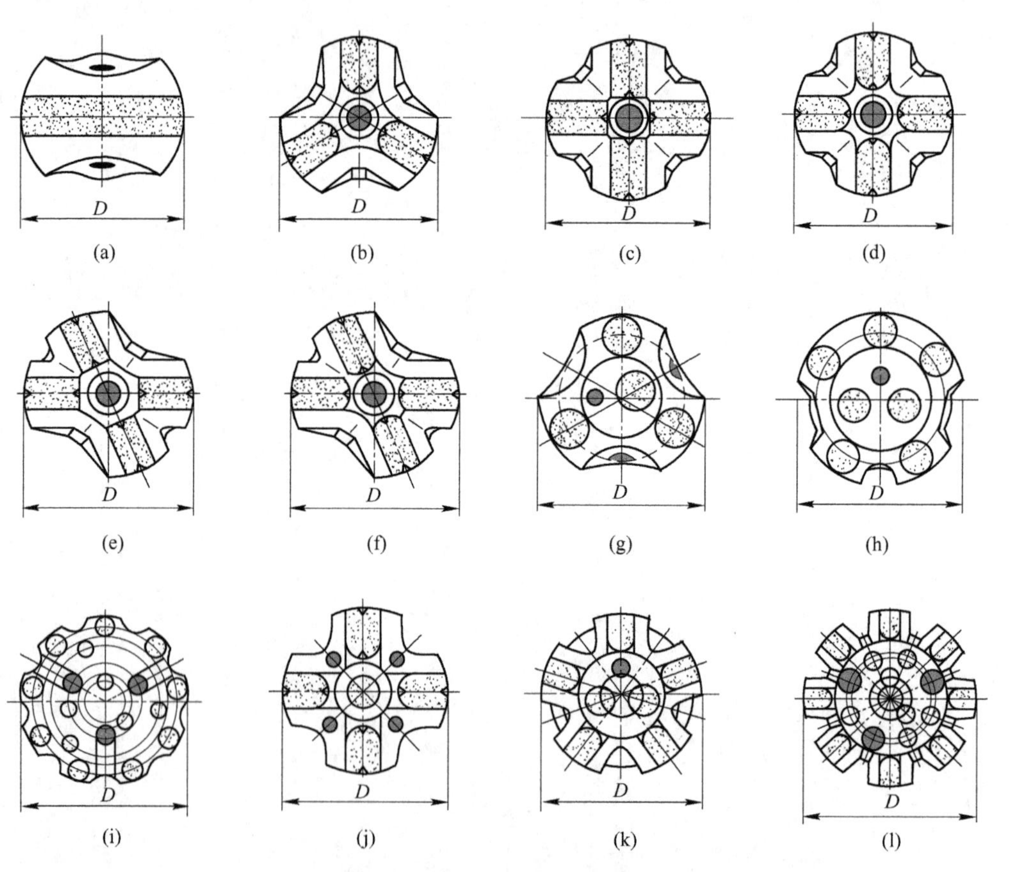

图 3-1　钎头的类型（端面图）

（直径范围 ϕ32~127mm 锥体或螺纹连接）

（a）一字形（马蹄形）；（b）三刃形（实芯形）；（c）十字形（镶芯形）；（d）十字形（实芯形）；
（e）X 形（镶芯形）；（f）X 形（实芯形）；（g）球齿形（四齿）；（h）球齿形（七齿）；
（i）球齿形（十五齿）；（j）复合形（四刃一齿）；（k）复合形（五刃二齿）；（l）复合形（八刃八齿）

(2) 钎尾。钎尾一般指接杆用钎尾，其作用是将凿岩机活塞的冲击能量传递给钎杆和钎头，分为整体钎尾和分体钎尾两类，如图 3-2 和图 3-3 所示。

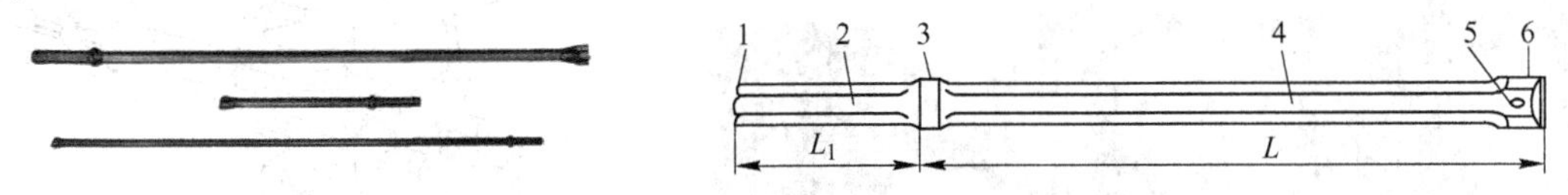

图 3-2 整体钎子及其结构

1—钎柄端面；2—钎杆；3—钎肩；4—杆体；5—冲洗孔；6—钎头；L_1—钎柄长度；L—钎杆长度

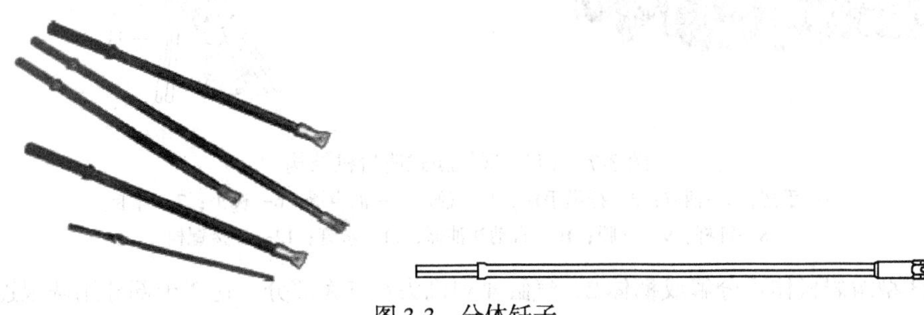

图 3-3 分体钎子

(3) 连接套。连接套是接杆钎具不可缺少的配套件，其作用是把钎尾、钎杆与钎头连接成一整体。利用连接套内螺纹将两根或多根钎杆，或钎尾与后续钎杆连接在同一轴线上，传递凿岩机的冲击能量，达到钻凿炮孔的目的。按螺纹结构可分为波形螺纹、复合螺纹、梯形螺纹等连接套。

常用套筒有筒式或直接贯通式、半桥式、桥式。无论哪种形式，必须注意连接螺纹并不承受冲击力，而是通过钎杆相顶端面或套筒端面传递，因此接触端面必须平整，以利于传递应力波。

筒式套筒的螺纹是连贯通的，它适用于普通波形螺纹连接。半桥式与桥式套筒均可防止钎杆在套筒中窜动，主要用于反锯齿螺纹和双倍长螺纹的连接。

按几何结构，连接套可分为直通式连接套（图 3-4）、变径式连接套（图 3-5）和中止式连接套（图 3-6）三种。

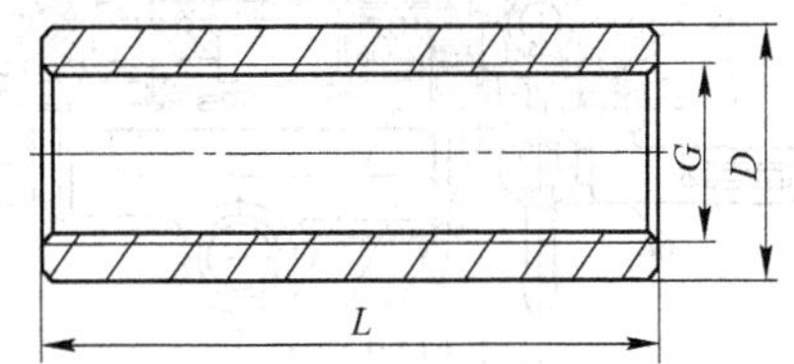

图 3-4 直通式连接套

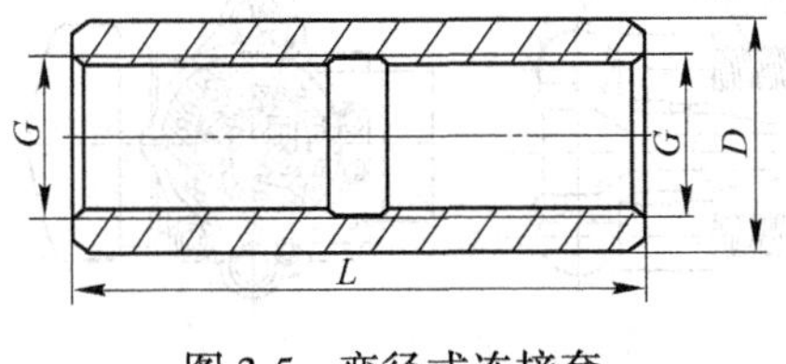

图 3-5 变径式连接套

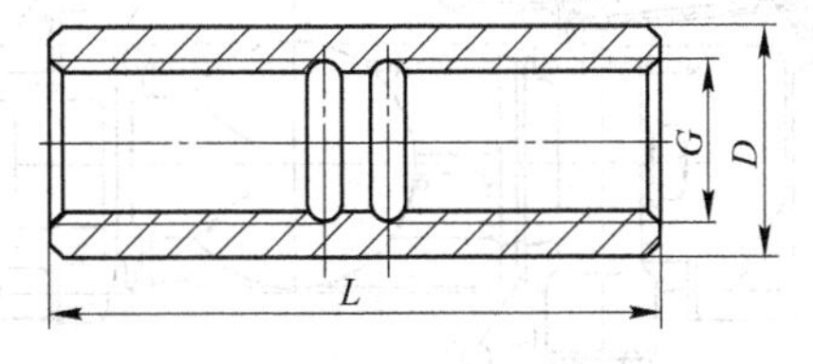

图 3-6 中止式连接套

连接套筒一般采用低碳合金钢制造，表面渗碳及淬火处理。为连接方便，套筒的一端可固定在一根钎杆上，或将钎杆一端头锻粗，做上半个套筒也可，但必须注意不能形成加工的内应力。快接钎杆即是利用钎杆一端墩粗后加工的内螺纹代替连接套，达到快速接长钎杆的目的。

3.1.2 YT23（7655）型凿岩机

图 3-7 所示为 YT23（7655）型气腿式凿岩机，该机配有 FT160 型气腿 9 和 FY200A 型自动注油器 10。

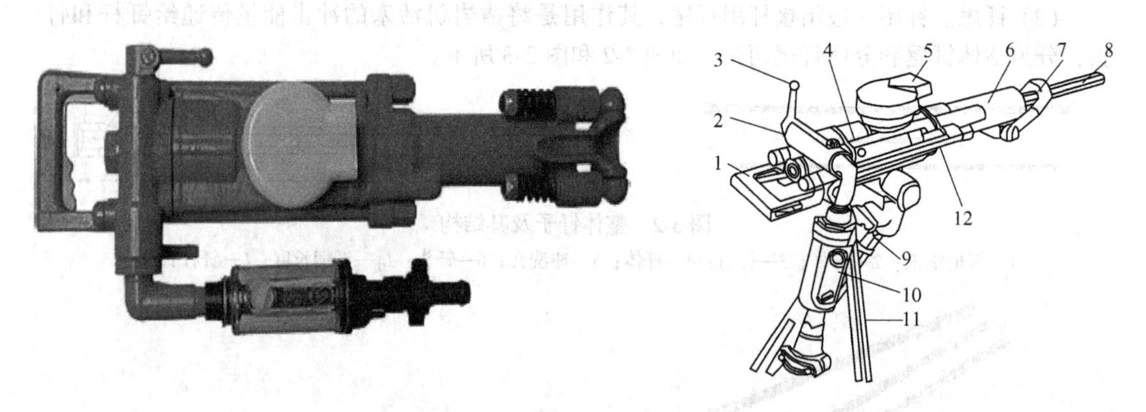

图 3-7 YT23 型气腿式凿岩机结构

1—手把；2—柄体；3—操纵手柄；4—气缸；5—消声罩；6—机头；7—钎卡；
8—钎杆；9—气腿；10—自动注油器；11—水管；12—连接螺栓

YT23 型凿岩机体可分解成柄体 2、气缸 4 和机头 6 三大部分。这 3 个部分用两根连接螺栓 12 连成一体。凿岩时，将钎杆 8 插到机头 6 的钎尾套中，并借助钎卡 7 支持。凿岩机操作阀手柄 3 及气腿伸缩手柄集中在缸盖上。冲洗炮孔的压力水是风水联动的，只要开动凿岩机，压力水就会沿着水针进入炮孔冲洗岩粉并冷却钎头。YT23 型气腿式凿岩机内部构造如图 3-8 所示。

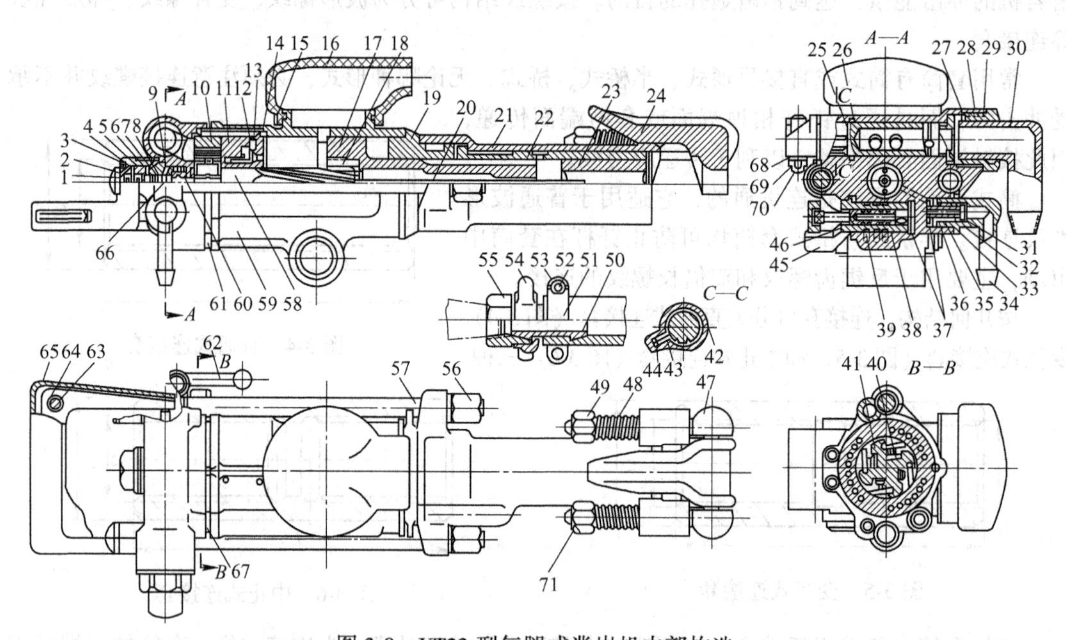

图 3-8 YT23 型气腿式凿岩机内部构造

1—簧盖；2，44—弹簧；3，27—卡环；4—注水阀体；5，8，9，26，32，35，36，66—密封圈；6—注水阀；7，29—垫圈；10—棘轮；11—阀柜；12—配气阀；13，43—定位销；14—阀套；15—喉箍；16—消声罩；17—活塞；18—螺旋母；19—导向套；20—水针；21—机头；22—转动套；23—钎尾套；24—钎卡；25—操纵阀；28—柄体；30—气管弯头；31—进水阀；33—进水阀套；34—水管接头；37—胶环；38—换向阀；39—胀圈；40—塔形弹簧；41—螺旋棒头；42—塞堵；45—调压阀；46—弹性定位环；47—钎卡螺栓；48—钎卡弹簧；49，53，69—螺母；50—锥形胶管接头；51—卡子；52—螺栓；54—蝶形螺母；55—管接头；56—长螺杆螺母；57—长螺杆；58—螺旋棒；59—汽缸；60—水针；61，67—密封套；62—操纵把；63—销钉；64—扳机；65—手柄；68—弹性垫圈；70—紧固销；71—挡环

常用气腿凿岩机技术性能见表 3-1。

表 3-1 国产气腿式气动凿岩机技术性能参数表

型　号	TA24A	YT24	YT28	TA288
质量/kg	24	24	26	27
耗气量/$m^3 \cdot min^{-1}$	≤4.7	≤4.0	≤4.9	≤4.9
钻孔直径/mm	34~42	34~42	34~42	34~42
钻孔深度/m	5	5	5	5
钎尾尺寸/mm×mm	ϕ22×108	ϕ22×108	ϕ22×108	ϕ22×108
工作气压/MPa	0.63	0.63	0.63	0.63

3.1.3 YSP45 向上式风动凿岩机

YSP45 型凿岩机主要用于天井掘进和采矿场打向上炮孔（60°~90°的浅孔）。其结构如图 3-9 所示。

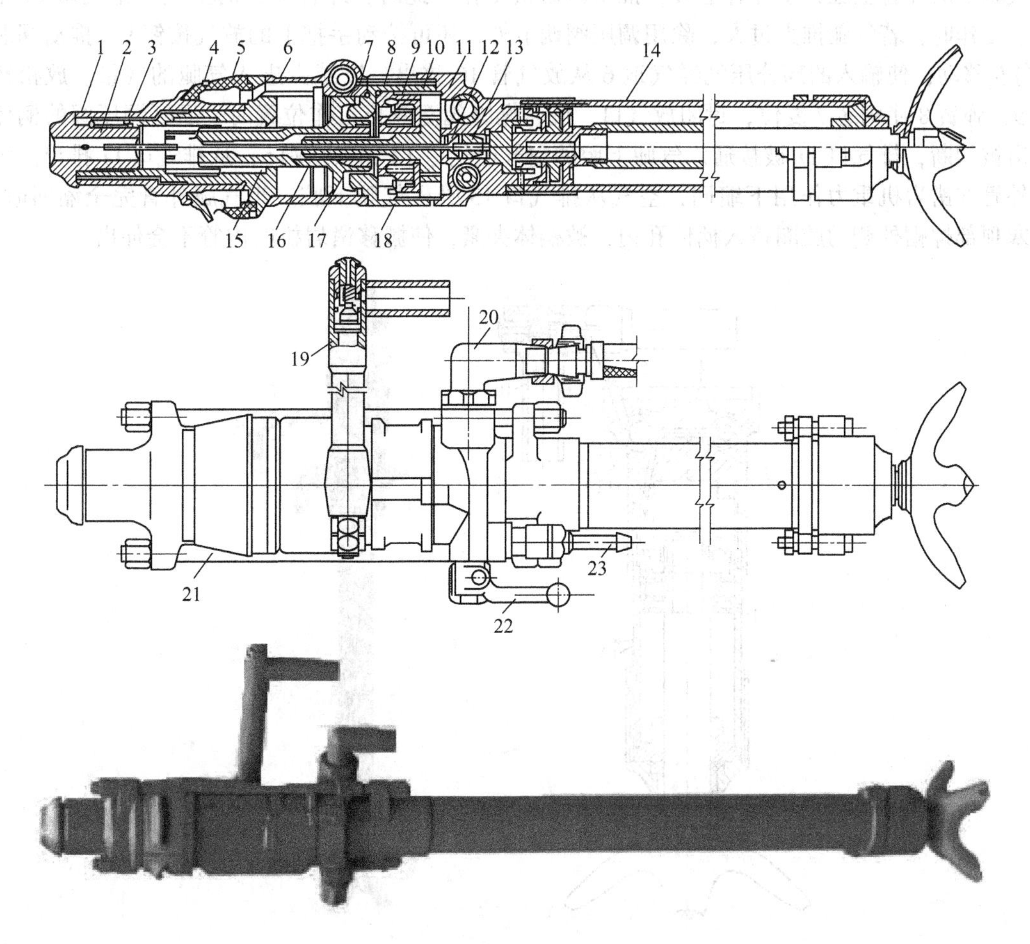

图 3-9 YSP45 型凿岩机的结构

1—机头；2—转动套；3—钎套；4—转动螺母；5—消声罩；6—缸体；7—配气缸；8—阀盖；9—滑阀；10—棘轮；11—柄体；12—气针；13—水针；14—气腿；15—活塞；16—螺旋棒；17—螺旋母；18—阀柜；19—放气阀；20—气管接头；21—长螺栓；22—操纵手柄；23—水管接头

整机由机头 1、缸体 6、柄体 11 和气腿 14 组成，气腿用螺纹拧接在柄体上，柄体、缸体、机头用两根长螺栓 21 连接成为整体，在缸体的手把上装有放气阀 19，在柄体上有操纵手柄 22、气管接头 20 和水管接头 23。凿岩机内有冲击配气机构、转钎机构、冲洗装置和操纵装置。

冲击配气机构和转钎机构与 YT23 型凿岩机相似。配气阀由阀盖 8、滑阀 9 和阀柜 18 组成，属于从动阀式配气类型。其结构特点是水针 13 的外面套有气针 12，压气沿水针表面喷入钎子中心孔，可阻止中心孔内的冲洗水倒流，另一路压气经专用气道（图中未画出），喷入钎套与钎子的接触面，阻止钎子外面的水流入机头。这两股压气直接从柄体进气道引入，不通过操纵阀，只要接上气管，就向外喷射。同时，开气即注水。活塞冲程时，直线前进，回程时，因螺旋棒 16 被棘轮 10 逆止，活塞被迫旋转后退，通过转动螺母 4、转动套 2 和钎套 3，驱动钎子旋转。钎套与转动套用螺纹连接，钎套外端呈伞形，盖住机头 1，防止冲洗泥浆污染机器内部。

YSP45 型凿岩机的气腿结构（见图 3-10）比较简单，只有外管和伸缩管，内管中没有中心管。外管上端设有横臂和架体，外管直接用螺纹拧接在柄体上。旋转操纵阀至气腿工作位置，压气从操纵阀 5 经柄体气道（图中不可见）进入调压阀 3，经调压后，从气道 2 和 12 进入气腿 1 的外管上腔，使外管上升，推动凿岩机工作。此时，外管下腔的空气从排气口 13 排出。工作时，若气腿推力过大，除用调压阀调节外，还可按动手把上的放气按钮 9，推动阀芯 7 向左移动，使输入的部分压气经气道 6 从放气管 10 放出，以减少进入气腿的气量。放松按钮 9，弹簧 8 使阀芯 7 复位，封闭放气口，旋转操纵阀至停止工作位置时，通到调压阀的柄体气道被切断，排气口 11 被接通。气腿上腔的空气经气道 12 和操纵阀 5，从排气口 11 排出。气腿外管在凿岩机重力作用下缩回，空气从排气口 13 吸入气腿下腔。当气腿外管完全缩回时，活塞顶部螺帽外侧的胶圈挤入柄体孔内，被柄体夹紧，使搬移凿岩机时内管不会伸出。

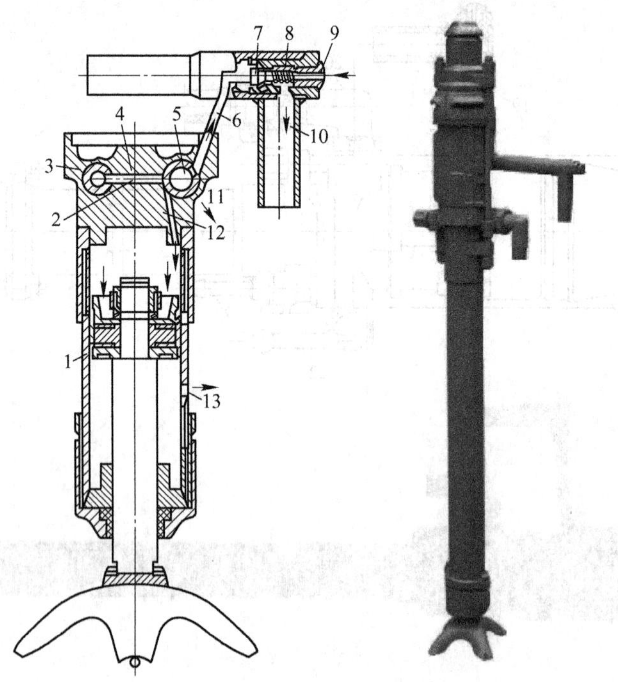

图 3-10　YSP45 型凿岩机气腿结构原理

1—气腿；2，6，12—气道；3—调压阀；4—柄体；5—操纵阀；7—阀芯；8—弹簧；9—放气按钮；10—放气管；11，13—排气口

常用 YSP 向上气腿凿岩机技术性能见表 3-2。

表 3-2 国产 YSP45 向上式气动凿岩机技术性能参数表

全长 /mm	质量 /kg	工作压力/MPa	耗气量 /$m^3 \cdot min^{-1}$	钻孔直径 /mm	钻孔深度 /m	推进行程 /mm	钎尾规格 /mm×mm
1500	45	0.63, 0.5, 0.4	≤6.8, ≤6.0, ≤5.5	34~42	6	720	ϕ22×108

3.1.4 液压凿岩机

液压凿岩机一般由钎尾装置 A 、转钎机构 B、钎尾反弹吸收装置 C 与冲击机构 D 四个部分组成，如图 3-11 所示。

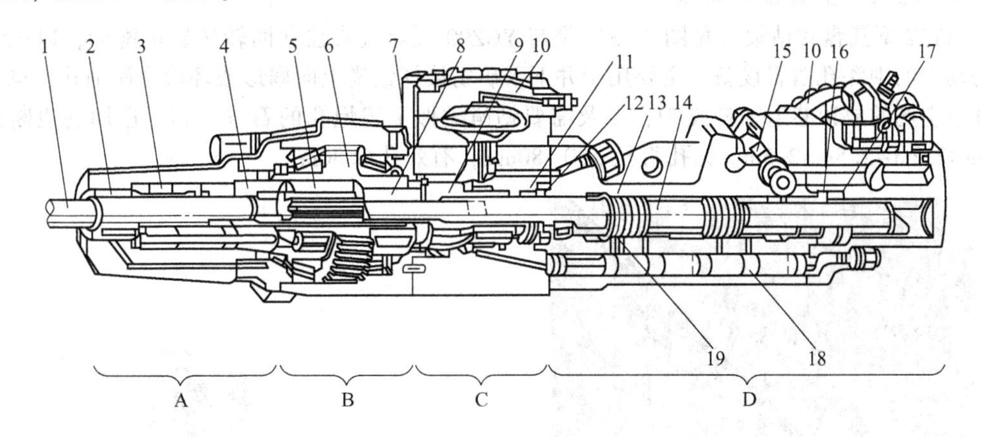

图 3-11 COP 1238 型液压凿岩机结构图

A—钎尾装置；B—转钎机构；C—钎尾反弹吸收装置；D—冲击机构

1—钎尾；2—耐磨衬套；3—供水装置；4—止动环；5—传动套；6—齿轮套；7—单向阀；8—转钎套筒衬套；9—缓冲活塞；10—缓冲蓄能器；11—密封套；12—活塞前导向套；13—缸体；14—活塞；15—阀芯；16—活塞后导向套；17—密封套；18—行程调节柱塞；19—油路控制孔道

各厂家液压凿岩机的结构各有其特点，如钎尾反弹吸收装置的有无，活塞行程调节装置的有无，缸体有无缸套，中心供水或旁侧供水。国外有些液压凿岩机还设有液压反冲装置，在卡钎时可起拔钎作用。常用液压凿岩机技术性能见表 3-3。

表 3-3 国产液压凿岩机主要技术性能表

型 号	冲击能/J	钎杆转速 /$r \cdot min^{-1}$	最大扭矩 /N·m	冲击压力 /MPa	冲击频率 /Hz	钻孔直径 /mm
YYG-80	150	0~300	150	10~12	50	<50
GYYG-20	200	0~250	200	13	50	50~120
CYY-20	200	0~250	300	16（20）	37~66	<50
YYG-250B	240~250	0~250	300	12~13	50	50~120
YYG-90A	150~200	0~300	140	12.5~13.5	48~58	<50
YYG-90	200~250	0~260	200	12~16	41~50	<50
YYG-250A	350~500	0~150	700	12.5~13.5	32~37	<50

3.1.5　中深孔凿岩机

中深孔凿岩机（见图3-12）一般应用于地下矿山，由钻架、钻孔装置及液压操作系统组成，质量40~80kg，钻机架设在导轨上，需要支架来支撑，以风动或液压为动力的推进装置，边冲击钻进，边向前推进，能钻凿各个方向的炮孔，钻孔孔径50~70mm，孔深15~40m。

3.1.5.1　中深孔凿岩钻架

导轨式凿岩机通常架设在支柱上或台车上工作。常用支柱为风动支柱和圆盘导轨架。

A　FJY22型圆盘式钻架

FJY22型圆盘式钻架（见图3-13）是与YGZ90型导轨式独立回转凿岩机配套，以压缩空气为动力的中深孔凿岩设备。主要用于井下采矿场接杆钻凿上向扇形或环形中深炮孔，也可用于井下空场的放顶巷道锚杆支护，以及需要钻凿类似上述炮孔的石方工程。适用巷道断面为2.2m×2.2m~2.5m×2.5m。钻孔直径ϕ50~80mm，有效孔深30m。

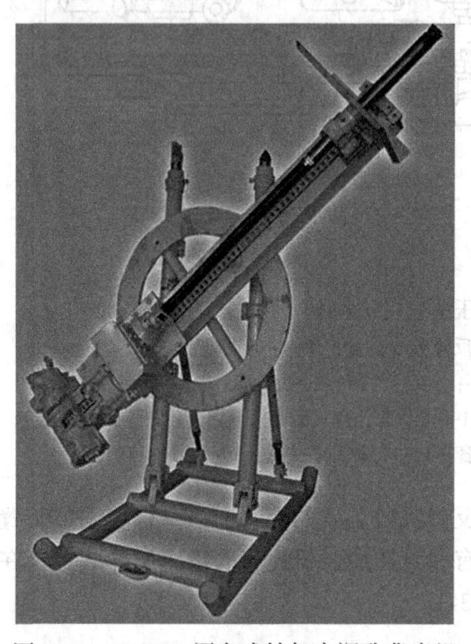

图3-12　FYZ100圆盘式钻架中深孔凿岩机　　图3-13　FJY22型圆盘式钻架

钻架结构简单，操作集中，拆装维修方便，搬运轻便。操纵台与钻架分开，仅以胶管与各工作机构相连接，操作者可在凿岩机较远的地方工作，故劳动条件较好，工作安全可靠。

整个钻架由钻架结合部、推进器结合部和操纵台结合部三个组件组成。钻架结合部主要包括气顶、圆盘和底橇三个部件；推进器结合部主要包括掐钎器，导轨滑座和推进马达四个部件；操纵台结合部包括操纵阀和油雾器等主要部件。

该钻架需作长距离或上下天井搬运时，除可将推进器从钻架上卸除外，还可以将钻架结合部拆成气顶、圆盘和底橇三部分。操纵台也可拆成工具箱和操纵阀两部分。解体后的各部件用人工即可搬运到所需的工作地点。

设备的滑润由装置在操纵台上的油雾器集中供给，油雾器上方装有可调供油量的视油阀座，从透明的视油阀座可以看到滴油速度的快慢，因而能可靠地调节供油量的大小，操纵阀由各个单阀拼装而成，操作时互不干扰，操纵灵便可靠。

FJY22 型圆盘式钻架技术参数见表 3-4，配套用 YGZ90 型导轨式独立回转凿岩机技术参数见表 3-5。

表 3-4 FJY22 型圆盘式钻架技术参数

质量/kg	钻架 480 操纵台 120	外形尺寸/mm×mm×mm	钻架 1725×1000×2040 操纵台 1100×700×960
最大高度/mm	3370	凿岩巷道规格/m×m	2.5×2.5 ~3×3
接钎长度/mm	1100	推进马达功率/kW	2.1
推进器推进力/kN	≥8.82	推进器行程/mm	1140
注油器贮油量/L	5.0	总进气管内径/mm	38
进水管内径/mm	19	工作气压/MPa	0.5~0.7
水压/MPa	0.4~0.6		

表 3-5 配套用 YGZ90 型导轨式独立回转凿岩机

质量/kg	95
冲击能/J	≥225
冲击次数/Hz	≥34
转钎扭矩/N·m	≥140
耗气量/L·s^{-1}	≤225
钎尾规格/mm×mm	ϕ38×97

B FJY/TJ-25 型圆盘导轨架

FJY/TJ-25 型圆盘导轨架如图 3-14 所示，其结构如图 3-15 所示，整个设备由工作部分和操纵部分组成，二者间用风水管连接。由于两部分分开，可在离工作面较远的地方操纵，对工作和安全有利。工作部分由柱架、风马达推进器、转盘及手摇绞车组成；操纵部分由注油器、气动操纵阀组、水阀及司机座组成。

图 3-14 FJY/TJ-25 型圆盘导轨架

3.1.5.2 YGZ90 型外回转导轨式凿岩机

YGZ90 型是典型的外回转导轨式凿岩机，其外形如图 3-16 所示。凿岩机由气动马达 1、减速器 2、机头 4、缸体 6 和柄体 9 五个主要部分组成。机头、缸体、柄体用两根长螺杆 5 连接成一体，气动马达和减速器用螺栓固定在机头上，钎尾 3 由气动马达经减速器驱动。

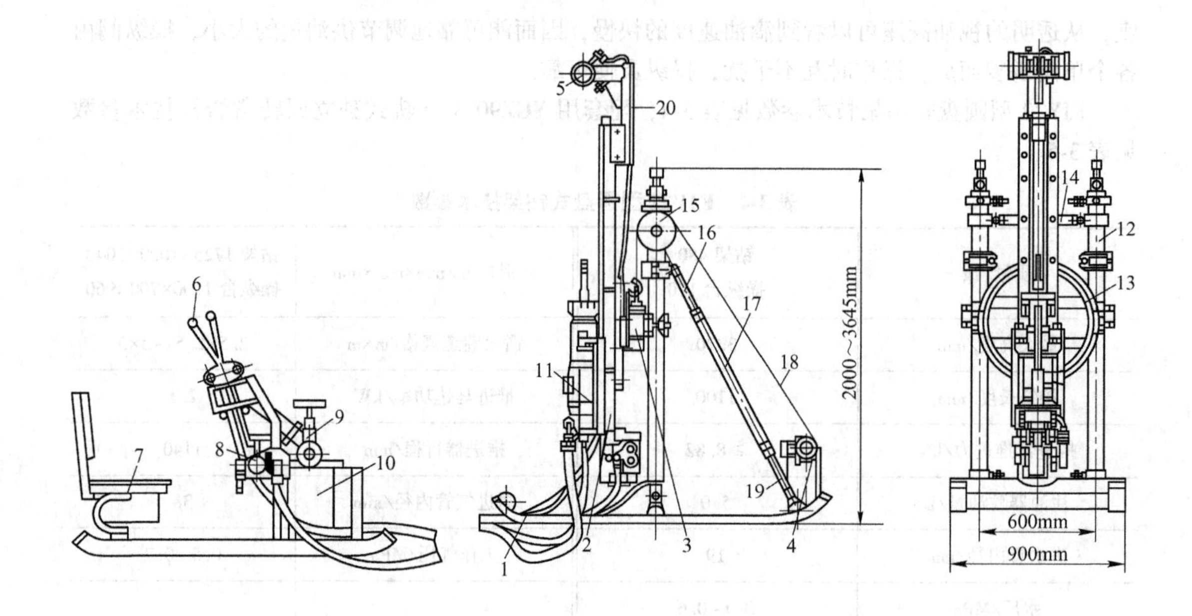

图 3-15　FJY/TJ-25 型圆盘导轨架结构

1—撬板；2—气动马达推进器；3—横梁；4—手摇绞车；5—夹钎器；6—操纵手柄；7—司机座；8—水阀；9—总进气阀；10—注油器；11—凿岩机；12—立柱；13—转盘；14—横杆；15—滑轮；16—左螺杆；17—拉杆；18—钢绳；19—右螺杆；20—连接板

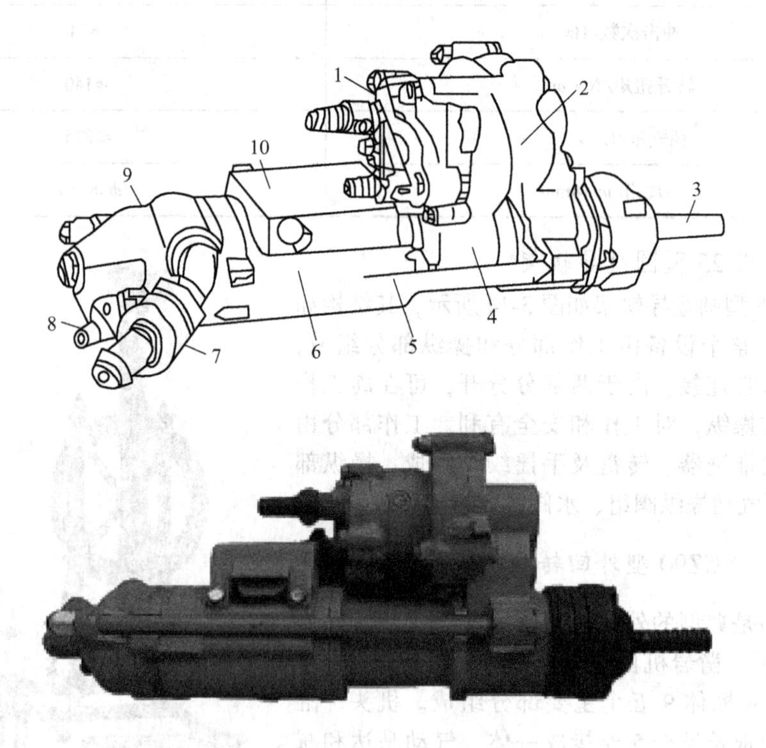

图 3-16　YGZ90 外回转凿岩机

1—气动马达；2—减速器；3—钎尾；4—机头；5—长螺杆；6—缸体；7—气管接头；8—水管接头；9—柄体；10—排气罩

YGZ90型凿岩机的结构如图3-17所示。钎尾40插入机头36内，用卡（掐）套2掐住钎尾凸起的挡环（钎耳），由转动套34驱动卡套及钎尾旋转，导向套1和钎尾套35则控制钎尾往复运动的方向。机头36用机头盖38盖住，外有防水罩39，可防止向上凿岩时，泥浆污染机头。钎尾前端有左旋波状螺纹，钎杆用连接套拧接在钎尾上。在机头上装有齿轮式气动马达和减速器。当气动马达旋转时，通过马达出轴的小齿轮（41左）带动大齿轮8转动，大齿轮8借月牙形键又将动力传递给轴齿轮6，又通过惰性齿轮5驱动转动套34，就使钎尾40回转。

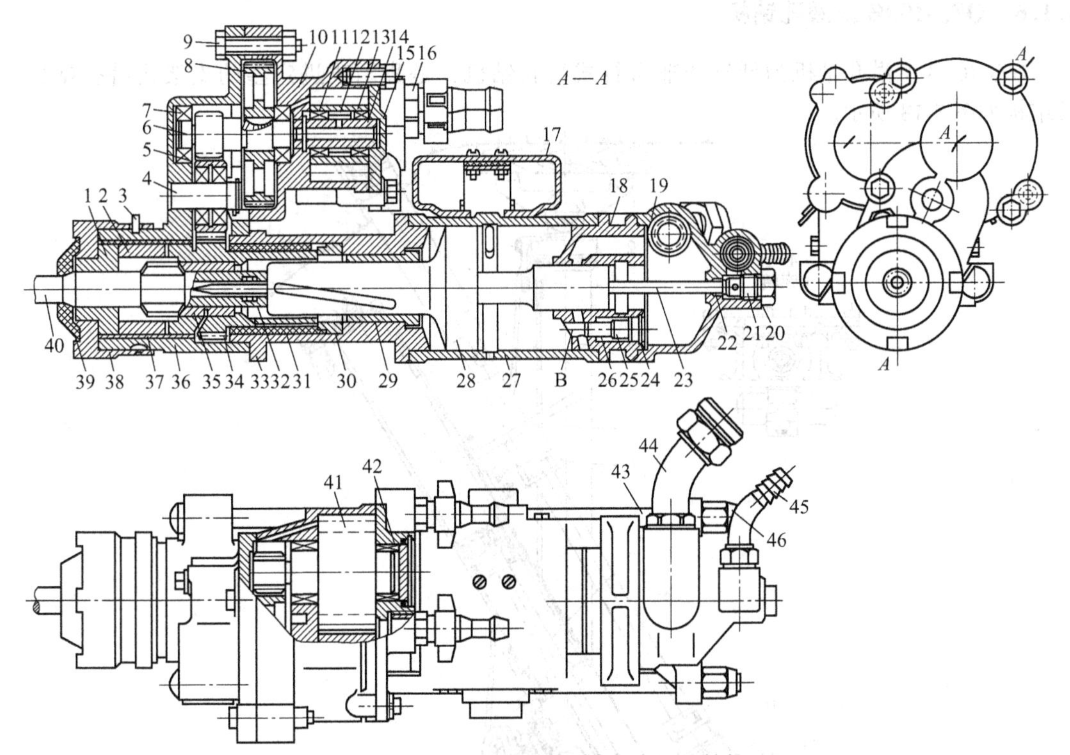

图3-17 YGZ90型外回转凿岩机的结构

1—导向套（衬套）；2—卡套（掐套）；3—弹簧卡圈；4—芯轴；5—惰性齿轮；6—轴齿轮；7—单列向心球轴承；8，13—齿轮；9—螺栓；10—气动马达体；11—滚针轴承；12—隔圈；14—销轴；15，42—盖板；16—气管接头；17—排气罩；18—配气体；19—柄体；20，32—密封圈；21—进水螺塞；22—水针胶垫；23—水针；24—挡圈；25—启动阀；26—弹簧；27—气缸；28—活塞；29—铜套；30—垫环；31，37—衬套；33—连接体；34—转动套；35—钎尾套；36—机头；38—机头盖；39—防水罩；40—钎尾；41—气动马达的双联齿轮；43—长螺杆；44—气管接头；45—水管接头；46—螺母

常用导轨式凿岩机技术性能见表3-6。

表3-6 国产导轨式气动凿岩机技术特性表

型 号	YGP28	YG40	YG80	YGZ70	YGZ90
质量/kg	30	36	74	70	90
长度/mm	630	680	900	800	883
工作气压/MPa	0.5	0.5	0.5	0.5~0.7	0.5~0.7
汽缸直径/mm	95	85	120	110	125
活塞行程/mm	50	80	70	45	62
冲击频率/Hz	≥45	≥27	≥29	≥42	≥33
冲击能/J	80	≥100	180	≥100	≥200
耗气量/$m^3 \cdot min^{-1}$	≤4.5	≤5	8.5	≤7.5	≤11
扭矩/N·m	≥30	38	100	≥65	≥120

续表 3-6

型　号	YGP28	YG40	YG80	YGZ70	YGZ90
使用水压/MPa	0.2~0.3	0.3~0.5	0.3~0.5	0.4~0.6	0.4~0.6
钻孔直径/mm	38~62	40~55	50~75	40~55	50~80
钻孔深度/m	6	15	40	8	30
钎尾尺寸/mm×mm	ϕ22×108	ϕ32×97	ϕ38×97	ϕ25×159	ϕ38×97

3.1.6　QZJ-100B 型潜孔钻机

QZJ-100B 型潜孔钻机为低气压非自行式潜孔钻机，是我国改进定型的支架式潜孔钻机，其结构如图 3-18 所示。

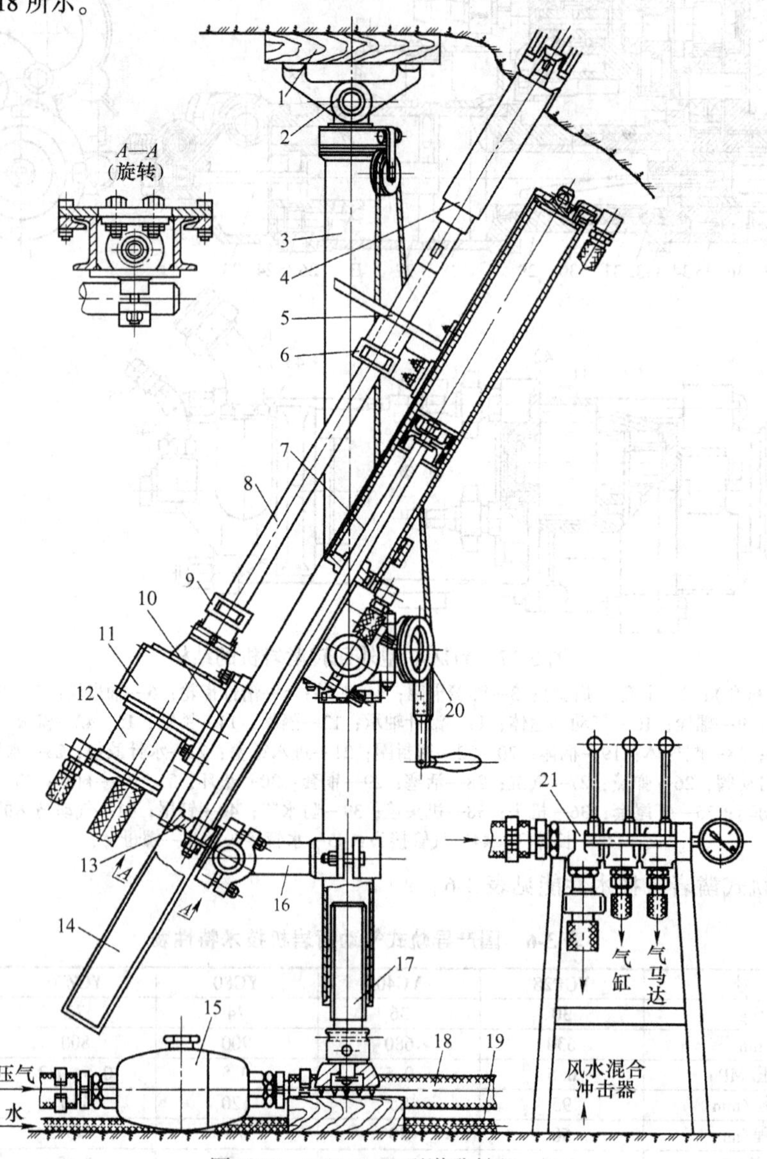

图 3-18　QZJ-100B 型潜孔钻机

1—垫木；2—上顶盘；3—支柱；4—冲击器；5—挡板；6—托钎器；7—推进气缸；8—钻杆；9—卸杆器；10—滑板；11—减速箱；12—风马达；13—支架；14—滑架；15—注油器；16—横轴；17—升降螺柱；18—气管；19—水管；20—手摇绞车；21—操纵阀

3.2 露天矿山凿岩

3.2.1 KQ 系列潜孔钻机

潜孔钻机的特点是主机置于孔外，只担负钻具的进退和回转，产生冲击动作的冲击器紧随钻头潜入孔底，故得名潜孔钻机。

潜孔钻机型号很多，其具体结构也有所不同，就总体结构而言，都必须设置冲击、回转、推进、排渣除尘、行走这几大部分，即潜孔钻机主要机构由冲击机构、回转供风机构、推进机构、排粉机构、行走机构等构成。

KQ-200 型潜孔钻机是一种自带螺杆空压机的自行式重型钻孔机械。它主要用于大、中型露天矿山，钻凿直径 200~220mm、孔深为 19m、下向倾角 60°~90°的各种炮孔。钻机总体结构如图 3-19 所示，KQ-200 型潜孔钻机基本参数见表 3-7。

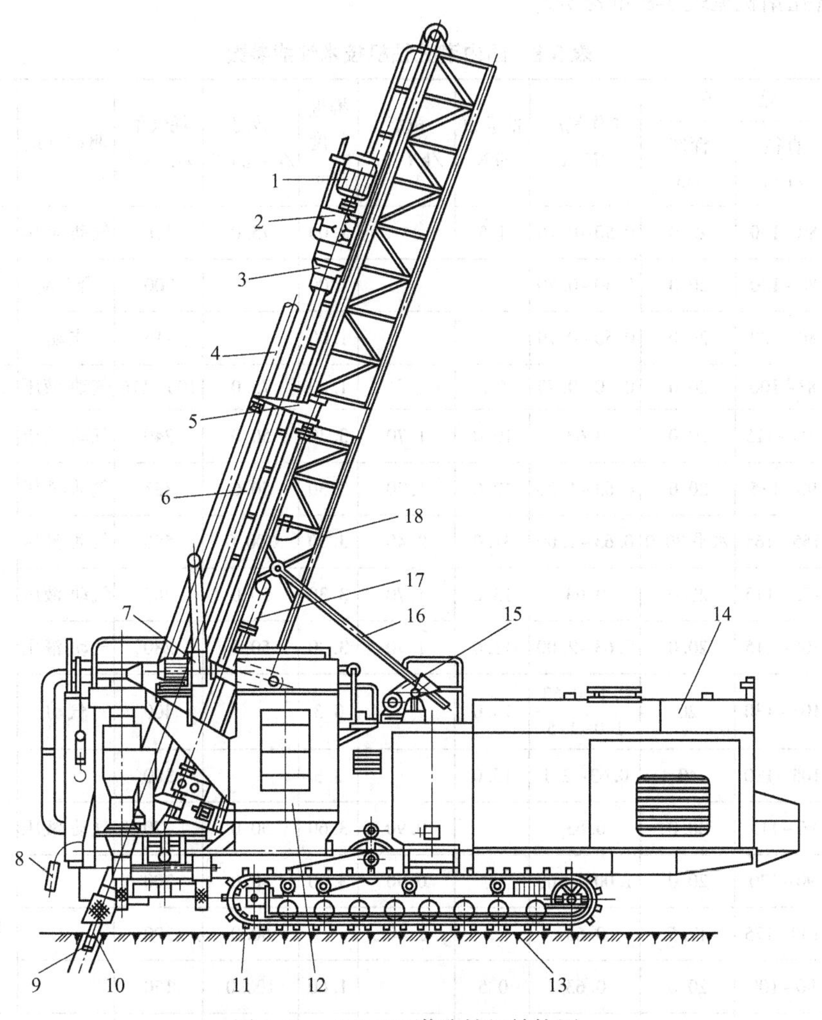

图 3-19 KQ-200 潜孔钻机结构图

1—回转电动机；2—回转减速器；3—供风回转器；4—副钻杆；5—送杆器；6—主钻杆；7—离心通风机；8—手动按钮；9—钻头；10—冲击器；11—行走驱动轮；12—干式除尘器；13—履带；14—机械间；15—钻架起落机构；16—齿条；17—调压装置；18—钻架

表 3-7　KQ 潜孔钻机的基本参数

基本参数	KQ-80	KQ-100	KQ-120	KQ-150	KQ-170	KQ-200	KQ-250
钻孔直径/mm	80	100	120	150	170	200	250
钻孔深度/m	25	25	20	17.5	18	19.3	18
钻孔方向/(°)	60，75，90						
爬坡能力/(°)	≥14						
冲击器的冲击功/N · m	≥75	≥90	≥130	≥260	≥280	≥400	≥600
冲击器冲击次数/min^{-1}	≥750	≥750	≥750	≥750	≥850	≥850	≥850
机重/kg	≤4000	≤6000	≤10000	≤16000	≤28000	≤40000	≤55000

常用潜孔钻机见表 3-8 和表 3-9。

表 3-8　国内潜孔钻机技术性能参数

型号	钻孔		工作气压 /MPa	推进力 /kN	扭矩 /kN · m	推进长度 /m	转速 /r · min^{-1}	耗气量 /L · s^{-1}	驱动方式	生产厂家
	直径 /mm	深度 /m								
KQY90	80~130	20.0	0.50~0.70	4.5		1.00	75.0	116	气动-液压	浙江开山股份有限公司
KSZ100	80~130	20.0	0.50~0.70			1.00		200	全气动	
KQD100	80~120	20.0	0.50~0.70			1.00		116	电动	
HQJ100	83~100	20.0	0.50~0.70	4.5		1.00	75.0	100~116	气动-液压	衢州红五环公司
CLQ15	105~115	20.0	0.63	10.0	1.70	3.30	50.0	240	气动-液压	天水风动机械有限公司
KQLG115	90~115	20.0	0.63~1.20	12.0	1.70	3.30	50.0	333	气动-液压	
KQLG165	155~165	水平 70.0	0.63~2.00	31.0	2.40	3.30	300.0	580	气动-液压	
TC101	105~115	20.0	0.63	13.0	1.70	3.30	50.0	260	气动-液压	
TC102	105~115	20.0	0.63~2.00	13.0	1.70	3.30	50.0	280	气动-液压	
CLQG15	105~130	20	0.4~0.63 1.0~1.5	13.0		3.3		400	气动	
TC308A	105~130	40	0.63~2.1	15.0		3.3		300		
KQL120	90~115	20.0	0.63		0.90	3.60	50.0	270	气动-液压	沈阳凿岩机股份有限公司
KQC120	90~120	20.0	1.00~1.60		0.90	3.60	50.0	300		
KQL150	150~175	17.5	0.63		2.40		50.0	290		
CTQ500	90~100	20.0	0.63	0.5		1.60	100.0	150		
HCR-C180	65~90	20.0				3.74			柴油-液压	沈凿-古河公司
HCR-C300	75~125	20.0		3.2		4.50			柴油-液压	

续表 3-8

型 号	钻孔		工作气压 /MPa	推进力 /kN	扭矩 /kN·m	推进长度 /m	转速 /r·min^{-1}	耗气量 /L·s^{-1}	驱动方式	生产厂家
	直径 /mm	深度 /m								
CLQ80A	80~120	30.0	0.63~0.70	10.0		3.00	50.0	280	气动-液压	宣化英格索兰公司
CM-220	105~115		0.70~1.20	10.0		3.00	72.0	330	气动-液压	
CM-351	165		1.05~2.46	13.6		3.66	72.0	350	气动-液压	
CM120	80~130		0.63	10.0		3.00	40.0	280	气动-液压	

表 3-9 国外潜孔钻机技术性能参数

型 号	配用钎头直径/mm	外径	总长 /mm	质量 /kg	风压 /kg·cm^{-2}	耗风量 /m^3·min^{-1}	单次冲击能 /kg·m^{-1}	冲击频率 /min^{-1}	配用钎头	连接方式
CIR65A	68	57	777	13	5~7	3.5	5.1	810	QT65	外：T42×10×1.5
CIR90	90，100，130	80	795	21	5~7	7.2	11	820	CIR70-18	外：T48×10×2
CIR110	110，123	98	838	36	5~7	12	18	830	CIR110-16A CIR110-16B	内：AP12-3/8″
CWG76	80	68	912	20	7~21	2.8~15	17.2	900~1410	CWG76-15A	外：T42×10×1.5
DHD350Q	140	122	1254	90	7~21	6.5~21	65.1	850~1510	DHD350C-19E	外：API2-3/8″
DHD350R	133	114	1387	68.5	7~21	57~20	59	810~1470	DHD350R-17A	外：3-1/2″
CIR110W	110，123	98	932	38.36	5~12	6~12	27	920~1250	CIR110-60A	AP12/8″
CIR170A	175，185	159	1033	119	5~7	18	50	85	CIR170-17A CIR170-17B	外：T100×28×10
CIR200W	200	182	1252	180	5~7	20	65	835	CIR200W-16	外：T120×40×10
DHD360	152，165	136	1450	126	7~21	8.5~25	82.2	820~1475	DHD360-19A DHD360-19B	内：API3-1/2″
DHD380W	203，254	181	1613	177	7~24.1	9.7~43.4		860~1510	CW200-19A CWG200-19B	41/2″REG
CWG200	204，254	180	1734	277	7~21	12~31	156	971~1446	CW200-19A CWG200-19B	外：API4-1/2″

3.2.2 牙轮钻机

露天矿用牙轮钻机是采用电力或内燃驱动，具有履带行走、顶部回转、连续加压、压缩空气排渣、装备干式或湿式除尘的系统，以牙轮钻头为凿岩工具的自行式钻机。

顶部回转滑架式的各类型牙轮钻机总体结构组成相似，如图 3-20 所示。它主要包括钻具、钻架、回转机构、主传动机构、行走机构、排渣系统、除尘系统、液压系统、气控系统、干油润滑系统等部分，常用牙轮钻机见表 3-10 和表 3-11。

图 3-20　牙轮钻机外形

表 3-10　国内牙轮钻机主要技术性能参数表

型　号	KY-150A	KY-150B	YZ-35C	YZ-35D	YZ-55	YZ-55A
钻孔直径/mm	150	150	250	250	310	380
钻孔方向/(°)	65~90	90	90	90	90	90
回转速度/r · min^{-1}	0~113	0~120	0~90	0~120	0~120	0~90，0~150
回转扭矩/kN · m	3~7.5	5.5	9.2	9.2	9.0	11.5
轴压力/kN	160	120	0~350	0~350	0~550	0~600
钻进速度/m · min^{-1}	0~2	0~2.08	0~1.33	0~1.33，0~2.2	0~1.98	0~3.3，0~1.98
提升速度/m · min^{-1}	0~23	0~19	0~37	0~37	0~30	0~30
行走速度/km · h^{-1}	1.3	1.3	0~1.5	0~0.15	0~1.1	0~1.14
爬坡能力/%	12	14	15，25	15，25	25	25
主空压机	螺杆式	螺杆式	螺杆式	螺杆式	螺杆式	螺杆式
排风量/m^3 · min^{-1}	18	19.5	30	36，40	40	40，42
排风压机/MPa	0.4	0.5	0.45	0.45~0.5	0.45	0.45~0.5
装机容量/kW	240	315	440~470		467	530，560
整机质量/t	33.56	41.246	95	95	140	150

表 3-11 国外牙轮钻机主要技术性能参数

型 号	35HR	35HR	HBM160	HBM250	HBM300
钻孔直径/mm	152~229	229	130~180	159~279	200~300
钻孔深度/m	7.62（一次）	9.14（一次）	56	56	56
最大轴压/kN	190.9	227.27	160.00	270.00	410.00
钻机动力源	柴油机	柴油机	柴油机	柴油机	柴油机
钻具回转功率/kW	298	447	335	395	570
排渣风压/kPa	2410	2410	1000	1000	1000
整机工作质量/t	32.616	38.500	40.00	50.000	60.000

3.3 凿岩钻车

凿岩钻车（也称凿岩台车）是近40年发展起来的先进凿岩设备，尽管早期的凿岩台车只是简单的钻臂、气动凿岩机再加上遥控装置，却为巷道掘进和采矿作业引进了一门崭新的技术。凿岩台车类型很多，按其用途分为露天凿岩台车和地下凿岩台车。

3.3.1 地下采矿掘进凿岩钻车

掘进凿岩钻车虽然类型较多，但其主要部件大都包括推进器、钻臂、回转机构、平移机构及托架、转柱、车体、行走装置、操作台、凿岩机和钻具。有的钻车还装有辅助钻臂（设有工作平台，可以站人进行装药、处理顶板等）和电缆、水管的缠绕卷筒等，钻车功能更加完善。CGJ-2Y型轨轮式全液压凿岩钻车结构组成如图3-21所示，轮胎式凿岩钻车结构如图3-22所示。

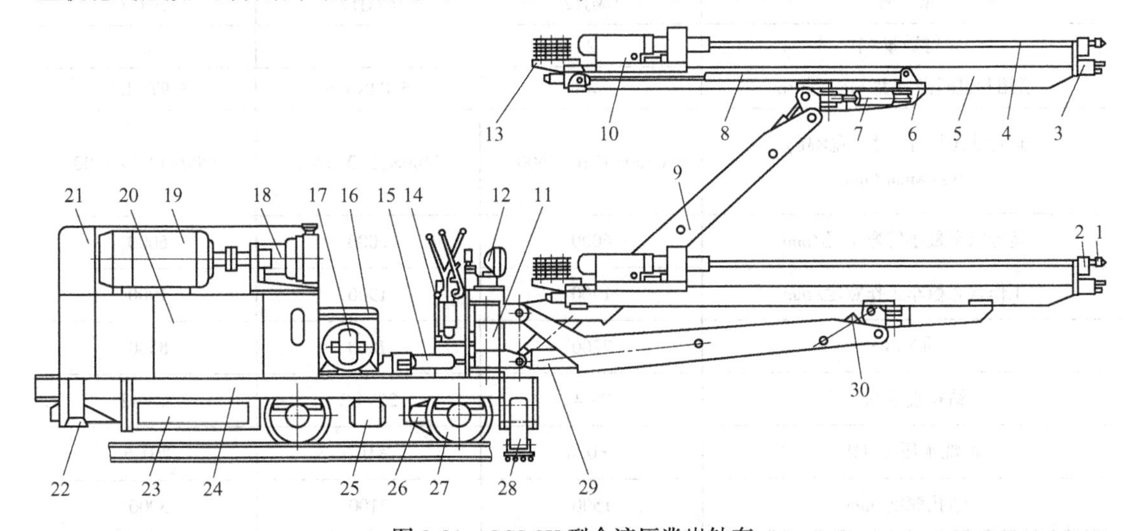

图 3-21 CGJ-2Y 型全液压凿岩钻车

1—钎头；2—托钎器；3—顶尖；4—钎具；5—推进器；6—托架；7—摆角缸；8—补偿缸；9—钻臂；10—凿岩机；11—转柱；12—照明灯；13—绕管器；14—操作台；15—摆臂缸；16—坐椅；17—转钎油泵；18—冲击油泵；19—电动机；20—油箱；21—电器箱；22—后稳车支腿；23—冷却器；24—车体；25—滤油器；26—行走装置；27—车轮；28—前稳车支腿；29—支臂缸；30—仰俯角缸

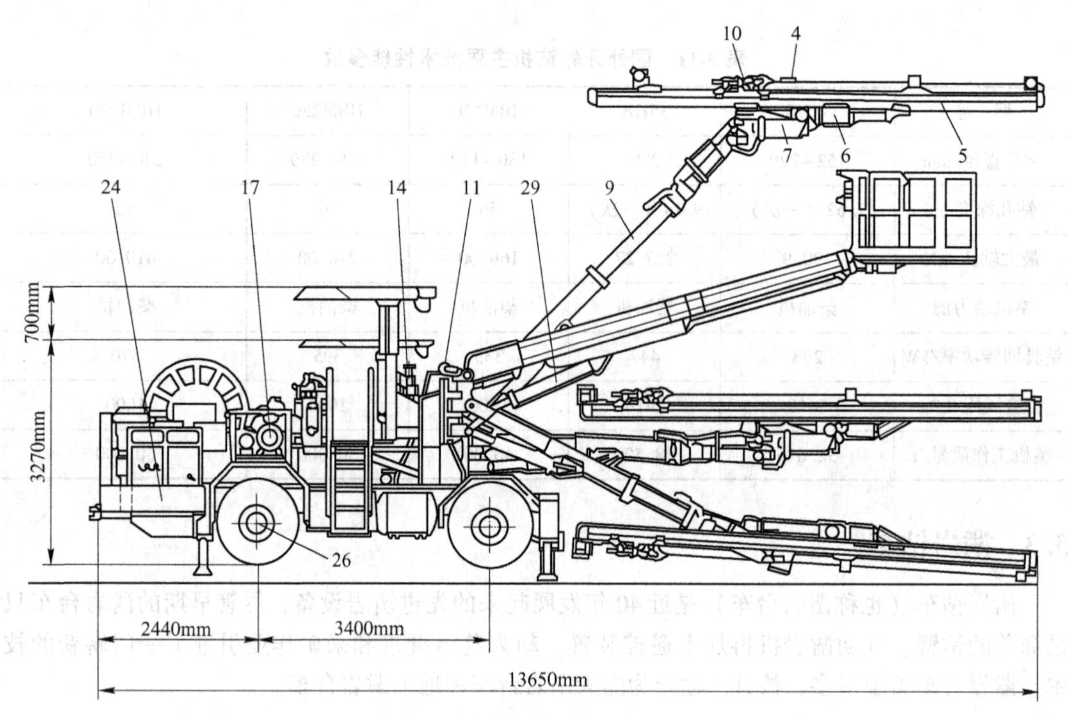

图 3-22　轮胎式凿岩钻车

（所标注部分的名称同图 3-21 中相应各项所注）

常用井下 CMJ 系列掘进钻车技术性能参数见表 3-12。

表 3-12　CMJ 系列掘进钻车主要技术性能参数

型　号	CMJ12	CMJ17	CMJ27
钻臂数量/个	2	2	2
适用巷道断面（宽×高）/m×m	3×4	5. 02×3. 5	5. 97×4. 6
运行状态尺寸（长×宽×高）/mm×mm×mm	6700×1210×1600	7400×1210×1620	7900×1210×1800
运行状态最小转弯半径/mm	6000	6000	6000
工作状态稳车工作宽度/mm	1900	1900	1900
质量/kg	7200	7800	8500
钻孔直径/mm	27～42	27～42	27～42
冲洗水压力/MPa	≥0. 6	≥0. 6	≥0. 6
钻孔深度/mm	1500	2100	3000
适应钎杆长度/mm	1975	2475	3350
凿岩机型号	HYD-300 液压凿岩机	HYD-300 液压凿岩机	HYD-300 液压凿岩机
电动机功率/kW	45	45	45

续表 3-12

型号		CMJ12	CMJ17	CMJ27
推进器	类型特性	液压缸-钢丝绳	液压缸-钢丝绳	液压缸-钢丝绳
	推进方式	液压缸-钢丝绳推进	液压缸-钢丝绳推进	液压缸-钢丝绳推进
	总长度/mm	3900	3900	3900
	推进行程/mm	1500	2100	2500
	推进力/kN	8	8	8
	推进速度/m · min^{-1}	14.5	14.5	14.5
钻臂	类型特征	液压回转钻臂	液压回转钻臂	液压回转钻臂
	伸缩长度/mm	1600	2400	2600
	推进补偿行程/mm	1500	1500	1500
	推进器俯仰角度/(°)	俯 105，仰 15	俯 105，仰 15	俯 105，仰 15
	摆动角度/(°)	内 15，外 45	内 15，外 45	内 15，外 45
	臂身回转驱动方式	马达-蜗轮蜗杆	马达-蜗轮蜗杆	马达-蜗轮蜗杆
	臂身回转角度/(°)	正 180，反 180	正 180，反 180	正 180，反 180
行走机构	行走方式	电动机-马达	电动机-马达	电动机-马达
	驱动机构形式	液压马达-履带	液压马达-履带	液压马达-履带
	行走速度/km · h^{-1}	1.25	1.25	1.25
	爬坡能力/(°)	±16	±16	±16
液压泵站	泵型号	MDB（A）-4×28.5FL-F	MDB（A）-4×28.5FL-F	MDB（A）-4×28.5FL-F
	工作压力/MPa	21	21	21
	工作流量/L · min^{-1}	160	160	160

3.3.2 采矿凿岩钻车

如图 3-23 所示，CTC-700 型采矿凿岩钻车由推进机构、叠形架、行走机构、稳车装置（气顶及前后液压千斤顶）、液压系统、压气和供水系统等组成。

钻车工作时，首先利用前液压千斤顶 17 找平并支承其重量，同时开动气顶 9 把台车固定。然后根据炮孔位置操纵叠形架对准孔位，开动推进器油缸（补偿器）使顶尖抵住工作面，随即可开动凿岩机及推进器，进行钻孔工作。

3.3.3 露天凿岩钻车

露天液压凿岩钻车由凿岩机、推进器、钻臂、底盘、液压系统、供气系统、电缆绞盘、水管绞盘、电气系统和供水系统等组成，如图 3-24 所示。

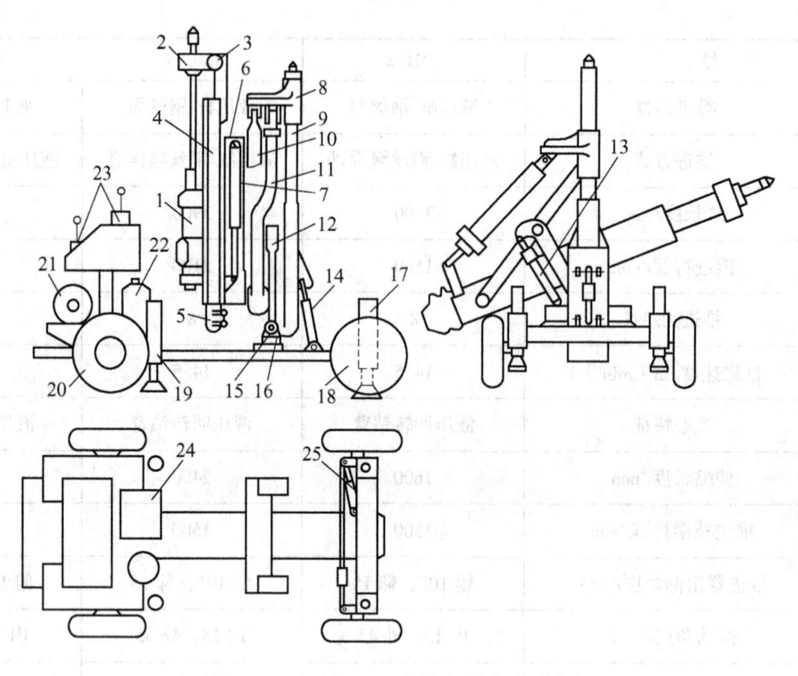

图 3-23　CTC-700 型凿岩钻车示意图

1—凿岩机；2—托钎器；3—托钎器油缸；4—滑轨座；5—推进风马达；6—托架；7—补偿机构；8—上轴架；9—顶向千斤顶；10—扇形摆动油缸；11—中间拐臂；12—摆臂；13—侧摆油缸；14—起落油缸；15—销轴；16—下轴架及支座；17—前千斤顶；18—前轮对；19—后千斤顶；20—后轮对；21—行走风马达；22—注油器；23—液压控制台；24—油泵风马达；25—转向油缸

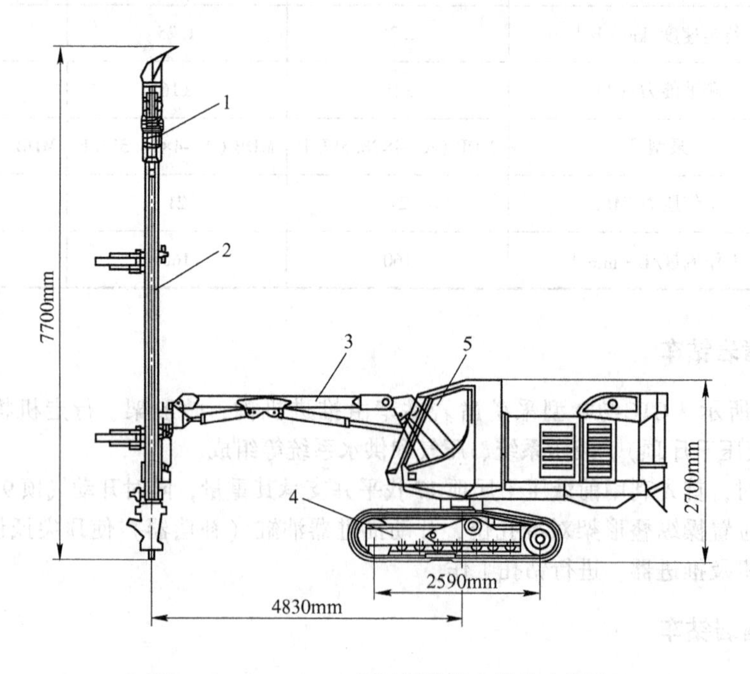

图 3-24　Ranger 700 露天凿岩钻车的基本结构

1—凿岩机；2—推进器；3—钻臂；4—底盘；5—司机室

复习思考题

3-1　影响穿孔速度的因素有哪些？

3-2　如何表示岩石的可钻性？

3-3　简述凿岩破岩机理。

3-4　常见的浅孔凿岩机械有哪些，分别适用于什么场合？

3-5　常见的深孔凿岩机械有哪些，分别适用于什么场合？

4 爆破材料

4.1 起爆雷管

雷管是用来起爆炸药或导爆索的。它是一种最基本的起爆材料。雷管的引爆过程是通过火焰或电能首先使雷管上部起爆药着火，起爆药很快由燃烧转为爆轰。爆轰波将雷管下部的高猛炸药激发，从而完成整个雷管的爆炸。

4.1.1 电雷管

电雷管按作用不同可分为普通发电雷管和普通延期电雷管两种。延期电雷管又可分为秒延期电雷管和毫秒延期电雷管两种。

4.1.1.1 普通瞬发电雷管

瞬发电雷管是在起爆电流足够大的情况下通电即爆的电雷管，又称作即发电雷管，实际上是一个火雷管与电力点火装置的结合体。

A 瞬发电雷管的结构

瞬发电雷管的构造如图4-1所示。按点火装置的不同，瞬发电雷管分为药头式和直插式两种。

直插式瞬发电雷管的特点是：起爆药DDNP（二硝基重氮酚）是松装的，而点火装置的桥丝直接插入起爆药中，没有加强帽。这对雷管的起爆能力是不利的，故往往需要将起爆药量增大。

药头式瞬发电雷管的特点是：桥丝周围涂有引火药并制成圆珠状，桥丝在电流作用下发热引起点火头燃烧，火焰穿过加强帽中心孔，引起起爆药爆炸。

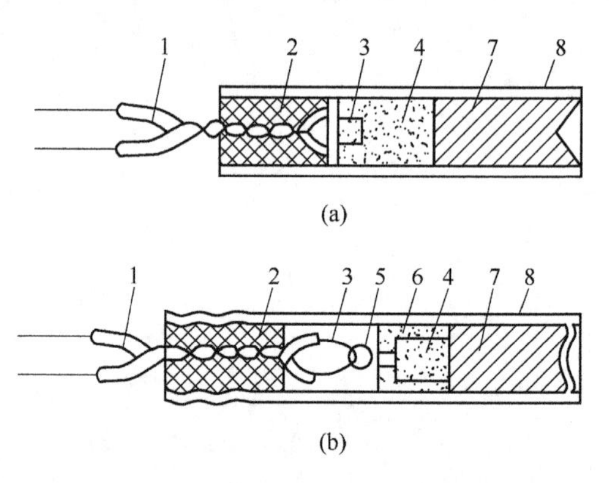

图4-1 瞬发电雷管

（a）直插式；（b）药头式

1—脚线；2—密封塞；3—桥丝；4—起爆药；5—引火头；6—加强帽；7—加强药；8—管壳

B 瞬发电雷管的性能参数

电雷管的性能参数是国家制定与爆破相关的法规、标准，生产厂家进行质量检验，用户进行验收，爆破工程技术人员进行电爆网路设计、选用起爆电源和检测仪表的重要依据。电雷管的性能参数主要有全电阻、最低准爆电流、最高安全电流、单发发火电流、点燃时间、传导时间、点燃起始能等。

（1）电雷管全电阻。电雷管全电阻包括桥丝电阻和脚线电阻。国产电雷管电阻值可参考表4-1。

表 4-1 国产电雷管电阻

桥丝材料	桥丝电阻/Ω	脚线长度/m	脚线材料	全电阻/Ω
康 铜	0.7~1.0	2	铁 线	2.5~4.0
			铜 线	1.0~1.5
镍 铬	2.5~3.0	2	铁 线	5.6~6.3
			铜 线	2.8~3.8

由表 4-1 看出，2m 长铁脚线电雷管的全电阻不大于 6.3Ω，上下线差值不大于 2.0Ω；当采用铜脚线时，其全电阻不大于 4.0Ω，上下线差值不大于 1.0Ω。电雷管在出厂时，允许电阻值有一定的误差范围。因此在使用单个电雷管时，电阻值在规定范围内均属合格。电雷管在使用之前，要用爆破专用电表逐个测定每个电雷管的阻值，剔除断路、短路和阻值异常的电雷管。《爆破安全规程》规定：用于同一爆破网路的电雷管应为同厂同型号产品，康铜桥丝雷管的电阻值差不得超过 0.3Ω，镍铬桥丝雷管的电阻值差不得超过 0.8Ω，否则难以同时起爆甚至造成部分雷管拒爆。当使用电雷管大规模成组爆破时，若不能满足此要求，也应尽量把电阻值接近的雷管编在一组使用。

（2）最低准爆电流。电雷管通以恒定的直流电流能使引火头必定引燃的最小电流，称为最低准爆电流。国产电雷管的最低准爆电流一般不大于 0.7A。

（3）安全电流。在 5min 内不发火的恒定直流电流称为安全电流。国家标准规定，电雷管的安全电流不小于 0.18A。安全电流的试验测试方法为：20 发电雷管串联连接，测量电阻后，对该组电雷管通以 0.18A 的恒定直流，通电时间 5min，电雷管均不爆炸为合格。安全电流是电雷管对电流安全的一个指标。在设计爆破专用仪表时，安全电流是选择仪表输出电流的依据。为确保安全，《爆破安全规程》规定，爆破专用电表的工作电流应小于 30mA。

（4）单发发火电流。在 30s 内发火的恒定直流电流称为单发发火电流。国家标准规定，电雷管的单发发火电流不大于 0.45A。单发发火电流的数值是通过采用数理统计的方法进行试验和数据处理而得到的，是可靠引爆单发电雷管的最小准爆电流。

（5）点燃时间。电雷管从开始通电到引火头引燃的时间称为点燃时间。

（6）传导时间。电雷管从引火头引燃到发生爆炸的时间称为传导时间。传导时间对成组电雷管齐发爆破有重大意义，较长的传导时间使敏感度稍有差别的电雷管成组爆炸成为可能。

（7）点燃起始能。根据焦耳-楞次定律，当桥丝电阻一定时，桥丝的发热量和电流平方与通电时间的乘积成正比。我们把恰能使引火头点燃的 I^2t 八乘积称为点燃起始能 K_B。点燃起始能是表示雷管敏感程度的重要参数。点燃起始能值越小，说明它对电能的敏感度越高，否则反之。

成组电雷管的准爆条件：电雷管成组起爆时，由于各个雷管点燃起始能的差异，对电能的敏感程度不尽相同。点燃起始能低的电雷管首先点燃，炸断电路，致使点燃起始能高的电雷管因未获得足够的点燃起始能而产生拒爆。因此，为了保证成组电雷管的准爆，必须满足下列条件：

$$t_{B最低} + t_{D最低} \geqslant t_{B最高} \tag{4-1}$$

式中，$t_{B最低}$为点燃起始能最低的电雷管的点燃时间（最敏感电雷管）；$t_{B最高}$为点燃起始能最高的电雷管的点燃时间（最钝感电雷管）；$t_{D最低}$为点燃起始能最低的电雷管的传导时间（最敏感电雷管）。

式（4-1）说明：点燃起始能最低的电雷管的点燃时间与传导时间之和应大于点燃起始能最高的电雷管的点燃时间。假设 I 为保证成组电雷管起爆的准爆电流，则

$$I^2 t_{\text{D最低}} \geqslant I^2 t_{\text{B最高}} - I^2 t_{\text{B最低}} \tag{4-2}$$

因

$$K_{\text{B}} = I^2 t_{\text{B}}$$

所以

$$I^2 \geqslant \frac{K_{\text{B最高}} - K_{\text{B最低}}}{t_{\text{D最低}}} \tag{4-3}$$

或者

$$I \geqslant \sqrt{\frac{K_{\text{B最高}} - K_{\text{B最低}}}{t_{\text{D最低}}}} \tag{4-4}$$

尽管单个电雷管的最低准爆电流不大于 0.7A，但考虑到成组电雷管中不同雷管点燃起始能的差异，为了可靠起见，《爆破安全规程》规定，电力起爆时，流经每个雷管的电流为：一般爆破，交流电不小于 2.5A，直流电不小于 2A；大爆破，交流电不小于 4A，直流电不小于 2.5A。因交流电的变化曲线呈正弦曲线变化，任一瞬间的电流值均不相等，为保证起爆的可靠性，就必须提高单个雷管的起爆电流。

C　瞬发电雷管的发火装置

瞬发电雷管的发火装置如图 4-2 所示，其结构由下列元件组成：

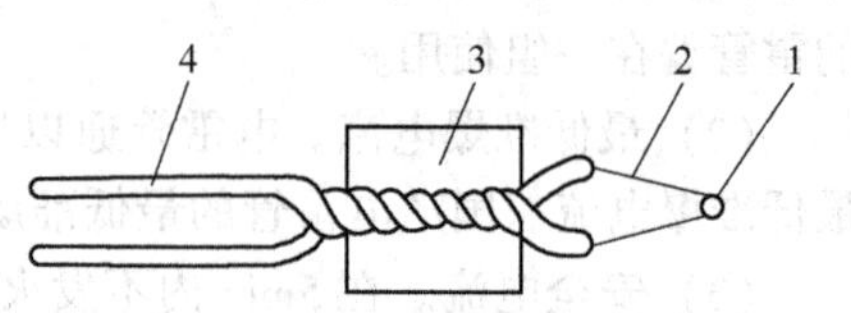

图 4-2　瞬发电雷管的发火装置

1—药头（引火药）；2—桥丝；3—塑料柱；4—脚线

（1）引火药。其成分一般为可燃剂和氧化剂的混合物。目前各厂家使用的引火药归纳起来有三类：氯酸钾-硫氰酸铅类、氯酸钾-木炭类、氯酸钾-木炭再加 DDNP（二硝基重氮酚）15%类。

（2）桥丝。有康铜丝和镍铬丝两种。

（3）塑料柱。一般为高压聚乙烯注塑而成。

（4）脚线。脚线材料有铜和铁两种。紫铜丝的直径为 0.45mm，长度为（2.0±0.1）m（根据用户需要规定），电阻为 0.10~0.12Ω/m。

D　瞬发电雷管的技术指标

瞬发电雷管的主要技术指标如下：

（1）外观。表面应符合要求。

（2）尺寸。雷管长 45~50mm，外径 8.5mm，脚线长度 1.5~3m。

（3）电阻。采用镍铬合金细丝作桥丝材料。铁脚线电雷管全电阻为（6.3±1.0）Ω，铜脚线电雷管全电阻为（4.0±0.5）Ω。

（4）最大安全电流。通 0.1A 恒定直流电流 30s 不爆炸。

（5）最小发火电流。通 0.6A 恒定直流电，30s 必须起爆；20 发雷管串联，通 1.2A 恒定直流电应全爆。

（6）铅板穿孔和串联试验。8 号雷管应炸穿 5mm 厚铅板；6 号雷管应炸穿 4mm 厚铅板。穿孔直径应不小于雷管外径。

（7）振动试验。在振动机上，频率每分钟（60±1）次落高 150mm，连续振动 10min，雷管的各项性能指标不变。

（8）封口牢固性。荷重 2kg，1min 内封口塞无肉眼可见的移动和损坏。

（9）储存性能。在规定的储存条件下，储存期为 2 年。

4.1.1.2 普通延期电雷管

延期电雷管是通以足够电流之后，还要经过一定时间才能爆炸的电雷管。延期电雷管按时间间隔的长短可分为秒延期电雷管，半秒延期电雷管和毫秒延期电雷管。

A 秒和半秒延期电雷管

秒和半秒延期电雷管的结构如图4-3所示。电引火元件与起爆药之间的延期装置是用精制导火索段或在延期体壳内压入延期药构成的，延期时间由延期药的装药长度、药量和配比来调节。索式结构的秒或半秒延期电雷管在管壳上钻有两个起防潮作用的排气孔，排出延期装置燃烧时产生的气体。起爆过程是：通电后引火头发火，引起延期装置燃烧，延迟一段时间后雷管爆炸。秒或半秒延期雷管的延期时间和标志见表4-2和表4-3。

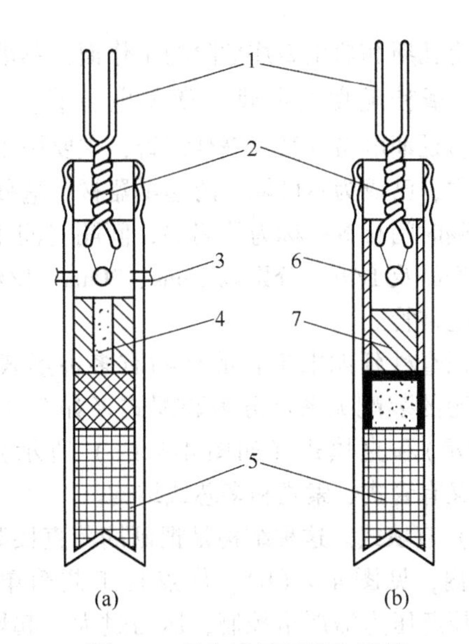

图4-3 秒和半秒延期电雷管
(a) 索式结构；(b) 装配式结构
1—脚线；2—电引火线；3—排气孔；4—精制导火索；5—火雷管；6—延期体壳；7—延期药

表4-2 秒延期电雷管的段别与秒量

段 别	延期时间/s	脚线标志颜色
1	0	灰红
2	1.2	黄
3	2.3	蓝
4	3.5	白
5	4.8	绿红
6	6.2	绿黄
7	7.7	绿蓝

表4-3 半秒延期电雷管的段别与秒量

段 别	延期时间/s	脚线标志颜色
1	0	雷管壳上印有段别标志，每发雷管还有段别标签
2	0.5	
3	1.0	
4	1.5	
5	2.0	
6	2.5	
7	3.0	
8	3.5	
9	4.0	
10	4.5	

在有瓦斯和煤尘爆炸危险的工作面，不准使用秒延期电雷管。

B 毫秒延期电雷管（微差电雷管）

毫秒延期电雷管简称毫秒雷管，主要用于微差爆破。近年来它的应用范围不断扩大，在控制爆破中，已成为不可缺少的起爆器材。毫秒延期电雷管有等间隔和非等间隔之分。段与段之间的间隔时间相等的称为等间隔，间隔时间不相等的称为非等间隔，如表4-4中的第2、4毫秒系列产品及1/4s，分别以25ms、20ms、1/4s为段间间隔，而第1、3系列产品为非等间隔毫秒延期电雷管。

我国毫秒延期电雷管的结构有多种形式，以延期药的装配关系可分为装配式（如图4-4（a）所示）和直填式（如图4-4（b）所示）。装配式又有管式、索式和多芯式结构。

（1）直填式。这种结构是把延期药直接装入雷管内，见图4-4（b），优点是工艺简单，缺点是压药压力需严格控制，压力过大，起爆药将被"压死"而产生半爆。

（2）装配式。装配式结构见图4-4（a），被广泛应用，其优点是结构简单，延期药可承受高压而不受起爆药的限制，生产时延期体与火雷管分开，加工后装配，因此安全性能良好，国内毫秒延期电雷管段别与秒量见表4-4。

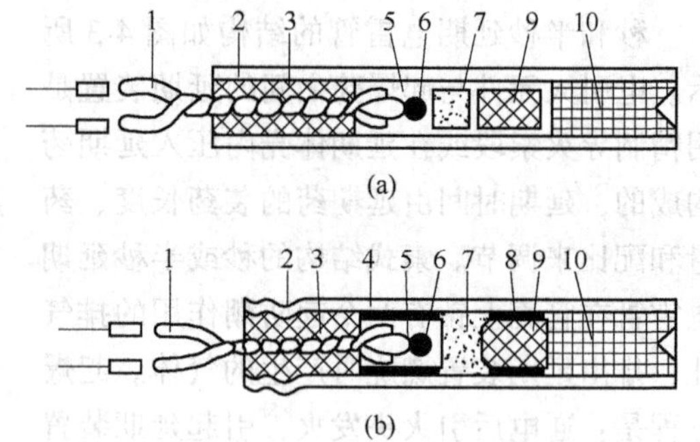

图4-4 毫秒延期电雷管

（a）装配式；（b）直填式

1—脚线；2—管体；3—塑料塞；4—长内管；5—气室；6—引火头；7—压装延期药；8—加强期；9—起爆药；10—加强药

表4-4 国内毫秒延期电雷管段别与秒量

段别	第1毫秒系列 /ms	第2毫秒系列① /ms	第3毫秒系列 /ms	第4毫秒系列 /ms	$\frac{1}{4}$秒系列/s
1	0	0	0	0	0
2	25	25	25	25	0.25
3	50	50	50	45	0.50
4	75	75	75	65	0.75
5	110	100	100	85	1.00
6	150		128	105	
7	200		157	125	
8	250		190	145	1.25
9	310		230	165	1.50
10	380		280	185	
11	460		340	205	
12	550		410	225	
13	650		480	250	
14	760		550	275	
15	880		625	300	
16	1020		700	330	
17	1200		780	360	
18	1400		860	395	
19	1700		945	430	
20	2000		1035	470	

续表 4-4

段 别	第 1 毫秒系列 /ms	第 2 毫秒系列① /ms	第 3 毫秒系列 /ms	第 4 毫秒系列 /ms	$\frac{1}{4}$秒系列/s
21			1125	510	
22			1225	550	
23			1350	590	
24			1500	630	
25			1675	670	
26			1875	710	
27			2075	750	
28			2300	800	
29			2550	850	
30			2800	900	
31			3050		

① 第 2 毫秒系列为煤矿许用毫秒延期电雷管。

目前我国毫秒延期电雷管的延期元件更多的是采用铅质延期体，同时取消了加强帽。铅质延期体主要经过以下工序加工而成：首先在壁厚 3mm 左右，长度 300mm 左右，内径大于 10mm 的铅锑合金管内装入定量延期药，经专用模具引拔至一定细度后切成一定长度的中间料管，然后再将 3 根（或 5 根）这样的中间料管装入一根铅锑合金大套管内，经多次引拔后到外径为 6.15~6.27mm。然后按要求的延期时间切成一定长度，这样就形成了 3 芯（或 5 芯）的铅锑合金延期体，简称铅质延期体。铅质延期体内的延期药分布均匀，延期精度高，所以在毫秒延期雷管中得到了广泛的应用。

C 延期电雷管的作用原理

电雷管通电后，桥丝电阻产生热量点燃引火药头，引火药头迸发出的火焰引燃延期元件或延期药，延期元件或延期药按确定的速度燃烧并在延迟一定时间后将雷管引爆。毫秒延期电雷管在工程爆破中的用途越来越广泛，如降低爆破地震、保护边坡、控制飞石等爆破有害效应，控制爆破和水利水电工程爆破的保护地基基础等。发展趋势是：段数多，秒量精度高；发展等间隔毫秒电雷管，多品种，形成系列化，有抗杂电、抗静电、耐高温、抗深水等各种毫秒延期电雷管，以适应各种特殊爆破的需要。

4.1.1.3 特种电雷管

普通电雷管遇到较大杂散电流时，有可能发生早爆事故。此外，雷电、射频电或静电也能使起爆系统发生意外事故。针对这种情况，必须研制抗杂散电流、抗静电干扰的特种电雷管，以及有特殊要求时使用的电雷管：

（1）抗杂散电流毫秒延期电雷管。抗杂散电流毫秒延期电雷管简称抗杂电雷管，按其抗杂电的原理可分为容抗式、无桥丝式、低阻桥丝式三种，我国有无桥丝式和低阻桥丝式两种抗杂电雷管。

1）无桥丝式抗杂电毫秒电雷管。这种电雷管的特点是用导电药代替桥丝。这种雷管的结构，除药头外，与普通毫秒电雷管相同，其爆炸性能也与普通工业 8 号雷管相同。这种雷管的优点是具有一定的抗杂电能力，能满足绝大部分矿山抗杂电的要求，群爆性能好，结构简单，使用方便，在串并联网路使用时，只要连接各串的雷管数平衡，不需电阻平衡，因此免去了复杂的网路计算；缺点是每个雷管电阻的范围大，网路连好后，难以用仪表进行检查。

2）低阻桥丝式抗杂毫秒电雷管。这种电雷管的特点是采用低阻紫铜丝作为桥丝。这种结构的优点是：结构简单，除桥丝与普通电雷管桥丝有区别外，其他方面均与普通毫秒电雷管相同，具有较高的抗杂电能力，能满足国内大部分有杂电的矿山爆破的要求。缺点是电阻很小，当两极短路时，很难用仪表查出，而且所用起爆能量大，起爆能量大部分消耗在网路线路上，因此对网路绝缘要求很高，否则容易产生拒爆。

（2）无起爆药毫秒延期电雷管。无起爆药毫秒延期电雷管是目前世界上最先进和最安全的雷管。其结构特点是取消了雷管中最敏感的起爆药，整个雷管只装单一的猛炸药或混合猛炸药，并解决了无起爆药电雷管的群爆问题。由于雷管中取消了起爆药，因此雷管生产厂就可取消生产起爆药的车间，避免了生产起爆药时的危险性及对空气和环境的污染，并且生产、运输、使用、贮存安全性好，结构简单，可以与普通毫秒延期电雷管一样使用。由于这种电雷管具有上述独特优点，因此它显示出强大的生命力，预计不久的将来将取代所有的有起爆药的雷管，并将制成各种电、非电、耐高温等系列产品，用于各个领域的工程爆破中。但需注意：毫秒延期电雷管在有瓦斯或煤尘爆炸危险的煤层中，使用时最后一段的延期时间不得超过130ms。

（3）煤矿许用电雷管。允许在有瓦斯和煤尘爆炸危险的环境中使用的电雷管统称煤矿许用电雷管（又称安全电雷管）。煤矿许用电雷管分为瞬发和毫秒延期两种类型，为确保雷管的爆炸不致引起瓦斯和煤尘的爆炸，煤矿许用雷管在普通电雷管的基础上采取了以下措施：

1）为消除雷管爆炸时产生的高温和火焰的引燃作用，在雷管的副起爆药（主装药）内加入适量的消焰剂或采用其他有利于控制起爆药的爆温、火焰长度和火焰延续时间的添加剂。

2）为消除雷管爆炸飞散出的灼热碎片或残渣的引燃作用，禁止使用铝质管壳。

3）采用铅质5芯延期体减少了延期药用量，并能吸收燃烧热，同时具有抑制延期药燃烧残渣喷出的作用。

4）采用燃烧温度低、气体生成量少的延期药，加强雷管的密封性，避免延期药燃烧时火焰喷出管体引爆瓦斯或煤尘。

5）煤矿许用毫秒延期电雷管的段别分为5段，最长延期时间不超过130ms。

在有瓦斯与煤尘爆炸危险的环境中施工，必须遵守《煤矿安全规程》的有关规定，使用煤矿许用炸药和煤矿许用电雷管。

4.1.2 导爆管雷管

导爆管雷管是指利用导爆管传递的冲击波能直接起爆的雷管，由导爆管和雷管组装而成，导爆雷管受到一定强度的激发能作用后，管内出现一个向前传播的爆轰波，当爆轰波传递到雷管内时，导爆管端口处发火，火焰通过传火孔点燃雷管内的起爆药（或火焰直接点燃延期体. 然后延期体火焰通过传火孔点燃起爆药）。起爆药在加强帽的作用下，迅速完成燃烧转爆轰，形成稳定的爆轰波，爆轰波再起爆下方猛炸药，从而引爆雷管。导爆管雷管具有抗静电、抗雷电、抗射频、抗水、抗杂散电流的能力，使用安全可靠，简单易行，因此得到了广泛应用。

4.1.2.1 导爆管雷管结构

瞬发导爆管雷管结构如图4-5所示，延期导爆管雷管结构如图4-6所示。

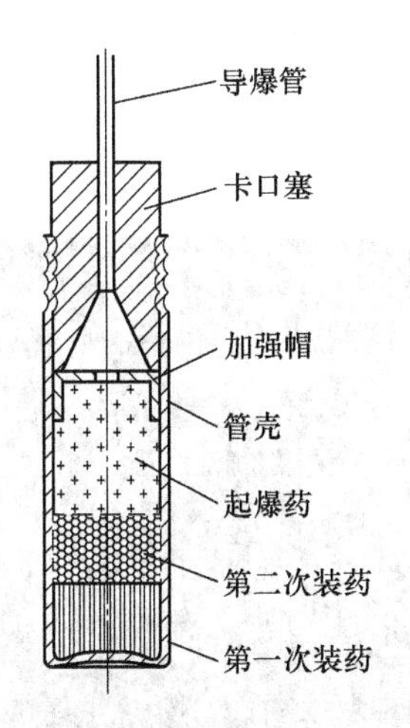

图 4-5 瞬发导爆管雷管结构简图

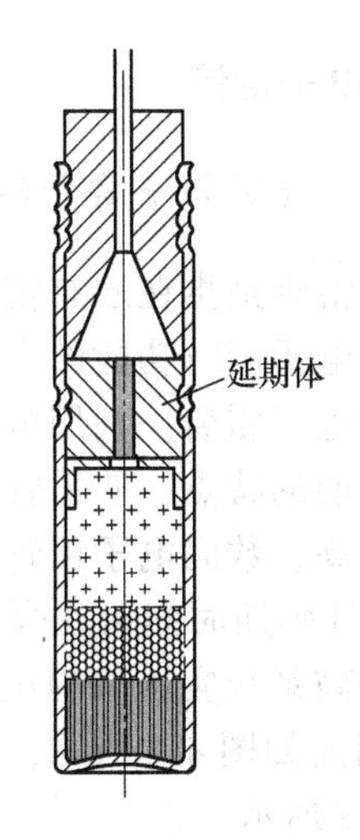

图 4-6 延期导爆管雷管结构简图

导爆管雷管主要由导爆管、卡口塞、加强帽、起爆药、猛炸药、管壳组成。

4.1.2.2 导爆管雷管分类和命名

导爆管雷管按抗拉性能分为普通型导爆管雷管和高强度型导爆管雷管；按延期时间分为毫秒延期导爆管雷管，1/4s 延期导爆管雷管，半秒延期导爆管雷管和秒延期导爆管雷管。导爆管雷管的命名按 WJ/T 9031 的规定执行。

4.1.2.3 导爆管雷管的起爆性能测试

6 号导爆管雷管应能炸穿厚度为 4mm 的铅板，8 号导爆管雷管应能炸穿厚度为 5mm 的铅板，穿孔直径应不小于雷管外径。

4.1.2.4 导爆管雷管检验

(1) 检验分类。导爆管雷管的检验分为型式检验和出厂检验。

(2) 检验项目。检验项目见表 4-5。

(3) 组批规则。提交检验批应由以基本相同的材料、结构、工艺、设备等条件制造的产品组成，批量应不超过 35000 发。

表 4-5 检验项目

序 号	检验项目	型式检验	出 厂 检 验	
			逐批检验	周期检验
1	外 观	√	√	—
2	导爆管长度	√	√	—
3	抗震性能	√	√	—
4	起爆能力	√	√	—
5	抗水性能	√	—	√
6	抗拉性能	√	—	√
7	延期时间	√	√	—
8	抗油性能	√	—	√

注：“√”表示必检项目；“—”表示不检项目。

4.1.3 数码电子雷管

4.1.3.1 数码电子雷管结构

数码电子雷管是指在原有雷管装药的基础上，采用具有电子延时功能的专用集成电路芯片实现延期的电子雷管。利用电子延期精确可靠、具有可校准的特点，使雷管的延期精度和可靠性极大提高，数码电子雷管的延期时间可精确到1ms，且延期时间可在爆破现场由爆破作业人员对爆破系统实施编程设定和检测。数码雷管实物剖面如图4-7所示，电子雷管的结构简图如图4-8所示。

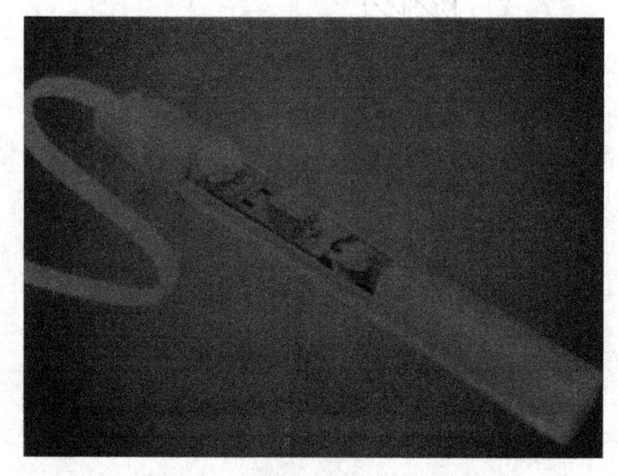

图4-7 数码雷管实物剖面

由图4-8可知电子雷管与传统雷管的不同之处在于延期结构和点火头的位置，传统雷管采用化学物质进行延期，电子雷管采用具有电子延时功能的专用集成电路芯片进行延期；传统雷管点火头位于延期体之前，点火头作用于延期体实现雷管的延期功能，由延期体引爆雷管的主装药部分，而电子雷管延期体位于点火头之前，由延期体作用到点火头上，再由点火头作用到雷管主装药上。

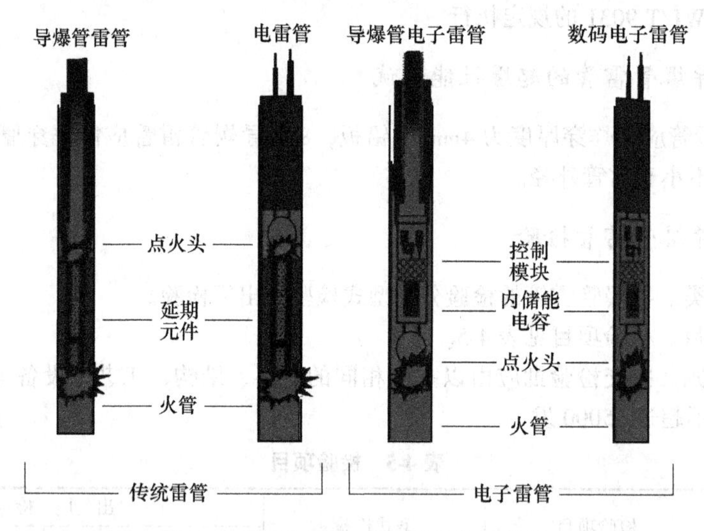

图4-8 传统雷管与电子雷管结构简图

数码电子雷管的初始能量来自于外部设备加载在雷管脚线上的能量，电子雷管的操作 过程（如写入延期时间、检测、充电、启动延期等）由外部设备通过加载在脚线上的指令进行控制，如隆芯1号电子雷管、ORICA的I-KON等。

数码雷管必须使用专用的起爆器引爆。起爆器的控制逻辑比编码器高一个级别，它能够触发编码器，反之则不能。起爆网路编程与触发起爆所必需的程序命令设置在起爆器内。起爆器通过双绞线与编码器连接后，起爆器会自动识别所连接的编码器，首先将它们从休眠状态唤醒，然后分别对各个编码器回路的雷管进行检查。起爆器可以通过编码器把起爆信息传给每个雷管，保证雷管准确引爆，可抵御静电、杂散电流、射频电等各种外来电，具有很高的安全性。编码器和起爆器如图 4-9 所示。

图 4-9 I-KON™数码雷管起爆系统的编码器（右）和起爆器

4.1.3.2 数码电子雷管工作原理

通常电子雷管控制原理有两种结构，如图 4-10 所示，其区别在于储能电容和控制雷管点火的安全开关的数量不同。数码电子雷管主要包括以下功能单元：

（1）整流电桥。用于对雷管的脚线输入极性进行转换，防止爆破网路连接时脚线连接极性错误对控制模块的损坏，提高网路的可靠性。

（2）内储能电容。通常情况下为了保障储存状态电子雷管的安全性，电子雷管采用无源设计，即内部没有工作电源，电子雷管的工作能量（包括控制芯片工作的能量和起爆雷管的能量）必须由外部提供。电子雷管为了实现通信数据线和电源线的复用，以及保障在网路起爆过程中，网路干线或支线被炸断的情况下，雷管可以按照预定的延期时间正常起爆雷管，其采用内储能的方式，在起爆准备阶段内置电容存储足够的能量。图 4-10（a）中电子雷管工作需要的两部分能量均由电容 C_2存储；图 4-10（b）中电容 C_1用于存储控制芯片工作的能量，在网路故障的情况下，其随工作时间的增加而逐渐衰减；电容 C_2雷管存储起爆需要的能量，其在点火之前基本保持不变。因此图 4-10（b）的点火可靠性要高于图 4-10（a）的点火可靠性。

（3）控制开关。用于对进入雷管的能量进行管理，特别是对可以到达点火头的能量进行管理，一般来说对能量进行管理的控制开关越多，产生误点火的能量越小，安全性越高，图 4-10（b）的安全性通常要比图 4-10（a）高几个数量级。图 4-10（b）中 K_3用于控制对储存点火能量的充电；K_2用于故障状态下，对 C_2的快速放电，使雷管快速转入安全工作模式；K_1用于控制点火过程，把电容 C_2储存的能量快速释放到点火头上，使点火头发火。

（4）通信管理电路。用于和外部起爆控制设备交互数据信息，在外部起爆控制设备的指令控制下，执行相应的操作，如延期时间设定、充电控制、放电控制、启动延期等。

（5）内部检测电路。用于对控制雷管点火的模块进行检测，如点火头的工作状态、各开关的工作状态、储能状态、时钟工作状态等，以确保点火过程是可靠的。

（6）延期电路。用于实现电子雷管相关的延期操作，通常情况下其包含存储雷管序列号、延期时间或其他信息的存储器、提供计时脉冲的时钟电路以及实现雷管延期功能的定时器。

（7）控制电路。用于对上述电路进行协调，类似于计算机中央处理器的功能。

两种原理的电子雷管各有优点：单储能结构电子雷管的原理结构简单、成本较低，双储能结构电子雷管结构复杂，但安全性和可靠性高。

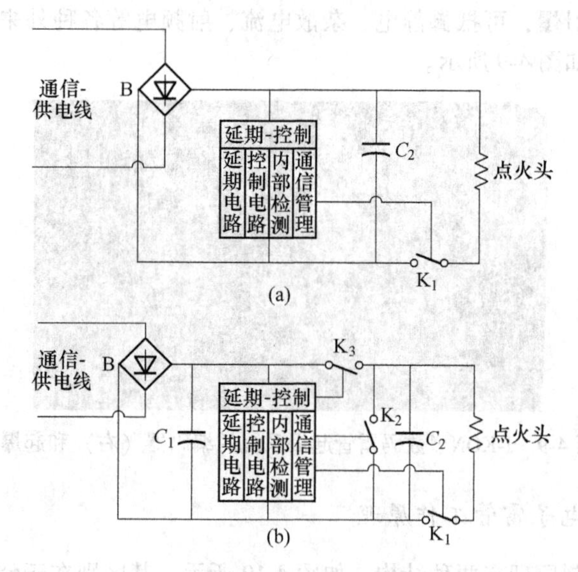

图 4-10 电子雷管原理框图

(a) 采用单储能结构；(b) 采用双储能结构

4.1.3.3 数码电子雷管分类

数码电子雷管的分类见表 4-6，并分别介绍如下：

(1) 导爆管电子雷管。导爆管电子雷管的初始激发能量来自于外部导爆管的冲击波，由换能装置把冲击波转换为电子雷管工作的电能，从而启动电子雷管的延期操作，延期时间预存在电子延期模块内部，如 EB 公司的 DIGIDET 和瑞典 Nobel 公司的 Ex-ploDet 雷管。

(2) 数码电子雷管。数码电子雷管的初始能量来自于外部设备加载在雷管脚线上的能量，电子雷管的操作过程（如写入延期时间、检测、充电、启动延期等）由外部设备通加载在脚线上的指令进行控制，如：隆芯 1 号电子雷管、ORICA 的 I-KON 等。

(3) 固定延期电子雷管。固定延期电子雷管是在控制芯片生产过程中，延期时间直接写入芯片内部，如 EEPROM、ROM 等非易失性存储单元中，依靠雷管脚线颜色或线标区分雷管的段别，雷管出厂后不能再修改雷管的延长时间。

(4) 现场可编程电子雷管。现场可编程电子雷管的延期时间是写入芯片内部的可擦除（如 PROM、EEPROM）存储器中，延期时间以根据需要由专用的编程器，在雷管接入总线前写入芯片内部，一旦雷管接入总线后延期时间即不可修改。

(5) 在线可编程电子雷管。在线可编程电子雷管的内部并不保存延期时间，即雷管断电后回到初始状态，无任何延期信息，网路中所有雷管的延期时间保存在外部起爆设备中，在起爆前根据爆破网路的设计写入相应的延期时间，即延期时间在使用过程中，可以据需要任意修改，国内外的大多数数码电子雷管属于这一种类型。

(6) 煤矿许用电子雷管。煤矿许用电子雷管必须符合延期时间小于煤矿许用电子雷管的两个基本要求：一是不含铝；二是延期时间需小于 130ms。由于煤矿掘进具有简单重复的特点，延期时间序列一旦确定，无需再进行调整，因此煤矿许用电子雷管基本采用固定编程的电子雷管。

(7) 隧道专用电子雷管。隧道掘进中，延期时间基本固定，但在局部地方（例如靠近建筑物等）具有降振的要求，而且岩层特性会出现变化，需要一定程度上可以调整雷管的延期时间，因此隧道专用电子雷管采用现场编程的电子雷管。

与常规雷管相比，数码雷管具有许多无可比拟的优点。如数码雷管具有良好的抗水、抗压性能；可抵御静电、杂散电流、射频电等各种外来电的固有安全性；雷管起爆时间可以在爆破现场根据需要在0~1500ms内任意设置和调整的灵活性；雷管延期时间长且误差小的高精度与高可靠性；起爆之前雷管位置和工作状态可反复检查的测控性等。

表4-6 电子雷管分类

分类方式	类别	分类方式	类别
按输入能量区分	导爆管电子雷管	按使用场合区分	隧道专用电子雷管
	数码电子雷管		煤矿许用电子雷管
按延期编程方式区分	固定延期（工厂编程）电子雷管		露天使用电子雷管
	现场可编程电子雷管		
	在线可编程电子雷管		

4.1.4 无起爆药雷管

凡不使用起爆药实现雷管起爆的均可称为无起爆药雷管。无起爆药雷管和起爆药雷管最终都是通过起爆猛炸药实现雷管的起爆能的输出，而无起爆药雷管的关键是在不使用起爆药的前提下实现猛炸药的爆轰。

工业雷管普遍装有猛炸药、起爆药和延期烟火剂。猛炸药作为基本装药位于雷管的底部，延期烟火剂位于上部，二者之间装起爆药，依靠起爆药将延期烟火剂的燃烧转成爆轰传给猛炸药以引起猛炸药爆轰。然而在实际使用中，起爆药即使药量只有几毫克或不受约束，只要有火焰或其他外界作用引起发热，就能完全爆轰。猛炸药只有在药量相当大或受严密约束的情况下才可能被加热或火焰引燃并燃烧转爆轰。用作起爆药的化学物常常是具有高感度、爆轰成长迅速的物质，如DDNP（二硝基重氮酚）、斯蒂酚酸铅和$Pb(N_3)_2$（叠氮化铅）等。具有代表性的猛炸药有太安、黑索今、梯恩梯、奥克托金、特屈儿、662炸药等。采用上述起爆药制造雷管的方法具有结构简单、加工容易、成本低廉等优点，但在雷管的加工、使用过程中并不十分安全，而且还有废水污染等问题。开发研制出无起爆药雷管，可提高雷管在生产、运输、使用中的安全性，消除起爆药制造时产生的废水。无起爆药工业雷管的研制主要从雷管结构和起爆药替代品两个方面入手来解决雷管从燃烧转爆轰的问题。

我国无起爆药雷管技术研究起步较晚，始于20世纪80年代初，但发展较快。典型代表有武汉安全环保研究院发明的安全工业雷管、中国科技大学发明的简易飞片式无起爆药雷管。这两种雷管均去掉了起爆药，用炸药代替了起爆药，既保证安全，又消除了污染。但是，无起爆药雷管还不能完全取代有起爆药雷管。

4.2 传爆材料

4.2.1 导爆索

导爆索是以猛炸药（如黑索金或太安）为索芯，以棉、麻或人造纤维等为被覆材料，能够传递爆轰波的一种索状起爆器材。它经雷管起爆后可以引爆其他炸药或另一根导爆索。

4.2.1.1 导爆索的种类

根据使用条件不同，导爆索有普通导爆索、震源导爆索、煤矿许用导爆索、油井导爆索、金属导爆索、切割索和低能导爆索等多种类型。常用的是普通导爆索和煤矿许用导爆索（又称安全导爆索）。普通导爆索是目前生产和使用量最多的一种导爆索。它有一定的抗水性能，能直接起爆常用的炸药，工程上所用的导爆索均属此类。许多煤矿用导爆索爆轰时产生的火焰较小，温度较低，专供有矿尘危险的煤矿爆破使用。

普通导爆索的结构如图 4-11 所示。它与普通导火索相似，其不同之处在于采用高猛炸药黑索金或太安作索芯。在索芯中间有 3 根芯线，在药芯外有 3 层棉纱、纸条缠绕，并有两层防潮层，在最外除潮层上涂有红色或红黄相间的颜料，作为与导火索相区别的标志。

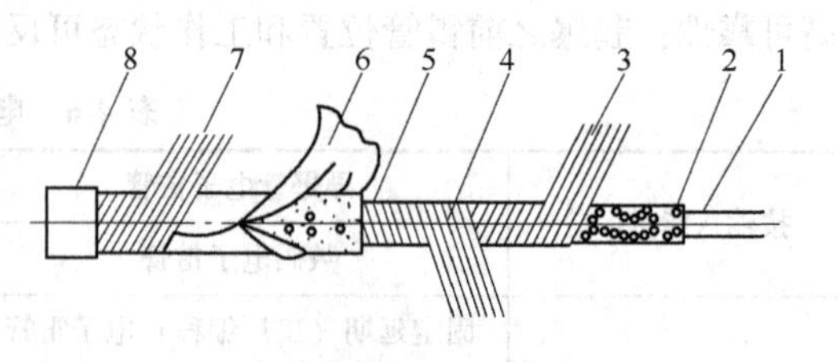

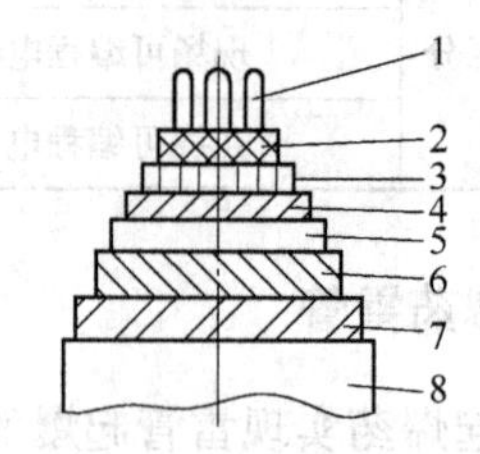

图 4-11　导爆索结构

1—药线；2—药芯；3—内层线；4—中层线；5—防潮层；6—纸条；7—外层线；8—涂料层

4.2.1.2　导爆索的质量标准

以黑索金为药芯的普通导爆索的质量规格（技术要求）如下：

（1）外观。其外观为线绕或塑料管加工成红色或白色、红绿白线间绕。线绕应无严重折伤、油脂和污垢，外层线不得同时断两根及两根以上，断一根的长度不得超过 7m，每盘索卷不多于 3 段，最短一根长度不得小于 2m，索头要套有金属或塑料防潮帽或浸涂防潮剂。

（2）药量。药量为 12~14g/m。

（3）外径。外径为 5.8~6.2mm，每卷长（50±0.5）m。

（4）爆速。爆速在 6000m/s 以上。

（5）起爆性能。用 2m 长的导爆索能完全起爆一个 200g 的 TNT 药块。

（6）传爆性能。按规定方法联结后，用 8 号雷管起爆，应爆轰完全。

（7）抗水性能。棉线导爆索在 0.5m 深，水温为 10~25℃ 的静水中浸泡 24h 后，传爆性能不变；塑料导爆索在水压为 50kPa，水温为 10~25℃ 的静水中浸 5h 后，传爆性能不变。

（8）耐热性能。在（50±2）℃ 的条件下保温 6h，外观及传爆性能不变。

（9）耐寒性能。在（40±2）℃ 的条件下冻 2h，取出后仍能连接成水手结，按规定连接法用 8 号雷管起爆，爆轰完全。

（10）耐折性能。按耐热，耐低温性能试验的条件保温后做弯曲试验，药芯不洒出，内层线不露出，然后按规定的方法连接，爆轰完全。

（11）耐喷燃试验。导爆索断面药芯被导火索喷燃时不爆轰。

（12）耐拉强度。导爆索承受 500N 拉力后，仍能保持爆轰性能。

（13）储存性能导爆索储存有效期 2 年。

4.2.1.3　导爆索的特点及适用范围

A　导爆索起爆的特点

导爆索起爆法主要具有如下优点：

（1）爆破网路设计简单，操作方便。与电力起爆法相比，准备工作量少，不需对爆破网路进行计算。

（2）能提高炸药的爆速和传爆稳定性，可消除深炮眼的间隙效应。

（3）起爆准确可靠，能同时起爆多个药包。同时便于可靠地起爆长大药包，间隔药包以及用雷管不易起爆的炸药。

（4）可使间隔一定距离的药室或炮眼同时起爆。

（5）不需在药包中连接雷管，安全性高，出现瞎炮（拒爆炮眼）较易处理。

（6）不受杂散电流和雷电以及其他各种电感应的影响（除非雷电直接击中导爆索）。

（7）防水品种的抗水性能好，两端密封后浸入0.5m深的静水中24h后，仍能可靠传爆。

导爆索起爆的缺点有：

（1）价格较贵。

（2）所需炮眼直径较大（药包一侧间隙在6.5mm以上）。

（3）爆破网路不能使用仪器仪表检测。

（4）爆声大，且使爆眼内炸药的威力有所降低。无法对已经堵塞的炮眼或导硐中的导爆索的状态进行准确判断。

B 导爆索的适用范围

各种不同导爆索的适用范围是：

（1）普通导爆索（非安全导爆索），有一定的抗水性和耐高低温的性能，能直接起爆一般常用工业炸药。主要用于无瓦斯、煤尘爆炸危险的露天药室爆破和深孔分段爆破，或与继爆管配合，作无电毫秒爆破的起爆材料。但在煤矿井下严禁使用。

（2）煤矿许用导爆索可用于煤矿井下，也可用于有瓦斯、煤尘爆炸危险的采掘工作面起爆药卷，在炮眼深度大于2.5m时，应用较为普遍。

（3）高抗水导爆索适用于深水爆破作业。它从两方面增强其抗水能力：一方面是用抗水性好的材料包覆外层，如塑料外皮导爆索；另一方面是用高抗水炸药，如将药芯做成塑性的高威力炸药。

（4）震源导爆索用于起爆钝感炸药或作为地震勘探的震源，每米药量40g以上，有些特殊用途的导爆索，每米炸药量可达100g。

C 导爆索使用注意事项端连接雷管

导爆索的药芯与雷管的副起爆药（主装药）都是黑索金或太安，可以把导爆索看作是一个“细长而连续的小号雷管”。机械冲击和导火索喷出的火焰不能可靠地将导爆索引爆，必须使用雷管或起爆药柱、炸药等大于雷管起爆能力的火工品将其引爆。导爆索可以直接引爆具有雷管感度的炸药，不需在插入炸药的一端连接雷管。导爆索在使用中严禁冲击和挤压，当需剪断时，只准用利刀剪切，不论其长度大小严禁点燃，以防发生意外爆炸。特别应注意的是，被水或油浸渍过久的导爆索，会失去接受传导爆轰波的能力。所以在按油炸药的药包中，使用其导爆索时，必须用塑料布包裹，使其与油源隔开，避免被炸药中的柴油侵蚀而失去爆炸能力。

4.2.2 导爆管

塑料导爆管是内壁涂覆有极薄层炸药粉末的空心塑料软管。不同型号的导爆管所用的塑料品种不完全相同，颜色也不一样。涂覆在内壁上的混合粉末中常用的炸药有奥克托金、黑索金、太安、梯恩梯、二硝基乙脲、特屈儿，可以是单一品种，也可以是以上两种及两种以上的混合物。

4.2.2.1 导爆管的构造

普通型号（H-2型）塑料导爆管的结构如图4-12所示，它是一个外径（3+0.1）mm或（3-0.2）mm，内径（1.4±0.10）mm高压聚乙烯透明塑料管，呈乳白色，涂敷在内壁上的炸药量为14～18mg/m（91%为奥克托金或黑索金，9%为铅粉）。塑料管每米最大质量为5.5g。另外，还有一些用非高压聚乙烯（像尼龙、聚丙烯、低压聚乙烯等）为管材的塑料导爆管，以适应特殊条件的爆破需要。

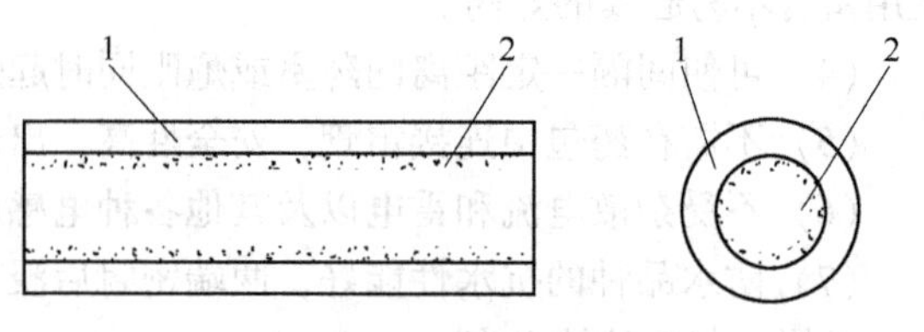

图4-12　导爆管的结构

1—塑料管；2—炸药粉末

4.2.2.2 导爆管的工作原理

根据管道效应原理，导爆管可以传播空气冲击波。因此，导爆管受到一定强度的激发冲量作用后，管内出现一个向前传递的爆轰波。维持导爆管内爆轰波传递的能源系管壁内表面加强药粉的爆炸反应放热。只要管内混合炸药的密度是一致的，该爆轰波在导爆管中传播300mm后转变为稳定爆轰波，此后爆轰波传播速度将保持恒定，从而形成导爆管的稳定传爆。导爆管中激发的冲击波以1600～2000m/s的速度传播。冲击波传播到管口时，出现以导爆管出口轴心为球心的球面波。这种球面波不能直接引爆工程炸药，但能激发雷管内敏感度较强的副起爆药而使雷管起爆。这种球面波使得冲击波阵面面积扩大成扇形扩散，在此范围内若置有导爆管，则导爆管将传爆。这种球面波遇到阻挡会反射回来，若紧挨着出口阻挡物置有导爆管，此导爆管能被传爆。

导爆管被引爆后，我们可以看到管内闪着一道白光，前面有一个特别亮的光点伴同不太大的声响向前快速移动。冲击波传播后，整根导爆管除个别地方被爆轰波击穿成小洞外，塑料管不会遭到损坏。

导爆管既可以轴向引爆，也可从侧向引爆。轴向引爆就是把引爆源对准导爆管管口，侧向引爆是把引爆源置于导爆管管壁外方。轴向起爆的传爆原理已如上所述。侧向起爆时，外界激发冲量作用到管壁，管壁发生变形处于受压状态，管腔中空气介质形成绝热压缩，产生一系列压缩波，这些压缩波叠加发生压力突跃升高的冲击波，冲击波引发炸药粉末发生化学反应，形成稳定传爆。

4.2.2.3 导爆管的技术性能

以高压聚乙烯为管材的普通塑料导爆管，应具有以下技术性能：

（1）起爆性能。导爆管可用火帽、雷管、导爆索、引火头等一切能产生冲击波的起爆器材击发。用雷管和导爆索还可以从侧向击发。一个8号工业雷管可击发数十根导爆管。

（2）传爆性能。导爆管爆速分为（1650±50）m/s和（1950±50）m/s两种；冲击波在管内传播时，导爆管断药长5～10cm仍能传播下去；连续传2000m之后，爆速有明显下降。

（3）导爆管两极相距10cm外加30kV静电，电容330pF，1min内导爆管不被击穿。

（4）抗拉性能。常温下承受68.6N的静拉力仅伸长而不破坏。

（5）耐水性能。导爆管两头密封浸水深度为20m，经16h性能不变。

（6）耐温性能。将导爆管置于+50～-20℃环境中，历时16h性能不变。

（7）抗冲击性能。导爆管受一般的机械冲击不击发。在用卡斯特落锤仪用10kg落锤从

155cm 的高处自由落下，侧向冲击导爆管，导爆管不会击发。

（8）抗水性能。用火焰点燃单根或成捆的导爆管时，它只和塑料一样缓慢燃烧。

（9）抗自爆性能。导爆管不能直接起爆炸药。用 20～30m 长的导爆管在外径为 17mm、内径为 7mm、高为 19mm 的钝化太安炸药卷（7g）上爆管正常传爆，太安药卷不起爆。

（10）枪击试验。一卷 700mm 长的导爆管，用自动步枪，在距离 35m、25m、15m 处射击，不爆炸、不传爆。

（11）破坏性能。导爆管传爆时，管壁完整无损，对周围环境没有破坏作用，用手拿着导爆管击发只感到轻微脉动，声响也很小。塑料导爆管在储存期中，只需将端头用火柴热熔封口，使之不受潮气、水分或尘粒侵入，便能长期保存。由于用枪击、冲砸和燃烧均不能引起爆炸，因此在运输过程中可以不作危险的爆破器材处理。

正是导爆管具有上述一系列特点，以其为主组成的非电起爆系统，成为近代爆破技术中一项新技术，受到国内外的广泛重视。

4.2.2.4 导爆管分类和代号。

不同型号的导爆管所用塑料材料不尽相同，颜色也不相同。导爆管按其抗拉性能分为普通导爆管和高强度导爆管两大类，导爆管的代号如图 4-13 所示。

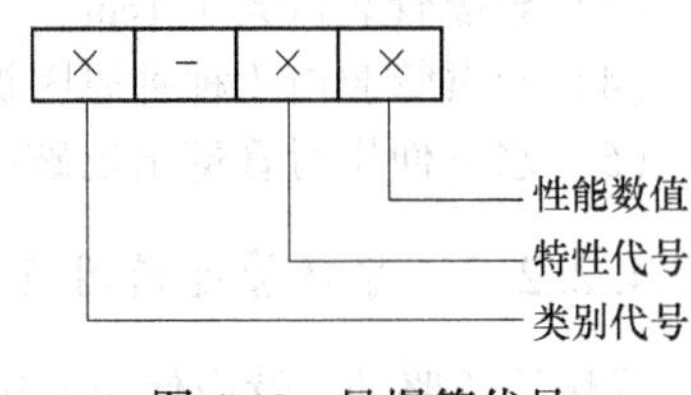

图 4-13 导爆管代号

普通导爆管的类别代号为 DBLP，高强度导爆管的类别代号为 DBCG。特性代号用特性名称前两个字母汉语拼音的第一个字母（大写）表示，常用特性代码见表 4-7。

表 4-7 导爆管常用特性代号示例

特 性	耐 温	耐硝酸铵溶液	耐乳化基质	抗 油	变 色
代 号	NW	NX	NR	KY	BS

4.2.2.5 高强度导爆管

与普通型导爆管相比、高强度导爆管主要从两个方面进行了改进：一是对管壁材料进行改性，提高管壁材料强度；二是利用复合层管壁材料，其中复合层管壁导爆管主要有双层导爆管（如图 4-14 所示）、三层导爆管和多层导爆管（如图 4-15 所示）。同时多层导爆管在抗水性能、抗油性能和耐温性能上也会有相应提高。

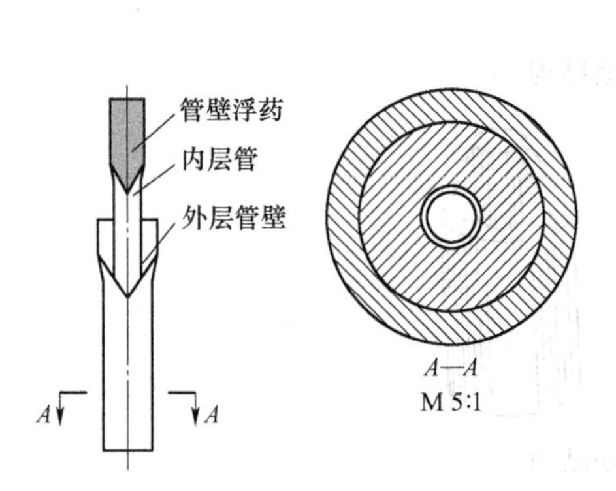

图 4-14 双层导爆管结构简图

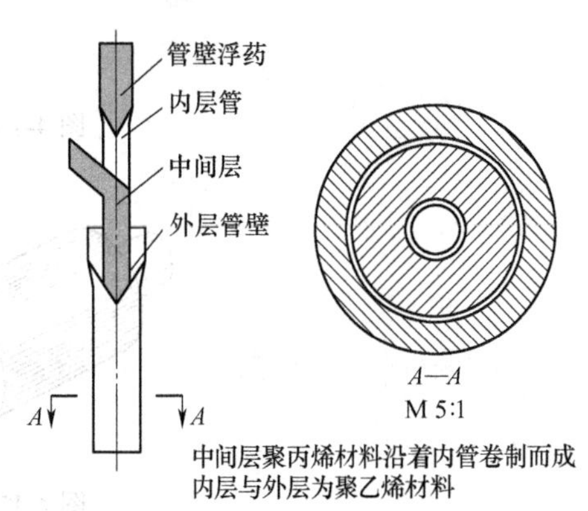

图 4-15 三层导爆管和多层导爆管结构简图

4.2.2.6　导爆管的使用条件

导爆管在下列使用条件下均能正常传爆：

（1）传爆长度从零点几米至几千米，中间不需要雷管接力。

（2）导爆管内断药长度不超过 15cm。

（3）在-40～50℃温度范围内。

（4）导爆管局部打结、扭曲拉细或将导爆 180°对折（但未将管腔堵死）。

（5）在深达 180m 的水中，两端密封的导爆管。

（6）用胶布、套管或其他方法对接导爆管。

导爆管在下列情况下将发生拒爆现象：

（1）导爆管内有大于 20cm 的断药。

（2）导爆管内有炸药结节，即混合药粉涂层在管内堆积成节，传爆时有可能将导爆管炸断或炸裂。

（3）导爆管裂口大于 1cm。

（4）导爆管腔由于种种原因被堵塞，例如有水、砂粒、木屑等异物，或者过分对折。

（5）水下使用时管壁出现破洞。导爆管不能用于有瓦斯和煤尘爆炸危险的处所。

4.2.2.7　导爆管连通器具

导爆管线路的接续应使用专用连接元件或用雷管分级起爆的方法实施。连通器具的功能是实现导爆管到导爆管之间的冲击波传播，起到连续传爆或分流传爆的作用。

爆破工程中常用的连通器具有连通管（见图 4-16）、连接块（见图 4-17）和多路分路器（见图 4-18），使一根导爆管可以激发几根到几十根被发导爆管。

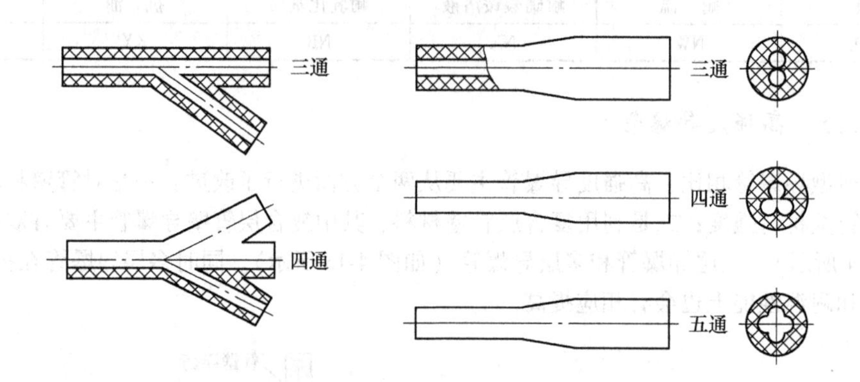

图 4-16　连通管结构

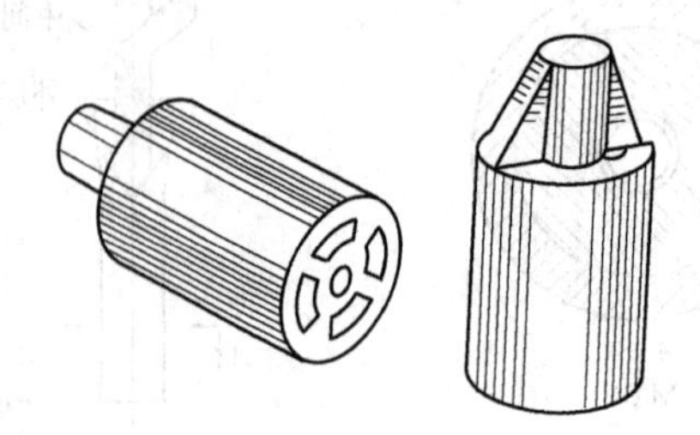

图 4-17　连接块结构

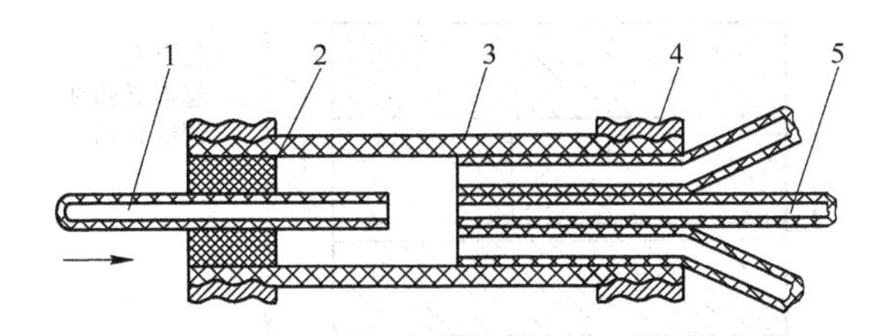

图 4-18 多路分路器

1—主发导爆管；2—塑料塞；3—壳体；4—金属箍；5—被发导爆管

导爆管与装药的连接，必须在导爆管起爆装药的一端，用 8 号雷管或毫秒延期雷管通过卡口塞（见图 4-19）连接后插入装药中。

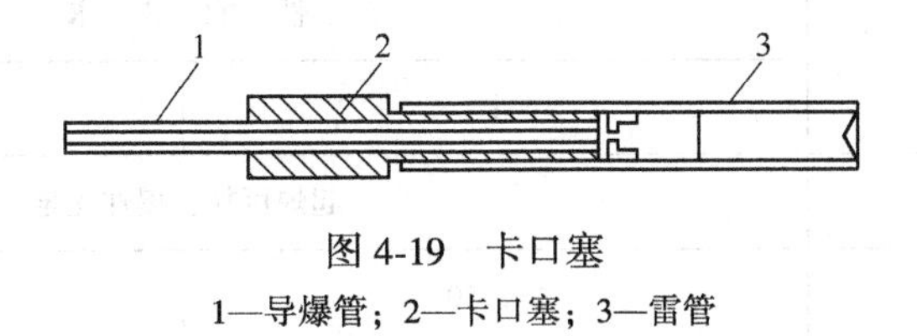

图 4-19 卡口塞

1—导爆管；2—卡口塞；3—雷管

4.2.3 起爆具

起爆具又称中继起爆药柱或中继传爆药包，是指设有安装雷管或导爆索的功能孔、具有较高起爆感度和高输出冲能的猛炸药制品。起爆具按起爆方式分为双雷管起爆具、双导爆索起爆具、雷管与导爆索起爆具以及其他起爆具。双雷管起爆具指起爆具本体上有两个雷管孔，可用两个雷管起爆，起双保险的作用；双导爆索起爆具指起爆具本体上有两个导爆索孔，可用两个导爆索起爆，起双保险的作用；雷管与导爆索起爆具指起爆具本体上有一个雷管孔，一个导爆索孔，用雷管或导爆索都可以起爆。起爆具按用途分为普通起爆具、起爆弹、起爆管和微型起爆具等。起爆具按功能孔个数可分为单功能孔起爆具、双功能孔起爆具和三功能孔起爆具。一般起爆具质量约为 100~1000g，微型起爆具装药量为几克到几十克。

4.2.3.1 起爆具结构与性能

起爆具用于起爆铵油炸药、浆状炸药、乳化炸药等低感度炸药及其他无雷管感度的炸药。起爆具的起爆原理是通过缠绕或插入在起爆具上的雷管或者导爆索起爆起爆具，然后起爆具再起爆低感度炸药，其中起爆具起到了爆轰波放大的作用。

起爆具的外形结构主要有圆柱形和圆台形，外壳材料一般采用纸质或塑料，中间有搁置雷管或导爆索的贯穿圆孔 ，为了防止雷管从孔内脱出造成拒爆，有在雷管孔底部设置台阶或孔口处设置雷管卡子，为了提高雷管的起爆可靠性，有在起爆主药柱与功能孔之间浇筑部分雷管感度较高的炸药。起到雷管爆轰波放大作用 ，结构如图 4-20 所示。

根据行业标准 WJ9045—2004 规定，起爆具性能指标见表 4-8。

4.2.3.2 微型起爆药柱

微型起爆具与普通起爆具相比，具有自身激发系统，不需要雷管、导爆索起爆就能达到爆炸的目的。它集雷管、导爆索、起爆具三者功能于一身，从而极大地提高了其安全性，简化了起爆系统。

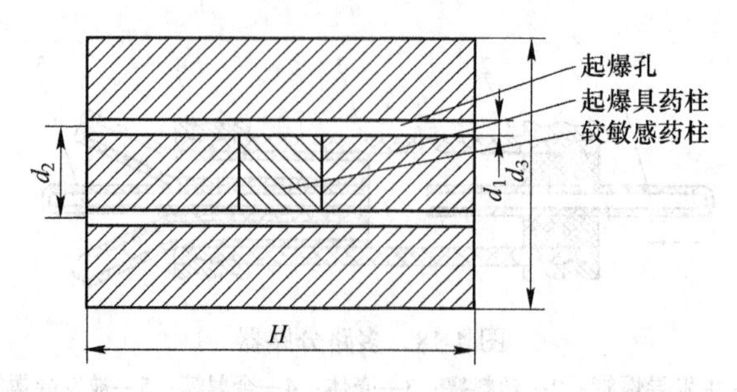

图 4-20 起爆具结构简图

表 4-8 起爆具性能要求

项目	性能要求	
	Ⅰ	Ⅱ
起爆感度	起焊可靠，爆炸完全	
装药密度/g·cm^{-3}	≥1.50	1.20~1.50
抗水性	在压力为0.3MPa的室温水中浸48h后，起爆感度不变	
爆速/m·s^{-1}	≥7000	5000~7000
跌落安全性	12m高处自由下落到硬土地面上，应不燃不爆，允许有结构变形和外壳损伤	
耐温耐油性	在80℃±2℃的0号轻柴油中，自然降温，浸8h后应不燃不爆	

注：大于0.3MPa的抗水性要求，可按订购方的要求做。

4.2.4 继爆管

导爆索爆速在600m/s以上，因此单纯的导爆索起爆网路中，各药包几乎是齐发爆破。继爆管配合导爆索使用可以达到毫秒延期起爆。

4.2.4.1 继爆管的结构

继爆管种类很多，常用的国内产品有YMB-1型双向继爆管和单向继爆管。双向继爆管的结构如图4-21所示。它由两端的导爆索分别连接的毫秒延期雷管及中间的消爆元件组成，主动端和被动端可互换。单向继爆管的结构如图4-22所示。继爆管实质上是由不带电点火装置的毫秒延期雷管和消爆管、导爆索等组成。

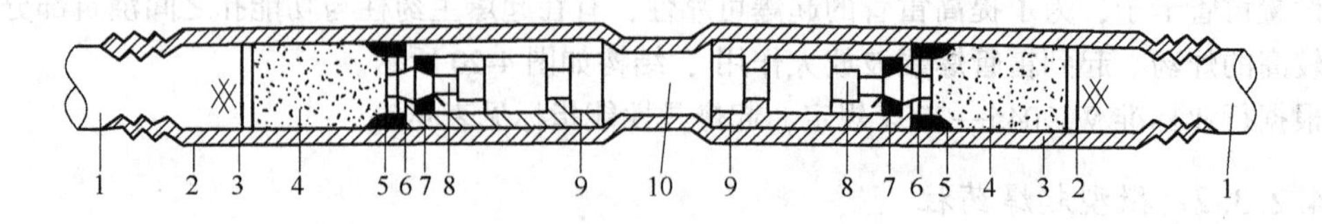

图 4-21 YMB-1型双向毫秒继爆管

1—导爆索；2—外套管；3—雷管体；4—二硝基重氮酚；5—加强帽；6—内管；7—延期药；8—小帽；9—阻闸帽；10—缩孔

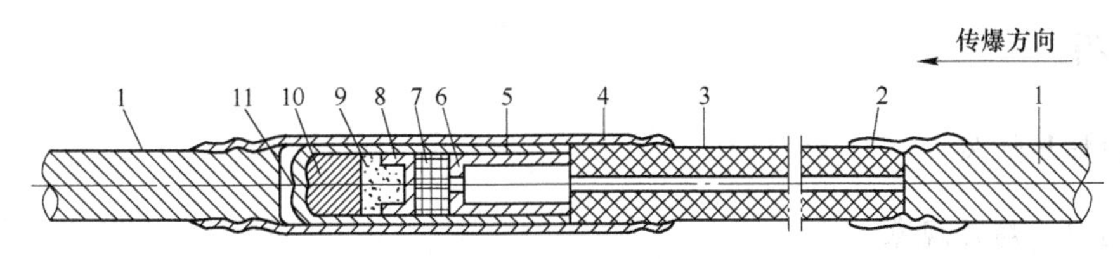

图 4-22 单向继爆管

1—导爆索；2—连接管；3—消爆管；4—外套管；5—大内管；6—纸垫；7—延期药；8—加强帽；9—起爆药；10—加强药；11—雷管壳

4.2.4.2 继爆管的工作原理

继爆管的工作原理是：爆源方向的导爆索爆炸的高温气体产物通过消爆管和长内管的气室后，压力和湿度都有所降低，形成一股热气流。这股热气流能可靠地点燃缓燃剂，而又不至于击穿缓燃剂发生早爆。经过若干毫秒的时间间隔以后延期药引起正、副起爆药爆炸，从而引爆连接在尾端的导爆索爆炸。这样，两根导爆索中间经过一只继爆管就可以延迟一段爆轰传递时间。单向继爆管的工作原理与双向继爆管基本相似，不同的是主动端和被动端不能互换且主动端没有延期药，双向继爆管是二硝基重氮酚（DD）爆轰产生高温高压射流引燃主、被动端的延期药，而单向继爆管则是导爆索的爆轰产生高温高压射流引燃延期药。

双向继爆管具有对称的结构，无首尾之分，使用时两端均可作起爆端（起爆端的雷管只起传爆作用），因而使用方便，但消耗的器材和原料比单向的多一倍。单向继爆管是不对称结构，只能从固定的一端起爆（成品有首尾标记），因而使用时不能接错，否则将拒爆。

4.2.4.3 继爆管的主要性能

继爆管的主要性能有：

（1）延期时间。目前有 7 个段别的毫秒延期继爆管，其情况见表 4-9。

（2）起爆力。铅板穿孔试验结果表明，继爆管与未装压延期药的火雷管无明显差异，其起爆力不低于 8 号工业雷管。

表 4-9 单向继爆管的延期时间

段 别	1	2	3	4	5	6	7
名义延期时间/ms	15	30	50	75	100	125	150
允许误差/ms		0	0	0	0	0	0

（3）高低温性能。在高温（40±2℃）和低温（−40±2℃）条件下试验，产品性能无明显变化。

（4）传爆性能。使用时，当爆破网路中的主导爆索与继爆管尾部的导爆索的搭接长度不小于 150~200mm 时，其传爆性能完全可靠。

（5）抗水性能。放入 1m 深的水里，2h 后取出做传爆试验，应完全传爆。

此外，经过浸蜡处理的继爆管，可在有水条件下使用。

4.3 炸药

4.3.1 爆炸与炸药

4.3.1.1 爆炸现象

爆炸是物质系统一种极迅速的物理或化学变化。在变化过程中，瞬时放出其内含的能量，并借助系统内原有气体或爆炸生成的气体膨胀对周围介质做功，产生巨大破坏效应并伴有强烈的发光和声响。

爆炸做功的根本原因在于系统原有的高压气体或爆炸瞬间形成的高温、高压气体骤然膨胀。爆炸的一个最重要的特征是在爆炸点周围介质中发生急剧的压力突跃，这种压力突跃是造成周围介质破坏或对周围生命体杀伤的直接原因。

在自然界、工程、日常生活中以及在军事上存在大量的爆炸现象，爆炸现象多种多样，大致归为三类：

(1) 物理爆炸。由物理变化引起的爆炸称为物理爆炸。在爆炸过程中，爆炸物质仅有温度、压力、体积的变化，例如蒸汽锅炉或高压气瓶的爆炸，雷电以及细金属丝因通过高压电流而发生的爆炸，以及雪崩、地震、高速粒子撞击物体表面等引起的爆炸等。

(2) 化学爆炸。由化学变化引起的称为化学爆炸。在爆炸过程中，形成了新的化学物质。这类爆炸包括常见的炸药和火药的爆炸，浮悬于空气中的细煤粉或其他可燃粉尘的爆炸，甲烷、乙烷以一定比例与空气混合时所发生的爆炸等。

(3) 核爆炸。由核裂变或核聚变引起的爆炸称为核爆炸。在爆炸过程中，生成了新的元素。核爆炸可能形成数百万到数千万度的高温，在爆炸中心会造成数百万大气压，同时还有很强的光辐射和热辐射，因此它所造成的破坏要比一般的炸药大得多。

4.3.1.2 爆炸条件

尽管各种类型爆炸的物理机制不同，所产生的力学效果也不同，但它们都是在极短的时间内迅速释放能量的过程。

在热力学意义上，炸药是一种在一定外能作用下可发生高速化学反应并释放出大量的热量和生成大量气体的物质。简言之，炸药是一种能把它所集中的能量在瞬间释放出来的物质。

从本质炸药是一种相对稳定系统，一旦外界作用达到一定程度时，它就能迅速地释放出热量，同时产生大量高温气体。炸药爆炸是化学体系的非常迅速的化学反应过程。

炸药爆炸过程具有以下三个条件：反应过程的放热性；反应过程的高速性并能够自行传播；反应过程中生成大量的气体产物。这三个条件正是任何物质的化学反应成为爆炸反应所必备的，三者相互关联，缺一不可。

(1) 反应的放热性。反应过程的放热性是爆炸反应的首要条件，因为炸药爆炸时，首先要进行能量转换，即将其内含能转变成热能，再由热能转变成机械能对外做功。炸药要发生爆炸首先需要使炸药分子活化，并产生急剧化学反应而释放能量，通过能量转换再激发下一层炸药发生化学反应，因此爆炸释放的热量是激发未爆炸炸药的能源，否则爆炸反应将不能自行传播下去。由于反应放热，使之炸药的产物气体温度达数千度，反应放热和反应传播速度越大，则爆炸的破坏性也就越大。

（2）反应的快速性。爆炸反应与一般化学反应的最大差异是反应速度，爆炸反应过程极快，以至于可认为爆炸反应释放的能量几乎全部聚集在相当于原来炸药体积的产物气体之中，从而达到高度的能量集中。

（3）生成大量气体。炸药爆炸之所以能够膨胀做功并对周围介质造成破坏，根本原因之一就在于炸药爆炸时，能在极短的时间内生成大量气体产物。由于爆炸反应迅速，加之反应放热，从而造成所生成的气体高温高压。

4.3.1.3 炸药分类

A 按作用分类

（1）起爆药。起爆药是一种对外能作用特别敏感的炸药。当其受较小的外能作用时（如受机械、热、火焰的作用），均易激发而产生爆轰，且反应速度极快，故工业上常用它来制造雷管，最常用的有二硝基重氮酚（DDNP）和氮化铅。

（2）猛性炸药。与起爆药相比，猛性炸药的敏感度较低，通常要在一定的起爆源（如雷管）作用下才会发生爆轰。猛性炸药具有爆炸威力大，爆炸性能好的特点，因此是用于爆破作业的主要炸药种类。

（3）发射药。对火焰极敏感，可在敞开的环境中燃烧，而在密闭条件下则会发生爆炸，但爆炸威力较弱，工业上主要用于制造导火索和矿用火箭弹。

B 按用途分类

（1）煤矿许用炸药。煤矿许用炸药又称安全炸药。该类炸药主要针对有瓦斯和矿尘爆炸危险的煤矿生产环境设计，除严格要求控制其爆炸产物的有毒气体不超过安全规程所允许的量以外，还需在炸药中加入10%~20%的食盐作为消焰剂，以确保其在爆破时不会引起瓦斯和矿尘爆炸。

（2）岩石炸药。该类炸药是一种允许在没有瓦斯和矿尘爆炸危险、通风环境较差、作业空间狭窄的环境中使用的炸药，其特点是有毒有害气体的生成量受到严格的限制和规定，因此可适用于没有瓦斯和矿尘爆炸危险的各种地下工程中。

（3）露天炸药。露天炸药是指适用于各种露天爆破工程的炸药。由于露天爆破用药量大，且爆破场地空间开阔，通风条件较好，故这类炸药的爆炸生成物中有毒有害气体含量相对允许较大一些。

（4）特种炸药。泛指用于特种场合爆破的炸药。如在爆炸金属加工、复合、表面硬化工艺及金属切割、石油射孔、震源弹中使用的炸药。

C 按主要成分分类

（1）硝铵类炸药。指以硝酸铵为主要成分（一般达80%以上）的炸药。由于硝酸铵为常用的化工产品，来源广泛，易于制造且成本低廉，故这种炸药也是目前国内外用量最大、品种最多的炸药。

（2）硝酸甘油炸药。该类炸药的组成以硝酸甘油为主要成分。由于感度高危险性大，近年来铵油炸药的大量使用逐步地取代了硝酸甘油炸药，只在小直径光面爆破、油井、水下爆破中有少量使用。

（3）芳香族硝基化合物类炸药。主要是苯及其同系物的硝基化合物，如梯恩梯、黑索金等。

（4）其他炸药。例如黑火药和氮化铅等。

4.3.1.4　硝铵类炸药的成分

工业炸药种类较多，硝铵类炸药是目前品种最多且使用广泛的炸药。硝铵类炸药也称硝铵炸药，其主要成分一般有：

(1) 氧化剂。即硝酸铵，在炸药中的作用是提供爆炸反应时所需的氧元素。

(2) 还原剂（可燃剂）。常用的有梯恩梯、木粉、木炭、柴油、铝粉等。它与氧化合，进行剧烈的燃烧（氧化）反应。

(3) 敏化剂。常用的有梯恩梯、二硝基萘、铝粉和一些发泡剂或发泡物质等。它的作用是增加炸药的敏感度，改善爆炸性能。

(4) 加强剂。为提高炸药威力而加入的物质。如梯恩梯、铝粉等。

(5) 其他成分。为满足各种不同的使用要求而加入的一些附加成分，如加入消焰剂（如食盐）、防潮剂（如石蜡）、疏松剂（如木粉）、黏结剂等。

以上诸成分中，氧化剂和还原剂为必要成分，其他成分则视需要而定。为了进一步了解各种硝铵炸药的组成及特性，以下分别介绍常用的两大类硝铵炸药，即粉状硝铵炸药和含水硝铵炸药。

4.3.2　炸药的性能

4.3.2.1　炸药的起爆性能

A　炸药的起爆

炸药具有爆炸的性能。在常态下，它能处于相对的稳定状态．也就是说，它不会自行发生爆炸。要使炸药发生爆炸，必须使炸药失去其相对的稳定状态，即必须给炸药施加一定的外能作用。炸药在外能作用下发生爆炸，多种形式的外能都可以激起炸药起爆，但从工程爆破技术、作业安全和有效使用炸药的角度看，热能、机械能和爆炸能经常被应用。

(1) 热能。当炸药受到热或火焰的作用时，其局部温度将达到爆发点来引起爆炸。例如，火雷管起爆法就是利用导火索的火焰来引爆火雷管；电雷管起爆法则是利用电桥丝通电灼热引燃引火药头而引燃雷管，进而起爆炸药。

(2) 机械能。炸药在撞击或摩擦的作用下，炸药颗粒间产生强烈的相对运动，机械能瞬间转化为热能，从而引起炸药爆炸。在运输和使用炸药时，必须注意机械作用可能引爆炸药的问题，以防爆炸事故发生。

(3) 爆炸能。工程爆破中常用一种炸药爆炸产生的强大能量来引爆另一种炸药。例如在实际爆破作业中最常见是利用雷管或导爆索的爆炸来引爆炸药；其次是利用起爆药包的爆炸，引爆一些钝感炸药。

除了上述的热能、机械能和爆炸能外，光能、超声振动、粒子轰击、高频电磁波等也都可激起炸药爆炸，因此这些在爆破作业中都应引起注意和重视。

B　炸药的感度

炸药在外界作用影响下发生爆炸的难易程度称为炸药的敏感度（简称为感度）。即指炸药对外界起爆能的敏感程度。感度的高低，通常以引起爆炸所需的最小外界能量来表示。所需外界能量小则感度高，反之则感度低。引起炸药爆炸的外界能量有：(1) 机械能，如冲击、摩擦、针刺、振动等产生的能量；(2) 热能，如加热、火花、火焰或灼热物所放出的能量等；(3) 电能，如电热、电火花产生的能量；(4) 光能，如激光发出的能量；(5) 爆炸能，如由爆炸产生的能量引爆炸药。

（1）冲击感度。冲击感度是指对冲击能量的敏感程度。用炸药受固定重量的落锤自固定高度自由落下的冲击作用而发生爆炸的百分数表示。猛炸药的冲击感度通常用立式落锤试验仪测定，如图 4-23 所示，锤重 10kg，落高 25cm，药量 0.05g，试验次数规定为 25 次，用爆炸次数所占总数的百分数表示，表 4-10 列出几种猛炸药的冲击感度。

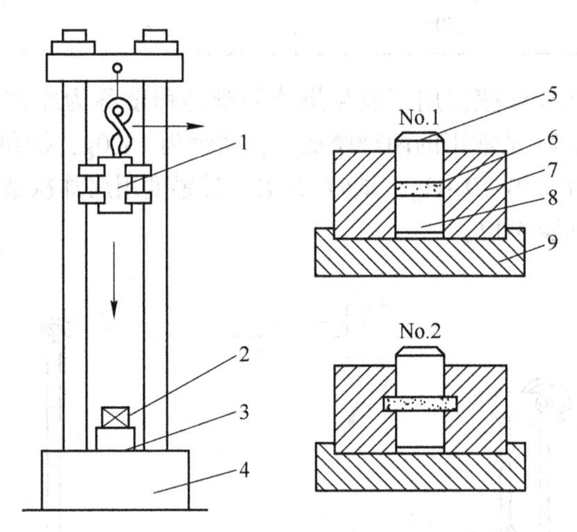

图 4-23 立式落锤仪

1—落锤；2—撞击器；3—钢砧；4—基础；5—上击柱；6—炸药；7—导向套；8—下击柱；9—底座

表 4-10 炸药的冲击感度

炸药名称	冲击感度/%	炸药名称	冲击感度/%
黑火药	50	特屈儿	48
硝铵炸药	16~32	黑索金	72~88
硝酸甘油	100	太 安	100
梯恩梯	4~8		

起爆药的冲击感度很高，用上述装置来测定不合适，可用弧形落锤仪（见图 4-24）进行测量。在固定锤重时，以使受试炸药 100%爆炸的最小落高作为上限距离（mm），以其 100%不爆炸的最大落高作为下限距离（mm）。试验药量 0.02g，平行试验次数 10 次以上。上限距离表示起爆药的冲击感度，下限距离表示安全条件。表 4-11 为几种起爆药的冲击感度。

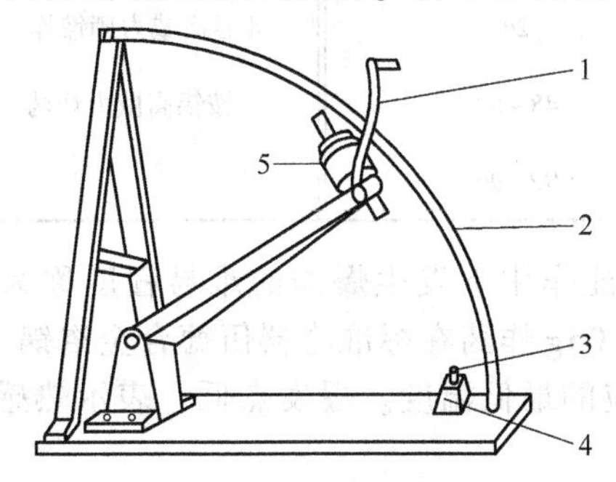

图 4-24 弧形落锤仪

1—手柄；2—有刻度的弧架；3—击柱；4—击柱和火帽定位器；5—落锤

表 4-11 几种起爆药的冲击感度

起爆药名称	锤重/g	上限距离/mm	下限距离/mm
雷　汞	480	80	55
氮化铅	975	235	65~70
二硝基重氮酚	500	—	225

(2) 摩擦感度。炸药在摩擦作用下发生爆炸的难易程度称为摩擦感度。炸药的摩擦感度用摆式摩擦仪测定。图 4-25 是常用的两种摩擦摆，摆锤为 1500g，摆角 90°，表压 5.0MPa。低感度混合炸药测定药量为 0.01~0.03g，试验 25 次。其感度用爆炸次数与试验总次数的百分比表示。炸药的摩擦感度见表 4-12。

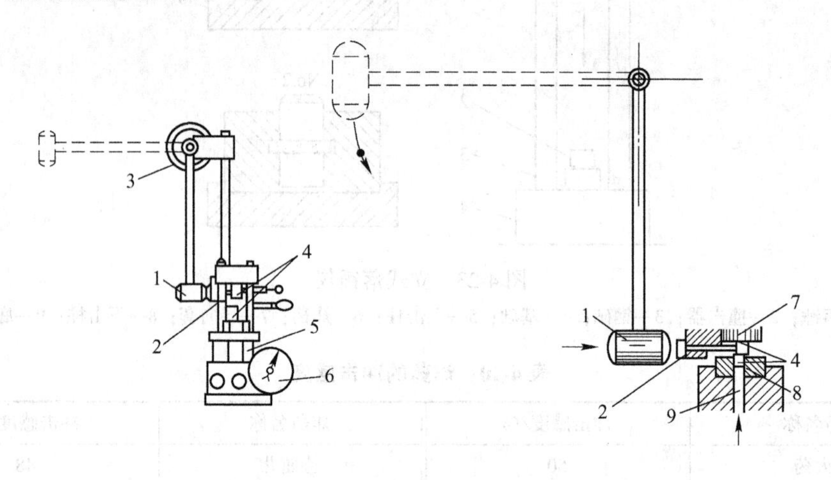

图 4-25 摩擦摆

1—摆锤；2—击柱；3—角度标盘；4—测定装置（上下击柱）；
5—油压机；6—压力表；7—顶板；8—导向套；9—柱塞

表 4-12 一些炸药的摩擦感度

炸药名称	摩擦感度/%	炸药名称	摩擦感度/%
梯恩梯	0	1 号煤矿炸药	28
特屈儿	24	4 号高威力硝铵炸药	32
黑索金	48~52	铵铝高威力炸药	40
太　安	92~96		

(3) 热感度。炸药在热能作用下发生爆炸的难易程度称为热感度。热感度一般用爆发点来表示。爆发点是指 0.05g 炸药在标准容器伍德合金浴锅（图 4-26）中受热作用时，在 5min 内必然发生炸药反应的最低温度。爆发点低，表示热感度高，一些炸药的爆发点列于表 4-13 中。

(4) 火焰感度。炸药在明火或火花作用下发生爆炸的难易程度称为火焰感度。常用炸药对导火索喷出的火焰的最大引爆距离来表示，单位为 mm。

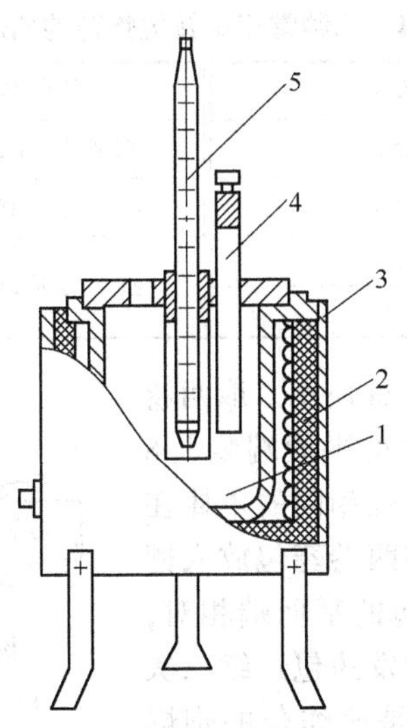

图 4-26 爆发点测定器

1—合金浴锅；2—电热丝；3—隔热层；4—铜试管；5—温度计

表 4-13 一些炸药的爆发点

炸 药	爆发点/℃	炸 药	爆发点/℃
EL 系列乳化炸药	330	雷 汞	175~180
2 号岩石硝铵炸药	186~230	黑索金	230
2 号煤矿硝铵炸药	180~188	特屈儿	195~200
硝酸铵	300	梯恩梯	290~295
黑火药	290~310	二硝基重氮酚	170~173

测定火焰感度是在火焰感度测定仪（图 4-27）上测定的。将 0.05g 炸药试样装入火帽中，调节导火索端面到被测药面之间的距离，点燃导火索，导火索燃烧到最后的末端喷出火焰可以引爆炸药的最大距离即为所求。用发火距离的上、下限来表示炸药的火焰感度。上限是使炸药 100% 发火的最大距离，下限是炸药 100%不被点燃的最小距离。

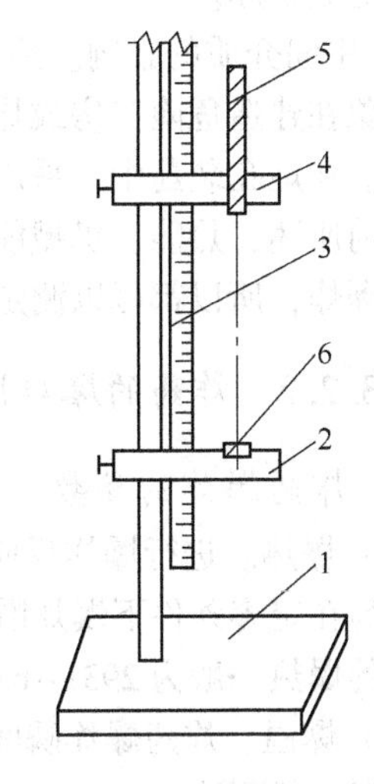

图 4-27 火焰感度试验装置

1—底座；2—下盘架；3—标尺；4—上盘架；5—导火索；6—火帽壳

（5）爆轰感度。炸药受到其他炸药爆炸作用而发生爆炸的难易程度，称为炸药的爆轰感度。炸药爆轰实际是一种冲击波，所以爆轰感度在一定程度上反映了冲击波感度。通常用极限起爆药量来表示。极限起爆药量越小，则炸药的爆轰感度越高。对于工业用混合炸药，一般采用殉爆距离来衡量。炸药爆炸时引起与它不相接触的邻近炸药发生爆炸的现象称为殉爆。在一定程度上，殉爆反映了炸药的冲击波感度。主发炸药包爆炸时能引爆沿轴线布置的另一药包爆炸的最大距离称为殉爆距离。殉爆距离越大，则爆轰感度越高，几种常用硝铵类炸药的殉爆距离列于表 4-14。

表 4-14　几种常用硝铵类炸药的殉爆距离

炸药名称	殉爆距离/cm	炸药名称	殉爆距离/cm
2 号岩石硝铵炸药	≥8	煤矿 2 号硝铵炸药	5
1 号露天矿硝铵炸药	≥4	1 号、2 号铵油炸药	5
2 号露天矿硝铵炸药	≥3	EL-102 型乳化炸药	$\phi32$
煤矿 1 号硝铵炸药	6		>10

殉爆距离的测定方法，如图 4-28 所示。取两卷药量和直径相同的药包，其中一卷的平面端装上 8 号雷管作为主发药包。用与药包直径相同的木棒在水平的松沙土地上压出半圆槽，将两卷药包放入槽内，主发药包的凹面端与被发药包的平面端相对，量出两药包的间距，随后起爆。被发药包连续三次被殉爆时的两药包的最大间距就是该炸药的殉爆距离。

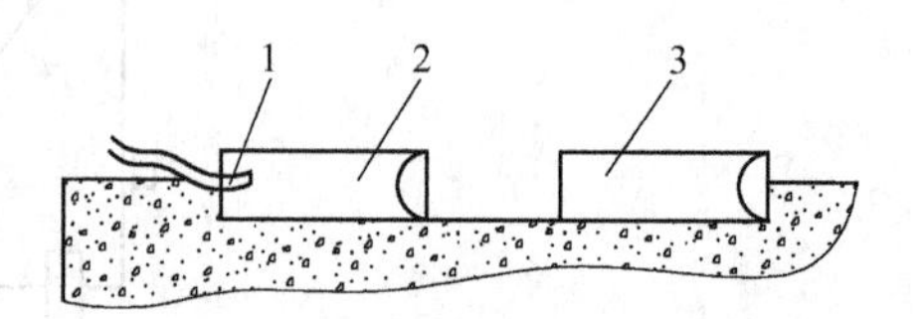

图 4-28　炸药殉爆距离的测定
1—雷管；2—主发药包；3—被发药包

影响炸药殉爆的因素很多，如装药密度、药量和药卷直径、药包外壳强度和连接、炸药含水量、中间介质等。

1）药包密度的影响。当主发药包确定后，被发药包在一定的范围内密度越小，殉爆距离增加；主发药包密度增大，殉爆距离增加。

2）药量和直径的影响。当固定主、被发药包的药量，殉爆距离随直径的增加而增大。如固定两者的直径，殉爆距离随药量的增加而增大。

3）装药外壳和连接的影响。随着药包外壳强度的增大，殉爆距离增大，如把药卷装在坚固的钢管内，并使主、被动药卷用一钢卷连接起来，殉爆距离可进一步加大。

4）炸药中含水量的影响。含水量大，被动药卷感度低，使殉爆距离下降，过大的含水量，会造成拒爆。

5）中间介质的影响。药卷间的介质对殉爆距离的影响依次是：空气>水>木材、黏土>砂。这种现象在建造危险工房或炸药库时可以利用。如设计采用防爆土堤或防爆墙，可大大缩短安全距离。在炮孔装药中，采用沙土堵塞进行分段装药起爆，可减少爆破震动。

如前所述，热能、机械能和爆炸能、光能、超声振动、粒子轰击、高频电磁波等也都可激起炸药爆炸，所以都可以测定其感度。

4.3.2.2　炸药的爆炸性能

A　炸药爆炸的参数

（1）爆热。进行爆炸反应时放出的热量叫炸药的反应热，简称为爆热。它是指 1kg 或 1g 分子炸药在定容条件下爆炸瞬间所放出的热量。爆热越大，炸药的作功能力也越大。常用的工业炸药的爆热一般为 2931~6280kJ/kg。

（2）爆温。炸药爆炸瞬间所放出的热量将爆炸产物加热到的最高温度称为爆温。工业炸药的爆温一般可达 2000~4500℃以上。

（3）爆压。在发生爆炸反应的瞬间，高温气体在未向外膨胀以前，对周围介质造成的最大压力称为爆压。工业炸药爆炸时产生的爆压可达 1×10^5~4×10^5MPa。实践证明，当炸药本身的爆炸反应传播较慢，而周围条件对维持压力又不利时（如裸露药包爆破），炸药的爆压将急剧下降，能量大量损失，从而降低爆破效果。为此，对于硐室爆破和炮孔爆破，保持堵塞质量是提高爆破效果，减少飞石的有利途径。

（4）爆炸功。炸药爆炸时，整个爆炸过程中的爆炸做功能力称为爆炸功。常用爆炸产物做绝热膨胀时，从起始膨胀到温度降到炸药初温时所做的全部功来表示。

B 炸药爆破性能

与工程爆破有关的炸药爆炸性能有爆力、猛度、爆速、殉爆、聚能效应、传爆等。

（1）爆力。爆力（也称威力）即炸药爆炸时做功的能力。它表示炸药在介质内部爆炸时对其周围介质产生的整体压缩、破坏和抛移能力。它的大小与炸药爆炸时释放出的能量大小成正比。威力越大破坏能力越强，破坏的范围及体积也就越大。威力的大小取决于爆热的大小、产生气体量的多少以及爆温的高低。爆热大，产生气体量多，爆温高则威力大。

威力的测量常用铅铸扩孔试验法测定。即用精制铅铸成圆柱体，其规格为 ϕ200mm×200mm，中央有一个 ϕ125mm×125mm 圆孔（见图 4-29(a)），称取（10±0.1）g 炸药装入 ϕ24mm 锡箔纸筒内，然后插入雷管一起放入铅铸孔的底部，上部空隙用干净的并经 144 孔/cm^{2}筛选过的石英砂填满，爆炸后，圆柱扩大成梨形（见图 4-29(b)）。

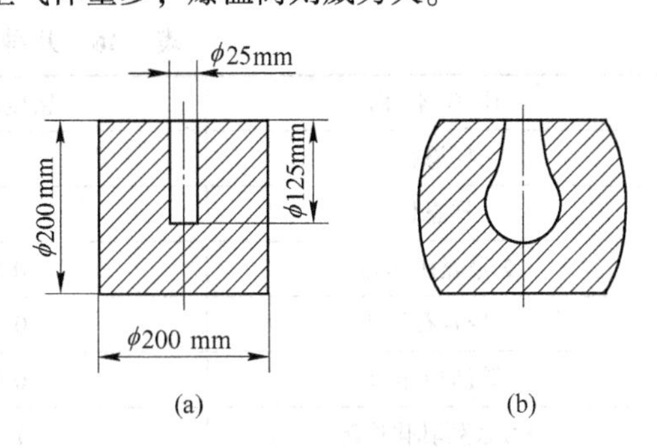

图 4-29 炸药爆炸前后的铅柱测状与尺寸
（a）爆炸前的铅柱；（b）爆炸后的扩孔示意图

用量筒注水测出爆炸前后体积差，从中减去所用雷管的扩孔值（通过试验确定），之后所得差数值即为被测炸药的爆力。雷管本身的扩孔量应从扩孔值中扣除，可先用雷管在同等条件下对铅柱做扩孔试验。一些炸药的爆力列于表 4-15中。

表 4-15 几种炸药的爆力值

炸药名称	威力(爆力)/mL
梯恩梯	285
黑索金	490
太 安	500
2 号煤矿炸药	250
2 号岩石炸药	320

（2）猛度。猛度即炸药的破碎能力。指在爆炸瞬间，爆炸直接对与之接触的局部固体介质产生的破坏程度。

猛度的测量常采用铅柱压缩法，实验装置如图 4-30 所示。在 200mm×200mm×20mm 的钢板 1 中央放置 ϕ41mm×10mm 钢片 3 一块。炸药试验量一般为 50g，猛炸药如黑索金、太安等用 25g，装入 ϕ40mm 纸筒内，控制其密度为 1g/cm^3，药面上锥一中心孔插入雷管 5，插入深度为 15mm，将这个药柱 4 放置在钢片上，用索线绷紧，然后引爆。爆炸后，铅柱被压缩成蘑菇形，用卡尺测其四点高度，取平均值，计算出压缩值。几种炸药的铅柱压缩值列于表 4-16 中。

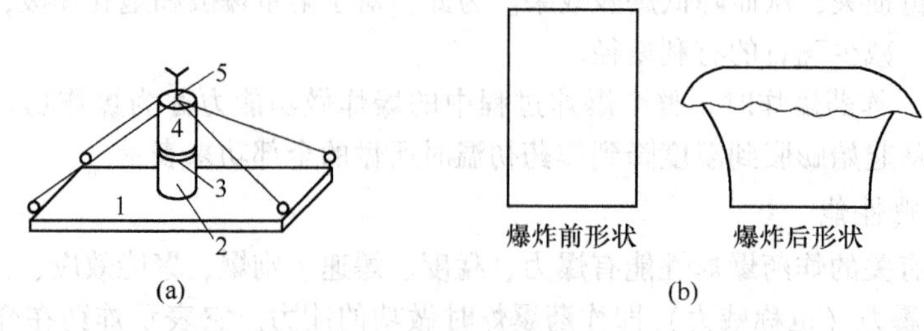

图 4-30　铅柱压缩实验

（a）实验装置；（b）实验效果

1—钢板；2—铅柱；3—圆钢片；4—药柱；5—雷管

表 4-16　几种炸药的铅柱压缩值

炸药名称	密度/g·cm^{-1}	压缩值/mm
梯恩梯	1.0	16~17
梯恩梯	1.2	18.7
2号煤矿炸药	0.9~1.0	10~12
2号岩石炸药	0.9~1.0	12~14
铵沥蜡炸药	0.9~1.0	8~9
EL系列乳化炸药	1.1~1.2	16~19
KJ系列乳化炸药	1.1~1.25	15~19

（3）爆速。爆速即炸药爆炸时爆轰波沿炸药内部传播的速度，爆速主要取决于炸药的性质与纯度，此外还与起爆药的威力、装药直径、包装材料的强度、炸药的装填密度、炸药的颗粒大小、含水量及附加物等因素有关。一些猛炸药的爆速见表 4-17。

表 4-17　几种炸药的爆速

炸药名称	爆速/m·s^{-1}	炸药名称	爆速/m·s^{-1}
梯恩梯	6850	煤矿1号、2号炸药	3509~3600
太　安	8400	铵油炸药	3200
黑索金	8380	EL-102型乳化炸药	4000~5300
2号岩石炸药	3826		

爆速的测定方法：由炸药的传爆过程可知，爆轰波的传播速度就是爆速。如果炸药的爆速在增长到最大值后始终是稳定的，那么炸药的爆炸就能进行到底，这称为稳定爆炸；反之，如果在传爆过程中爆速是逐渐衰减的，那么炸药的爆炸就不能进行到底，这就是不稳定传播。可见，炸药爆速的变化，反映了炸药爆炸反应的完全程度，因此，它是衡量炸药爆炸性能的重要指标。

在进行爆破工作时，必须经常进行炸药的爆速测定，才能把握爆破的效果、质量和安全。传统的测试方法有导爆索对比法，现在常用的是电子仪器测试法。常用电子仪器测试法有光线示波器测定法和计时器测定法两种方法。测试准确可靠的专门仪器，如 BSS-1 和 BS-1 型爆速仪，测量精度高。

在实际生产中，为了保证爆破效果，应力求炸药处于稳定爆轰状态，即具有理想的爆速，在生产实践中，影响爆速的因素很多。但主要的有药卷直径和炸药密度。用相同起爆能量，引爆不同直径的药卷时，药卷的爆速和稳定传爆的情况有很大不同，随着药卷直径增大，爆速和爆炸稳定性均有所提高。当药卷直径较小时，随药卷直径增大，爆速增加较快，但药卷直径增大到某一数值后，爆速趋于一恒定值。增大炸药的密度可提高理想爆速，临界直径和极限直径也会发生变化。由于炸药密度对临界直径的影响规律是随炸药类型的不同而变化的，因此，密度影响爆速的规律也是不同的。

(4) 聚能效应。某特定装药形状（如锥形孔、凹穴）可使炸药能量在空间上重新分配，大大地加强了某一方向的局部破坏作用，这种现象称为聚能效应。能产生聚能效应的装药称为聚能装药，而其特定的装药形状如锥形孔、凹穴等，称为聚能穴，如雷管的底部凹槽等。

聚能装药爆炸时，爆炸气体产物向聚能穴汇集，在凹穴轴线方向上形成一股高速运动的强大射流，即聚能流。聚能流具有极高的速度、密度、压力和能量密度，并在离聚能穴底部一定距离达到最大值，因此其破坏作用增强。带有金属罩的聚能装药聚能效应更大，炸药爆炸时，它在聚能穴轴线上形成高速的金属射流，其速度每秒可达数千米甚至上万米，压力可达几兆帕，因此其破甲、破坏能力更集中。利用聚能药包可破碎大块。

(5) 传爆。炸药起爆后，爆轰波能以最大的速度稳定传播的过程，称为理想爆轰。在一定条件下，炸药达不到理想爆轰，但可能以某一速度稳定传播爆轰波的过程，称为稳定传爆。

炸药在理想爆轰时，才能充分释放出最大能量。为了充分利用炸药的爆炸能，提高爆破效果，保障施工安全，必须保证炸药稳定传爆，争取达到理想爆轰。影响稳定传爆的因素：

1）起爆能的影响。起爆能不足，激发不起炸药的化学反应或激发起的化学反应速度低，在传播过程中很快衰减，在这种情况下将出现炸药拒爆或爆轰中断现象。不同炸药，所需的起爆能不一样。因此，针对不同炸药，选择适当的起爆能，以保证炸药可靠起爆是十分重要的。

2）装药直径的影响。前文叙述了炸药的直径对爆速有影响，装药直径增大时，爆速也相应变大，当直径大到某一值后，爆速增加不明显而趋于某一个定值，即达到条件下的最大爆速。使炸药爆速达到最大值所需的最小装药直径，称为极限直径，而该条件下的最大爆速称为极限爆速。同样爆速随着直径的减小而下降，当装药直径小于某一值时，爆轰即将中断。不同的炸药，临界、极限直径、爆速各不相同。一般讲，单质猛炸药临界爆速为2000~3000m/s，极限爆速为6000~8000m/s。硝铵炸药的临界爆速为1000~2000m/s，极限爆速为4000~5000m/s。

因此，在实际爆破中，要保证炸药稳定传爆，争取理想爆轰，则应保证装药直径大于临界直径，争取达到极限直径。

3）装药密度的影响。装药密度对传爆的影响，单质炸药和工业混合炸药表现不同。在一定条件下，单质炸药的爆速与装药密度成正比。在混合炸药中，爆速-密度曲线上存在着极限爆速，有如上述，在一定的条件下爆速随装药密度的增大而提高，但由于混合炸药化学反应区中存在着二次反应，二次反应的阻力随炸药密度的增大而增大，所以当密度增大到一定限度时，化学反应速度下降，爆速也相应下降。这两方面作用的同时存在，对爆速产生综合的影响。

4）药包外壳约束条件的影响。药包外壳越坚固，质量越大，约束条件越好，侧向的能量损失越少，传爆越好。当药包直径达到极值时，外壳的影响就不明显了。

5）径向间隙的影响。不同炸药径向间隙对传爆的影响也不同，它可能对单质高感度猛炸药的传播有利，而对于低感度工业混合炸药可能不利，甚至使爆轰中断。径向间隙的这种影响作用，称为径向间隙效应，或简称间隙效应。径向间隙对炸药爆速的不同影响与上述炸药密度对爆速的影响机理相同。炸药爆炸后，由于径向间隙的存在，孔中的空气冲击波超前于爆轰波，对未爆炸药进行压缩，使炸药密度提高而影响未爆炸药的爆速。

6）炸药颗粒的影响。工业混合炸药爆轰中存在二次反应，因此组分颗粒小，混合均匀，有利于爆轰的传播。感度低的成分其粒度应小于感度高的成分的粒度，才有利于二次反应，然而当药卷直径大于或等于极限直径时，炸药粒度的影响就不明显了。

4.3.3 常用炸药

4.3.3.1 粉状硝铵炸药

常用的粉状硝铵炸药有铵梯炸药、铵油炸药、铵松蜡炸药和煤矿许用炸药，由于其组成成分不同，性能指标和适用条件也各不相同。

A 铵梯炸药

铵梯炸药又称岩石炸药，由硝酸铵、梯恩梯和木粉三种成分组成。硝酸铵是氧化剂，为主要成分；梯恩梯是敏化剂，也起还原剂作用；木粉是可燃剂，又是疏松剂。铵梯炸药是国内外工业上用了近两个世纪的传统炸药，目前仍是工业上使用最多的炸药品种。其主要成分如下：

（1）硝酸铵。硝酸铵是一种应用广泛的化学肥料。纯硝酸铵为白色晶体，熔点为160.6℃，温度达300℃时便发火燃烧，高于400℃时可转为爆炸。硝酸铵是一种弱性爆炸成分，钝感，需经强力起爆后才能引爆，爆速为2000~2500m/s，爆力为165~230mL。

硝酸铵具有较强的吸湿性和结块性。吸湿现象的产生是由于它对空气中的水蒸气有吸附作用，并通过毛细管作用在其颗粒表面形成薄薄的一层水膜，硝酸铵易溶于水，因而水膜会逐渐变为饱和溶液。只要空气中的水蒸气压力大于硝酸铵饱和溶液的压力，硝酸铵就会继续吸收水分，一直到两者压力平衡时为止。硝酸铵吸水后，一旦温度下降，饱和层将部分或全部发生重结晶，形成坚硬致密的晶粒层，将硝酸铵黏结成块状。这种结块硬化过程还将因晶形变换和上部重压等原因而加剧，给加工炸药造成很大困难。

为了提高硝酸铵的抗水性，可加入防潮剂。常用的防潮剂有两类：一类是憎水性物质，如松香、石蜡、沥青和凡士林等。它们覆盖在硝酸铵颗粒表面，使它与空气隔离；另一类是活性物质，如硬脂酸钙、硬脂酸锌等，它们的分子结构一端为体积较大的憎水性基团（硬脂酸根），另一端是体积较小的亲水性基团（金属离子）；这些活性物质加入后，它们的亲水性基团将朝向外面，因而能起到防水作用。

为了防止炸药中的硝酸铵吸湿后结块硬化，可在炸药中加入适量的疏松剂，如木粉等。干燥的硝酸铵与金属作用极缓慢，有水时其作用速度加快。故溶化的硝酸铵与铜、铅和锌均起作用，形成极不稳定的亚硝酸盐，但硝酸铵不与铝、锡作用，故在制造硝酸炸药时均使用铝质工具和容器。同时，由于硝酸铵是强酸弱碱生成的盐类，要避免与弱酸强碱生成的盐类（如亚硝酸盐、氯酸盐等）混在一起，否则也会产生安定性很差的亚硝酸铵，容易引起爆炸。

（2）梯恩梯（TNT）。其本身就是一种单质猛炸药，具有良好的爆轰性能，是军事爆破中常用的炸药品种。由于梯恩梯的制造工艺复杂，价格也较昂贵，故在炸药中尽量少用或改用其他敏化剂代替。梯恩梯有一定的毒性，能通过皮肤和呼吸系统对人体产生损害，故在炸药的生产和使用中要注意工作环境及个人防护。

（3）木粉。木粉除了作疏松剂和可燃剂外，还能调节炸药的密度。要求它不含杂质、不腐朽、含水在4%以下，细度在0.83~0.85mm（20~40目）之间。

常用铵梯炸药的成分与性能见表4-18。

表 4-18 常用铵梯炸药的成分与性能

成分性能和指标 \ 炸药品种		1 号岩石硝铵炸药	2 号岩石硝铵炸药	2 号抗水岩石硝铵炸药	2 号露天硝铵炸药	2 号抗水露天硝铵炸药	2 号铵松蜡炸药
组成/%	硝酸铵	82±1.5	85±1.5	84±1.5	86±2.0	86±2.0	91±1.5
	梯恩梯	14±1.0	11±1.0	11±1.0	5±1.0	5±1.0	
	木 粉	4±0.5	4±0.5	4.2±0.5	9±0.5	8.2±1.0	5±0.5
	沥 青			0.4±0.1		0.4±0.1	
	石 蜡			0.4±0.1		0.4±0.1	0.8±0.2
	轻柴油						1.5±0.5
	松 香						1.7±0.3
性 能	水分（不大于）/%	0.3	0.3	0.3	0.5	0.5	0.1~0.3
	密度/g·cm^{-3}	0.95~1.1	0.95~1.1	0.95~1.1	0.85~1.1	0.85~1.1	0.95~1.0
	猛度（不小于）/mm	13	12	12	8	8	13~15
	爆力（不小于）/mL	350	320	320	250	250	320~360
	殉爆Ⅰ/cm	6	5	5	3	3	4~7
	殉爆Ⅱ/cm			3		2	
	爆速/m·s^{-1}		3600	3750	3525	3525	3500~3800
爆炸参数计算值	氧平衡/%	0.52	3.38	0.37	1.08	−0.30	−1.092
	质量体积/L·kg^{-1}	912	924	921	935	936	
	爆热/kJ·kg^{-1}	4078	3688	3512	3740	3852	
	爆温/℃	2700	2514	2654	2496	2545	
	爆压/Pa		3306100	3587400	3169800	3169300	

注：殉爆Ⅰ是浸水前的参数，殉爆Ⅱ是浸水后的参数。

B 铵油炸药

铵油炸药是一种无梯炸药，主要成分是硝酸铵和柴油，是我国冶金、有色金属矿山应用广泛的一种钝感猛性炸药。铵油炸药的主要成分如下：

（1）硝酸铵。氧化剂，性能如前述。

（2）柴油。柴油在炸药中作可燃剂。在柴油成分中，要求碳氢元素含量（质量分数）达99.5%以上。柴油来源容易，运输、使用安全，有较高的黏性和挥发性，能有效渗入炸药的颗粒中，从而保证炸药组分混合的均匀性和致密性。

（3）木粉。主要用作疏松剂以防止炸药结块，同时还可起到可燃剂的作用。

在铵油炸药中，多孔粒状铵油炸药是一种较新型的工业炸药类型，它由多孔粒状硝酸铵和柴油组成。多孔粒状硝酸铵为白色颗粒状混合物，是一种内部充满空穴和裂隙的颗粒状物质，其堆积密度一般在0.75~0.85g/cm^{3}之间。与普通粉状硝酸铵相比，不易结块，流散性好，吸油能力强。多孔粒状铵油炸药可用于露天及地下无水爆破作业，其爆破效果近似于2号岩石铵梯炸药，该炸药的感度较低，一般用一发雷管难以引爆，须利用起爆药包进行起爆。

多孔粒状铵油炸药具有组分少、原料来源丰富、使用方便、成本低廉、不易结块、流散性好、装药时不易堵孔、性能可靠、储存稳定、使用安全和易于机械化装药等特点，其用量正逐年提高。铵油炸药及多孔粒状铵油炸药的组分、性能及适用条件见表4-19。

表 4-19　铵油炸药及多孔粒状铵油炸药的组分、性能及适用条件

组分和性能			炸药名称			
			1号铵油炸药（粉状）	2号铵油炸药（粉状）	3号铵油炸药（粒状）	多孔粒状铵油炸药
组分/%	硝酸铵		92±1.5	92±1.5	94.5±1.5	94.5±0.5
	柴　油		4±1	1.8±0.5	5.5±1.5	5.5±0.5
	木　粉		4±0.5	6.2±1		
水分（不大于）/%			0.75	0.8	0.8	0.3
装药密度/g·cm^{-3}			0.9~1.0	0.8~0.9	0.9~1.0	
爆炸性能	殉爆距离（不小于）/cm	浸水前	5			
		浸水后				
	猛度（不小于）/mm		12	18	18	15
	爆力（不小于）/mL		300	250	250	278
	爆速(不低于)/m·s^{-1}		3300	3800	3800	2800
炸药保证期/d			7（雨季） 15（一般）	15	15	30
适用条件			露天或无瓦斯、无矿尘爆炸危险的中硬以上矿岩的爆破工程	露天中硬以上矿岩的爆破和硐室大爆破工程	露天大爆破工程	露天大爆破工程或无瓦斯、无矿尘爆破危险的地下中深孔爆破

C　铵松蜡炸药

铵松蜡炸药由硝酸铵、木粉、松香和石蜡混制而成。它克服了铵梯和铵油炸药吸湿性强、保存期短的不足，其原料来源也较符合我国资源特点。总之，它除了保持铵油炸药的优点外，还具有抗水性能良好、保存期长、性能指标达到2号岩石炸药标准等优点。铵松蜡炸药之所以具有良好的防水性能，主要是因为：

(1) 松香、石蜡都是憎水物质，可形成粉末状防水网，防止硝酸铵吸水。

(2) 石蜡还可形成一层憎水薄膜，阻止水分进入。

(3) 含有柴油的铵松蜡炸药中，松香与柴油可以共同组成油膜，也能防止水分进入。

除铵松蜡炸药外，还有铵沥炸药、铵沥蜡炸药等。这些炸药的缺点是，由于石蜡和松香的燃点低，不能用于有瓦斯和矿尘爆炸危险的地下矿山；另外，这类炸药的毒气生成量也较大。

4.3.3.2　含水硝铵炸药

含水硝铵炸药包括浆状炸药、水胶炸药、乳化炸药等。它们的共同特点是将硝酸铵或硝酸钾、硝酸钠溶解于水后，成为硝酸盐的水溶液，当其达到饱和时便不再吸收水分。依据这一原理制成的防水炸药，其防水机理可简单理解为“以水抗水”。

A　浆状炸药

浆状炸药是由氧化剂水溶液、敏化剂和胶凝剂等基本成分组成的悬浮状的饱和水胶混合物，其外观呈半流动胶浆体，故称为浆状炸药。其成分如下。

(1) 氧化剂水溶液。浆状炸药的氧化剂水溶液主要是硝酸铵或硝酸钾、硝酸钠的混合物，它的含量占炸药总量的65%~85%，含水量占10%~20%。水作为连续相而存在，其主要作用是：

1）使硝酸铵等固体成分成为饱和溶液，不再吸水；

2）使硝酸铵等固体成分溶解或悬浮，以增加炸药的可塑性和增大炸药的密度；

3）使炸药成为细、密、匀的连续相，各成分紧密接触，提高炸药的威力。但是，必须注意的是水为钝感物质，由于水分增加，炸药的敏感度将有所降低。

（2）敏化剂。浆状炸药敏化剂按成分不同可分为以下四类：

1）猛炸药的敏化剂，常用的有梯恩梯、黑索金、硝酸甘油等，含量为6%~20%；

2）金属粉末敏化剂，如铝粉、镁粉、硅铁粉等，含量为2%~15%；

3）气泡敏化剂，如亚硝酸钠，加入量为0.1%~0.5%；

4）燃料性敏化剂，如柴油、硫黄等，含量为1%~5%。

（3）胶凝剂。它是浆状炸药的关键成分，可使氧化剂水溶液变为胶体液，并使各物态不同的成分胶结在一起，使其中未溶解的硝酸盐类颗粒、敏化剂颗粒等悬浮于其中，又可使浆状炸药胶凝、稠化，提高其抗水性能。胶凝剂有两类，一类是植物胶，主要是白芨、玉竹、田菁胶、槐豆胶、皂胶和胡里仁粉等；另一类是工业胶，主要为聚丙烯酰胺，俗称“三号剂”。植物胶用量约为2%~2.4%，聚丙烯酰胺用量约为1%~3%。

（4）交联剂。又称助胶剂，交联剂的作用是使浆状炸药进一步稠化以提高抗水性能，常用硼砂、重铬酸钾等，其含量为1%~3%。使用交联剂，可以相对减少胶凝剂的用量。

（5）表面活性剂。常用十二烷基苯磺酸钠或十二烷基磺酸钠。它的作用是增加塑性，提高其耐冻能力；其次是能吸附铝粉等金属颗粒，防止与水反应生成氢而逸出。

（6）起泡剂。常用亚硝酸钠，其作用是加入后能产生氮气化物和二氧化碳，形成气泡，以便在起爆时产生绝热压缩，增加炸药爆轰感度。这种气泡又称为敏化气泡。采用起泡剂可以相对减少敏化剂梯恩梯的用量。另外，泡沫、多孔含碳材料等也可用作起泡剂。

（7）安定剂。加入适量的尿素等，可提高胶凝剂的黏附性和炸药的柔软性，以防止炸药变质。

（8）防冻剂。加入乙二醇等可使冰点降低，增加炸药耐冻性。

浆状炸药敏感度较低，不能用普通8号雷管起爆，而需要用起爆药包来起爆。

浆状炸药的优点是，炸药密度高，可塑性较好，抗水性强，适于有水炮孔爆破，使用安全。其缺点是，感度低，不能用普通雷管起爆，需采用专门起爆体（弹）加强起爆，理化安定性较差，在严寒冬季露天使用受到影响。国产浆状炸药的组分和性能见表4-20。

B　水胶炸药

水胶炸药实际上是浆状炸药改进后的新品种，它与浆状炸药的不同之处在于其主要使用的是水溶性敏化剂，这样就使得氧化剂的耦合状况大为改善，从而获得更好的爆炸性能。水胶炸药的成分如下：

（1）氧化剂。主要是硝酸铵和硝酸钠。硝酸铵可用粉状也可用粒状。在生产水胶炸药时，将部分硝酸铵溶解成15%的水溶液，另一部分可直接加入固体硝酸铵。

（2）敏化剂。常用甲基胺硝酸盐（简称MANN）的水溶液。甲基胺硝酸盐比硝酸铵更易吸湿，易溶于水，本身又是一种单质炸药。在水胶炸药中，它既是敏化剂又是可燃剂。甲基胺硝酸盐不含水时可直接用雷管起爆，但当其为温度小于95℃，浓度低于86%的水溶液时，不能用8号雷管起爆。因此，可用不同含量的甲基胺硝酸盐制成不同感度的水胶炸药。由于其原料来源广泛，应用较广。

表4-20 国产浆状炸药的组分和性能

炸药品种		4号浆状炸药	5号浆状炸药	槐1号浆状炸药	槐2号浆状炸药	白云1号抗冻浆状炸药	田菁10号浆状炸药
组成/%	硝酸铵	60.2	70.2~71.5	67.9	54.0	45.0	57.5
	硝酸钾				10.0		
	硝酸钠			10.0		10.0	10.0
	梯恩梯	17.5	5.0		10.0	17.3	10.0
	水	16.0	15.0	9.0	14.0	15.0	11+2
	柴油		4.0	3.5	2.5		2.0
	胶凝剂	(白)2.0	(白)2.4	(槐)0.6	(槐)0.5	(皂)0.7	田菁胶0.7
	亚硝酸钠		1.0	0.5	0.5		
	交联剂	硼砂1.3	硼砂1.4	2.0	2.0	2.0	1.0(交联发泡溶液)
	表面活性剂		1.0	2.5	2.5	1.0	3.0
	硫黄粉			4.0	4.0		2.0
	乙二醇					3.0	
	尿素	3.0				3.0	3.0
性能	密度/$g \cdot cm^{-3}$	1.4~1.5	1.15~1.24	1.1~1.2	1.1~1.2	1.17~1.27	1.25~1.31
	爆速/$km \cdot s^{-1}$	4.4~5.6	4.5~5.6	3.2~3.5	3.9~4.6	5.6	4.5~5.0
	临界直径/mm	96	≤45		96	≤78	70~80

(3)黏胶剂。水胶炸药具有良好的黏胶效果,因而比浆状炸药具有更好的抗水性能和爆炸威力。国内多用田菁胶、槐豆胶,国外多用古尔胶作黏胶剂。

水胶炸药的优点是抗水性强,感度较高,可用8号雷管起爆,并具有较好的爆炸性能,可塑性好,使用安全;缺点是成本较高,爆炸后生成的有毒气体比2号岩石炸药多。其性能成分指标见表4-21。

表4-21 水胶炸药的组分及性能

炸药系列或型号		SHJ-K型	W-20型	1号	3号
组成/%	硝酸铵(钠)	53~58	71~75	55~75	48~63
	水	11~12	5~6.5	8~12	8~12
	硝酸甲胺	25~30	12.9~13.5	30~40	25~30
	铝粉或柴油	铝粉4~2	柴油2.5~3		
	胶凝剂	2	0.6~0.7		0.8~1.2
	交联剂	2	0.03~0.09		0.05~0.1
	密度控制剂		0.3~0.5	0.4~0.8	
	氯酸钾		3~4		0.1~0.2
	延时剂				0.02~0.06
	稳定剂				0.1~0.4
性能	爆速/$km \cdot s^{-1}$	3.5~3.9	4.1~4.6	3.5~4.6	3.6~4.4
	猛度/mm	>15	16~18	14~15	12~20
	殉爆距离/cm	>8	6~9	7	12~25
	临界直径/mm		12~16	12	
	爆力/mL	>340	350		330
	爆热/$J \cdot g^{-1}$	1100	1192	1121	
	储存期/月	6	3	12	12

C　乳化炸药

乳化炸药具有威力高、感度高、抗水性良好的特点，被誉为“第四代”炸药。它不同于水包油型的浆状炸药和水胶炸药，而是以油为连续相的油包水型的乳胶体。它不含爆炸性的敏化剂，也不含胶凝剂。此种炸药中的乳化剂可使氧化剂水溶液（水相或内相）微细的液滴均匀地分散在含有气泡的近似油状物质的连续介质（油相或外相）中，使炸药形成灰白色或浅黄色的油包水型特殊内部结构的乳胶体，故称乳化炸药。乳化炸药的成分有：

（1）氧化剂水溶液。即硝酸盐水溶液，呈细小水滴的形式存在，其含量（质量分数）占55%~80%，含水量（质量分数）为10%~20%。

（2）可燃剂。一般由柴油和石蜡组成，其含量（质量分数）约为1%~8%，水相分散在油相之中，形成不能流动的稳定的油包水型乳胶体。

（3）发泡剂。可用亚硝酸钠、空心微玻璃球、珍珠岩粉或其他多孔性材料。发泡剂可提高炸药的感度，加入量约为0.05%~0.1%。

（4）乳化剂。这是乳化炸药生产工艺中的关键成分，其含量（质量分数）约为0.5%~0.6%。本来油与水是不相溶的，但乳化剂是一种表面活性剂，可用来降低油和水的表面张力，使它们互相紧密吸附，形成油包水型乳化物，这种油包水型微粒的粒径约为2pm，因而极为有利于爆轰反应。乳化剂多为脂肪族化合物，它可以是一种化合物，也可以是多种物质的混合物。常用山梨糖醇单月桂酸酯、山梨糖醇酐单油酸盐等。

乳化炸药的性能不但同它的组成配比有关，而且也同它的生产工艺特别是乳化技术有关。乳化炸药的主要性能特点是：

（1）抗水性强。在常温下浸泡在水中7天后，炸药的性能不会产生明显变化，仍可用8号雷管起爆，故可代替硝酸甘油炸药在水下使用。

（2）爆速高，一般可达4000~5500m/s，故威力大。

（3）感度高。由于加入了发泡剂，加上乳化、搅拌加工，使氧化剂水溶液变成微滴，敏化气泡均匀地吸留在其中，故爆轰感度较高，可达雷管感度。

（4）密度可调范围宽。由于加入了充气成分，可通过控制其含量来调节炸药密度，炸药的可调密度一般在0.8~1.45g/cm之间。

（5）安全性能好。乳化炸药对于冲击、摩擦、枪击的感度都较低，而且爆炸后毒气生成量也少，使用安全，储存期较长。部分国产乳化炸药的成分与性能见表4-22。

表4-22　部分国产乳化炸药的成分与性能

炸药系列或型号		EL系列	CLH系列	SB系列	RJ系列	WR系列	岩石型	煤矿许用型
组成/%	硝酸（钠）	65~75	63~80	67~80	58~85	78~80	65~86	65~80
	硝酸甲胺				8~10			
	水	8~12	5~11	8~13	8~15	10~13	8~13	8~13
	乳化剂	1~2	1~2	1~2	1~3	0.5~2	0.8~1.2	0.8~1.2
	油相材料	3~5	3~5	3.5~6	3~5	3~5	4~6	3~5
	铝粉	2~4	2					1~5
	添加剂	2.1~2.2	10~15	6~9	0.5~2	5~6.5	1~3	5~10
	密度调整剂	0.3~0.5		1.5~3	0.2~1			另加消焰剂

续表 4-22

炸药系列或型号		EL 系列	CLH 系列	SB 系列	RJ 系列	WR 系列	岩石型	煤矿许用型
性能	爆速/$km \cdot s^{-1}$	4~5.0	4.5~5.0	4~4.5	4.5~5.4	4.7~5.8	3.9	3.9
	猛度/mm	16~19		15~18	16~18	18~20	12~17	12~17
	殉爆距离/cm	8~12	2	7~12	>8	5~10	6~8	6~8
	临界直径/mm	12~16	40	12~16	13	12~18	20~25	20~25
	抗水性	极好	极好	极好	极好	极好	极好	极好
	储存期/月	6	>8	>6	3	3	3~4	3~4

4.3.3.3 煤矿许用炸药

A 煤矿许用炸药的分级

我国煤矿许用炸药按所含瓦斯安全性分为五级，各个级别许用炸药瓦斯安全性（巷道试验）的合格标准如下。

一级煤矿许用炸药：100g 发射臼炮检定合格，可用于低瓦斯矿井。

二级煤矿许用炸药：180g 发射臼炮检定合格，一般可用于高瓦斯矿井。

三级煤矿许用炸药：试验法 1——400g 发射臼炮检定合格，试验法 2——150g 悬吊检定合格，可用于瓦斯与煤尘突出矿井。

四级煤矿许用炸药：250g 悬吊检定合格。

五级煤矿许用炸药：450g 悬吊检定合格。

B 煤矿许用炸药的常用种类

根据炸药的组成和性质，煤矿许用炸药可分为 5 类。

（1）粉状硝铵类许用炸药。通常以硝酸铵为氧化剂，梯恩梯为敏感剂等组成的爆炸性混合物，多为粉状。

（2）含水炸药。这类炸药包括许用乳化炸药和许用水胶炸药。多数是二、三级品，少数可达四级煤矿许用炸药的标准。

煤矿许用含水炸药是近 30 年来发展起来的新型许用炸药。由于它们组分中含有较大量的水、爆温较低，有利于安全，同时调节余地较大，具有良好的发展前景。

（3）离子交换炸药。含有硝酸钠和氯化铵的混合物，称为交换盐或等效混合物。在通常情况下，交换盐比较安全，不发生化学变化，但在炸药爆炸的高温高压条件下，交换盐就会发生反应，进行离子交换，生成氯化钠和硝酸铵：

$$NaNO_3 + NH_4Cl \longrightarrow NaCl + [NH_4NO_3] \longrightarrow 2H_2O + N_2 + \frac{1}{2}O_2 \qquad (4\text{-}5)$$

在爆炸瞬间生成的氯化钠，作为消焰剂高度弥散在爆炸点周围，有效地降低爆温和抑制瓦斯燃烧；与此同时生成硝酸铵，则作为氧化剂加入爆炸反应。

（4）当量炸药。盐量分布均匀，而且安全性与被筒炸药相当的炸药称为当量炸药。当量炸药的含盐量要比被筒炸药高，爆力、猛度和爆热远比被筒炸药低，正常爆轰时具有很高的安全性。几种当量炸药的配方和性能见表 4-23。

（5）被筒炸药。用含消焰剂较少、爆轰性能较好的煤矿硝铵炸药作药芯，其外再包覆一个用消焰剂做成的“安全被筒”，这样的复合装药结构，就是通常所说的“被筒炸药”。被筒炸药的药芯爆炸时、安全被筒的食盐被炸碎，并在高温下形成一层食盐薄雾，笼罩着爆炸点，更好地发挥消焰作用。因而这种炸药可用在瓦斯和煤尘突出矿井。被筒炸药整个炸药的消焰剂含量可高达 50%。

表 4-23 几种当量炸药的配方和性能

炸药品种		1	2	3	4	5
组成/%	硝酸酯	8.0	10.0	5.0		
	胶 棉	0.1	0.1	0.05		
	硝酸铵	44.9	41	56.95	48.0	56.0
	梯恩梯	3.0		5.0	4.0	7.4
	木 粉	4.0	4.9	3.0	4.0	3.3
	食 盐	40.0	44	30.0	40.0	33.3
	黑索金				4.0	
爆炸性能	爆速/m · s^{-1}	1650	1700			2340
	猛度/mm	7.5	6.7	9.8	8.5~9.1	8~9
	殉爆距离/cm	8	12	12	4~6	4~6
	爆力/mL	177	161	171	140~145	190

4.3.3.4 其他炸药

A 岩石粉状铵梯油炸药

岩石粉状铵梯油炸药属于少梯工业炸药，它是工业粉状炸药的第二代产品，是由工业粉状铵梯炸药发展而来的。其关键技术是将乳化分散技术应用于粉状铵梯炸药中，在炸药的组分中加入非离子表面活性剂为主构成的复合油相，取代了部分梯恩梯，使梯恩梯的含量（质量分数）由 11%降低至 7%，达到了降低粉尘、防潮、防结块的综合效果。岩石粉状铵梯油炸药的组分和性能见表 4-24。

表 4-24 岩石粉状铵梯油炸药的组分和性能

组分与性能			炸药名称	
			2 号岩石铵梯油炸药	2 号抗水岩石铵梯油炸药
组分/%	硝酸铵		87.5±1.5	89.0±2.0
	梯恩梯		7.0±0.7	5.0±0.5
	木 粉		4.0±0.5	4.0±0.5
	复合油相		1.5±0.3	2.0±0.3
	复合添加剂（外加）		0.1±0.005	0.1±0.005
爆炸性能	水分/%		≤0.30	≤0.30
	猛度/mm		≥12	≥12
	爆力/mL		≥320	≥320
	爆速/m · s^{-1}		≥3200	≥3200
	殉爆距离/cm	浸水前	≥4	≥3
		浸水后		≥2
	有毒气体量/L · kg^{-1}		≤100	≤100
	药卷密度/g · cm^{-3}		0.95~1.10	0.95~1.10
	炸药有效期/月		6	6
	炸药有效期内	殉爆距离/cm	3	2
		水分/%	0.50	0.50

为了进一步降低梯恩梯含量，并改善炸药性能，在岩石粉状铵梯油炸药的基础上，成功研制了4号岩石粉状铵梯油炸药。该产品的特点是梯恩梯含量降至2%（质量分数），组分中选用了1号复合改性剂，解决了硝铵炸药的结块问题，提高了爆破性能、储存性能及防潮、防水的性能。4号岩石粉状铵梯油炸药的组分和性能见表4-25。

表4-25　4号岩石粉状铵梯油炸药的组分和性能

组分/%	硝酸铵		91.3±1.5
	木粉		4.0±0.7
	复合油相		2.7±0.6
	梯恩梯		2.0±0.2
	1号改性剂		0.30±0.01
爆炸性能	水分/%		≤0.30
	药卷密度/g·cm^{-3}		0.95~1.10
	爆速/m·s^{-1}		≥3200
	猛度/mm		≥12
	殉爆距离/cm		≥4
	爆力/mL		≥320
	有毒气体量/L·kg^{-1}		≤100
	有效期/天		180
	炸药有效期内	殉爆距离/cm	≥3
		水分/%	≤0.50

B　膨化硝铵炸药

膨化硝铵炸药是一种新型粉状工业炸药，属无梯炸药。其关键技术是硝酸铵的膨化，膨化的实质是表面活性技术和结晶技术的综合作用过程，是硝酸铵饱和溶液在专用表面活性剂作用下，经真空强制析晶的物理化学过程。这一过程可制得具有许多微孔气泡，成为膨松状和蜂窝状的膨化硝酸铵。微孔气泡的形成，可以取代梯恩梯的敏化作用，故炸药组分中便可不用梯恩梯。岩石膨化硝铵炸药是由膨化硝酸铵、燃料油、木粉混合而成的。爆破性能优良、爆轰速度快，综合性能优于2号岩石铵梯炸药；产品吸湿性低，不易结块，储存性能和物理稳定性高；安全性能好，使用可靠。其特点是炸药中不含梯恩梯，彻底消除了梯恩梯对人体的毒害和对环境的污染。该产品适用于中硬及中硬以下矿岩使用，是国家重点推广的炸药品种。

目前，膨化硝铵炸药已形成了系列产品，相继推出了岩石膨化硝铵炸药、煤矿许用膨化硝铵炸药、震源药柱膨化硝铵炸药、抗水膨化硝铵炸药、低爆速型膨化硝铵炸药、高安全煤矿许用膨化硝铵炸药和高威力膨化硝铵炸药。其中，岩石膨化硝铵炸药的组分和性能见表4-26。

C　粉状乳化炸药

粉状乳化炸药是近几年发展起来的一种炸药新品种，它是一种具有高分散乳化结构的固态炸药，属乳化炸药的衍生品种，是当前民用爆破行业发展较为迅速的炸药新品种，其科技含量高，发展迅猛。粉状乳化炸药爆炸性能优良，组分原料不含猛炸药，具有较好的抗水性，储存性能稳定，现场使用装药方便，是兼有乳化炸药及粉状炸药优点的新型工业炸药。它克服了现有粉状炸药混合不均匀的不足，提高了粉状炸药爆炸性能，其技术指标均高于工业粉状铵梯炸药标准规定的要求。

表 4-26 岩石膨化硝铵炸药的组分和性能

组分/%	膨化硝酸铵		92.0±2.0
	复合油相		4.0±1.0
	木 粉		4.0±1.0
爆炸性能	水分/%		≤0.30
	药卷密度/$g \cdot cm^{-3}$		0.80~1.00
	爆速/$m \cdot s^{-1}$		≥3200
	猛度/mm		≥12
	殉爆距离/cm		≥4
	爆力/mL		≥320
	有毒气体量/$L \cdot kg^{-1}$		≤100
	有效期/天		180
	炸药有效期内	殉爆距离/cm	≥3
		水分/%	≤0.50

粉状乳化炸药设计思路的独到性在于，它巧妙地把工业胶质乳化炸药与工业粉状炸药的性能优点有机地结合起来，形成了一种新型的高性能无梯炸药。其组分和性能指标见表4-27。

表 4-27 岩石粉状乳化炸药的组分和性能

组分/%	硝酸铵		91.0±2.0
	复合油相		6.0±1.0
	水 分		0~5.0
爆炸性能	药卷密度/$g \cdot cm^{-3}$		0.85~1.05
	爆速/$m \cdot s^{-1}$		≥3400
	猛度/mm		≥13
	殉爆距离/cm	浸水前	≥5
		浸水后	≥4
	爆力/mL		≥320
	撞击感度/%		≤8
	摩擦感度/%		≤8
	有毒气体量/$L \cdot kg^{-1}$		≤100
	有效期/天		180

D 低密度炸药

通过在铵油炸药中掺入木粉和微球，将炸药的密度降低而制成了低密度炸药，将其作为露天台阶深孔爆破的上半部装药，取得了良好的爆破效果。

在硝铵炸药中加入高分子发泡材料作为密度调节剂，研制成光面爆破专用炸药。该种炸药的爆速为1200~2000m/s，密度在0.3~0.7g/cm^3之间可调。

E ANRUB 炸药

该炸药为国外新研制的一种“很不敏感”的炸药，其管理等级与硝酸铵相当，允许进行预混合散装运输，极大地方便了炸药混制和装药作业。

ANRUB炸药是一种低冲能炸药，由粒状硝酸铵和橡胶颗粒混合而成，橡胶占3.25%～13%。炸药的无约束稳定爆轰直径为300mm，在ϕ89mm炮孔中可以稳定传爆，爆速约为铵油炸药的80%。该炸药不仅可以减震，而且也有利于提高自由面质点的初始运动速度。

复习思考题

4-1 无起爆药雷管与有起爆药雷管比较有哪些优点？
4-2 何谓延时雷管的段别，一般如何识别？
4-3 雷管质量检验有哪些内容？
4-4 绘图说明导火索、导爆索的构造和作用原理。
4-5 工程爆破中常用的点火器材有哪几种？
4-6 试说明导爆管的传爆原理。
4-7 导爆索有何特点，使用时应注意哪些事项？
4-8 工业炸药有什么特点？
4-9 工业炸药分为几类，各有什么特点？
4-10 常用炸药的主要成分是什么，各有什么作用？
4-11 如何根据施工实际选择炸药？
4-12 简述新型工业炸药的特点。

5 爆破起爆技术

起爆方法通常是根据所采用的起爆器材和工艺特点来命名的，选用起爆方法时，要根据炸药的品种、工程规模、工艺特点、爆破效果和现场条件等因素来决定。

在爆破作业中，起爆方法直接关系到装药爆破的可靠性、起爆效果、爆破质量、作业安全和经济效益等方面的问题。

矿山爆破的起爆方法，现在主要有两大类，即非电起爆法和电力起爆法。

5.1 电起爆法

利用电雷管通电后起爆产生的爆炸能引爆炸药的方法，称为电力起爆法。电力起爆法使用的主要器材是电雷管。

5.1.1 电爆网路的组成

电力起爆法是由电雷管、导线和起爆器（电源）三部分组成的起爆网路来实施起爆的。

（1）电雷管的选择。由于电雷管电热性能的差异，有时会引起串联电雷管组的拒爆。因此，在一条网路中，特别是大爆破时，应尽量选用同厂、同型号和同批生产的产品，并在使用前用专用爆破电桥进行雷管电阻的检查。目前大多数工程爆破在选配雷管时，对康铜桥丝电雷管间的电阻值差不大于0.3Ω，镍铬桥丝电雷管电阻值差不大于0.8Ω。也有个别矿山，在加大起爆电流的条件下，对电雷管电阻值的要求并不严格。进行微差爆破时，还要根据起爆顺序和特定的爆破目的，选用不同段别的毫秒延时电雷管，做到延时合理、一致和顺序准确。

（2）导线的选择。在电爆网路中，应采用绝缘良好、导电性能好的铜芯线或铝芯线做导线。铝芯线抗折断能力不如铜芯线，但价格便宜，故应用较多。铝芯线的线头包皮剥开后极易氧化，所以接线时必须用砂纸擦去氧化物，露出金属光泽，方能连接，不然电阻会增大，接触不良。大量爆破时，网路导线用量较大，有时还分区域（或支路）。为了便于计算和敷设，通常将导线按其在网路中的不同位置划分为脚线、端线、连接线、区域线（支线）和主线。

1）脚线。雷管出厂就带有长为2m、直径为0.4~0.5mm的铜芯或铁芯塑料包皮绝缘地线。

2）端线。是指用来接长或替换原雷管脚线，使之能引出炮孔口的导线，或用来连接同一串组中相邻炮孔内雷管脚线引出孔外的部分；其长度根据炮孔深度与孔间距来定，截面一般为0.2~0.4mm^2，常用多股铜芯塑料皮软线。

3）连接线。指连接各串组或各并联组的导线，常用截面积为2.5~16mm^2的铜芯或铝芯塑料线。

4）区域线。是连接线至主线之间的连接导线，常用截面6~33mm^2铜芯或铝芯塑料线。

5）主线（又称母线）。指连接电源与区域线的导线，因它不在爆落范围内使用，一般用动力电缆或专设的爆破用电缆包皮线，可多次重复使用。爆破规模较小时，也可选用16~150mm^2的铜芯或铝芯塑料线或橡皮包皮线。主线电阻对网路总电阻影响很大，应选用合适的断面规格。

实际工作中，应尽量简化导线规格，脚线与端线、连接线和区域线可选用同一规格导线。

（3）起爆电源的选择。作为电爆网路的起爆电源，应满足如下要求：

1）有一定的电压，能克服网路电阻输出足够的电流，起爆电源必须保证起爆网路中的每个电雷管能够获得足够的电流。

2）有一定的容量，能满足各支路电流总和的要求。

3）有足够大的发火冲能。对电容式起爆器等起爆电源，尽管其起爆电压很高，但其作用时间很短，要保证电爆网路安全准爆，还必须有足够的发火冲能。对国产电雷管，保证电雷管准爆的发火冲能应大于或等于 $7.9A^2 \cdot ms$。

常用的起爆电源有照明电源、动力电源和起爆器。

1）动力交流电源。即工频交流电，有 220V 的照明电和 380V 的动力电。动力交流电源电压虽然不高，但输出容量大，适用于并联、串并联和并串并联等混合电爆网路。动力交流电源也可以由发电机或变压器提供，可以说是电爆网路中最可靠的起爆电源之一。使用动力交流电源作为起爆电源，要进行电爆网路的计算和设计。另外，电源与起爆网路连接处要设两道专用开关，防止爆破后因线路短接而引起不良后果。鉴于目前爆破工程广泛应用导爆管起爆网路，一般工程爆破极少采用这种起爆电源。

2）起爆器。起爆器是目前工程爆破中使用最广泛的起爆电源，起爆器有手摇发电机起爆器和电容式起爆器两种。主要使用的是电容式起爆器。

手摇发电机起爆器由手摇交流发电机、整流器和存储电能的电容器组成，利用活动线圈切割固定磁铁的磁力线产生脉冲电流的发电机原理，由端钮输出直流电起爆电雷管。

电容式起爆器也称高能脉冲起爆器，其工作原理是：用干电池或蓄电池作电源，由大功率晶体二极管等电子元件，组成晶体管振荡电路，将干电池或蓄电池输出的低压直流电，经低-高压直流电压变换电路，变成高压高频电，通过向电容器充电，把电荷逐渐储存于引爆电容器中。当电容器的电能储存达到额定数值，电压达到规定值时，指示电压的氖灯或电压表即发出指示，这时接通电爆网路，启动起爆器的开关，电容器蓄积的高压脉冲电能在极短时间内向电爆网路放电，使电雷管起爆。

图 5-1 为几种不同类型的电容式起爆器的外形，图 5-2 和图 5-3 为部分国产电容式起爆器的外形，表 5-1 和表 5-2 为其相应的性能参数。

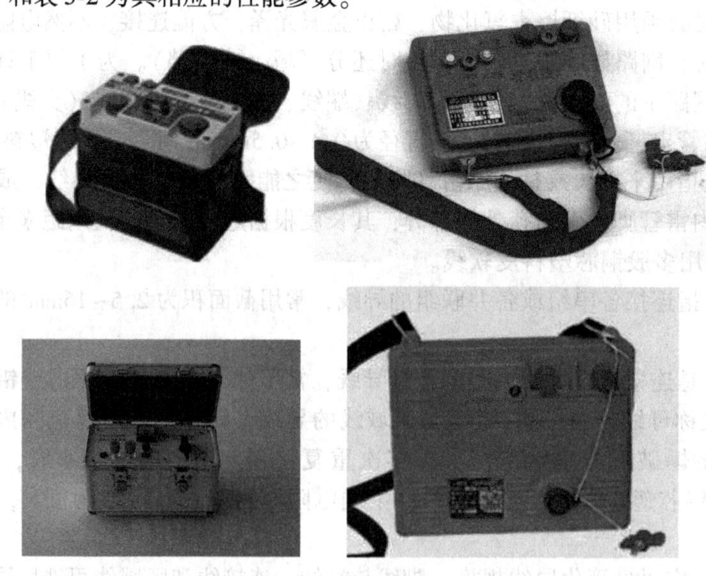

图 5-1　起爆器外形

图 5-2 YJQL 型外形

图 5-3 FD 型外形

表 5-1 YJQL-2000/3000/4000 性能参数

技术参数	YJQL-2000/3000/4000		
引爆能力/发	2000	3000	4000
允许最大负载电阻/Ω	1160	1720	2300
测量输出安全电流/mA	≤10	≤10	≤10
电阻测量范围/Ω	0~3999	0~3999	0~3999
电源电压/V	12	12	12
外形尺寸/mm×mm×mm	285×190×115	285×190×115	285×190×115
净重/kg	5	5	5

表 5-2 FD 型性能参数

环 境 条 件		测试端本安参数	
工作温度/℃	0~+40	最高开路电压/V	DC5.5
相对湿度/%	≤95（25℃）	最大短路电流/mA	2
储存温度/℃	-40~+60	额定工作电压/V	DC7.4
大气压力/kPa	80~106	电阻显示范围/Ω	0~1999
防爆标志	Exd［ib］I Mb		

续表 5-2

技 术 指 标		
型　号	FD100Z（B）	FD200Z（B）
引爆能力/发	100	200
允许最大负载电阻/Ω	620	1220
峰值电压/V	≥1800	≥2800
电源	2Ah 锰酸锂 22650M 2 节串联	
引燃冲量/A^2·ms	≥8.7 且≤12.0	
供电时间/ms	≤4	
充电时间/s	≤20	
质量/kg	2	
外形尺寸/mm×mm×mm	220×158×61	
附加功能	网路全电阻显示	

5.1.2　电爆网路的计算

电爆网路按雷管连接方式的不同可分为串联、并联和混合联三种，网路的计算按一般电路的串联、并联和混联电路进行计算。

5.1.2.1　串联

串联是将电雷管一个接一个互相成串地连接起来，再与电源连接的方法，如图 5-4 所示。其优点是连线简单，操作容易，所需总电流小，导线消耗少，缺点是网路中若有一个雷管断路，会使整条网路断路而拒爆。串联电爆网路总电阻 R（Ω）计算公式如下：

$$R = R_X + nr \tag{5-1}$$

式中，R_X为导线电阻，Ω；n 为串联电雷管个数；r 为单个电雷管电阻，Ω。

串联网路总电流 I(A) 为：

$$I = U/(R_X + nr) \tag{5-2}$$

式中，U 为电源电压，V。

5.1.2.2　并联

并联是将所有电雷管的脚线分别连在两条导线上，然后把这两条导线与电源连接起来的方法，如图 5-5 所示。其优点是不会因为其中一个雷管断路而引起其他雷管的拒爆，网路的总电阻小。缺点是网路的总电流大，连接线消耗量多，若有少数雷管漏接时，检查不易发现。并联

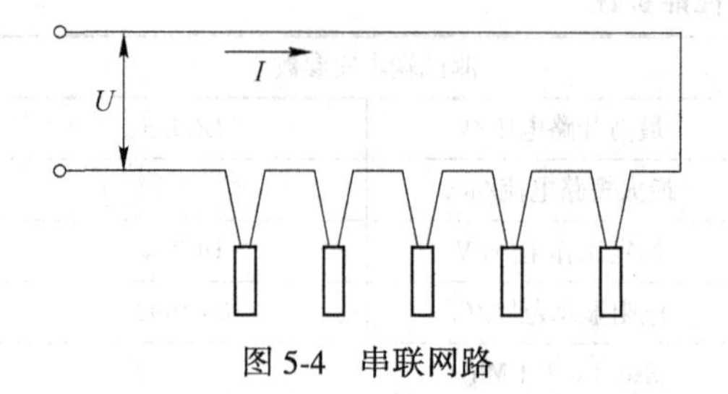

图 5-4　串联网路

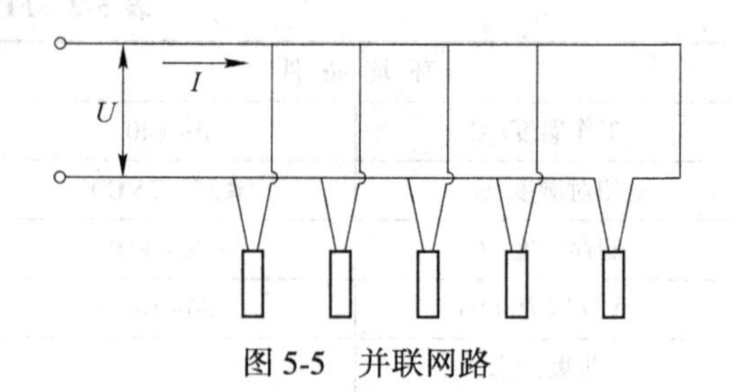

图 5-5　并联网路

电爆网路总电阻 $R(\Omega)$ 的计算公式为：

$$R = R_X + \frac{r}{m} \tag{5-3}$$

式中，m 为并联电雷管个数。

并联网路总电流 $I(\mathrm{A})$ 为：

$$I = \frac{U}{R} = \frac{U}{R_X + \frac{r}{m}} \tag{5-4}$$

每个电雷管所获得的电流 i 为：

$$i = \frac{I}{m} = \frac{U}{mR_X + r} \tag{5-5}$$

5.1.2.3 混合连接

混合联是在一个电爆网路中由串联和并联进行组合连接的混合连接方法，可进一步分为串并联和并串联，分别如图 5-6 和图 5-7 所示。串并联是将若干个电雷管串联成组，然后将若干个串联组又并联在两根导线上，再与电源连接。并串联是将若干组并联的电雷管组串联在一起，再与电源线连接的方法。

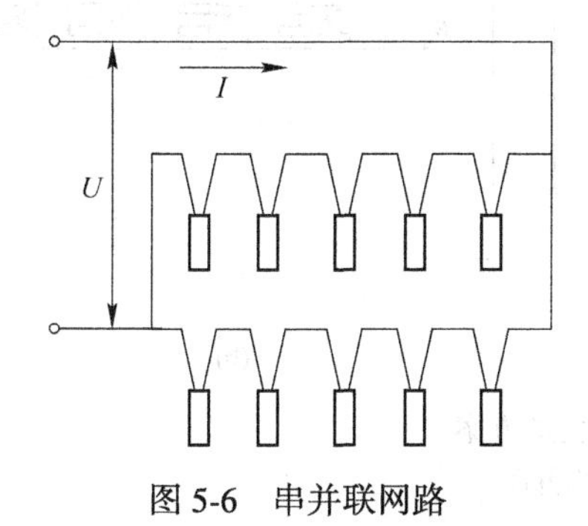

图 5-6 串并联网路

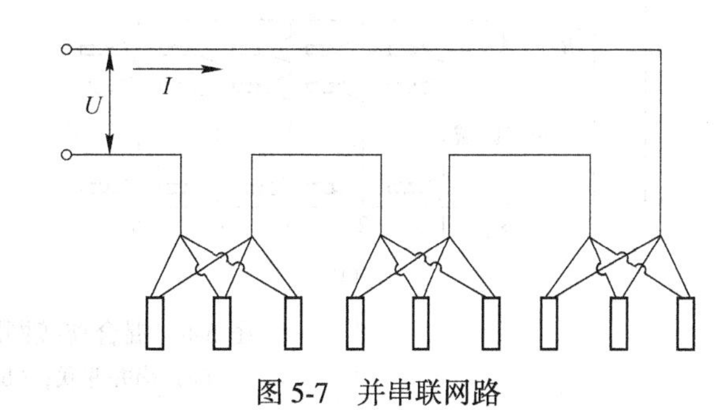

图 5-7 并串联网路

混联电爆网路总电阻 $R(\Omega)$ 的计算公式为：

$$R = R_X + \frac{nr}{m} \tag{5-6}$$

式中，m 为串并联时并联组的组数，或并串联时一组内并联的雷管个数；n 为串并联时一组内串联的雷管个数，或并串联时串联组的组数。

混联网路总电流 $I(\mathrm{A})$ 为：

$$I = \frac{U}{R_X + \frac{nr}{m}} \tag{5-7}$$

式中，U 为电源电压，V。

每个电雷管所获得的电流 $i(\mathrm{A})$ 为：

$$i = \frac{I}{m} = \frac{U}{mR_X + nr} \tag{5-8}$$

在电爆破网路中电雷管的总数是已知的，而电雷管总数 $N=mn$，即 $n=N/m$，将 n 值代入上式得：

$$i = \frac{I}{m} = \frac{mU}{m^2 R_X + Nr} \tag{5-9}$$

为能在电爆网路中满足每个电雷管均获得最大电流的要求，必须对混联网路中串联或并联进行合理分组。从上式可知，当 U、N、r 和 R_X 固定不变时，则通过各组或每个电雷管的电流为 m 的函数。为求得合理的分组组数 m 值，可将式（5-9）对 m 进行微分，令其值等于零，即可求得 m 的最优值，此时电爆网路中，每个电雷管可获得最大电流值。

$$m = \sqrt{\frac{Nr}{R_X}} \tag{5-10}$$

计算后 m 值应取整数。

混联网路的优点是同时具有串联和并联的优点，可同时起爆大量的电雷管。在大规模爆破网路中，混联网路还可以采用多种变形方案，如串并并联、并串并联等方案。这两种连接方案的网路如图 5-8 所示。

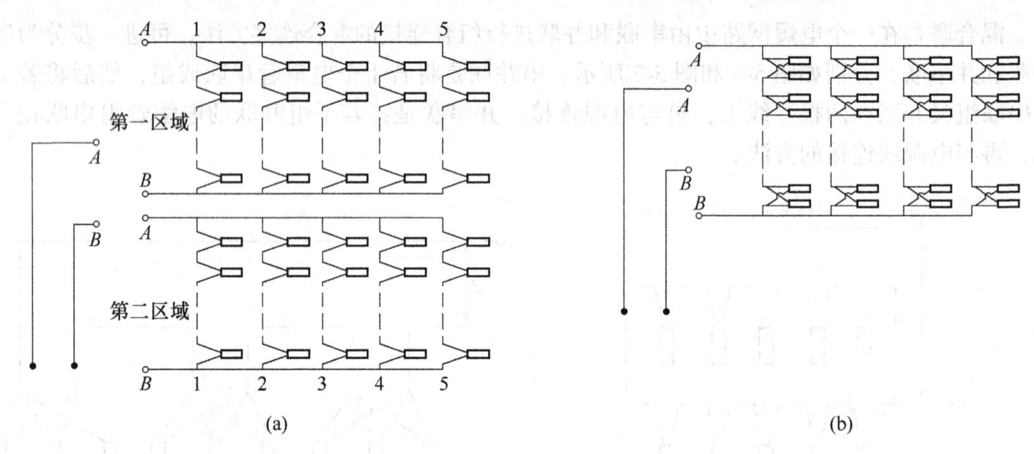

图 5-8 混合连接网路的变形方案

（a）串并并联；（b）并串并联

电爆网路设计是否合格，一是看起爆电源容量是否合格，二是看通过每一发雷管的电流是否符合要求。成组电雷管的最低准爆电流比单发电雷管要大，规程规定：起爆成组电雷管时，对一般爆破，通过每一发雷管的电流直流电不小于 2A，交流电不小于 2. 5A；对大爆破，通过每一发雷管的电流直流电不小于 2. 5A，交流电不小于 4A。

5. 1. 3 电力起爆法的特点

电力起爆法的优点有：

（1）从准备到整个施工过程中的各个工序，如挑选雷管、连接起爆网路等，都能用仪表进行检查，并能根据设计计算数据及时发现施工和网路连接中的质量和错误，从而保证了爆破的可靠性和准确性。

（2）能在安全隐蔽的地点远距离起爆药包群，使爆破工作能在安全条件下顺利进行。

（3）准确地控制起爆时间和药包群之间的爆炸顺序，因而可保证良好的爆破效果。

（4）可同时起爆大量雷管等。

因此，电力起爆法使用范围十分广泛，无论是露天或井下、小规模或大规模爆破，还是其他工程爆破均可使用。

电力起爆法有如下缺点：

（1）普通电雷管不具备抗杂散电流和抗静电的能力。所以，在有杂散电流的地点或露天爆破遇有雷电时，危险性较大，此时应避免使用普通电雷管。

（2）电力起爆准备工作量大，操作复杂，作业时间较长。

（3）电爆网路的设计计算、敷设、连接的技术要求较高，操作人员必须要有一定的技术水平。

（4）需要可靠的电源和必要的仪表设备等。

5.1.4 电爆网路线路连接

5.1.4.1 线路连接准备

（1）对电雷管逐个进行外观检查和电阻检查，挑出合格的电雷管用于电爆网路中；对延期秒量进行抽样检查；对网路中使用的导线进行外观检查、电阻检查；雷管检查合格后，应使其脚线短路，最好用工业胶布包好短路线头。按电雷管段数分别挂上标记牌，放入专用箱，按设计要求运送到爆破现场，再根据现场布置分发到各炮孔的位置。装药时应严防捣断雷管脚线，脚线应沿孔壁顺直。

（2）当爆区附近有各类电源及电力设施，有可能产生杂散电流时，或爆区附近有电台、电视发射台等高频设备时，应对爆区内的杂散电流和射频电的强度进行检测，如果强度超过安全允许值时，不得采用普通型电雷管起爆，应采用抗杂散电流电雷管。

（3）同一起爆网路，应使用同厂、同批、同型号的电雷管，电雷管的电阻值不得大于说明书的规定。

5.1.4.2 连接网路

连接网路时，操作人员必须按设计接线。连线人员不得使用带电的照明。无关人员应退出工作面。整个网路的连接必须从工作面向爆破站方向顺序进行。连好一个单元后便检测一个单元，这样能及时发现和纠正问题。在连接过程中，网路的不同部位采用不同的接头形式，如图5-9所示。图5-9（a）、（b）是常用于雷管脚线之间的接头形式；图5-9（c）是多用于端线和连接线间的接头形式；图5-9（d）是用于细导线与粗导线间连接接头形式；图5-9（e）为连接线与区域线间，或区域线之间连接形式；图5-9（f）多用于区域线与主线连接，或多芯导线连接的接头形式。

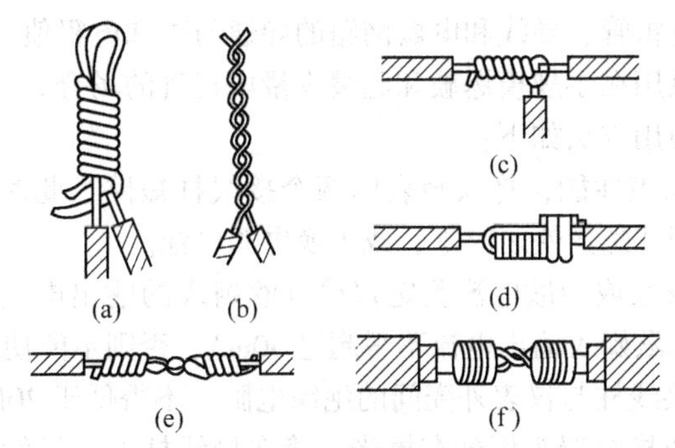

图5-9 爆破网路常用接头形式

（a），（b）脚线接头；（c）端线和连接线接头；（d）细线与粗线的接头；（e）连接线与区域线接头；（f）区域线与主线接头

5.1.4.3 注意事项

实践证明，接头不良，会造成整条网路的电阻变化不定，因而难以判断网路电阻产生误差的原因和位置。为了保证有良好接线质量，应注意下述几点：

(1) 接线人员开始接线应先擦净手上的泥污，刮净线头的氧化物、绝缘物、露出金属光泽，以保证线头接触良好；作业人员不准穿化纤衣服。

(2) 接头牢固扭紧，线头应有较大接触面积。

(3) 各个裸露接头彼此应相距足够距离，更不允许相互接触，形成短路；避免线头接触岩、矿或落入水中，故应用绝缘胶布缠裹。

(4) 接头要牢靠、平顺，不得虚接；接头处的线头要新鲜，不得有锈蚀，以防接头电阻过大；两线的接点应错开 10cm 以上；接头要绝缘良好，特别要防止尖锐的线端刺透出绝缘层。

(5) 导线敷设时应防止损坏绝缘层，应避免导线接头接触金属导体；在潮湿有水地区、应避免导线接头接触地面或浸泡在水中。

(6) 敷设时应留有 10%~15%的富裕长度，防止连线时导线拉得过紧，甚至拉断的事故。

(7) 连线作业应先从爆破工作面的最远端开始，逐段向起爆点后退进行。

(8) 在连线过程中应根据设计计算的电阻值逐段进行网路导通检测，以检查网路各段的连接质量，及时发现问题并排除故障；在爆破主线与起爆电源或起爆器连接之前，必须测量全线路的总电阻值，实测总电阻值与实际计算值的误差不得大于±5%，否则禁止连接。

(9) 电爆网路的导通和电阻值检查，应使用专用导通器和爆破电桥。

(10) 电爆网路应经常处于短路状态。

(11) 雷雨天不应采用电爆网路，如在电爆网路连接过程中出现雷雨天气，应立即停止作业，燃区内的一切人员要立即撤离危险区，撤离前要将电爆网路的主线与支线拆开将各线路分别绝缘并将绝缘接头处架高使之与地绝缘和防止水浸，不要将电爆网路连接成闭合回路。

5.1.5 电爆网路的检测

5.1.5.1 爆破欧姆表检测

爆破欧姆表是一种小型的导通用仪表。测量原理与普通测电阻的仪表相同，只不过工作电流小，因此可用来检查电雷管、导线和电爆网路的导通与否和电阻值。爆破欧姆表测量电阻值的精度不高，所以一般只用在小规模爆破和起爆少量电雷管的场合。

爆破欧姆表的一般使用方法如下：

(1) 使用前先检查仪表性能，将欧姆表的两个接线柱短路，此时表头的指针应为零；若指针不指零，则可调整调节螺丝使之对零，或更换电源电池。

(2) 用万能表、毫安表或杂散电流测定仪检查欧姆表的输出电流强度，特别是在仪表更换新电池以后。经检查的欧姆表输出电流不得超过 30mA，否则不能使用该仪表。

(3) 用兆欧表检查接线柱与仪表外壳间的绝缘电阻，不得低于 20MΩ。

(4) 将待测电雷管或导线端头用砂布擦光，接在接线柱上，指针摆动说明通路并同时读出欧姆数；指针不动说明断路。检测时，导线与仪表接触时间最好不超过 2s，以便保证测量时的安全。

5.1.5.2 爆破电桥检测

检查、测量电雷管和电爆网路必须使用专用的爆破量测仪表（导通器、爆破电桥等），这些仪表外壳应有良好的绝缘和防潮性能，输出电流必须小于30mA。严禁使用普通电桥量测电雷管和电爆网路，因为普通电桥绝缘不好，输出电流太大，容易引起误爆事故。

爆破电桥的工作原理与普通电桥原理基本相同，利用电桥平衡原理来测量电雷管或电爆网路的电阻值。测量仪表有指针式的，也有数字式的，如图5-10所示。

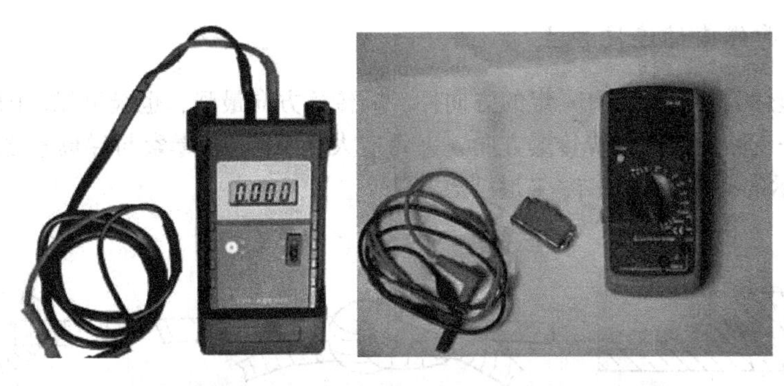

图5-10 电雷管测试仪

5.2 非电起爆法

非电起爆法可分为导爆索起爆法、导爆管起爆法和联合起爆法。

5.2.1 导爆索起爆法

导爆索起爆法，是一种利用导爆索爆炸时产生的能量去引爆炸药的起爆方法。由于该法在爆破作业中，从装药、堵塞到连线等施工程序上都没有雷管，而是在一切准备就绪，实施爆破之前才接上引爆导爆索的雷管，因此，施工的安全性要比其他方法好。此外，导爆索起爆法还有操作简单，容易掌握，节省雷管，不怕雷电、杂电影响，可在炮孔内实施分段装药爆破等优点，因而在爆破工程中广泛采用。

导爆索被水或油浸渍过久后，会失去或减弱传递爆轰的能力。所以在铵油炸药的药卷中使用导爆索时，必须用塑料布包裹，使其与油源隔离开，避免被炸药中的柴油侵蚀而降低或失去爆轰性能。

用导爆索组成的起爆网路可以起爆群药包，但导爆索网路本身需要雷管先将其引爆。导爆索起爆法属非电起爆法。

导爆索起爆法的主要缺点是成本较高，不能用仪表检查网路质量；裸露在地表的导爆索网路，在爆破时会产生较大的响声和一定强度的空气冲击波，所以在城镇浅孔爆破和拆除爆破中，不应使用孔外导爆索起爆。导爆索起爆法只有借助导爆索继爆管才能实现多段延时起爆，由于导爆索继爆管价高，精度低，在爆破工程中已很少应用。

工程爆破中一般较多地将导爆索作为辅助起爆网路。常用导爆索起爆网路的有深孔爆破、光面爆破、预裂爆破、水下爆破以及硐室爆破等。

5.2.1.1 导爆索的连接方法

导爆索传递爆轰波的能力有一定的方向性，顺传播方向最强，也最可靠。因此在连接网路时，必须使每一支路的接头迎着传爆方向，夹角应大于90°。导爆索与导爆索之间的连接，应采用图5-11所示的搭接、水手结、T形结等方法。

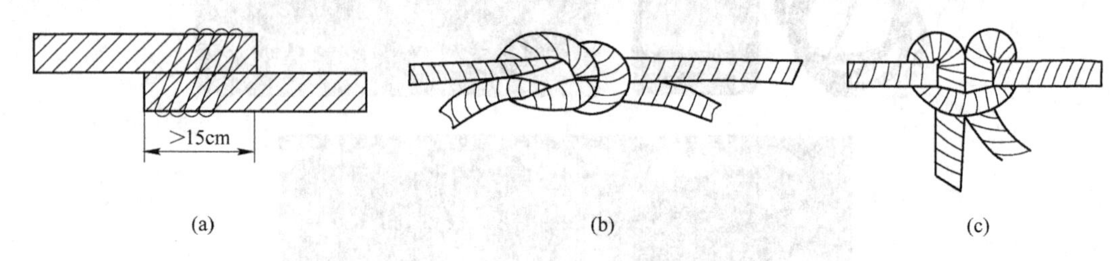

图5-11 导爆索间连接形式
(a) 搭接；(b) 水手结；(c) T形结

因搭接的方法最简单，所以被广泛使用。搭接长度一般为15～20cm，不得小于15cm。搭接部分用胶布捆扎。有时为了防止线头芯药散失或受潮引起拒爆，可在搭接处增加一根短导爆索。在复杂网路中，导爆索连接头较多的情况下，为了防止弄错传爆方向，可以采用图5-12所示的三角形连接法。这种方法不论主导爆索的传爆方向如何，都能保证可靠地传爆。

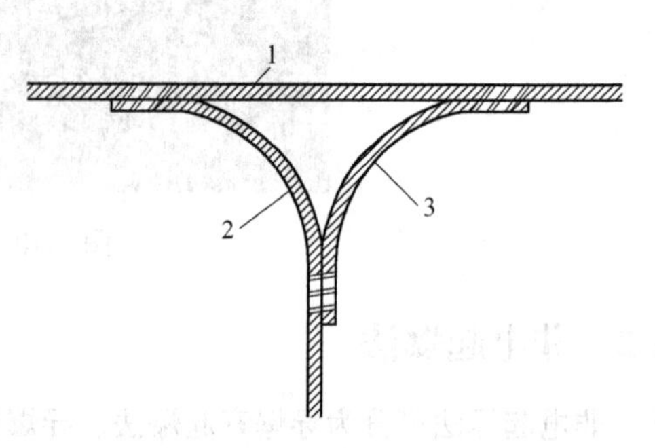

图5-12 导爆索的三角形连接
1—主导爆索；2—支导爆索；3—附加支导爆索

导爆索与雷管的连接方法比较简单，可直接将雷管捆绑在导爆索的起爆端，不过要注意使雷管的聚能穴端与导爆索的传爆方向一致。导爆索与药包的连接则可采用图5-13所示的方式，将导爆索的端部折叠起来，防止装药时将导爆索扯出。

药室爆破时，在起爆体中为了增加导爆索的起爆能量，可制作导爆索起爆结，即取一根长4m左右的导爆索，将其一端折叠约0.7m长的一段双线，然后平均折叠三次，外围用单根导爆索紧密缠绕成图5-14所示的导爆索结。然后把这一索结装入起爆箱中做成起爆体。

5.2.1.2 导爆索起爆网路

导爆索起爆网路的形式比较简单，无需计算，只要合理安排起爆顺序即可。但在敷设网路

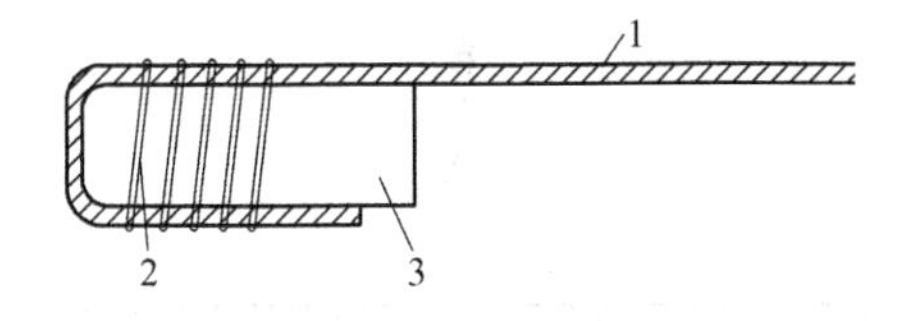

图 5-13 导爆索与药包连接

1—导爆索；2—药包；3—胶布

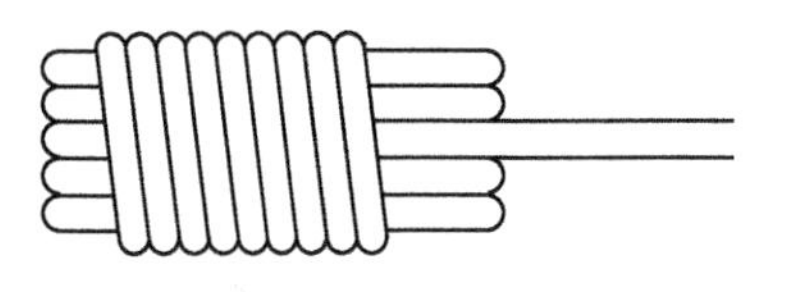

图 5-14 导爆索结

时必须注意，凡传爆方向相反的两条导爆索平行敷设或交叉通过时，两根导爆索的间距必须大于40cm。

通常采用的导爆索网路形式有：

（1）串联网路。如图5-15所示，将导爆索依次从各个炮孔引出，串联成一网路。串联网路操作十分简单，但如果有一个炮孔中导爆索发生故障，就会造成后面的炮孔产生拒爆。所以，除非小规模爆破，并要求各炮孔顺序起爆，一般很少使用这种串联网路。

（2）并簇联网路。如图5-16所示，把从各炮孔引出的导爆索集中在一起，捆扎成簇，再与主导爆索连接。

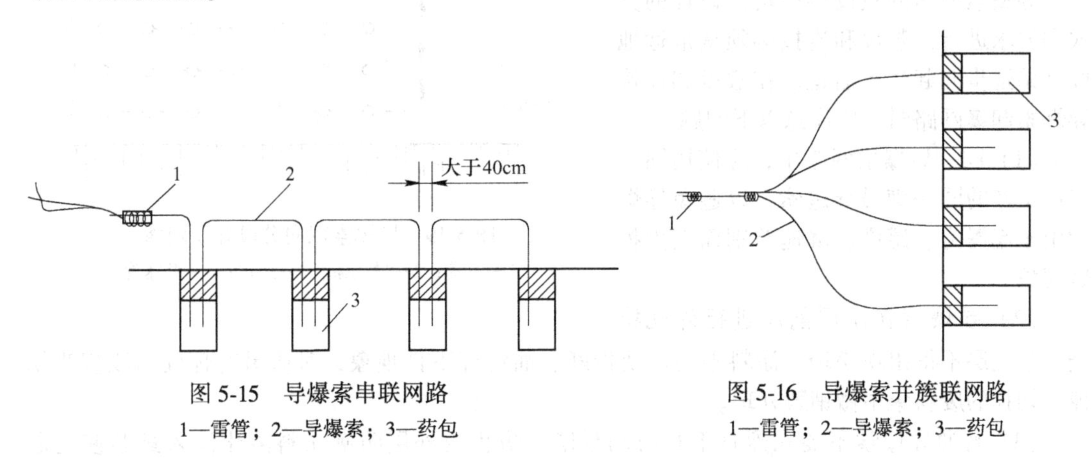

图 5-15 导爆索串联网路

1—雷管；2—导爆索；3—药包

图 5-16 导爆索并簇联网路

1—雷管；2—导爆索；3—药包

（3）分段并联网路。如图5-17所示，将各炮孔中的导爆索引出，分别与事先敷设在地面上的主导爆索连接。主导爆索起爆后，可将爆炸能量分别传递给各个炮孔，引爆孔内的炸药。为了确保导爆索网路中的各炮孔内炸药可靠起爆，可使用双向分段并联网路（图5-18）。这是一种在大量爆破中常用的网路，分段起爆是利用继爆管的延时实现的。

5.2.1.3 导爆索网路微差起爆

导爆索的爆速一般为6500~7000m/s。因此，导爆索网路中，所有炮孔内的装药几乎是同时爆炸。若在网路中接上继爆管，可实现微差爆破，从而提高导爆索网路的应用范围。

继爆管的作用是，当主动导爆索爆炸时，爆轰波由消爆管一端传入，经消爆管将爆轰波减弱成火焰，再经长内管减速和降低一定的压力，引燃延时药。经延时后，火焰穿过加强帽小孔引爆火雷管，将爆炸作用传递给另一端从动导爆索。所以，单向继爆管具有方向性，它只能由消爆管端传向延时雷管端，其作用方向是不可逆的。为了防止生产中由于连接错误而出现拒爆现象，人们发明了双向继爆管，克服了单向继爆管的不足。导爆索继爆管微差起爆网路如图5-19所示。

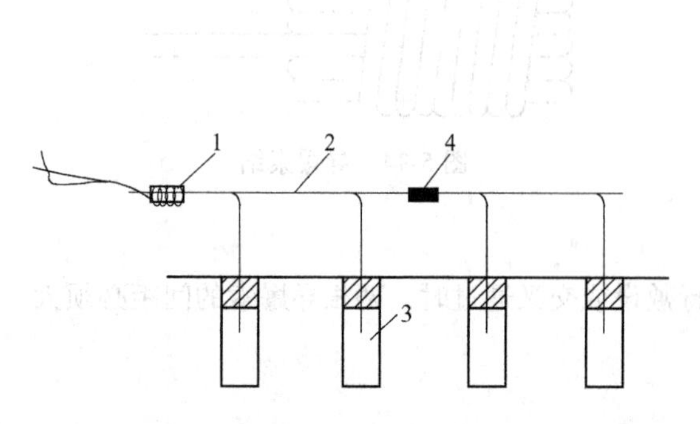

图 5-17　导爆索分段并联网路

1—雷管；2—导爆索；3—药包；4—继爆管

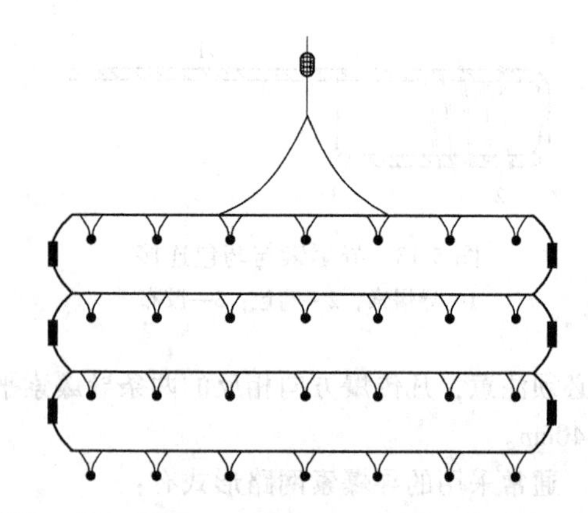

图 5-18　导爆索双向分段并联网路

5.2.1.4　导爆索起爆的施工

导爆索网路的敷设要严格按设计的方式和要求进行，敷设和连接必须从最远地段开始逐步向起爆点后退。在敷设和连接导爆索起爆网路时，要注意以下问题：

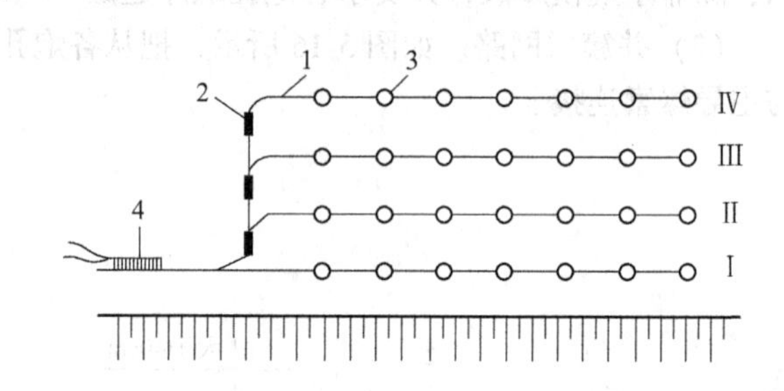

图 5-19　导爆索双向分段并联网路

1—雷管；2—导爆索；3—药包；4—继爆管

（1）同一导爆索网路中，应使用同一工厂生产的同一牌号导爆索，以避免导爆索由于起爆力、感度、爆速差别而发生拒爆现象。

（2）导爆索在使用前应进行外观检查，包缠层不得出现松垮、涂料不均以及折断、油污等不良现象，对质量有怀疑的段应当切掉，切掉的废料集中做销毁处理。

（3）普通导爆索不能在烈日下长时间暴晒，防止内外层防潮涂料溶化渗入药芯使药芯钝感。

（4）切割导爆索应使用锋利刀具，但禁止切割已接上雷管或已插入炸药里的导爆索；不应使用剪刀剪断导爆索。

（5）在敷设过程中，防止导爆索折角、打结、挽圈，并尽量避免交叉；应避免脚踩和冲击、碾压导爆索。

（6）搭接导爆索网路时，搭接长度不能小于 15cm，并要捆扎牢固紧密；支索搭接方向与干索爆轰波方向夹角任何时候都不能大于 90°，环形网路中，支干索之间要用三角形连接。

（7）交叉敷设时，应在两根交叉导爆索之间设置厚度不小于 10cm 的木质垫块；平行敷设传爆方向相反的两根导爆索彼此间距必须大于 40cm。

（8）起爆导爆索的雷管与导爆索捆扎端端头的距离应不小于 15cm，雷管的聚能穴应朝向导爆索的传爆方向。

（9）硐室爆破中，导爆索与铵油炸药接触的部位应采取防渗油措施或采用塑料布包裹，使导爆索与油源隔开。

（10）在潮湿和有水的条件下应使用防水导爆索，索头要作防水处理或密封好，防止水从索头处渗入药芯使药芯潮湿从而不能起爆。

(11) 深孔爆破露出炮孔的索头不能小于0.5m，填塞炮孔时，要防止导爆索跌入炮孔内。

5.2.2 导爆管雷管起爆法

导爆管雷管起爆法（也称导爆管起爆法）是主导管被击发产生冲击波，引爆传爆雷管，再击发支导爆管产生冲击波，最后引爆起爆雷管，起爆炮孔内的装药。

由于导爆管雷管起爆法是利用导爆管传递冲击波点燃雷管，进而直接或通过导爆索起爆器起爆工业炸药，所以导爆管起爆法的特点是可以在有电干扰的环境下进行操作，联网时不会因通讯电网、高压电网、静电等杂电的干扰引起早爆、误爆事故，安全性较高。一般情况下，导爆管起爆网路起爆的药包数量不受限制，网路也不必要进行复杂的计算；导爆管起爆方便、灵活、形式多样，可以实现多段延时起爆；导爆管网路连接操作简单，检查方便；导爆管传爆过程中声响小，没有破坏作用。但导爆管起爆网路的缺点是尚未有检测网路是否通顺的有效手段，而导爆管本身的缺陷、操作中的失误和对其轻微的损伤都有可能引起网络的拒爆。因而在工程爆破中采用导爆管起爆网路，除必须采用合格的导爆管、连接件、雷管等组件和复式起爆网路外，还应注重网路的布置，提高网路的可靠性，重视网路的操作和检查，导爆管起爆法不能使用在有瓦斯或矿尘爆炸危险的作业场所。

5.2.2.1 导爆管起爆法的组成

导爆管起爆法由击发元件、连接装置和起爆元件组成，其中连接装置可分成两类，装置中不带雷管或炸药，导爆管通过插接方式实现网路连接的装置称为连接元件；连接装置中有雷管或炸药，通过雷管或炸药的爆炸将网路连接下去的装置称为传爆元件。

A 击发元件

击发导爆管可以采用各种工业雷管、导爆索、击发笔、电火花枪等。除雷管、导爆索外，常用的是击发笔，直接把击发针插入非电导爆管内2cm，然后采用专用的导爆管非电击发器或电雷管及导爆管雷管双用起爆器击发起爆导爆管网路。击发笔（针）与起爆器之间可以采用爆破线连接。图5-20是CCH型导爆管击发针，可以配合HA系列高能脉冲起爆器击发非电导爆管雷管，图5-21是常用导爆管击发器外形图，图5-22是常用导爆管击发针。

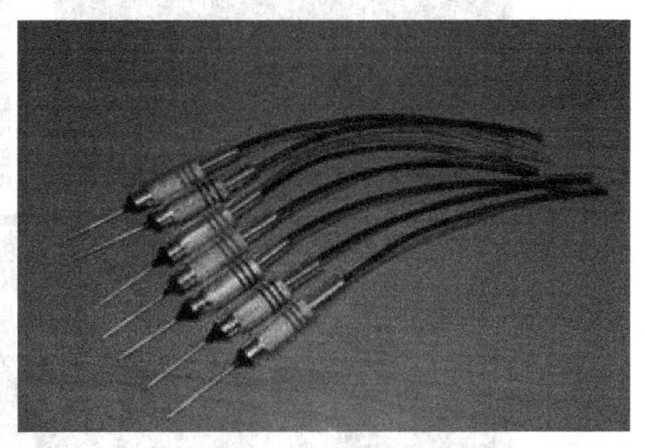

图5-20 CCH型导爆管击发针

B 导爆管的连通

(1) 连接元件。导爆管连接元件主要有分流式连接元件和反射式连接元件两种。

导爆管连通器具，导爆管线路的接续应使用专用连接元件或用雷管分级起爆的方法实施。连通器具的功能是实现导爆管到导爆管之间的冲击波传播，起到连续传爆或分流传爆的作用。

爆破工程中常用的连通器具有连通管（图4-16）、连接块（图4-17）和多路分路器（图4-18），使一根导爆管可以激发几根到几十根被发导爆管。

导爆管与装药的连接，必须在导爆管起爆装药的一端，用8号雷管或毫秒延期雷管通过卡口塞（图4-19）连接后插入装药中。

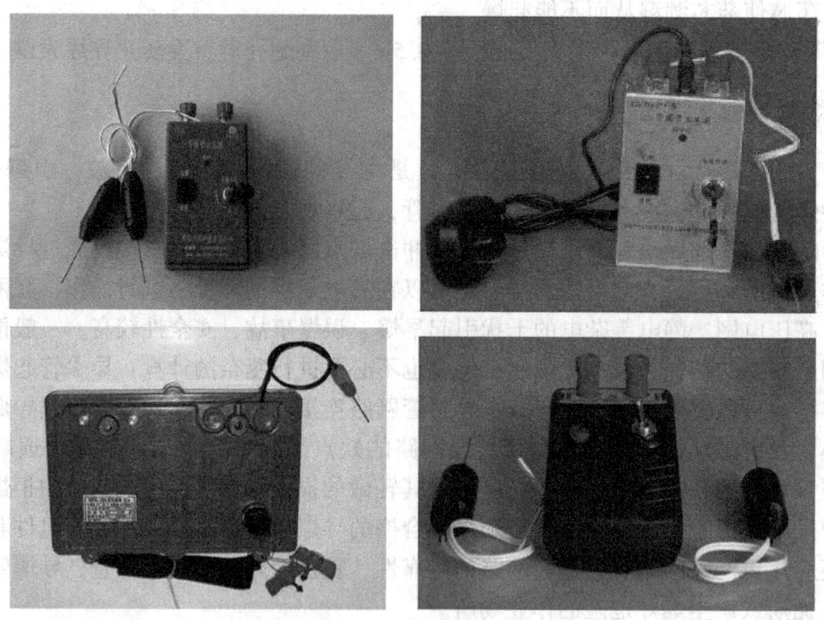

图 5-21　常用导爆管击发器

图 5-22　常用导爆管击发针

（2）传爆元件。传爆元件有两种形式：

1）直接用导爆管雷管作为传爆元件，将被传爆导爆管牢固地捆绑在传爆雷管周围。这种连接方法使用比较多，一般称之为捆联连接，或簇联连接。

2）传爆元件为塑料连接块，在连接块中间留有雷管孔，将传爆雷管插入孔内，被传爆的导爆管则插入连接块四周的孔内，通过传爆雷管的爆炸将被传爆导爆管击发起爆。连接块有多种形式，如圆形、长方形等，可接入不同数量的导爆管。

（3）起爆元件。导爆管不能直接起爆炸药，必须通过在导爆管中传播的冲击波点燃雷管中的起爆药即导爆管雷管来起爆炸药。

5.2.2.2 导爆管网路的连接

导爆管网路常用的连接形式有：

（1）簇联法。传爆元件的一端连接击发元件，另一端的传爆雷管（即传爆元件）外表周围簇联各支导爆管，如图5-23所示。簇联支导爆管与传爆雷管多用工业胶布缠裹。

（2）串联法。导爆管的串联网路如图5-24所示，即把各起爆元件依次串联在传爆元件的传爆雷管上，每个传爆雷管的爆炸就可以击发与其连接的分支导爆管。

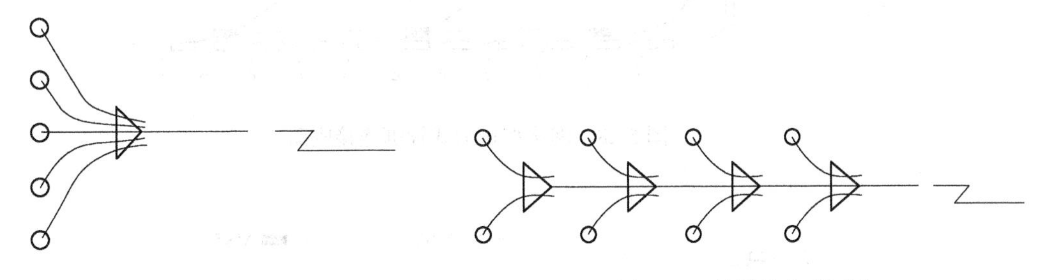

图5-23 导爆管簇联网路

图5-24 导爆管串联网路

（3）并联法。导爆管并联起爆网路的连接如图5-25所示。

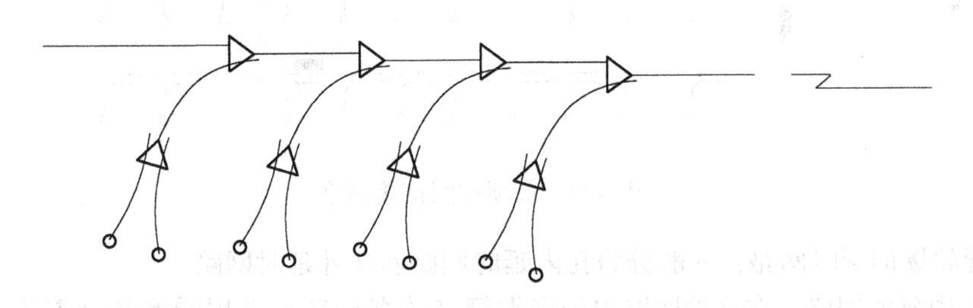

图5-25 导爆管并联网路

（4）导爆管复式起爆网路。在一些重要的爆破场合，为保证起爆的可靠性，可采用复式起爆网路导爆管并联起爆网路，其可靠性比前述的各种导爆管单式起爆网路要高。复式起爆网路如图5-26和图5-27所示，其中复式交叉起爆网路可靠性最高。

除以上介绍的还有更加复杂的网络型接力式捆绑连接网路（图5-28），单项排间搭接网络（图5-29）。

5.2.2.3 导爆管起爆网路的延时

导爆管网路必须通过使用非电延时雷管才能实现微差爆破。我国也生产与电雷管段别相对应的非电毫秒雷管，其毫秒延时时间及精度均与电雷管相同。

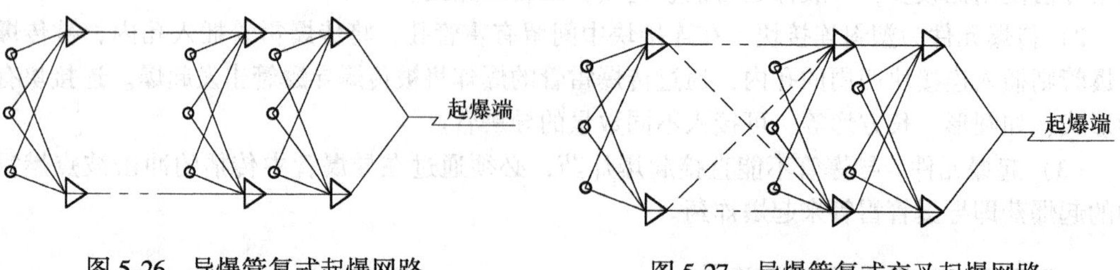

图 5-26　导爆管复式起爆网路　　　　图 5-27　导爆管复式交叉起爆网路

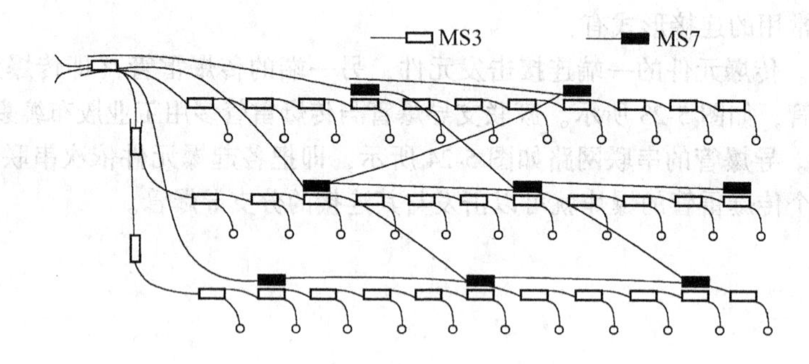

图 5-28　网络型接力式捆绑连接网路

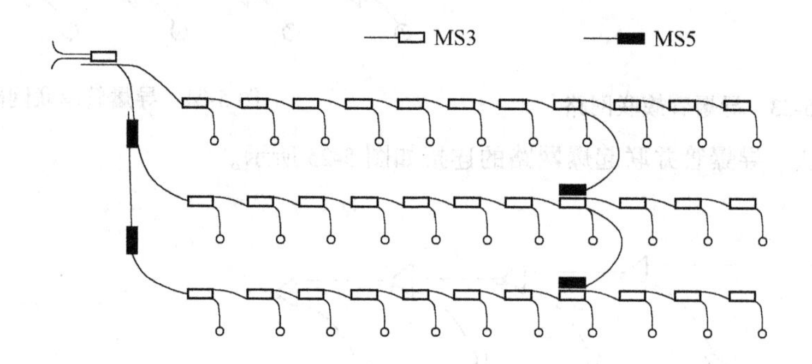

图 5-29　单项排间搭接网络

导爆管起爆的延时网路，一般分为孔内延时网路和孔外延时网路：

（1）孔内延时网路。在这种网路中传爆雷管（传爆元件）全用瞬发非电雷管，而装入孔内的起爆雷管（起爆元件）是根据实际需要使用不同段别的延时非电雷管。干线导爆管被击发后，干线上各传爆瞬发非电雷管顺序爆炸，相继引爆各炮孔中的起爆元件，通过孔内各起爆雷管的延时作用过程来实现微差爆破。

（2）孔外延时网路。在这种网路中炮孔内的起爆非电雷管用瞬发非电雷管，而网路中的传爆雷管按实际需要用延时非电雷管。孔外延时网路生产上一般不用。

但必须指出，使用导爆管延时网路时，不论是孔内延时还是孔外延时，在配各延时非电雷管和决定网路长度时，都必须按照下述原则：在起爆网路中，在第一响产生的冲击波到达最后一响的位置之前，最后一响的起爆元件必须被击发，并传入孔内。否则，第一响所产生的冲击波有可能赶上并超前网路的传播，破坏网路，造成后续起爆元件拒爆。这是由于冲击波的传播速度大于导爆管的传爆速度所造成的。

5.2.2.4 导爆管与导爆索联合起爆网路

导爆管与导爆索联合起爆网路，由于具有网路可靠，可有效实现多段微差起爆，连接简单，且安全性好等优点，在工程爆破中应用普遍，它广泛应用于大规模爆破，如地下大规模的爆破落矿和露天台阶深孔爆破。

A 网路的组成

导爆管与导爆索起爆网路由击发元件（火雷管）、传爆元件（导爆索）、连接元件（工业胶布等）和起爆元件（导爆管和非电延时雷管装配）四部分组成。

传爆元件用导爆索，由于其传爆速度快，是导爆管传爆速度的3倍多，所有起爆元件可看成是同时被击发的，这给炮孔内的延时雷管实现延时起爆创造了良好条件。第一响炮孔群爆破所产生的冲击波对后继各响没有任何影响，因为所有后继炮孔群也同时被击发。联合起爆网路如图5-30所示。

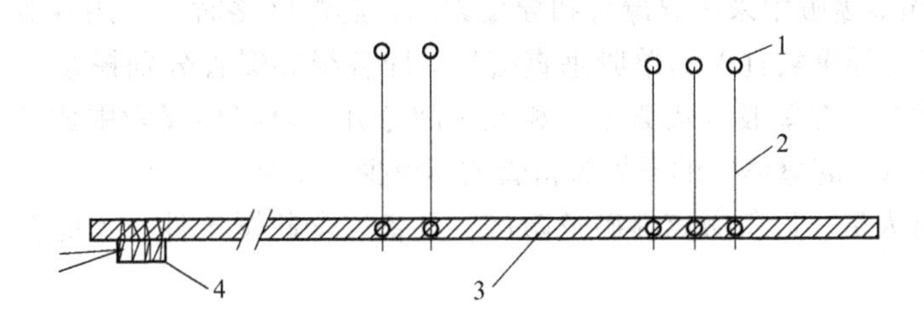

图5-30 导爆索与导爆管联合起爆网路

1—炮孔；2—导爆管起爆雷管（起爆元件）；3—传爆元件（导爆索）；4—击发元件（雷管）

B 网路起爆原理

由雷管的爆炸引爆导爆索，导爆索爆炸击发导爆管，进而引爆孔内起爆雷管，再由起爆雷管爆炸引爆炸药。

中深孔爆破中，每排炮孔的导爆管采用簇联。为了保证同一排内炮孔起爆的可靠性，并消除药卷装药时的径向间隙效应，排内所有炮孔可采用导爆管和导爆索复式起爆网路，如图5-31所示。只要排内炮孔中有一发雷管爆炸，复式网路中所有炮孔的装药都能同时爆炸。

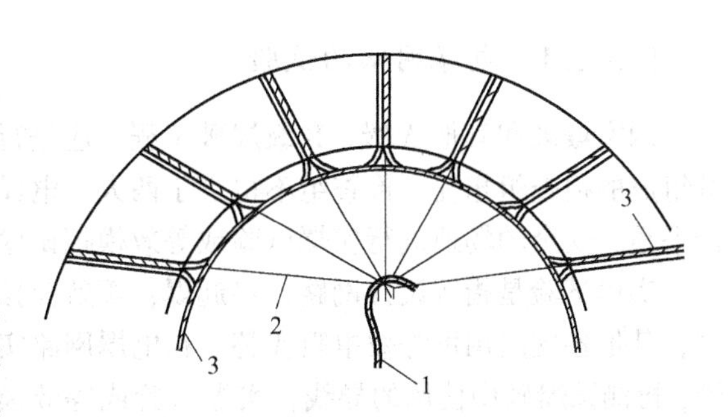

图5-31 排内导爆索与导爆管复式网路连接

1—主导爆索；2—导爆管网路；3—导爆索辅助网路

5.2.3 导爆管网路的施工

（1）施工前应对导爆管进行外观检查，用于连接用的导爆管不允许有破损、拉细、进水、管内杂质、断药、塑化不良、封口不严。

（2）在连接过程中导爆管不允许打结，不能对折，防止管壁破损、管径拉细和异物入管。如果在同一分支网路上有一处导爆管打结，传爆速度会降低，若有两个或两个以上的死结时，就会产生拒爆；对折通常发生在反向起爆药包处，实测表明，对折可使爆速降低，从而导致延期时间不准确，严重时可产生拒爆。

（3）导爆管雷管网路应严格按设计进行连接。用于同一工作面上的导爆管必须是同厂同批产品，每卷导爆管两端封口处应切掉 5cm 后才能使用。露在孔外的导爆管封口不宜切掉。

（4）根据炮孔的深度、孔间距选取导爆管长度，炮孔内导爆管不应有接头，用套管连接两根导爆管时，两根导爆管的端面应切成垂直面，接头用胶布缠紧或加铁箍夹紧，使之不易被拉开。

（5）孔外相邻传爆雷管之间应留有足够的距离，以免相互错爆或切断网路，用雷管起爆导爆管雷管网路时，起爆导爆管的雷管与导爆管捆扎端端头的距离应小于 15cm，应有防止雷管聚能穴炸断导爆管和延时雷管的气孔烧坏导爆管的措施。

（6）导爆管应均匀地敷设在雷管周围并用胶布等捆扎牢固，接头胶布不少于 3 层。

（7）用导爆索起爆导爆管时，宜采用垂直连接。用普通导爆索击发引爆导爆管时，因为导爆索的传播速度一般在 6500m/s 以上，比导爆管的传播速度快得多，为了防止导爆索产生的冲击波击断导爆管造成引爆中断，导爆管与导爆索不能平行捆绑，而应采用正交绑扎或大于 45°以上的绑扎。硐室爆破中采用寻爆管和导爆索混合起爆网路时，三用双股导爆索连成环行起爆网路，导爆管与导爆索宜采用单股垂直搭接，即各根导爆管分别搭接（可以将导爆管用水手结联在导爆索上）在单股寻爆索上，相互之间分开。再将导爆索围成圈，组成环行起爆网路。硐室爆破中每个起爆体中的导爆管雷管数不得少于 4 个。

（8）只有所有人员、设备撤离爆破危险区，具备安全起爆条件，才能在主起爆导爆管上连接起爆雷管。

5.3　起爆网路的试验与检查

5.3.1　电爆网路的试验与检查

5.3.1.1　电爆网路的试验

硐室爆破和其他 A 级、B 级爆破工程，应进行起爆网路试验。起爆网路检查，应由有爆破员组成的检查组担任，检查组不得少于两人。电爆网路应进行实爆试验或等效模拟试验。应选择平整、安全的场地进行实爆试验或等效模拟试验。

实爆试验是指按设计网路连接起爆；等效模拟试验，至少应选一条支路按设计方案连接雷管，其他各支路用可等效电阻代替。在电爆网路实爆试验或等效模拟试验中，一般先测量电雷管，再测试爆破中使用的导线，实爆试验或等效模拟试验应采用正式爆破时使用的起爆电源；电爆网路实爆试验应完全模拟正式起爆的形式，等效模拟试验则至少有一条支路与正式爆破的网路连接方式一致。

5.3.1.2　电爆网路的检查

在电爆网路与主线连接前，应由检查组进行仔细检查，检查的内容包括以下几点：

（1）电源开关是否接触良好，开关及导线的电流通过能力是否能满足设计要求；如果采用起爆器起爆，则要检查起爆器的电池是否满足充电时间，充电后电压能否达到最高值，起爆能力是否足够。

（2）网路电阻与设计值是否相符，电阻值是否稳定。在串联电爆网路中有多人连接时，特别要注意有没有自成闭合网路而未接入整个起爆网路的情况。

（3）检查网路电阻时，应始终使用同一个爆破电桥，避免因使用不同的电桥带来的测量误差。

(4) 在毫秒延期爆破中应检查电雷管的段别是否符合设计要求。

5.3.2　导爆索和导爆管雷管起爆网路的试验与检查

5.3.2.1　导爆索和导爆管雷管起爆网路的试验

大型导爆索起爆网路或导爆管雷管起爆网路试验，应按设计连接起爆，或至少选一组（对地下爆破是选一个分区）典型的起爆网路进行试爆，对重要爆破工程，应考虑在现场条件下进行网路试爆。网路试验应采用在正式爆破中使用的导爆索、导爆管和雷管。这些导爆索、导爆管和雷管应已经过外观检查、起爆性能检查。

5.3.2.2　导爆索和导爆管雷管起爆网路的检查

导爆索和导爆管雷管起爆网路均属非电起爆网路，这两种起爆网路的弱点是尚未有通过仪器检测网路是否通顺的有效手段，尤其是导爆管雷管起爆网路，导爆管本身的缺陷、操作中的失误和周围杂物对其的轻微损伤都有可能引起网路的拒爆。

导爆索或导爆管雷管起爆网路的检查主要靠目测和手触。检查应从最远的爆破点到起爆点或从起爆点到最远的爆破点顺网路连接顺序进行，检查人员应熟悉网路的设计和布置，并参加网路的连接，应相互检查。

导爆索起爆网路重点检查传爆方向是否正确，导爆索有无打结或打圈，支路到接方向和拐角是否符合规定，导爆索继爆管的连接方向是否正确，段别是否符合设计要求，导爆索搭接长度是否大于15cm，搭接方式对不对，平行敷设传爆方向相反的两根导爆索彼此间距是否大于40cm，交叉导爆索之间有没有设置厚度不小于10cm的木质垫块，起爆雷管与导爆索是否正向捆扎。

导爆管雷管起爆网路重点检查网路连接是否符合设计要求；导爆管有无漏接或中断、破损；雷管捆扎是否符合要求；线路连接方式是否正确、雷管段数是否与设计相符；网路保护措施是否可靠；导爆管与连接元件的接插是否稳固，会不会脱开；潮湿和有水地区的导爆管接头做没做防水处理。

5.4　炮孔装药机械

爆破装药机械按用途，可分为地下爆破装药机械和露天爆破装药机械。按装药车生产的炸药种类，可分为现场混装重铵油炸药车、现场混装粒状铵油炸药车和现场混装乳化炸药车。

露天爆破装药机械，包括现场混装重铵油炸药车、现场混装粒状铵油炸药车和现场混装乳化炸药车三大类，图5-32是露天现场混装装药机外形图。

图5-32　现场混装炸药车

地下爆破装药机械，包括装药器和装药车两类。装药器又分为传统装填黏性粒状炸药的压气装药器和新型现场混装乳化炸药装药器。装药车也有地下压气装药台车和地下现场混装乳化炸药车。

5.4.1　露天爆破装药机械

5.4.1.1　现场混装重铵油炸药车

现场混装重铵油炸药车由汽车底盘、动力输出系统、螺旋输送系统、软管卷筒、干料箱、乳化液箱、电气控制系统、液压控制系统、燃油系统等部件组成。

一般应用于水孔直径 100mm 以上、深 25m 以内，干孔直径 100mm 以上、孔深不限的炮孔；输药软管的外径应适应炮孔的要求，最大工作压力为 1.2MPa，装药车的参数应符合表 5-3 的规定，BCZH-15 现场混装重铵油炸药车主要技术参数列于表 5-4。

表 5-3　现场混装重铵油炸药车基本参数

型　号	参　数		
	装载量/t	装药效率/kg · min^{-1}	计量误差/%
BCZH-8	8	干孔：450 水孔：200	±2
BCZH-12	12		
BCZH-15	15		
BCZH-20	20		
BCZH-25	25		

表 5-4　BCZH-15 现场混装重铵油炸药车主要技术参数

适用范围	多孔粒状铵油炸药	重铵油炸药	乳化炸药
	直径≥90mm 的露天下向炮孔	直径≥90mm 的露天下向炮孔	
载药量/t	15		
装药效率/kg · min^{-1}	450	200~450	200~280
计量误差/%	≤±2		

5.4.1.2　现场混装粒状铵油炸药车

现场混装粒状铵油炸药车主要由汽车底盘、动力输出系统、干料箱、燃油箱、输送螺旋、电器装置等组成，多在冶金、水利、交通、煤炭、化工、建材等大中型露天矿等工程爆破采场中使用，适用于大直径（一般 80mm 以上）干孔装药。现场混装粒状铵油炸药车（BCLH）可在现场混制多孔粒状铵油炸药，主要用于露天矿山干孔装填炸药。

粒状铵油炸药现场混装车输药效率为 200~450kg/min，目前有 4t、6t、8t、12t、20t、25t 等多个规格可供选择。装药车适用于炮孔直径 100mm 以上、孔深不限的炮孔，装药车的参数应符合表 5-5 的规定。

表 5-5　现场混装粒状铵油炸药车基本参数

型　号	参　数		
	装载量/t	装药效率/kg · min^{-1}	计算误差/%
BCLH-4	4	200	±2
BCLH-6	6	200	±2

续表 5-5

型 号	参 数		
	装载量/t	装药效率/kg · min^{-1}	计算误差/%
BCLH-8	8	200	±2
BCLH-12	12	200~450	±2
BCLH-15	15	200~450	±2
BCLH-20	20	200~450	±2
BCLH-25	25	200~450	±2

表 5-6 和表 5-7 分别列出了几种现场混装粒状铵油炸药车的主要技术参数。

表 5-6 BCLH 系列现场混装多孔粒状铵油炸药车主要技术参数

型 号	BCLH-15	BCLH-12	BCLH-8	BCLH-6	BCLH-4
载药量/t	15	12	8	6	4
装药效率/kg · min^{-1}	450	400	350	300	250
液体箱容积/m^3	1.06	0.86	0.55	0.40	0.27
硝酸铵料仓容积/m^3	14.6	13.7	9.1	6.9	4.6
计量误差/%	≤±2	≤±2	≤±2	≤±2	≤±2
发动机功率/kW	206	188	154	118	99

表 5-7 BC 系列多孔粒状铵油炸药现场混装车主要技术参数

型 号	BC-4	BC-7	BC-12
使用范围	直径≥100mm，残水深≤250mm 的露天下向炮孔		
原 料	多孔粒状硝酸铵，轻柴油		
载药量/t	4	7	12
柴油含量/%	4.5~6		
装药效率/kg · min^{-1}	≥150	≥240	≥400
机械臂回转范围/(°)	345		
机械臂工作半径/m	5	5~7.2	5~7.6
汽车底盘	解放 CA1070，P=120 马力	ZZ1163N4646F，P=197 马力	ZZ1256N3846F，P=280 马力
外形尺寸（长×宽×高）/mm×mm×mm	BC-4 解放 7250×2500×3400	8350×2500×3620	9690×2500×3695

5.4.1.3 现场混装乳化炸药车

现场混装乳化炸药车主要有汽车底盘、动力输出系统、液压系统、电气控制系统、燃油（油相）系统、乳化系统、水汽清洗系统、干料配料系统、水暖系统、微量元素添加系统、备胎装置和软管卷筒装置组成。该车特别适合在金属矿等岩石硬度较高或炮孔内含水的条件下使用。炮孔的直径在 100mm 以上。

乳化炸药车装药效率为 200~280kg/min。目前有 8t、12t、15t、20t、25t 等多种规格。现场混装乳化炸药车具有自动计量功能，混装乳化炸药车的基本参数应符合表 5-8 的规定。装药车适应直径100mm以上、深25m以内的炮孔；输药软管的外径应适应炮孔的要求，最大工作压力为1.2MPa。

表5-9和表5-10列出了几种现场混装乳化炸药车的主要技术参数。

表5-8　现场混装乳化炸药车基本参数

型　号	参　数		
	装载量/t	装药效率/kg · min^{-1}	计量误差/%
BCRH-8	8	低速：200 高速：280	±2
BCRH-12	12		
BCRH-15	15		
BCRH-20	20		
BCRH-25	25		

表5-9　BCRH系列露天现场混装乳化炸药车主要技术参数

型　号	BCRH-15B	BCRH-15C	BCRH-15D	BCRH-15E
载药量/kg	15000	15000	15000	15000
装药效率/kg · min^{-1}	200~280	200~280	200~280	200~280
装填炮孔直径/mm	≥120，下向孔	≥120，下向孔	≥120，下向孔	≥120，下向孔
装填炮孔深度/m	20	20	20	20
行驶速度/km · h^{-1}	70	70	70	70
工作动力	汽车发动机	汽车发动机	汽车发动机	汽车发动机
备　注	装载油、水相热溶液	装载油、水相热溶液，可添加20%多孔粒状硝酸铵	装载热乳胶基质	装载热乳胶基质，可添加20%多孔粒状硝酸铵

表5-10　BCJ-3露天现场混装乳化炸药车主要技术参数

载药量/t	装药效率/kg · min^{-1}	装填炮孔直径/mm	装药密度/g · cm^{-3}	装填炮孔深度/m	最大行驶速度/km · h^{-1}	外形尺寸（长×宽×高）/mm×mm×mm
10~15	80~240	≥80，下向孔	0.95~1.20	5~40	70	7520×2470×3600

5.4.2　地下爆破装药机械

地下爆破装药机械有以下类别：

（1）压气装药器。在地下爆破工程作业，特别是地下矿山向上的中深孔生产爆破中采用装药器装药，可节省人力、提高装药效率、改善爆破质量、减轻劳动强度。井下中深孔装药机如图5-33所示。

（2）压气装药台车。将压气装药器系统安装在自行式地下矿山通用底盘上的专用爆破装药作业台车，适用于无轨运输的大型地下矿山和其他地下大型硐库开挖爆破工程。

（3）现场混装乳化炸药装药器。适用于井巷掘进、分段法采矿等空间狭窄的地下工程爆破装药作业。无自行行走底盘，需借助于其他辅助机械实现不同爆破作业点之间的移动。

（4）现场混装乳化炸药装药车。由现场混装乳化炸药上盘系统和地下低矮汽车或铰接式台车底盘组成。

图 5-33 井下中深孔装药机

地下爆破装药车性能见表 5-11～表 5-14。

表 5-11 BCJ-5、BCJ-5(M)多品种现场混装炸药车主要技术参数

型 号	BCJ-5	BCJ-5(M)
载药量/kg	100～200	100～200
装药效率/kg · min^{-1}	15～50	15～50
装填炮孔范围	(ϕ25～70mm)×360°	(ϕ25～70mm)×360°
装填炮孔深度/m	3～40	3～40
装药密度/g · cm^{-3}	0.95～1.20	0.95～1.20
行驶速度/km · h^{-1}	20～30	40～60
工作动力	车载电机或汽车发动机	汽车发动机
外形尺寸（长×宽×高）/mm×mm×mm	1200×1200×1000	1200×1200×1000
备 注	适于非煤地下矿山	适于井下煤矿

表 5-12 BCJ 系列地下现场混装乳化炸药车主要技术参数

型 号	BCJ-1	BCJ-2	BCJ-4
载药量/kg	600～1000	600～2000	600～2000
装药效率/kg · min^{-1}	15～20	15～80	15～80
装填炮孔范围	(ϕ25～50mm)×360°	(ϕ25～50mm)×360°	(ϕ25～90mm)×360°
装填炮孔深度/m	3～40	3～40	3～40
装药密度/g · cm^{-3}	0.95～1.20	0.95～1.20	0.95～1.20
行驶速度/km · h^{-1}	20～30	40～60	
工作动力	车载电机或汽车发动机	汽车发动机	车载电机
外形尺寸（长×宽×高）/mm×mm×mm	4300×2450×2600	7000×2430×3500	8900×1850×2500

表 5-13 BQ 系列粒状铵油炸药装药器

型 号	BQ-100	BQ-50
载药量/kg	100	50
药桶容积/dm^3	130	65
工作风压/MPa	0.25～0.4	0.25～0.4
承受最大风压/MPa	0.7	0.7

续表 5-13

型　　号	BQ-100	BQ-50
使用输药软管内径/mm	25 及 32	25 及 32
外形尺寸（长×宽×高）/mm×mm×mm	676×676×1350	750×750×1100
自重/kg	65	55
备　注	为无搅拌装药器，主要用于地下矿山、隧道、硐室爆破	

表 5-14　抬杠式装药器

产品型号	载药量 /kg	工作压力 /MPa	输药管内径 /mm	适用炮孔直径 /mm	装药效率 /kg · h^{-1}	自重/kg	装药密度 /g · cm^{-3}
Howda-100	100	0.3~0.4	25~32	40~70	600	85	0.95~1
Howda-100J	100	0.3~0.4	25~32	40~70	600	65	0.95~1

注：Howda-100 抬杠式为无搅拌装药器，Howda-100J 抬杠式为有搅拌装药器，适用于矿山井下大型硐室中深孔装药。

复习思考题

5-1　常见的起爆方法有哪些？试述其所用材料、起爆原理、优缺点和适用条件。

5-2　用模拟器材进行导火索起爆法演示，并简述安全规程有哪些相关规定，操作中要注意什么。

5-3　用模拟器材组一个导爆管起爆法的起爆网路，并简述操作中要注意什么。

5-4　用模拟器材组一个电力起爆法的起爆网路，并简述如何确保起爆网路的设计是合格的，操作中要注意什么。

5-5　用模拟器材组一个导爆管与导爆索联合起爆法的起爆网路，并简述操作中要注意什么，说明其起爆原理。

5-6　起爆网路的微差爆破是如何实现的？试举例说明。

6 金属矿露天爆破

露天开采中使用的爆破方法有：

（1）浅眼爆破法：用于小型矿山、山头或平台的局部以及二次破碎等。

（2）深孔爆破法：是露天矿台阶正常采掘爆破最常用的方法。该方法依据起爆顺序的不同，分为齐发爆破、毫秒迟发爆破和微差爆破等，其中以微差爆破的使用最为广泛。

（3）硐室爆破法：用于基建剥离和特殊情况下。

（4）药壶爆破法：在穿孔工作困难的条件下使用，将深孔孔底用药壶法扩孔。

（5）外复爆破法：用于二次破碎及处理底根等。

（6）蛇穴爆破法：利用阶梯地形，开挖炮硐爆破。然后装药爆破。

露天开采对爆破的要求：

（1）有足够的爆破储备量。露天开采中，一般是以采装工作为中心组织生产。为了保证挖掘机连续作业，要求工作面每次爆破的矿岩量，至少能满足挖掘机 5~10 天的采装需要。

（2）要求有合格的矿岩块度。露天爆破后的矿岩块度，既要小于挖掘机铲斗允许的块度，又要小于粗碎机入口的允许块度。

按挖掘机要求：
$$a \leqslant 0.8\sqrt[3]{V} \tag{6-1}$$

按粗碎机要求：
$$a \leqslant 0.8A \tag{6-2}$$

式中，a 为允许的矿岩最大块度，m；V 为挖掘机斗容，m^3；A 为粗碎机入口最小宽度，m。

（3）要有规整的爆堆和台阶。爆破后形成的松散爆堆，其尺寸对采装工作都有很大的影响。爆堆过高，会影响挖掘机安全作业；爆堆过低，挖掘机不易装满铲斗。若爆堆前冲过大，不仅增加挖掘机事先清理的工作量，而且运输线路也受到妨碍；前冲过小、说明矿岩碎胀不佳、破碎效果不好。因此，爆堆的宽度和高度都应适宜。

爆破后的台阶工作面也要规整，不允许出现根底，伞檐等凹凸不平现象。此外，在新形成的台阶上部，往往由于爆破后冲作用而出现龟裂，它对下一循环的穿孔、爆破工作影响极大，也应尽可能避免。

（4）要求安全经济。爆破是一种瞬间发生的巨大能量释放现象，安全工作非常重要。在露天开采过程中，除了要注意爆破技术操作的安全外，还要尽可能减轻爆破震动、空气冲击波及个别飞石对周围的危害。对于爆破工作的经济合理性，我们既要从爆破本身来衡量，如提高延米爆破量，降低单位矿岩成本等；又要从采装、破碎等总的经济效果来评价。

总之，为了满足上述要求，当前露天爆破工作，明显的向两个方向发展：一是不断扩大爆破规模及改进破碎质量，以适应露天矿产量增长的需要；一是控制爆破的破坏作用，以解决开采深度增加后的边坡稳定问题。

6.1 正常采掘穿孔爆破

6.1.1 穿孔工作

穿孔工作是露天矿开采的第一个工序，其目的是为随后的爆破工作提供装放炸药的孔穴。

在整个露天矿开采过程中，穿孔费用大约占生产总费用的10%~15%。穿孔质量的好坏，将对后序的爆破、采装等工作产生很大的影响。特别是矿岩坚硬，穿孔技术不够完善的冶金矿山，它往往成为露天开采的薄弱环节，制约矿山的生产与发展。因此改善穿孔工作，可强化露天矿床的开采，具有着重大的意义。

目前，露天矿开采中使用的穿孔设备主要有潜孔钻机和牙轮钻机。

6.1.1.1 潜孔钻机

A 简介

潜孔钻机是一种大孔径深孔钻孔设备，和牙轮钻机相比，具有结构简单，使用方便，成本低，不受孔深限制，可以钻凿斜孔等优点，但钻孔效率没有牙轮钻机高。它主要由冲击机构、回转供风机构、推压提升机构、接卸钻杆机构、行走机构和钻架起落机构、气动系统、电气系统组成。其主要特点是，钻机置于孔外，只负担钻具的进退和回转，产生冲击动作的冲击器紧随钻头潜入孔底，故称为潜孔钻机。冲击功能量的传递损失小，穿孔速度不因孔深的增加而降低，所以钻凿的孔深和孔径都较大，适用于露天钻孔，其钻凿深度主要取决于推进力、回转力矩和排岩粉能力。

露天潜孔钻机按机体重量和可穿凿的钻孔直径的不同分为轻型、中型和重型三种。

轻型露天潜孔钻机一般本身不带空压机和行走机构，另配空压机和钻架，近几年生产的也有自带行走机构的，机体质量在10t以下，钻孔直径为100mm左右，常见的有KQ-100型钻机，适用于小型露天矿山。

中型露天潜孔钻机一般自带履带式行走机构，不带空压机，机体质量15~20t，钻孔直径为150~170mm，常见的有KQ-150型钻机，T-170型钻机，适用于中、小型露天矿山。

重型露天潜孔钻机，自带空压机，电动履带自行，机体质量30~50t，钻孔直径为200~320mm，常见的有KQ-200型钻机，KQ-250型钻机，适用于大型露天矿山。

露天潜孔钻机的凿岩工作原理如下（见图6-1）：

（1）推进机构将一定的轴向压力施加于钻头，使钻头与孔底相接触。

（2）风动马达和减速箱构成的回转供风机构使钻具连续回转，并将压缩空气经中空钻杆输入孔底。

（3）冲击机构在压缩空气的作用下，使活塞往返运动，冲击钻头，完成对岩石的冲击作用。

（4）压缩空气将岩粉吹出孔外。

潜孔钻机的凿岩过程实质上是在轴向压力的作用下，冲击和回转联合作用的过程。其中，冲击是断续的，回转是连续的，并且以冲击为主，回转为辅。

露天潜孔钻机的钻具包括钻头和钻杆，钻头与浅孔和接杆式凿岩机所用的钻头相似，但不同的是钻头直接连接在冲击器上。

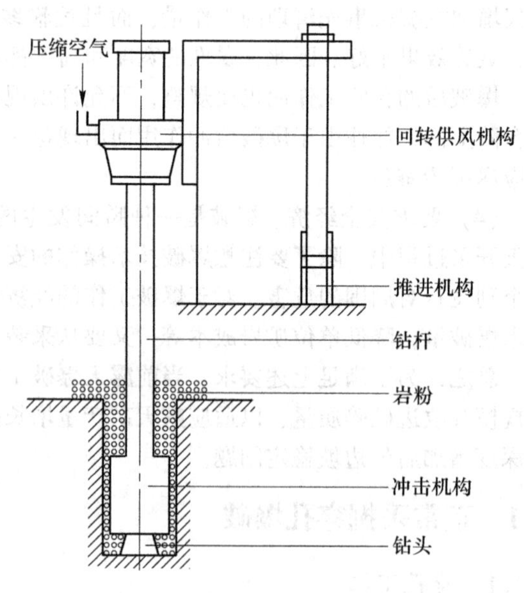

图6-1 潜孔钻机工作原理

连接方式有扁销和花键两种。按镶焊硬质合金的形状，潜孔钻机的钻头可分为刃片钻头、柱齿钻头、混合型钻头。其中刃片钻头通常制成超前刃式，而混合型钻头为中心布置柱齿，周边布置片齿的形式。钻杆有两根，即主钻杆和副钻杆，其结构尺寸完全一样，钻杆之间用方形螺纹直接连接，每根长约9m。

B 提高潜孔钻机穿孔效率的途径

类似于牙轮钻机，潜孔钻机的台班生产能力可按下式计算：

$$A = 0.6vT\eta \tag{6-3}$$

式中，A 为潜孔钻机的生产能力，m/(台·班)；v 为潜孔钻机的机械钻速，cm/min；T 为每班工作时间，h；η 为工作时间利用系数。

上式中的机械钻速 v 可近似用下式表示：

$$v = \frac{4ank}{\pi D_1^2 E} \tag{6-4}$$

式中，a 为冲击功，J；n 为冲击频率，次/min；k 为冲击能利用系数，取0.6~0.8；D_1 为钻孔直径，cm；E 为岩石凿碎功比耗，J/cm³。

下面依据式（6-3）和式（6-4），来分析提高潜孔钻机效率的途径。

（1）冲击功 a 和冲击频率 n。从式（6-3）中可以看出，为了提高机械钻速 v，希望同时增加冲击功 a 和冲击频率 n。然而，在潜孔钻机的风动冲击器中，冲击功 a 和冲击频率 n 是两个相互制约的工作参数。欲增大冲击功，就需要增加活塞重量和活塞行程式，相应的就使冲击频率减少，反之亦然。

对待这两个参数，存在两种不同的技术观点：一个是大冲击功、低频率；另一个是小冲击功、高频率 。实践证明，前一种技术观点比较合理。因为岩石只有在足够大的冲击功作用下才能有效进行体积破碎，若冲击功不足，单纯提高冲击频率无非使岩石疲劳破碎而已。所以，在选择潜孔钻机时，首先注意冲击器的这两个技术参数。

（2）风压。潜孔钻机的冲击器是一种风动工具，为了达到额定的冲击功 a 和冲击频率 n，风压是一个重要的因素。表6-1为KQ-200潜孔钻机效率随风压的变化情况。随着风压的增大，穿孔速度和钻头寿命都有不同程度的提高，所以应尽量减小管路的风压降。

表6-1 风压对潜孔钻机效率的影响

压气气压/kg·cm^{-2}	钻头平均寿命/m	平均穿孔速度/cm·min^{-1}
3~3.5	9.3	2.1
4.0	13.8	2.5
4.5~5	46.0	4.5

（3）钻孔直径 D_1。类似于牙轮钻机的分析，也不要墨守公式（6-4）来观察钻孔直径 D_1。随着钻孔直径 D_1 的增大，冲击器的活塞直径也可增大，相应的冲击功 a 和冲击频率 n 也可提高，从而使钻速 v 并不是单纯和钻孔直径 D_1 成反比关系。另一方面，当增大钻孔直径时，爆破孔网参数也可加大，相应提高了钻孔的延米爆破量。

（4）轴压 P 和钻头转速 n。潜孔钻机的轴压，主要是克服冲击器的后座力，因而压力一般都不大，远小于牙轮钻机的轴压。轴压过大，既妨碍钻具回转，也容易损坏钻头。对于大孔径的潜孔钻机来说，由于钻具质量较大，一般都采用减压钻进，即钻机的提升推进机构应起减小轴压的作用。相反，小孔径的中、轻型潜孔钻机，钻具重量小，常用提升推进机构作增压钻进。

潜孔钻具的回转，既是为了改变钻头每一次凿痕的位置，也是用以使钻头切削岩石。转速过低，会降低穿孔速度，但转速过高，过分磨损钻头，也会使穿孔速度下降。所以，在硬岩钻进中有趋于采用低转速的倾向，使转速保持在15~20r/min之间。当然，随着高压、高频率、大冲击功的冲击器的出现，钻具的回转速度也会相应提高。

（5）工作时间利用系数 η。与牙轮钻机一样，工作时间利用系数是影响穿孔速度的另一个重要因素。目前，各露天矿山中潜孔钻机的工作时间利用系数也是不高的。在非作业时间中，大部分消耗在检修、等待备件及待风、待电等项目上。所以在今后的生产中有必要继续从钻机、钻具、工作参数及组织管理上进行改进。

6.1.1.2　牙轮钻机

A　简介

牙轮钻机是露天矿开采的主要穿孔设备，同其他类型的穿孔设备相比，它具有穿孔效率高、成本低、安全可靠和使用范围广等特点，能适用于各类岩石的穿凿。

牙轮钻机主要由回转机构、供风机构、加压提升机构、行走机构、接卸钻具机构等组成。露天牙轮钻机的凿岩工作原理如下（见图6-2）：

（1）钻孔时，回转机构带动钻杆、钻头回转，同时加压机构向钻杆施加轴向压力，使其向孔底运动。

（2）供风机构使压缩空气通过中空钻杆从钻头的喷嘴喷向孔底，将破碎下来的岩渣沿钻杆与孔壁之间的环状空间吹至孔外。

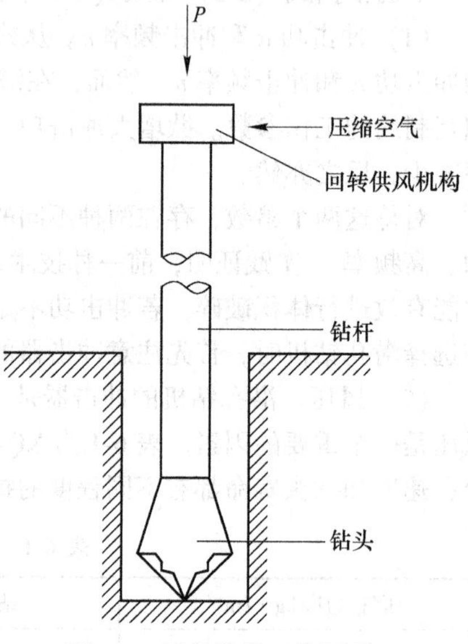

根据回转和加压方式的不同，牙轮钻机可分为底部回转间断加压式、底部回转连续加压式、顶部回转连续加压式三种基本类型。

牙轮钻机的凿岩原理是通过加压机构施加在牙轮上压力使岩石承受压应力，同时回转机构使牙轮在岩石上产生滚动挤压，两种联合作用使岩石发生剪切破碎。

图6-2　牙轮钻机工作原理

B　提高牙轮钻机穿孔效率的途径

牙轮钻机的合理生产能力，可按下式近似计算：

$$A = 0.6vT\eta \tag{6-5}$$

式中，A 为牙轮钻机的生产能力，m/(台·班)；v 为牙轮钻机的机械钻速，cm/min；T 为每班工作时间，h；η 为工作时间利用系数。

机械钻速 v，又可近似用下式表示：

$$v = 3.75\frac{Pn}{Df} \tag{6-6}$$

式中，P 为轴压，t；n 为钻头转速，r/min；D 为钻头直径，cm；f 为岩石坚固性系数。

虽然式（6-6）的计算结果和实际有一定的差距，但是我们可以利用上述两个公式在选定钻机、钻头的前提下，探讨提高牙轮钻机穿孔效率的途径。

（1）轴压 P。轴压 P 与机械钻速 v 近似成正比，但却不是严格的直线关系，具体取决于钻头单位面积上的作用力 P/F（F 为钻头与岩石的接触面积）和岩石抗压强度 σ 之间的关系，如图 6-3 所示的四种情况：

1）当轴压 P 很小，P/F 小于 σ 时，岩石以表面磨蚀的方式进行破碎。此时，轴压 P 与机械钻速 v 呈直线关系（图 6-3 中 *ab* 段）。

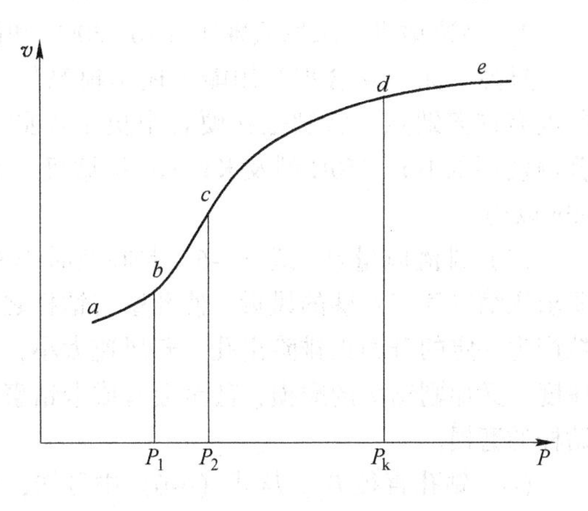

图 6-3 轴压 P 与钻速 v 的关系

2）随着轴压 P 的增加，虽然 P/F 还小于 σ，但因钻头轮齿多次频繁冲击岩石，使岩石产生疲劳破坏，出现局部的体积破碎。此时，机械钻速 v 随轴压 P 的 m 次方而变化，硬岩时 $1.25 \leqslant m \leqslant 2$，软岩时 $m<3$（图 6-3 中 *bc* 段）。

3）当轴压 P 增大到 $P/F=\sigma$ 后，钻头轮齿对岩石每冲击一次就产生有效的体积破碎，此时破碎效果最佳，能量消耗最低（图 6-3 中 *cd* 段）。

4）当轴压 P 达到极限轴压 P_k 后，钻头轮齿整个被压入岩石，牙轮体与岩石表面接触，即使再增加轴压 P 也不会提高机械钻速 v 了（图 6-3 中 *de* 段）。

从上面分析可知，轴压 P 不能太小，也不宜过高，大小要适宜。合理的轴压可按下式计算：

$$P = \frac{fkD}{D_9} \tag{6-7}$$

式中，f 为岩石坚固性系数；k 为系数，为 1.4；D 为使用的钻头直径，mm；D_9 为 9 号钻头直径，取 214mm。

（2）钻头转速 n。从公式（6-6）中可以看出，钻头转速 n 与机械钻速 v 之间成正比关系。其实，它们之间也不是一个简单的线性关系，具体关系如图 6-4 所示。

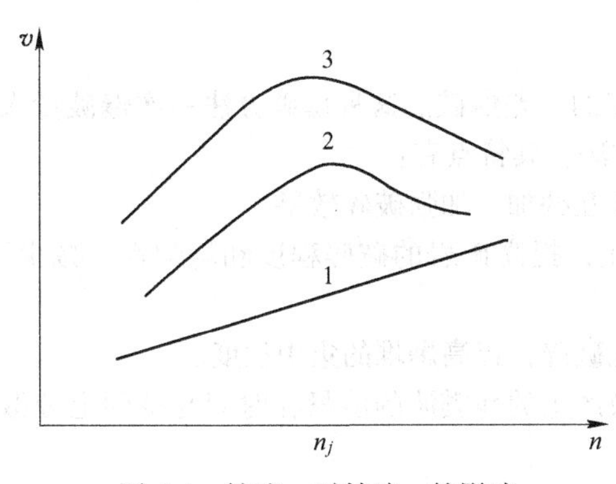

图 6-4 钻速 n 对钻速 v 的影响

图中直线 1 表示当轴压 P 较小时钻头转速 n 与机械钻速 v 的关系。这时，岩石以“表面磨蚀”的方式破碎，随着钻头转速 n 的增加，机械钻速 v 也相应加大，两者成直线关系。

图中曲线 2 表示轴压 P 增大后，钻头转速 n 与机械钻速 v 的关系。此时，岩石呈体积破碎，初始时随着钻头转速 n 的增大机械钻速 v 也提高，但当超过钻头极限转速 n_j 后，机械钻速 v 却随着钻头转速 n 的增加而降低，这是因为钻头转速 n 太大，轮齿与孔底岩石的作用时间太短（小于 0.02~0.03s），未能充分发挥轮齿对岩石的压碎作用。此外，由于钻头转速 n 过大，也加速了钻头的磨损和钻机的振动，给穿孔带来不良的影响。在实际生产中，对于软岩常选用 70~120r/min 的转速，中硬岩石选用60~100r/min 的转速，硬岩石选用 40~70r/min 的转速。

图中曲线 3 表示轴压 P 继续增大后钻头转速 n 对机械钻速 v 的影响，其情况和曲线 2 差不多。从线段1、2、3之间的关系可以看出，机械钻速 v 受轴压 P 和钻头转速 n 两者的综合影响，需要统筹兼顾。在牙轮钻机穿孔中存在两种工作制度：

1）强制钻进。采用高轴压（30~60t）和低转速（150r/min以内）；

2）高速钻进。采用低轴压（10~20t）和高转速（300r/min）。

显然，无论从合理利用能量还是提高钻头、钻机的使用寿命来衡量，高速钻进的工作制度有许多缺点，特别是在硬岩中更是如此。所以牙轮钻机应向强制钻进方面发展。目前普遍使用的HYI-250C型及KY-310型钻机，其轴压分别为32t和45t，而转速都控制在100r/min以内。

（3）排渣风量 Q。式（6-6）是在及时排渣、没有重复破碎的前提下得出。为了彻底排渣，要求压缩空气有足够的风量，使孔壁与钻杆之间的环形空间有适宜的回风速度，从而对岩渣颗粒产生一定的升力以排除出孔。若风速太小，升力不足，岩渣在孔底反复被破碎，既降低钻孔速度，又加剧钻头的磨损，甚至会造成卡钻事故；若风速过大，则浪费空压机的功率，也加剧钻杆的磨损。

（4）钻孔直径 D_1。从式（6-6）中可知，当轴压 P 和钻头转速 n 固定时，钻孔直径 D_1 与机械钻速 v 成反比。实际上，当钻孔直径 D_1 增大后，钻头的直径和强度也加大，只要相应采用更大的轴压和转速，机械钻速 v 并不会降低。另一方面，当钻孔直径增大，爆破孔网参数也可相应的扩大，从而提高延米爆破量。

（5）工作时间利用系数 η。从公式（6-5）中可以看出，为了提高牙轮钻机的效率，另一个重要的因素就是提高钻机的工作时间利用系数 η。影响工作时间利用系数的因素主要有两个方面：一个是组织管理缺陷所带来的外因停歇；另一个是钻机本身故障所引起的内因停歇。

总之，为了提高牙轮钻机的穿孔效率，应该从钻机、钻头、工作参数和组织管理四个方面进行改革。

6.1.2　露天开采的正常采掘爆破

随着挖掘机斗容和生产能力的增大，要求每次的爆破量也越来越大。为此，在露天开采中广泛使用多排孔微差爆破、多排孔微差挤压爆破和高台阶爆破等大规模的爆破方法。

6.1.2.1　多排孔微差爆破

多排孔微差爆破，是排数一般在4~7排或更多的微差爆破。这种爆破方法一次爆破量大，矿岩破碎效果好，是露天开采中普遍使用的一种方法，其特点有：

（1）通过药包不同时间起爆，使爆炸应力波相互叠加，加强破碎效果。

（2）创造新的动态自由面，减少岩石夹制作用，提高矿岩的破碎程度和均匀性，减少了炮孔的前冲和后冲作用。

（3）爆后矿岩碎块之间的相互碰撞，产生补充破碎，提高爆堆的集中程度。

（4）由于相应炮孔先后以毫秒间隔起爆，爆破产生的地震波的能量在时间与空间上分散，地震波强度大大降低。

目前，关于多排孔微差爆破参数的确定，主要还是依据经验，尚无成熟的理论指导。一般的原则如下。

A　孔网参数

（1）底盘抵抗线 W_d。在露天深孔爆破中抵抗线有两种表示方式法，即最小抵抗线 W 和底盘抵抗线 W_d。前者是指由装药中心到台阶坡面的最小距离；后者是指第一排炮孔中心线至台阶坡底线的水平距离。为了计算方便和有利于减少根底，在生产中通常不用最小抵抗线 W，而用底盘抵抗线 W_d 为爆破参数。底盘抵抗线 W_d 是一个很重要的爆破参数，它对爆破质量和经济效果影响很大。若底盘抵抗线 W_d 过大，将残留底根，后冲现象也会严重；若底盘抵抗线 W_d 过小，不仅增加穿孔工作量，也浪费炸药，使爆堆分散，并且穿孔设备距台阶坡顶线过近作业时不够安全。

底盘抵抗线可按下面几种方法来确定：

1）按穿孔设备的安全作业条件确定，即

$$W_d = C + H\cot\alpha \tag{6-8}$$

式中，C 为前排炮孔中心至台阶坡顶线的安全距离，一般为 2.5~3.0m；H 为台阶高度，m；α 为台阶坡面角度，(°)。

2）按装药条件确定，即

$$W = d\sqrt{\frac{7.85\rho\eta}{mq}} \tag{6-9}$$

式中，W 为最小抵抗线，m；d 为孔径，dm；ρ 为炸药密度，kg/dm³ 或 g/cm³；η 为装药系数；m 为密集系数；q 为单位炸药消耗量，kg/m³。

3）按台阶高度确定，即

$$W_d = (0.6 \sim 0.9)H \tag{6-10}$$

4）可参考的经验公式还有：

$$W_d = 0.024d + 0.85 \tag{6-11}$$

$$W_d = (0.24HK + 3.6)\frac{d}{150} \tag{6-12}$$

式中，d 为钻孔直径，mm；K 为与岩石坚固性有关的系数，其取值情况见表 6-2。

表 6-2 与岩石坚固性有关的系数 K 值

f	6	8	10	12	14	16	18	20
K	1.17	0.87	0.70	0.58	0.50	0.44	0.39	0.35

注：表中 f 为岩石坚固性系数。

（2）钻孔间距 a 和排距 b。它们是根据底盘抵抗线和邻近系数来计算，即

$$a = mW_d \tag{6-13}$$

$$b = (0.9 \sim 0.95)W_d \tag{6-14}$$

式中，a 为钻孔间距，m；b 为钻孔排距，m；m 为邻近系数；W_d 为底盘抵抗线，m。

有关邻近系数 m，一般取值为 1.0~1.4。此外，在国内外一些矿山采用大孔距爆破技术。据称这样能改善矿岩的破碎效果。这种技术是在保持每个钻孔担负面积 $a \cdot b$ 不变的前提下，减小 b 而增大 a，使 m 值可达 2~8。

（3）超深 h_c。超深的作用是降低装药位置，为了克服因底盘抵抗线过大而影响爆破效果。超深的长度应适当，若超深过小将产生根底或抬高底部平盘的标高，而影响装运工作；若超深过大，不仅增加了钻孔工作量，也浪费了炸药，而且也破坏了下一台阶完整性，给下次钻孔带来了困难。

根据经验、超深值通常按下式确定：

$$h_c = (0.15 \sim 0.35)W_d \tag{6-15}$$

$$h_c = (10 \sim 15)d \tag{6-16}$$

式中，h_c 为超深，m；W_d 为底盘抵抗线，m；d 为钻孔直径，m。

当矿岩松软时取小值，矿岩坚硬时取大值。如果采用组合装药，底部使用高威力炸药时可适当降低超深。在我国露天矿山的超深值波动一般在 0.5~3.6m 之间。但在某些情况下，如底盘有天然分离面或底盘需要保护，则可不留超深或留下一定厚度的保护层。

B　施工参数

（1）填塞长度。装药后孔口部分的长度通常全部用充填料堵塞，故称为填塞长度。填塞长度确定的合理和保证填塞质量，对改善爆破效果和提高炸药能量利用率是非常重要的。

合理的填塞长度能降低爆炸气体能量损失和尽可能增加钻孔装药量。填塞长度过长将会降低延米爆破量，增加钻孔成本，并造成台阶顶部矿岩破碎不好；填塞长度过短，则炸药能量损失大，将产生较强的空气冲击波、噪声和个别飞石的危害，也影响钻孔下部的破碎效果。一般在台阶深孔爆破时，填塞长度不小于底盘抵抗线的 0.75 倍，或者取 20~40 倍的钻孔直径。因此爆破安全规程中规定禁止无填塞爆破。

填塞物料一般多为就地取材，以钻孔排出的岩粉或选矿厂的尾砂做填塞物料。

（2）单位炸药消耗量 q 和每孔装药量 Q。影响单位炸药消耗量的因素很多，主要有矿岩的可爆性，炸药种类，自由面条件，起爆方式和块度要求等。因此，选取合理的单位炸药消耗量 q 值需要通过试验或生产实践来验证。单纯的增加单耗对爆破质量不一定有很大的改善，只能消耗在矿岩的过粉碎和增加爆破有害效应上。实际上对于每一种矿岩，在一定的炸药与爆破参数和起爆方式下，都有一个合理的单耗。所以单位炸药消耗量的确定应根据生产实验，按不同矿岩爆破性分类确定或采用工程实践总结的经验公式进行计算。在爆破设计时可以参照类似矿岩条件下的实际单耗，也可以按表 6-3 选取单位炸药消耗量，该表数据以 2 号岩石硝铵炸药为标准。

表 6-3　单位炸药消耗量 q 值

岩坚固性系数 f	0.8~2	3~4	5	6	8	10	12	14	16	20
q/kg · m^{-3}	0.4	0.43	0.46	0.5	0.53	0.56	0.6	0.64	0.67	0.7

关于每个钻孔的装药量，目前露天矿山普遍采用体积法计算，即：

$$Q = qW_d aH \tag{6-17}$$

式中，Q 为单排孔或多排孔爆破的第一排的每孔装药量，kg；q 为单位炸药消耗量，kg/m^3；W_d 为底盘抵抗线，m；a 为钻孔间距，m；H 为台阶高度，m。

多排孔爆破时，从第二排起，以后各排孔的装药量，可按下式计算：

$$Q = KqabH \tag{6-18}$$

式中，K 为矿岩阻力夹制系数，一般取 1.1~1.2；b 为钻孔排距，m。

至于钻孔的装药结构，在露天台阶深孔爆破工程中普遍采用连续柱状装药形式。

（3）微差间隔时间。确定合理的微差爆破间隔时间，对改善爆破效果与降低地震效应具有重要作用。在确定间隔时间时主要应考虑岩石性质，布孔参数，岩体破碎和运动的特征等因素。微差间隔时间过长，则可能会造成先爆孔破坏后爆孔的起爆网路；过短，则后爆孔可能因先爆孔未形成新自由面而影响爆破质量。关于微差间隔时间的计算公式很多，其中可供参考的公式如下：

$$\Delta t = KW_{\mathrm{d}} \tag{6-19}$$

式中，Δt 为微差间隔时间，ms；K 为与岩石性质有关的系数，ms/m，当岩石 f 值大时取 $K=3$，当 f 值小时取 $K=6$；W_{d} 为底盘抵抗线，m。

$$\Delta t = KW_{\mathrm{d}}(24 - f) \tag{6-20}$$

式中，Δt 为微差间隔时间，ms；K 为岩石裂隙系数，对于裂隙少的矿岩取 $K=0.5$，对于中等裂隙的矿岩取 $K=0.75$；对于裂隙发育的矿岩取 $K=0.9$；W_{d} 为底盘抵抗线，m；f 为岩石坚固性系数。

目前，多排孔微差爆破微差间隔时间一般为25~50ms。

（4）布孔形式和起爆顺序。露天台阶深孔的布孔形式有三种，即三角形、正方形和矩形。布孔时应考虑钻孔方便，爆破质量良好，适应爆破顺序的要求。

多排孔微差爆破的起爆顺序是多种多样的，可根据工程所需的爆破效果及工程技术条件选用。较常见的起爆顺序有排间顺序起爆、孔间顺序起爆、波浪式起爆、V形起爆、梯形起爆、中间掏槽横向起爆，对角线（或斜线）起爆，如图6-5所示。

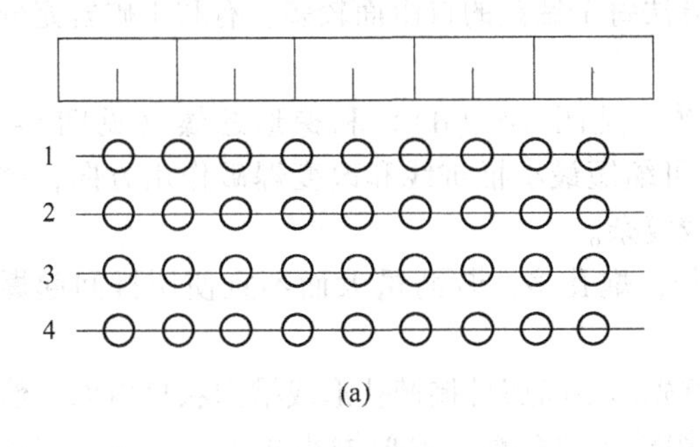

(a)

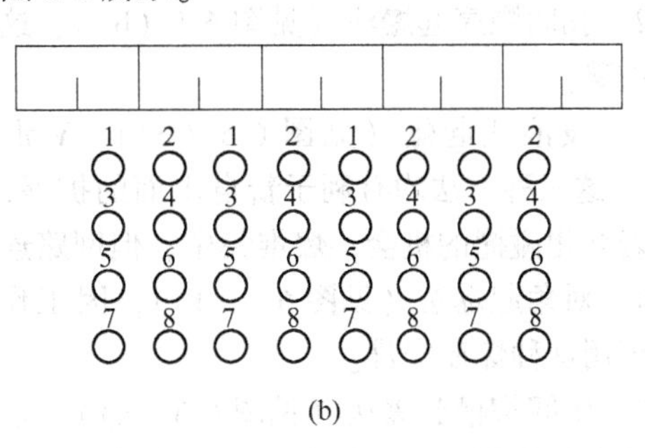

(b)

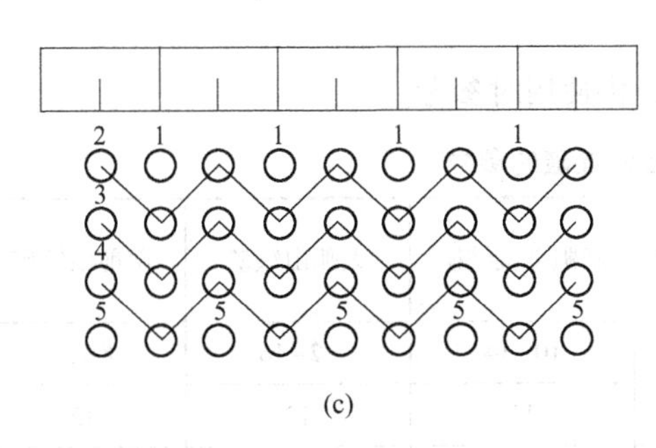

(c)

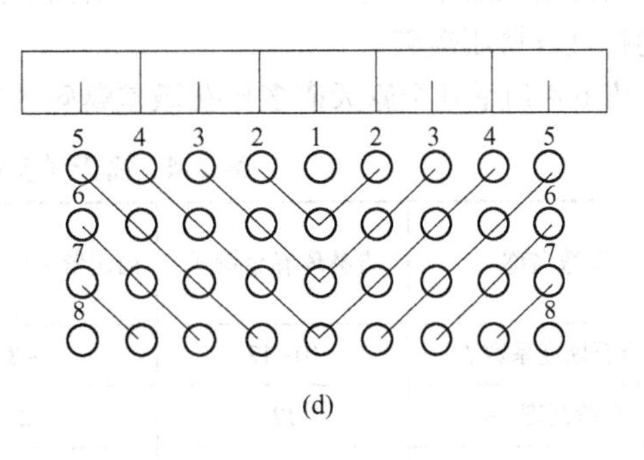

(d)

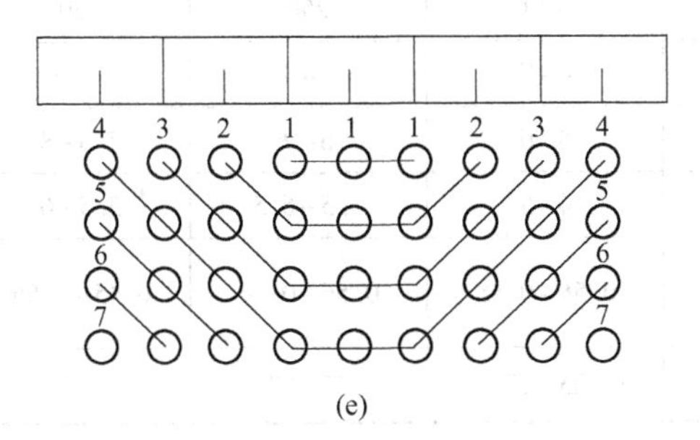

(e)

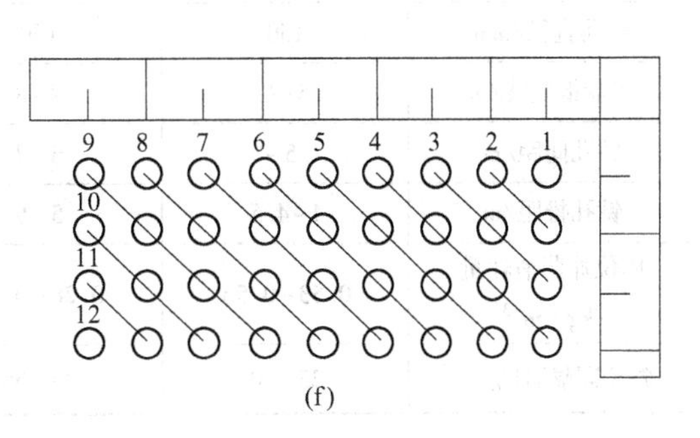

(f)

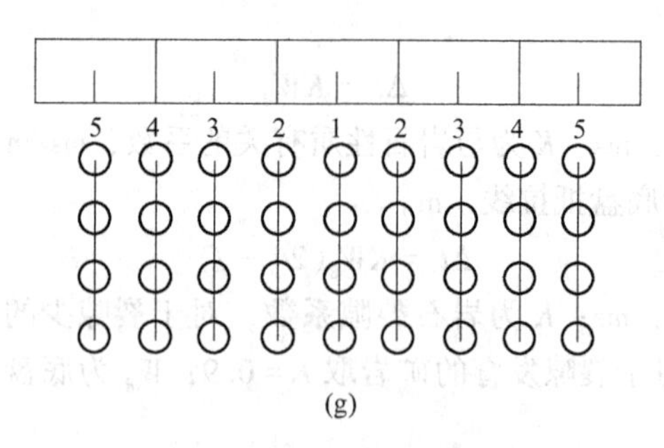

图 6-5 多排孔微差起爆顺序

（1、2、3、……表示起爆顺序）

（a）排间顺序起爆；（b）孔间顺序起爆；（c）波浪式起爆；（d）V 形起爆；

（e）梯形起爆；（f）对角线起爆；（g）中间掏槽横向起爆

1）排间顺序起爆法（见图 6-5（a）），它的网路连接简单，也有利于克服根底，是正常采掘爆破时常用的一种形式，但在使用此法时也要注意，每排钻孔数不宜过多，装药量也不宜过大。

2）孔间顺序起爆法（见图 6-5（b）），这种方法每个钻孔的自由面较多，有利于矿岩充分碰击破碎。

3）波浪式起爆（见图 6-5（c）），V 形起爆（见图 6-5（d））和梯形起爆（见图 6-5（e）），这三种方法均有利于新自由面的扩展，并可缩短最小抵抗线和改变爆破作用方向，增加矿岩互相碰撞的机会，爆堆集中，但网路连接较复杂。

4）对角起爆法（见图 6-5（f）），因工作线长，炮孔多，装药量大而不宜使用排间起爆时，可用这种爆序安排。

5）中间掏槽起爆法（见图 6-5（g））、它是首先用中间那排掏槽孔形成槽沟状自由面，然后再依次起爆两侧各排钻孔。使用此法时要注意掏槽孔的孔距一般要缩小 20%，超深也需增加，装药量也需增大约 20%~25%。掏槽孔的排列方向，宜顺着结构面走向。这种形式常用于堑沟掘进或挤压爆破。

表 6-4 列举几个露天矿多排孔微差爆破的参数，供使用时参考。

表 6-4 露天矿多排孔微差爆破的参数

参数名称	吉林珲春金铜矿	福建紫金山金铜矿	新疆金宝铁矿	大孤山铁矿	眼前山铁矿
岩石硬度系数 f	10~12	6~8	10~14	12~16	8~12
台阶高度/m	12	12	12	12	12
钻孔深度/m	14~15	14~15	14~15	14. 5~15. 5	14~14. 5
钻孔直径/mm	150	150	150	250	250
底盘抵抗线/m	5~6	7~8	6~7	8~9	7~9
钻孔间距/m	4. 5~5	6~7	5~6	6~7	7. 5~8
钻孔排距/m	4~4. 5	5~6	4~5	5. 5~6. 5	5. 5~6
单位炸药消耗量 /kg · m^{-3}	0. 53~0. 56	0. 28~0. 32	0. 56~0. 58	0. 56~0. 76	0. 45~0. 55
微差间隔时间/ms	25~50	25~65	25~50	25~50	50~75

总之，在露天矿采用多排孔微差的优点是：

（1）一次爆破量大、减少爆破次数和避炮时间，提高采场设备的利用率。

（2）改善矿岩破碎质量，其大块率比单排孔爆破少约40%～50%。

（3）增加穿孔设备的工作时间利用系数和减少穿孔设备在爆破后冲区作业次数，可大大提高穿孔设备的效率。

（4）也可提高采装、运输设备的效率约10%～15%。

但是，多排孔微差爆破要求及时穿凿出足够数量的钻孔，因此必须采用高效率的穿孔设备，如牙轮钻机。其次，这种爆破也要求工作平台宽度较大，以便能容纳相应的爆堆。此外，多排孔微差爆破工作较集中，为了能及时施爆，最好使装、填工作机械化。如成立专门的爆破组，配备成套的制药、装药和填塞设备，来承担矿山的爆破工作。或采用预先预装药的形式，当每个钻孔穿凿完毕随即装药填塞，最后再集中连线起爆。

6.1.2.2 多排孔微差挤压爆破

多排孔微差挤压爆破，是工作面残留有爆渣的情况下的多排孔微差爆破。渣堆的存在，是为挤压创造的必要条件，一方面能延长爆破的有效作用时间，改善炸药能的利用率和破碎效果，另一方面，能控制爆堆宽度，避免矿岩飞散。

根据我国一些矿山使用多排孔微差挤压爆破的经验，应注意下列几个问题：

（1）渣堆厚度及松散系数。首先，渣堆厚度决定了挤压爆破时刚性支撑的强弱，从最大限度的利用爆炸能出发，可按下式求得：

$$B = K_c W_d \left(\frac{\sqrt{2\varepsilon q E E_0}}{\sigma} - 1 \right) \tag{6-21}$$

式中，B为渣堆厚度，m；K_c为矿岩松散系数；W_d为底盘抵抗线，m；ε为爆炸能利用系数，一般取0.04～0.2；q为单位炸药消耗量，kg/m^3；E为岩体弹性模量，kg/m^2；E_0为炸药的热能，kJ·m/kg；σ为岩体挤压强度，kg/m^2。

在露天矿中对于较弱的岩体，一般B=10～15m；对于较硬的岩体，一般B=20～25m。

其次，渣堆厚度也决定了爆破后的爆堆宽度。随着渣堆厚度的增加，爆堆前冲距离减少，表6-5是渣堆厚度对爆堆宽度的影响。为了保护台阶工作面线路，可参照表中数据选取渣堆厚度。

表6-5 渣堆厚度对爆堆宽度的影响

岩石坚固性系数f	单位炸药消耗量 /kg·m^{-3}	下述渣堆厚度时爆堆前移距离/m						
		10	15	20	25	30	35	40
17～20	0.70～0.95	31	27	20	15	10	5	0
13～17	0.50～0.80	27	21	13	5	0		
8～13	0.30～0.60	15	11	0				

此外，挤压爆破的应力波在岩体与渣堆界面上，部分反射成拉伸波继续破坏岩体，部分呈透过波传入渣堆而被吸收。因此，在保证渣堆挤压作用的前提下，要提高反射波的比例，以保证渣堆适当松散。根据一些矿山经验，当渣堆松散系数大于1.15时爆破效果良好；当小于1.15时，应力波透过太多，使第一排钻孔处常常出现“硬墙”。

应该指出，上述有关渣堆松散系数和厚度的要求并不是绝对的。当渣堆密实又厚时，只要增大炸药量，也能够保证挤压爆破的效果。例如某镁矿就曾在100m的厚渣堆下成功地进行了爆破。

（2）单位炸药消耗量和药量分配。多排孔微差挤压爆破的单位炸药消耗量，比清渣多排孔微差爆破要大 20%~30%。如果单耗过大则爆效难以保证。关键在第一排钻孔，由于它紧贴渣堆，会产生较大的透过波损失，而且还要推压渣堆为后续的爆破创造空间，因而需要适当增大第一排钻孔的药量或使用高威力炸药，缩小抵抗线和孔间距，增加超深值，对于最后一排钻孔的爆破，它涉及下一循环爆破的渣堆松散系数。为了使这部分渣堆松散，最后一排钻孔也要适当增大药量。为此需要：1）缩小钻孔间距或排距约 10%；2）增加装药量 10%~20%或使用高威力炸药；3）延长微差间隔时间 15%~20%。

（3）孔网参数。多排孔微差挤压爆破的孔网参数，与多排孔微差爆破的原则相似。其主要差别是第一排孔和最后一排孔的参数宜小一些。

（4）微差间隔时间。由于挤压爆破要推压前面的渣堆，因而它的起爆间隔时间宜比清渣微差爆破长些。如果间隔时间过短，推压作用不够，则爆破受到限制；如果间隔时间过长，则推压出来的空间被破碎的矿岩充填，起不到应有的作用。实践表明，多排孔挤压爆破的微差间隔时间应较常规爆破时增大 30%~60%为宜，当岩石坚硬且岩渣堆较密时应取上限。在我国露天矿山中，通常取 50~100ms。

（5）爆破排数和起爆顺序。多排孔微差挤压爆破的排数，较适宜一次爆破排数多为 3~7 排，不宜采用单排，但采用更多的排数也会增大药耗，爆效也难以保证。各排的起爆顺序与多排孔清渣爆破相类似。

表 6-6 列举了我国几个露天矿多排孔微差挤压爆破的参数，供使用时参考。

表 6-6　露天矿多排孔微差挤压爆破的参数

参数名称	齐大山铁矿	眼前山铁矿	大孤山铁矿	大连石灰石矿	珲春金铜矿
岩石硬度系数 f	10~18	16~18	12~16	6~8	8~12
台阶高度/m	12	12	12	12	12
钻孔深度/m	15	14~15	14~15	14~15	14
钻孔直径/mm	250	250	250	250	150
底盘抵抗线/m	6~9	14~10	7~8	7.5~9	6~7
钻孔间距/m	5~6	5.5	5~5.5	10~12	4.5~5
钻孔排距/m	5~5.5	5.5	5~5.5	6~7	3.5~4
单位炸药消耗量/kg · m^{-3}	0.7~1.0	0.77	0.55~0.57	0.12	0.56~0.60
渣堆厚度/m	10~12	6~22	15~20	10~15	>6
微差间隔时间/ms	50	50	50	25	50

相对多排孔微差爆破而言，多排孔微差挤压爆破的优点是：

（1）矿岩破碎效果更好。这主要是由于前面有渣堆阻挡，包含第一排孔在内的各排钻孔都可以增加装药量，并在渣堆的挤压下充分破碎。

（2）爆堆更集中。特别是对于采用铁路运输的露天矿。爆破前可以不用拆轨，从而提高采装、运输设备的效率。

多排孔微差挤压爆破也存在着缺点：

（1）炸药消耗量大。

（2）工作平台要求更宽，以便容纳渣堆。

(3) 爆堆高度较大，特别是当渣堆厚度大而妨碍爆堆向前发展时，将可能影响挖掘机作业的安全。

6.1.2.3 高台阶爆破

高台阶爆破，就是将约等于目前使用的2~3个台阶并在一起作为一个台阶进行穿爆工作，爆破后再按原有的台阶高度逐层产装，上部台阶的装运是在已爆破的浮渣上进行的。爆破时，上一个台阶留有渣堆，连同下一台阶采用多排孔微差挤压爆破，如图6-6所示。高台阶爆破是一种爆破量最大的微差爆破。

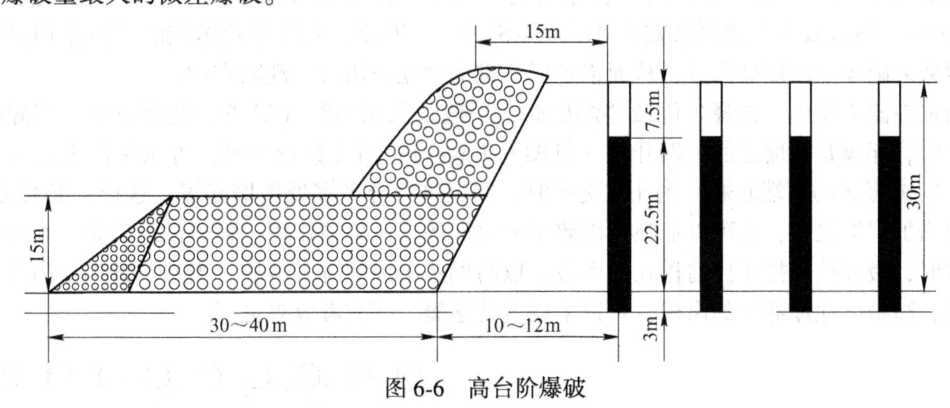

图6-6 高台阶爆破

采用高台阶爆破时的基本要求是：

(1) 一次爆破的钻孔排数最少为3~4排，一般以8~10排效果较好，使爆堆能更集中。

(2) 由于钻孔底部夹制现象严重，宜采用掏槽爆破。

(3) 在坚硬矿岩中，宜提高单位炸药消耗量。

(4) 钻孔超深，一般可按台阶高度的0.05~0.25计算。

(5) 由于钻孔较长，宜采用分段间隔装药结构，使炸药能均匀分布。同一孔内各段装药之间的起爆，也可按孔内微差爆破。

高台阶爆破的优点是：

(1) 充分实现穿爆、采装、运输工作的平行作业，有利于提高钻、装、运等设备的效率。

(2) 相对减少超深和填塞长度，也相对减少超钻、开孔的数量。

(3) 由于有效装药长度相对增加，炸药能在深孔中分布均匀，故改善矿岩破碎质量，大块率降低，基本上无根底。

(4) 后冲与对下部台阶的破坏作用也相对减少。

但是采用高台阶爆破也存在一些严重的弱点，要求穿孔深度大，对于一般钻机作业较困难；台阶下部夹制严重，质量不易保证。因此，目前高台阶爆破仍在探索和改进中。

6.2 露天矿临近边坡的爆破

随着露天矿向下延伸，边坡稳定问题日益突出。为了保护边坡，临近边坡的爆破应严格控制。根据国内外矿山的经验，目前主要采用的措施是采用微差爆破、预裂爆破和光面爆破。

6.2.1 采用微差爆破减小震动

微差爆破的主要作用之一，是可以减少爆破的地震效应。为了充分发挥微差爆破的减震作用，关键是设法增加爆破的段数和控制微差间隔时间。

（1）采用多段微差爆破减震。爆破所引起的质点震动，一般可以粗略地分为一个阶段，即最先出现的“初始相”，它的特点是频率高、振幅小、作用时间短；随后出现的是“震相”，它的特点是频率低、振幅大、作用时间长，具有较大的破坏作用；最后出现的是震后的“余震相”。在采用微差爆破中增加起爆段数，即使不能完全分离各段爆破的震波，起码也可以使各段震波的“主震相”得到某种程度上的分离，从而呈现各段爆破的单独作用，使得多段微差爆破所引起的震动不决定于总炸药量，而是取决于每一段炸药量的大小。例如，凤凰山铁矿，曾用12~15段的微差爆破和齐发爆破进行过对比试验，其地震效应减少了50%，又如珲春金铜矿用15~20段的对角起爆代替原有的3~4段逐排起爆的微差爆破，使每段药量减少50%~70%，地震效应也比原来减少31.8%~51.2%。因此，多段微差爆破的实质是通过增加起爆段数来减少每段爆破药量，从而借各段爆破的独立作用来实现减震的。

目前在露天矿山中选择多段微差爆破时，一般是采用斜线（对角）起爆方式。当爆破孔数较少时，起爆是从爆区的一端开始（见图6-7（a））；当孔数较多时，可从爆区中间（见图6-7（b））或爆区的两端起爆；当孔数更多时，则可进行分区多处掏槽起爆。这样的起爆方式，既可以增加起爆段数，又可以加强已破碎矿岩之间的挤压碰撞作用。值得注意的是：在安排雷管段数时，最好使后排孔比前排孔高两段，以防偶然出现的跳段事故，当然了近年来随着科技的发展，高精度起爆器材的出现，可以采用逐孔起爆，其减震效果更好。

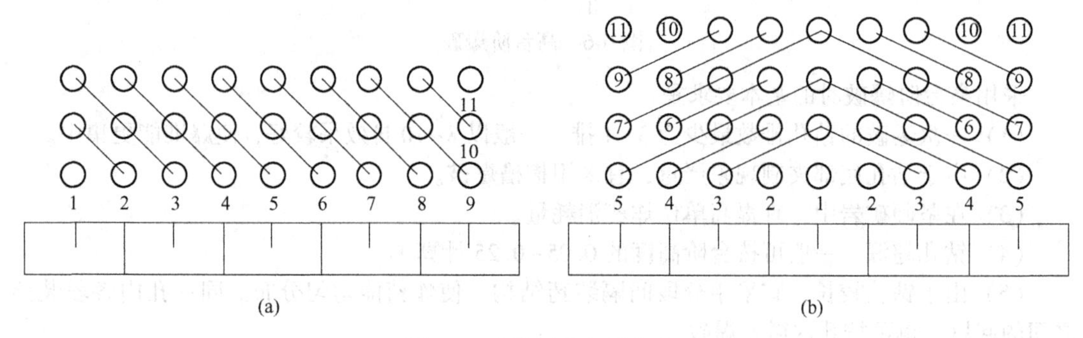

图6-7 多段斜线起爆方案

（a）侧面掏槽；（b）中央掏槽

（2）选择微差间隔时间干扰降震。在微差爆破中，间隔时间的确定是一个很重要的问题。假如间隔时间确定合适，不仅仅是分离爆破地震波，而且可以使它们互相干扰抵消。假如时间选择不当，也可能出现叠加增震。所以，采用多段微差爆破时，一定要正确的选择微差间隔时间。

6.2.2 采用预裂爆破隔离边坡

预裂爆破就是沿边坡界线钻凿一排较密集的平行钻孔，每孔装入少量炸药，在正常采掘爆破之前先行起爆，而获得一条有一定宽度并贯穿各钻孔的裂缝。由于有这条预裂缝将采掘区与边坡分隔开来，使采掘区正常爆破的地震波在裂缝面上将产生较强的反射，使得透过裂缝的地震波强度大大削弱，从而保护了边坡的稳定。

根据国内外矿山的预裂爆破经验，为了取得良好的预裂爆破效果，应注意下列几方面。

6.2.2.1 对预裂缝的要求

（1）预裂缝要连续，且能达到一定的宽度，能够充分反射采掘区爆破的地震波，以便控制它们对边坡的破坏作用。通常要求，这个宽度应不小于1~2cm。

（2）预裂面要比较平整，为了获得整齐而稳定的边坡面。一般要求预裂面的不平整度不超过±(15~20)cm。

（3）在预裂面附近的岩体无明显爆破裂隙，最好的情况是在预裂壁面上能留下较完整的半个钻孔壁，一般要求孔痕率大于50%~80%。

6.2.2.2 基本参数

为了实现上述要求，关键是合理地确定孔径、孔距和装药量。

（1）孔径和不耦合系数。不耦合系数就是钻孔直径与药柱直径的比值。在预裂爆破中药柱外壁与孔壁之间的环形间隙的作用，主要是降低爆轰波的初始压力，保护孔壁及防止其周围岩石出现过度粉碎。此外，还可以延长爆破作用时间，有利于预裂缝的发展。生产实践表明，不耦合系数一般要求大于2，才能获得较好的效果。

至于对预裂钻孔孔径的要求，一般宜取小一些。这既是为了提高穿孔速度，也是便于缩小孔距及每孔装药量，从而提高预裂爆破的效果。一般在露天矿中，通常用ϕ100~200mm的潜孔钻机或ϕ60~80mm的凿岩台车来穿凿预裂孔。

（2）孔距。预裂爆破的孔距比较小，可根据选定的孔径按一定的比值选取孔距，一般可取钻孔直径的7~12倍，即

$$a = (7 \sim 12)d \tag{6-22}$$

式中，a为钻孔间距，mm；d为钻孔直径，mm。

孔径大时取小值，孔径小时取大值；完整坚硬的岩石取大值，软弱破碎的岩石取小值。应该注意，最佳的钻孔间距不只是一个，而是在一个合理范围内变动。如图6-8所示是马鞍山矿山研究院在实验室提出的孔距—不耦合系数的关系曲线。图中1线表示可实现预裂爆破的最大孔距，2线表示可实现预裂爆破的最小孔距，在1、2线所夹部分就是较合理的孔距取值范围。

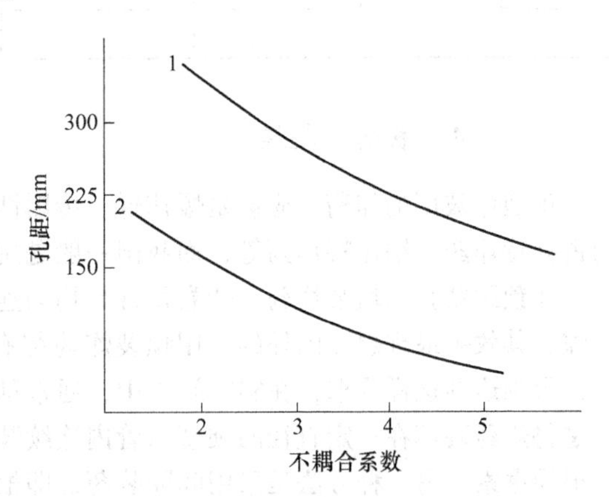

图6-8 孔距与不耦合系数的关系

6.2.2.3 药量计算

钻孔的装药量及其药量分布，是影响预裂爆破质量的重要因素。目前在矿山预裂爆破设计中，钻孔的装药量计算主要是采用一些经验公式及参考某些已成工程的实际经验数据，进行分析对比。如常见的公式有：

（1）长江科院提出的计算公式：

$$q = 0.34\sigma_{压}^{0.63} \cdot a^{0.67} \tag{6-23}$$

（2）葛洲坝工程局提出的计算公式：

$$q = 0.367\sigma_{压}^{0.5} \cdot d^{0.86} \tag{6-24}$$

（3）武汉水利电力学院提出的计算公式：

$$q = 0.127\sigma_{压}^{0.5} \cdot a^{0.84} \cdot \frac{d}{2}^{0.24} \tag{6-25}$$

式中，q为线装药密度，等于钻孔正常装药量（不包括底部增加的药量）除以装药段长度（不包括堵塞长度），kg/m^3；$\sigma_{压}$为岩石抗压强度，kg/cm^2；a为钻孔间距，m；d为钻孔直径，m。

用上述公式计算出来的药量，是预裂孔正常的线装药密度。在钻孔的底部由于受到夹制作用，必须加大装药量，才能达到预期的效果。钻孔越深，岩石越坚硬，夹制作用越明显。底部需增加装药量的范围，自孔底起约为0.5~1.5m。在实际生产工作中，底部装药的增量多半以该孔线装药密度的倍数来衡量，孔深5~10m时，增加2~3倍；当孔深超过10m时，增加3~5倍；坚硬的岩石取大值，松软的岩石取小值。

对于预裂爆破的基本参数的确定，除了取决于矿岩的物理力学性质外，还与所保护边坡的重要程度有关。一般是临近运输干线等地段的边坡参数宜取小些，对于不太重要的地段参数可取大些。表6-7是马鞍山矿山研究院推荐的预裂爆破参数。

表6-7　预裂爆破的参数

普通预裂爆破				重要预裂爆破			
孔径/mm	炸　药	孔距/m	线装药密度/kg·m^{-1}	孔径/mm	炸　药	孔距/m	线装药密度/kg·m^{-1}
80	2号岩石或铵油炸药	0.7~1.5	0.4~1.0	32	2号岩石或铵油炸药	0.3~0.5	0.15~0.25
100		1.0~1.8	0.7~1.4	42		0.4~0.6	0.15~0.3
125		1.2~2.1	0.9~1.7	50		0.5~0.8	0.2~0.35
150		1.5~2.5	1.1~2.0	80		0.6~1.0	0.25~0.5
				100		0.7~1.2	0.3~0.7

6.2.2.4　装药和起爆

预裂爆破用的炸药，应该是爆速低、传爆性能好的炸药，国外用专门的预裂炸药，如瑞典的古立特炸药、纳比特炸药等，而我国一般是用岩石炸药或铵油炸药。

在预裂钻孔内填装炸药，药卷最好是均匀连续地布置在钻孔的中心线上，使周围形成环形空隙，其效果最理想。国外的专用预裂炸药都有翼状套筒定位，国内没有专门的预裂爆破药卷，很难达到这样要求，在实际施工中，通常都需要在现场加工制备。一般是采用两种方法，一是将炸药装填在一定直径的硬塑料管内连续装药，为了能顺利引爆和传爆，在整个管内贯穿一根导爆索。另一种方法是采用间隔装药，即根据计算的线装药密度，将药卷按一定的距离绑扎在导爆索上，形成一断续的炸药串。为了将药串置于炮孔中心，通常是用竹皮或木板在侧壁隔垫，使药串不与被保护的孔壁直接接触。在我国的预裂隙爆破中，孔口的不装药部分应用砂子或岩粉堵塞，堵塞长度一般为0.6~2.0m。

在预裂爆破中，为了能使各钻孔中的炸药同时起爆，保证爆破能量的充分利用，一般都是采用导爆索起爆。

6.2.2.5　施工技术

为了获得整齐的预裂壁面，必须确保钻孔的精度，国内外预裂爆破的实践表明，孔底的钻孔偏差不应超过15~20cm。对于沿预裂面方向的偏差可以放松一些，但是对于垂直预裂面方向的偏差要严格控制，只有这样才能保证壁面的平整。

预裂钻孔的下部，通常距孔底约0.7m处仍有裂隙。若底部也需要保护，可适当减小孔深。为了防止主爆孔爆破地震波从预裂线端部绕过，通常预裂线端部应比主爆区伸长（50~100）d（d 为钻孔直径）。

为了更好地保护边坡，临近预裂线的几排主爆孔，应适当缩小孔距、排距和装药量。若预裂孔和主爆孔一次起爆，预裂孔至少超前主爆孔 100ms 以上起爆。

总之，预裂爆破是保护露天矿边坡的有效措施，特别是对于稳固性差或意义重大的边坡，更要精心使用预裂爆破。当然，相对于正常的采掘爆破来说，预裂爆破的穿孔、爆破工作量大，费用也高，这也是预裂爆破的最大缺点。

6.2.3 采用光面爆破保护边坡

光面爆破就是沿边界线钻凿一排较密的平行钻孔，往孔内装入少量炸药，在主爆孔爆破之后在进行起爆，从而沿密集钻孔形成平整的岩壁。

图 6-9 所示是某铁矿采用光面爆破法清理边坡示意图。

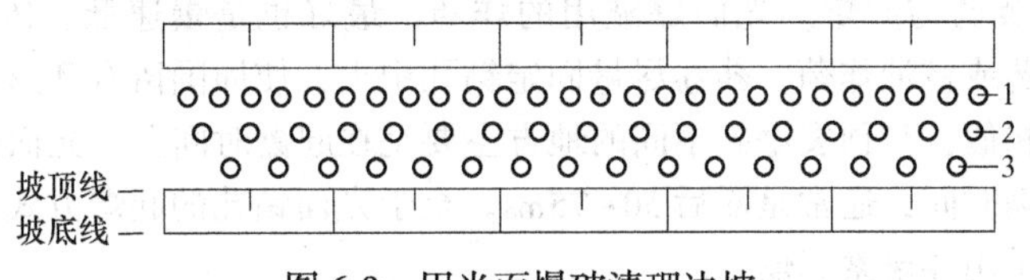

图 6-9 用光面爆破清理边坡

1—光面孔；2，3—辅助孔

首先，用 150 型潜孔钻机沿边界线打一排较密的光面炮孔，其孔径为 150mm，孔距 1.7~2.0m。倾角 75°，斜长 16.5m。在光面孔距离台阶坡面大于 2.5m 的地方，再适当布置一些辅助钻孔，使光面钻孔排与辅助钻孔排的间距为 2~2.3m。而后，往光面孔装入比孔径小的细药卷，线装药密度为 1.5kg/m，在药包与孔壁之间沿径向和轴向方向上都留有空隙，平均装药量为 1.3kg/m。辅助孔按 3kg/m 的线装药密度装药，并适当增加底部装药量。起爆时，辅助孔先爆，间隔 50ms 后光面孔再爆。这样，爆破后坡壁面平整，不平整度仅为 10~20cm，壁面上留有半个光面孔。

采用光面爆破时，应注意以下几个问题：

（1）合理选择爆破参数。光面爆破的参数选择与预裂爆破很类似。不过由于光面爆破是最后起爆，受岩石的夹制作用较小些，所以参数也就比较大。根据经验，光面爆破的最小抵抗线，一般是正常采掘爆破的 0.6~0.8 倍，间距是自身抵抗线的 0.7~0.8 倍，即

$$W_G = (0.6 \sim 0.8)W \tag{6-26}$$

$$a_G = (0.7 \sim 0.8)W_G \tag{6-27}$$

式中，W_G 为光面爆破的最小抵抗线，m；W 为正常采掘爆破的最小抵抗线，m；a_G 为光面爆破的钻孔间距，m。

光面爆破的孔径，一般是等于正常炮孔作业的钻孔直径，若条件允许时宜取小一些的。其不耦合系数同样在 2~5 范围之间。线装药密度通常在 0.8~2kg/m。表 6-8 列举了国外不同炮孔直径时的光爆参数，供使用时参考。

表 6-8 国外不同炮孔直径时的光爆参数

孔径 /mm	线装药密度 /kg · m^{-1}	炸药类型	最小抵抗线/m	炮孔间距/m
50	0.25	古利特	1.1	0.8

续表 6-8

孔径 /mm	线装药密度 /kg · m^{-1}	炸药类型	最小抵抗线/m	炮孔间距/m
62	0.35	纳毕特	1.5	1.0
75	0.5	纳毕特	1.6	1.2
87	0.7	狄纳米特	1.9	1.4
100	0.9	狄纳米特	2.1	1.6
125	1.4	狄纳米特	2.7	2.4
150	2.0	狄纳米特	3.2	2.4
200	3.0	狄纳米特	4.0	3.2

（2）妥善进行装药与起爆。光面爆破用的炸药，最好也是爆速低、传爆性能好的炸药，我国一般用岩石炸药或铵油炸药。药卷尽量固定钻孔中央，使周围留有环形空隙等这些方面的要求，与预裂爆破相似，与预裂爆破不同的地方主要是在起爆时间上。光面钻孔的起爆时间必须迟于主炮孔的起爆时间，通常是滞后50~75ms。至于光面钻孔的起爆方式，为了使光面孔同时起爆，最好也是采用导爆索起爆。

（3）控制最后几排的爆破。光面爆破的作用主要是形成平整的壁面，其并不能抵制或反射正常主炮孔爆破的地震效应，所以临近边坡时的最后几排钻孔的装药量和抵抗线都应减小。最后几排孔最好是采用缓冲爆破。

（4）严格施工要求。光面钻孔的施工同样也要做到“平”、“正”、“齐”。特别是在边界平面的垂直方向上，钻孔偏差不许超过±(15~20)cm，否则壁面很难平整。

总之，光面爆破和预裂爆破有很多相似之处，其根本区别在于起爆时间上。光面爆破孔距较大，穿孔工作量相对少一些，但其降震效果不如预裂爆破。所以临近边坡的爆破，可以概括为：微差爆破是基础，临近边坡宜采用“缓冲爆破”，重要地段采用预裂爆破，清理边坡应采用光面爆破。

6.2.4 临近边坡爆破技术综述

合理有效的边坡控制爆破设计，能够以最小的成本实现边坡的安全、稳定。通常，影响边坡稳定的因素包括工程地质条件、边坡设计和使用特性、边坡开掘方法等。

6.2.4.1 预裂爆破技术

（1）超深预裂孔技术。露天矿开采中，为提高最终边坡的安全稳定性，普遍采用了超深预裂爆破技术。图6-10为某矿实例，设计台阶高度20m。在临近最终边帮时，采取两个台阶合并为一段，段高40m，最后一排预裂孔采用60°~70°倾斜孔，孔深约50m，其中超深3~4m。预裂孔间距2~3m，采用粒状硝铵长药卷，直径90~100mm，填塞高度1.5~2.0m，预裂孔先爆，后爆邻帮生产炮孔，预裂爆破效果极好，在已形成的固定边帮上，坡面平整光滑，可见到半壁孔。

（2）新的预裂爆破装药结构。预裂爆破通常采用径向不耦合或轴向不耦合装药结构，采用膨胀橡胶球作为空气间隔材料，它是由壁厚3~4mm的聚苯乙烯橡胶制成的球囊，装入孔内一定深度后，用混装车上的气泵充气，膨胀后的橡胶球利用摩擦力支撑在孔壁上，实现了径向

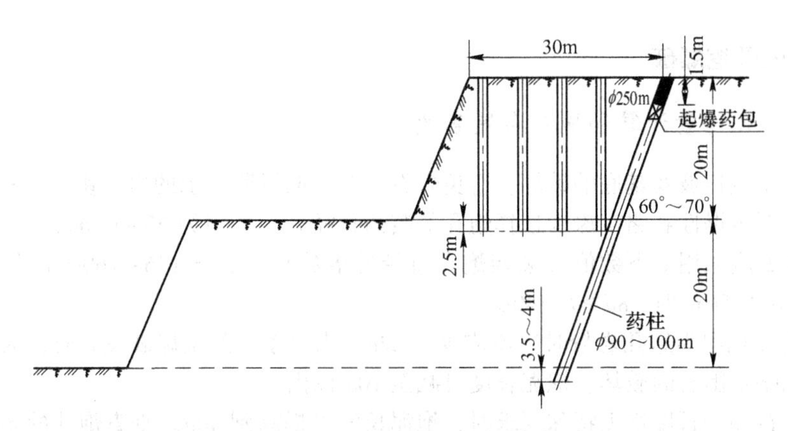

图 6-10　近边坡并段超深爆破

不耦合或轴向不耦合装药结构。

(3) 大直径预裂爆破技术。预裂爆破的作用是在预裂孔连线方向上形成一条连续预裂面，同时避免孔壁径向裂纹在边坡岩体中的过度延伸。由于边坡坡面的稳定取决于预裂面的质量，因此必须最大限度地减少爆破对边坡岩体的破坏。这一要求也意味着预裂爆破在限制岩体破坏的同时，还必须保证在预裂孔之间形成一连续预裂面。

一般炮孔内炸药的爆轰压力会大大超过岩石的动态抗压和抗拉强度。因此，为避免孔壁岩石的破坏和邻近区域内径向裂隙的过度延伸，必须降低炸药爆轰作用于孔壁的压力。实现的途径有两个：一是减小炸药密度；二是采用炮孔不耦合装药结构。不耦合装药技术在小孔径（一般小于 130mm）条件下的应用相当普遍，它作为预裂爆破的一种有效技术手段已被人们所接受。

为了实现炮孔不耦合装药，可以增大爆破炮孔直径，用以实现炮孔不耦合装药结构。

(4) 空气间隔装药预裂爆破。空气间隔装药一般由雷管、高爆炸药包、孔底小药包和空气间隙组成。空气间隙是在炮孔内放置一个可膨胀的塞子形成，以便使填塞柱保持一定高度。填塞柱使空气冲击波降低到最小，同时密封炮孔，以便产生一个密闭腔，有利于爆炸冲击波和爆生气体的作用。药柱起爆时，高压气体向空气柱内膨胀，同时使相邻孔间岩石受压，沿岩体边坡产生预裂缝。

6.2.4.2　光面爆破技术

为了提高光面爆破效果，降低爆破对预留保护岩层的损伤，在许多矿山采用了沿炮孔轴向和孔底径向刻槽控制爆破技术。采用刻槽爆破技术的基本目的是控制裂纹扩展方向，降低炮孔压力到合适的程度，利于裂纹的生长。采用孔底刻槽爆破技术，获得了非常理想的路堑边坡爆破效果，半孔率明显提高，和普通光面爆破相比，损伤范围大大降低。路堑边坡控制爆破表明：采用孔底径向刻槽、同时起爆周边炮孔技术取代传统的超钻、孔底装药方法，预留边坡将更加平整、光滑，半孔率明显提高、孔底损伤范围降低。

6.3　露天矿道路开挖爆破

在露天采矿中，修建铁路、公路对岩石段开挖路堑和排水沟以及修建山坡路堤，由于矿山地质、地理地形条件、水土环境的多样性，作业的临时性和移动性以及对路堑与出入沟开挖的特殊性，其爆破也有一定要求。

6.3.1　路堑的开挖爆破

6.3.1.1　装药量计算和炮孔布置参数

为了减少路堑边坡及基底的破坏，避免岩石飞散，取得所要求的岩石块度，充分利用炮孔容积，可按岩石可爆性和路堑深度选择炮孔的装药直径 d，一般为 60~160mm。

装药长度 L 应采用如下数值（装药炮孔直径的倍数）：当 $d=146\sim160$mm 时，$100d \geqslant L \geqslant 30d$；当 $d=60\sim105$mm 时，$8d \geqslant L \geqslant 40d$。

炮泥长度（炮泥为炮孔岩粉时）不应少于 $22d$。当有条件约束爆破飞石时，为了破碎坚固的岩石及降低路堑围岩的破坏，炮泥长度可减至 $10d$ 以内。

当爆破飞石和岩石爆堆无特殊要求时，炮泥长度可提高到 $40d$。垂直炮孔的超深，一般情况采取 $(8\sim10)d$ 或 $(0.3\sim0.4)W$ 或炮孔间距 a 值。

当炮孔布置为矩形，装药长度和装药直径为最优时，其爆孔间距 a 可按下式确定：

$$a=\sqrt{\frac{p}{q}} \tag{6-28}$$

式中，p 为每米炮孔装药量，kg/m；q 为单位炸药消耗量，根据岩石种类和性质选取，kg/m^3。

在下述情况下，q 值的选取原则应为：

（1）当爆破的岩石容易破碎时，不管岩石属什么级别一律取小值。如严重风化的板状岩石、薄层裂隙发育的岩石有明显节理和片理的岩石及硅化性强的岩石。

（2）当爆破的岩石为破碎性中等、黏性不大的岩石时，取大值。

（3）当装药长度 L 大于 $60d$ 时，可在炮孔下部装填威力大、密度高的炸药，其装药长度不应小于下限的 0.6 倍，这个下限是指通过技术经济计算，采用混合炸药最为有利的一个装药长度下限。

炸药消耗量应按打眼时所确定的岩石性质和根据第一次爆破的效果来确定。

爆破工作应先在一段路堑中进行，这段路堑一般应该满足电铲工作 3~4 个班。主要炮孔在路堑横断面上的排数按下式计算：

$$N=\frac{B}{a}+1 \tag{6-29}$$

式中，N 为主要炮孔的排数；B 为路堑在路基主平面上的水平宽度或在被爆破岩层水平上的宽度，m。

在计算排数 N 时，应调整孔距 a 值，使最边上一排主要炮孔装药恰恰落在路堑坡基上。

在深度超过 4~6m 的路堑中，边坡斜率小于 1 : 0.2 时，可不用光面爆破，除主要炮孔采用松动爆破外，还需在沿路堑断面打很多斜坡炮孔，用以松动岩石、减少边坡的修整工程量，如图 6-11 所示。斜坡炮孔的布置在斜坡率 1 : 0.33 以内时，倾斜布孔；斜坡大于上述值时，垂直布孔。在路堑横断面上炮孔排列若为偶数，在纵向排列上又要求微差爆破时，中间两排炮孔应靠近一些布置。

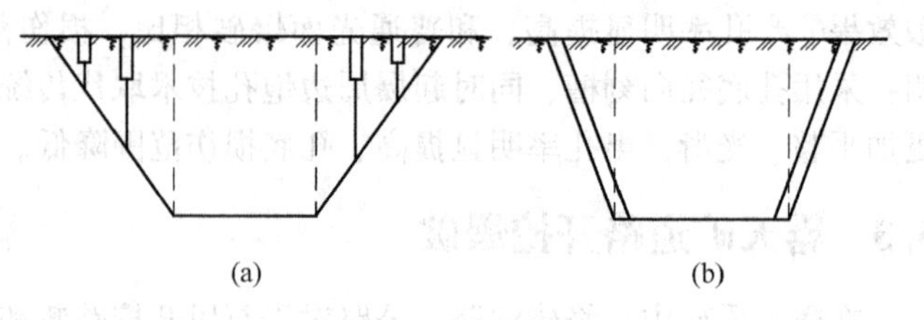

图 6-11　斜坡炮孔在路堑剖面图上的布置
（a）垂直布孔；（b）倾斜布孔

每一炮孔的装药量 Q 按下式计算：

$$Q = \sum_{i=1}^{m} L_i P_i$$

$$\sum_{i=1}^{m} L_i = H + L_1 - L_2 = L_3 - L_2 \tag{6-30}$$

式中，L_i 为同一装药密度段的长度；P_i 为同一装药密度每米炮孔装药量；m 为不同炸药密度的装药段数；H 为台阶高度或被爆层高；L_3 为炮孔深度；L_2 为超钻深度；L_1 为炮泥长度。

在开挖路堑时，岩石为弱胶结的水平岩层或在路堑底板水平上有一夹层，可不打超深钻。

6.3.1.2 微差爆破的参数和计算

根据路堑的开挖和爆破工艺，需采用下列主要的炮孔装药方式和微差爆破方案。

（1）纵向顺次微差爆破方案。如图 6-12 所示。该方案适用于在山坡地形一次爆成的深度小于 4m 的用电铲纵向掘进的路堑（见图 6-12（a））和在平坦地段开挖路堑（见图 6-12（b））。

（2）横向顺次微差爆破方案。如图 6-13 所示，该方案适用于挖掘底面宽度大于 10m 的路堑和在易破碎岩石中用短段爆破和全宽度掘进路堑。

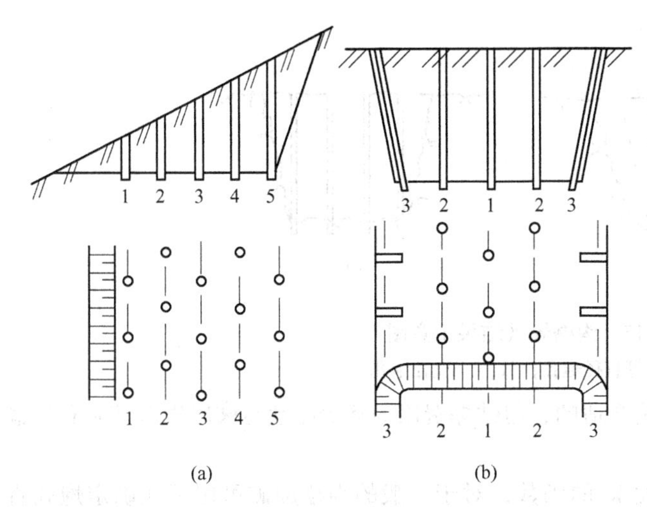

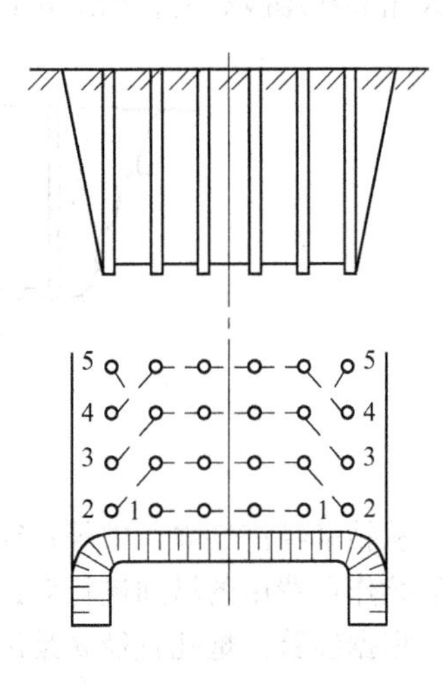

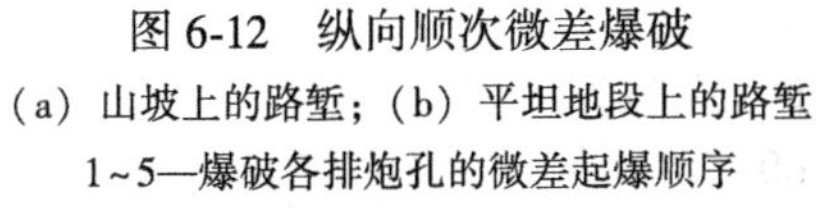

图 6-12 纵向顺次微差爆破

（a）山坡上的路堑；（b）平坦地段上的路堑

1~5—爆破各排炮孔的微差起爆顺序

图 6-13 横向顺次微差爆破

1~5—炮孔的微差起爆顺序

（3）V 形微差爆破方案。如图 6-14 所示，该方案适用宽度小于 10m 的、正面短段爆破全宽度掘进的路堑。在采用纵向顺次微差爆破方案时，相邻排的炮孔应交错排列。炮孔之间的设计间距 a 应取炮孔排距 b 的 1.2~1.6 倍以上（在爆破难破碎的岩石时，取大值）。

在采用 V 形微差爆破方案时，炮孔应按方形布置，其正方形边长为 a，除梯形爆破的中间两排炮孔或构成三角形爆破的三排炮孔除外，上述中间炮孔的排距应小些。

6.3.2 沟槽的开挖爆破

露天采矿沟槽（出入沟）爆破是露天爆破的一种特殊形式，被爆岩体的夹制程度远远大

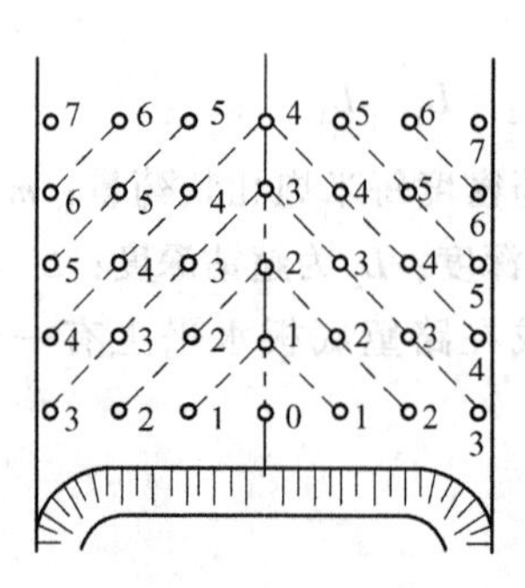
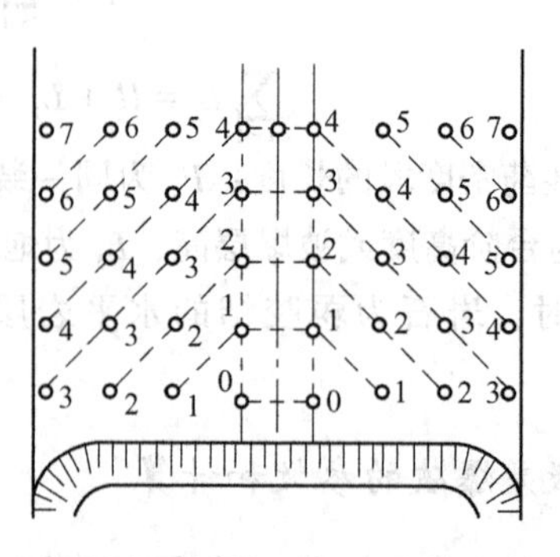

图 6-14　V 形微差爆破

1~7—微差起爆顺序

于常规台阶爆破，相应的单位炸药和炮孔消耗量也就高得多。由于被爆岩体两侧存在巨大的摩擦力，这就需要额外多装炸药以克服这一阻碍。

设计沟槽爆破要认真选取炮孔直径。中等直径炮孔（50~75mm）因其孔内装药较多将会加大超裂和爆破震动，如图 6-15 所示。

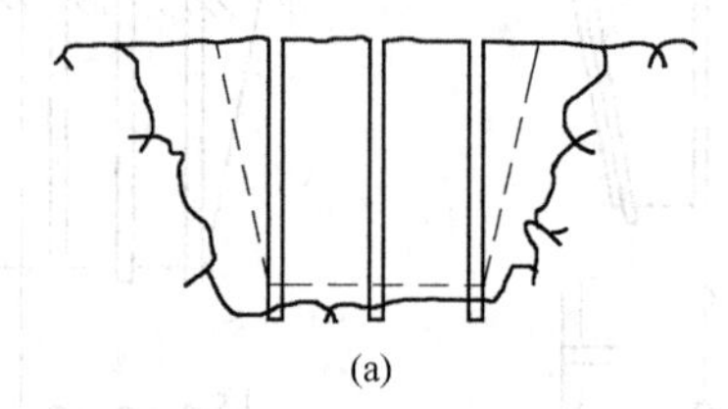
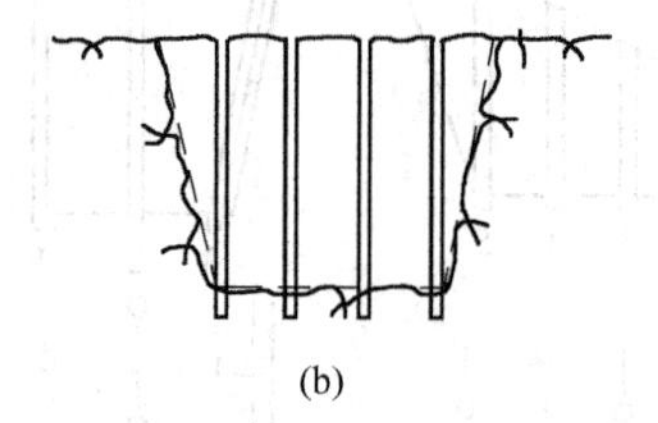

图 6-15　沟槽爆破结果示意图

（a）中等直径炮孔；（b）小直径炮孔

从钻爆经济性看，中等直径炮孔是合适的，但钻爆费用的减少必须与破碎岩石铲装和运输等后续作业费用的增加进行对比权衡。

根据经验，炮孔直径 d 是沟槽宽度 W' 的函数，对于一般的沟槽爆破可用下式确定炮孔直径 d(mm)：

$$d = \frac{W'}{60} \tag{6-31}$$

目前主要的沟槽爆破方法有两种，分别是常规沟槽爆破和光面沟槽爆破。

（1）常规沟槽爆破。常规沟槽爆破时中间孔布置在两侧孔的前面，如图 6-16 所示。所有炮孔装药相同，它与一般台阶爆破相比，装药主要位于夹制作用较大的被爆体底部，如图 6-17 所示。

（2）光面沟槽爆破。光面沟槽爆破的布孔方式不同于常规沟槽爆破，它将中间孔向后移动，使所有同排炮孔位于同一直线上，如图 6-18 所示，这样将使侧壁孔的破碎角度加大、夹制程度降低，有利于减少侧壁的超裂。

该种方法的单位炸药消耗量与常规沟槽爆破是一致的，所不同的只是调整了被爆体的炸药分布，如图 6-19 所示。

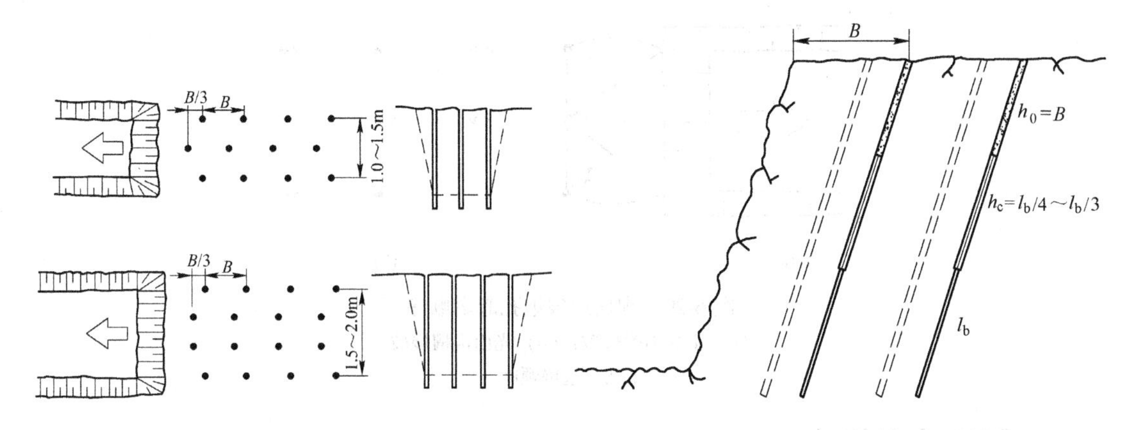

图 6-16 常规沟槽爆破炮孔布置

图 6-17 常规沟槽爆破炮孔装药结构

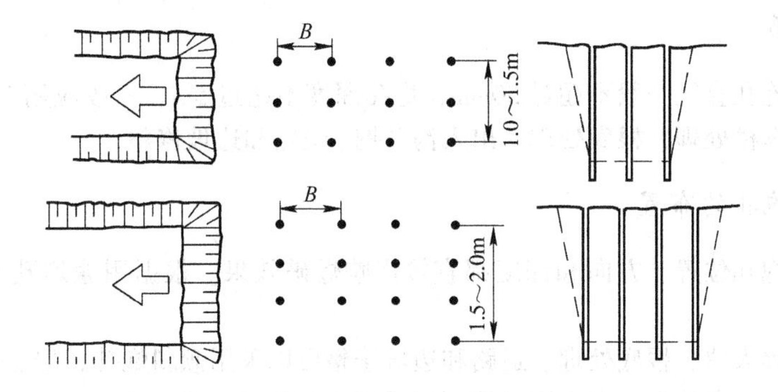

图 6-18 光面沟槽爆破炮孔布置

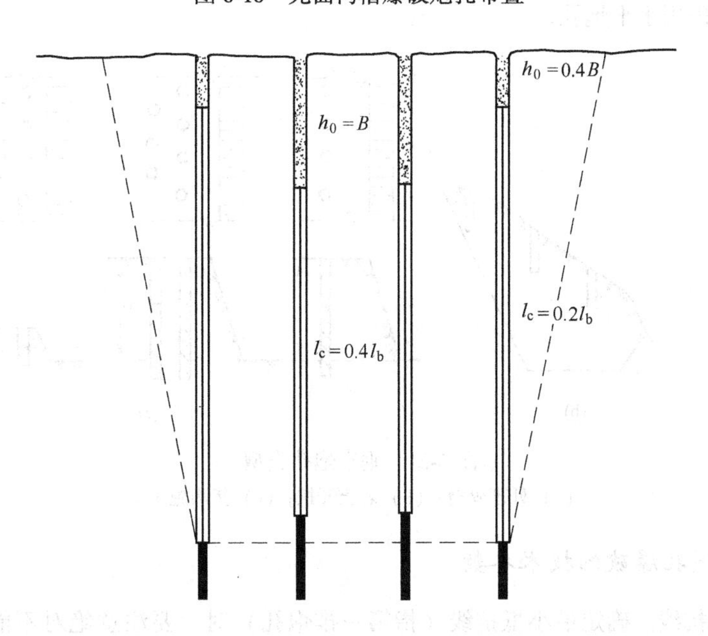

图 6-19 光面沟槽爆破炮孔装药结构

沟槽爆破炮孔起爆顺序如图 6-20 所示。

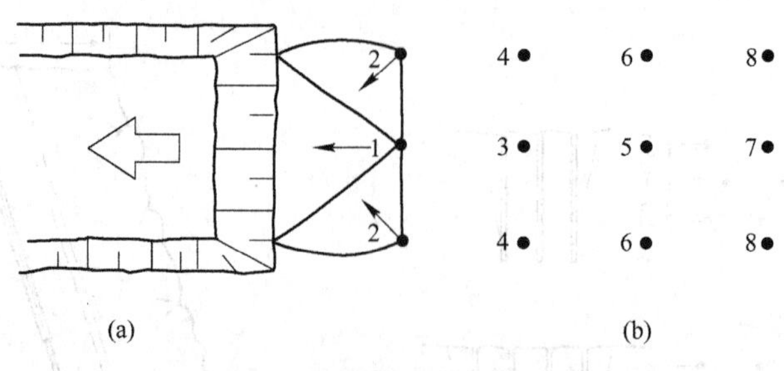

图 6-20　沟槽爆破炮孔起爆顺序
（a）常规沟槽爆破；（b）光面沟槽爆破
1~8—起爆顺序

6.4　露天矿其他爆破

6.4.1　浅孔爆破

浅孔爆破的炮孔直径一般不超过 50mm，炮孔深度不超过 5m。一般应用在露天岩土开挖、二次破碎大块、伞檐处理、根底处理、出入沟开挖、道路和边坡修整。

6.4.1.1　炮孔的布置

浅孔爆破，炮孔位置、方向和深度都直接影响爆破效果。根据用途炮孔有水平孔、垂直孔、倾斜孔。

一般二次破碎大块、根底处理、道路和边坡修整可以采用倾斜炮孔，岩土开挖、二次破碎大块、伞檐处理、根底处理、出入沟开挖可以采用垂直炮孔（图 6-21），二次破碎大块、道路和边坡修整可以采用水平炮孔。

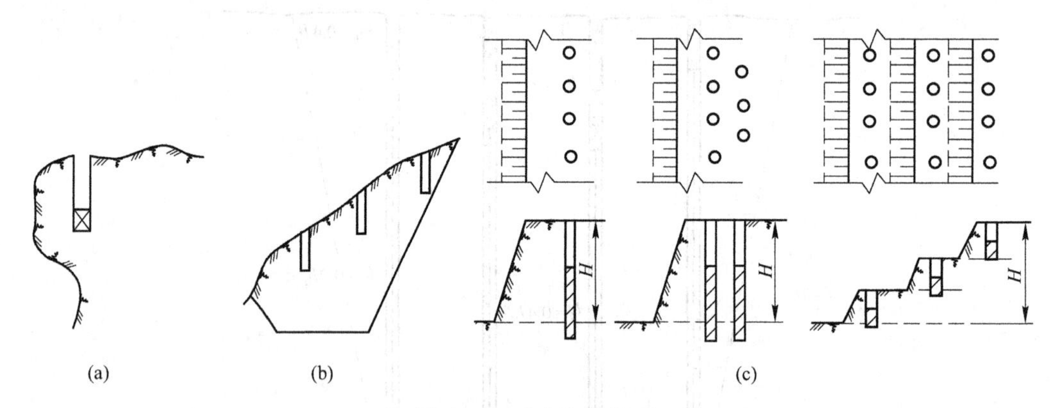

图 6-21　垂直炮孔类型
（a）处理伞檐；（b）岩土开挖；（c）堑沟施工

6.4.1.2　浅孔爆破的技术参数

（1）最小抵抗线。确定最小抵抗线（指第一排炮孔）时，要注意绝对不能大于台阶高度 H，否则有可能出现冲天炮。这样，不但爆破效果不好，甚至可能使岩石飞散，爆破量减少，炸药消耗量增多。一般说，岩石较硬，台阶较低，抵抗线应该选取小值，通常取最小抵抗线为台阶高度 H 的 0.6~0.8 倍。

(2) 炮孔深度L。浅孔爆破时炮孔的深度L一般不像深孔爆破要求的那样严格，但炮孔深度通常是按岩石的软硬和台阶的高度H来确定的。坚硬岩石，$L=(1.1\sim1.5)H$；次坚硬岩石，$L=H$；松软岩石，$L=(0.8\sim0.95)H$。

当炮孔的底部有一层软的岩石夹层时：$L=(0.7\sim0.9)H$，松软岩石取0.7，坚硬岩石取0.9。

在台阶式的梯段地形爆破时，一般应使梯段高度大一些，因此，炮孔就要深一些，从而可以取得较好的爆破效果。但台阶地形炮孔深度以不超过3.5m为宜，水平地面以不超过2.5m为宜。因为孔深之后，凿岩效率下降，而且炮孔直径有限，药装不下，爆后残留炮根太长，等于白打。

(3) 孔距。炮孔之间的距离称为孔距（a）。一般与起爆方法有关，通常与最小抵抗线W的关系是：

火花起爆时，$a=(1.4\sim2.0)W$；电力起爆时，$a=(0.8\sim2.3)W$。

微差起爆在浅孔爆破中也可以使用。如采用这种方法，孔距还可以增大，最大可达到最小抵抗线的1.8~2.0倍。

(4) 排距。当采用多排孔爆破时，两排之间的距离称为排距（b）。一般来说，炮眼应按梅花形交错排列，以求碎块均匀。通常排距与最小抵抗线的关系是：第一排，$b=W$；第二排起，$b=(0.8\sim1.2)W$。

排距与孔距之间的关系是：排距b约等于孔距的0.86倍。

炮孔之间的距离（孔距与排距）过大，会留根底；间距过小，岩石破碎飞得很远，不能充分发挥作用，特别是火花起爆时这种情况遇到较多。孔距过小时，还会因一个炮孔爆破后，将邻近的药包震坏或扒掉，失去爆破效果，或药包未坏但实际抵抗线大为减少，给安全带来不利。当岩石松软、临面多而且较陡时，间距应大些；和上述情况相反时，间距宜小一些。

(5) 单位岩石炸药消耗量。爆破1m^{3}原岩石所需的药量，称为单位岩石炸药消耗量（q）。该值决定的正确与否，将直接影响爆破岩石块度的大小，凿岩和装岩工作量，炮孔利用率、整齐性与稳定性，爆破效果以及经济指标等。

(6) 实际装药量。每个炮孔的实际装药量，可以有两种计算方法：一是根据炮孔装药长度计算实际装药量，适用于采用药卷型炸药的情况；二是根据炮孔容积计算实际装药量，适用于采用散装炸药的情况。

1) 坚石：装药长度为孔深的1/2~2/3。

2) 次岩石：装药长度为孔深的1/3~1/2。

3) 软石：装药长度为孔深的1/3或稍多。

4) 在特殊情况下，例如在爆破作业场内有机械设备以及其他建筑物，为避免损坏设备及破坏建筑物，也可少装药，但也不能少于炮孔深度的1/4。

6.4.1.3 浅孔爆破施工

装药前应详细检查炮眼的深度、方向、潮湿情况，同时准备好炸药，起爆器材，填塞材料等。垂直向下的炮孔可装散炸药，也可用袋装炸药（药卷）；对于水平或向上的炮孔需装袋装炸药。散炸药应分批装入，用炮棍轻轻捣紧，待装完全部装药量的80%~85%以后，即装入起爆药卷，然后再装入剩余的部分。

与上述方法不同，可以将起爆药卷倒置于炮孔底部，使聚能穴向上（朝炮口方向），这样更充分地利用了聚能效应，使炸药爆轰更完全，在实践中收到了较好的爆破效果。炸药装完后，立即进行堵塞。较好的堵塞材料为黏土和加砂混合物，除此以外，干砂土、小石屑、水泥、纸袋均可。堵塞好坏对爆破效果影响很大，堵塞紧密，爆炸时气体沿炮孔扩散少，因而爆破效果好；堵塞不好，爆炸时有些气体沿炮孔扩散了，没有起到破坏作用，因而降低了爆破效果。堵塞时，最初装入的堵塞物（最好在炸药与堵塞物之间用废水泥袋纸隔开），不可用力挤压；以后装入的用炮棍轻轻捣紧，到炮口附近的填塞物，则需用力的捣紧。在堵塞过程中，要注意保护导火索或电线。

上述工作完成后，要全面检查一遍，各项工作妥善无误后，即可发出爆破信号，进行起爆。

6.4.2 药壶爆破

药壶爆破是用一般的打眼方法将炮孔凿成之后，在炮孔底部放入少量炸药爆破，如此反复几次，在炮孔底部便形成一个大的壶形空腔，这就是药壶，如图 6-22 所示。在此基础上，装入计算好的炸药进行爆破，这便是药壶爆破。这种爆破的实质是把普通炮孔爆破法中的长柱形药包变形成集中药包（近似球形药包），使得爆破时所产生的能量更集中，从而有利于克服台阶底板阻力。

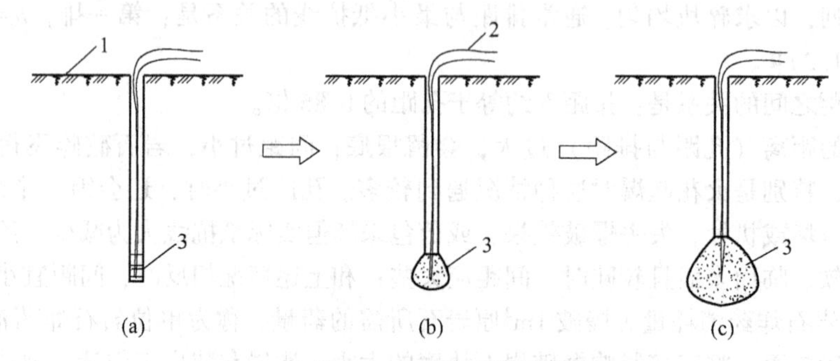

图 6-22 药壶法爆破

（a）第一次扩壶；（b）第二次扩壶；（c）形成药壶

1—地面线；2—导线；3—炸药

药壶法适用于孔深 2~10m，中等坚硬岩石的矿山台阶爆破。在坚固岩石或岩石节理裂隙很多及有地下水的情况下均不宜采用。

6.4.2.1 炮孔位置的选择

药壶法炮孔的深度、方向、位置基本上与炮孔法相同。下面仅就与炮孔法不同之处进行介绍。

（1）当炮孔较深时，应做一些简单的测量控制工作，再设置炮位。

（2）炮孔深度不宜太深，一般不超过 6m。

（3）炮孔一般为垂直孔，也可以打倾斜孔和水平孔。

（4）炮位应放在整体岩层上，尽量避开裂缝或软弱层。

6.4.2.2 药壶制作技术

炮位选好后即可进行打孔。炮孔到达预定深度，将炮孔清除干净，然后进行炮孔底部的扩大工作，如图 6-23 所示。

（1）药壶可以一次扩爆而成。但是当扩爆需投药多时，应分几次进行扩爆。在松软岩石扩爆药壶时，装药可不加填塞；在中等坚硬的岩石中扩爆时，可使用局部填塞方法以减少扩大爆破次数，但最后两次不宜填塞，以免填塞物在爆破时冲不出炮口而落入药壶内。填塞物可用砂和黄土混合物，填塞厚度为20~30cm。

(2) 每次投入炸药扩壶之前，先将炮棍插入眼底，检查炮孔有无堵塞情况。

(3) 在开始扩孔之前，还要用药卷检查炮孔，如系垂直孔，用线拴住药卷放入孔内，如能顺利落至孔底，证明炮孔完好，如为水平孔，用炮棍插入药卷中间并绑好，缓缓送入炮孔并拉出，畅通为良好，否则不易扩壶。

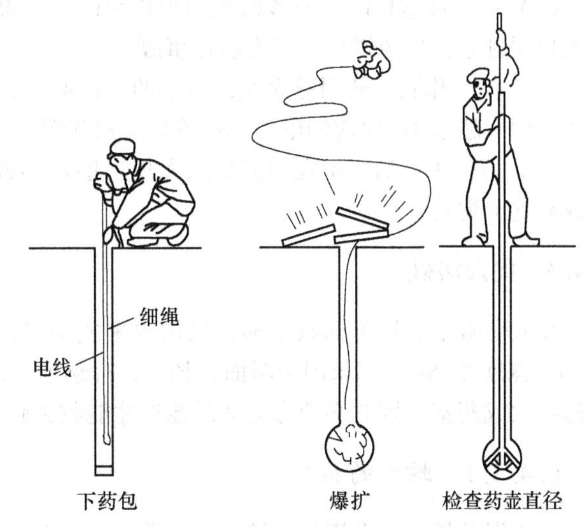

图 6-23 扩爆药壶示意图

(4) 投药扩壶，第一次用药应根据孔的深度来决定，一般认为炮孔2m以内用100g，深2m以上用100~200g。次坚石、坚石扩壶次数多，第一次用药量取小值。以后扩壶用药量增加多少一般可从爆破声来判断，如声高尖脆，犹如枪声，且振动小，说明这次扩大不多，下次投药比前次约增加1/3左右就可以了；如声音闷哑，犹如闷雷，且振动大，则表明药壶扩大很多，下次投药可成倍增加。同时也可以从炮孔中冲出的石渣来判断扩壶量的多少。

(5) 每次扩爆后，由于爆破后孔底的热量一时不易散出，继续装药易发生危险，需间隔一定时间。当炮孔深度在5m以内，使用硝铵炸药时应间隔15min；使用硝酸甘油炸药应间隔30min。炮孔深度大于5m时，应用冷水冲洗后，将温度计放入孔内5~6min，待壶内温度降至40℃以下，将水吸干后，才能继续装药进行再次扩大。

(6) 扩大药壶时，禁止将起爆药包的导火索点燃后丢进炮孔，以免发生危险。

(7) 扩大药壶深入4m时，应使用电雷管或导爆索起爆。

6.4.2.3 药壶爆破施工

(1) 装药与堵塞。药壶扩大完毕，应将内部清理干净。装药前还应检查其温度，有无渗水和堵塞，如发现有应采取处理措施后方能装药。

如装垂直孔，可用炮棍将药卷送入壶底，每次一筒，如为散药可用漏斗灌入药壶内，先装一半，将起爆体放入，再装其余的炸药，此时不能用炮棍捣实炸药，以免出危险，当药壶内装药较多时，应装入两个起爆体，一个放入药壶底，另一个在装药一半放入。

药装完后，用砂黏土（不要含有石子、砖头等物）堵塞，在装药和堵塞过程中，要注意保护导线或导火索。

(2) 药包起爆。炮孔深为3~6m用火花起爆时，应使用两个雷管，并同时点燃。孔深大于6m时，应用导爆索或电力起爆，但要设两套爆破网络，以免发生盲炮。

6.4.2.4 注意事项

(1) 药壶爆破不论用何种炸药，起爆必须铺设复线。

(2) 使用的起爆器，必须详细检查，合格后方准使用。

(3) 在选择炮位时，应考虑到药壶扩大时，不会将附近岩层震垮，每次扩大后必须检查有无坍塌迹象，以免操作时发生坍塌事故。

(4) 扩大孔底时使用导火线，引线的长度必须比炮孔深度长，严禁将导火线点燃后丢进炮孔。深度超过4m时应用电力起爆或导爆索起爆。

(5) 药壶扩好后，炮孔周围如果发现岩层走动或炮孔变形，不能继续装药，必要时可考虑放弃这个炮孔。

6.4.3　蛇穴爆破

蛇穴爆破是利用阶梯状地形，采用水平或略带倾斜炮硐，但断面很小，直径一般为30~40cm，深度2~5m，如果因为断面直径小，容纳不下需装入的炸药时，可在蛇穴底部装入适量炸药扩大成药室，因此必须有合适的地形才能收到较好的效果。

6.4.3.1　蛇穴的施工

矿山爆破蛇穴可采用浅孔扩大或深孔扩大的办法开挖成洞。

当采用浅孔扩大时，开口用40~45mm宽的钎口打30~40cm深的眼孔，装药爆破，炸出直径约为20~30cm的硐身；清渣后，打50~60cm深的孔进行爆破；再清渣，如此往复直至形成所需的硐深，但必须注意保持硐身的平顺和顺直，否则会增加装药的困难。

当采用深孔扩大时可按下列顺序进行，如图6-24所示。

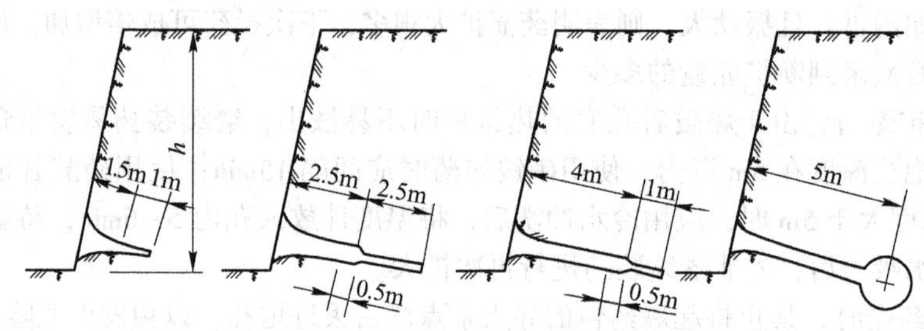

图6-24　深眼逐次扩大成硐

按规定位置水平或略带倾斜打一个深为2.5m的炮孔，装药2.0m，其余用炮泥堵塞进行爆破，大约可形成深1.5m的圆锥形硐，余下1m深炮孔重新装药0.6kg，外面堵塞1.0m左右进行爆破，最后获得口部直径20~40cm，中部稍小，深为2.5m的硐。以后再打2.5m深的炮孔，全部装药，外面堵塞50~70cm长炮泥爆破后，并经清渣可获得大小差不多深4m的硐，余下1m重新全部装药，堵塞50~70cm炮泥，爆破后硐身直径扩大到20~40cm，深度为5.0m。

蛇穴法爆破最好要形成药室，方法如同前述的用炸药来扩壶，这样装药量集中，爆破效果才好，相反如果硐底形成一锥形、尖底、药又不集中，往往爆破效果差，还会造成冲炮，发生事故。另外蛇穴是水平状或稍为向下倾斜，炸药装入时不如药壶法方便和都能达到预定位置，都希望有较大的药室空间来放置炸药。

6.4.3.2　蛇穴法药量的计算

蛇穴法的装药量可按具体情况进行计算：

阶梯地形　　$Q=0.36qW^3$　　(6-32)

多自由面或陡岩地形　　$Q=(0.125\sim0.44)qW^3$

式中，Q为装药量，kg；W为最小抵抗线，m；q为单位岩石炸药消耗量，kg/m³。

6.4.3.3 蛇穴法的装药

干燥的蛇穴可把散装炸药用带长柄的卷边铜铲送入蛇穴底部。在潮湿和有水的蛇穴内，用油纸或水泥纸将炸药包成与蛇穴大小形状相适合的药包，并涂以防水剂，或者将炸药装于竹筒和瓦罐内，用黏土堵塞封口。将做好防水的药包放在薄木板上送入蛇穴底部，再用炮棍把药包往前推，同时抽出木板，或者用两根以上修光的竹竿放进蛇穴内，药包放在竹竿上，再用炮棍将药包推至蛇穴的药室内。药量装至一半时，放入起爆体，此时应将导线或导火索放于洞壁比较平顺的一边。任何时候装入的炸药不得超过洞身长的1/3，当然最好能全部进入药室内。

6.4.3.4 蛇穴法的堵塞与起爆

药装完之后，电线和导火索应用竹管或带槽木板进行保护，然后进行回填堵塞，靠近炸药的堵塞物应用沙子和黏土，以后可用挖出来的石渣堵塞，但应注意回填紧密，蛇穴法的冲炮机会比其他方法爆破时多一些，布置警戒和堵塞回填应注意这个特点，采取相应的措施。装药堵塞完毕后可按一般的起爆方法起爆。

6.4.4 硐室爆破

硐室爆破是将大量炸药（几吨至千吨以上）装在坑道或硐室内进行大规模爆破的方法，故通常称作大爆破。其突出特点，是一次爆破的炸药量集中，炸药量大，爆破的岩土量大。

在矿山，药室爆破主要用于露天矿的剥离，开挖运输线路路堑，平整工业场地和修筑尾矿坝等大型基建工程。当采用抛掷爆破时，可抛移大量岩石，大大减少装载和运输机械设备的工作量，减少在这方面的费用；如果一次爆破炸药量大，爆破地震和爆破空气冲击波以及爆破噪声强度大，给环境保护带来不良影响；由于是集中爆破，岩体中炸药能量分布极不均匀，爆破后，岩石矿石破碎程度差，大块多，二次爆破量增加，生产效率降低，矿岩破坏范围大，增加了露天矿边坡或路堑两边岩石的不稳定性。

常用的硐室形式如图6-25所示，主要有直线式、直角式，T字式和复合式。露天矿硐室爆

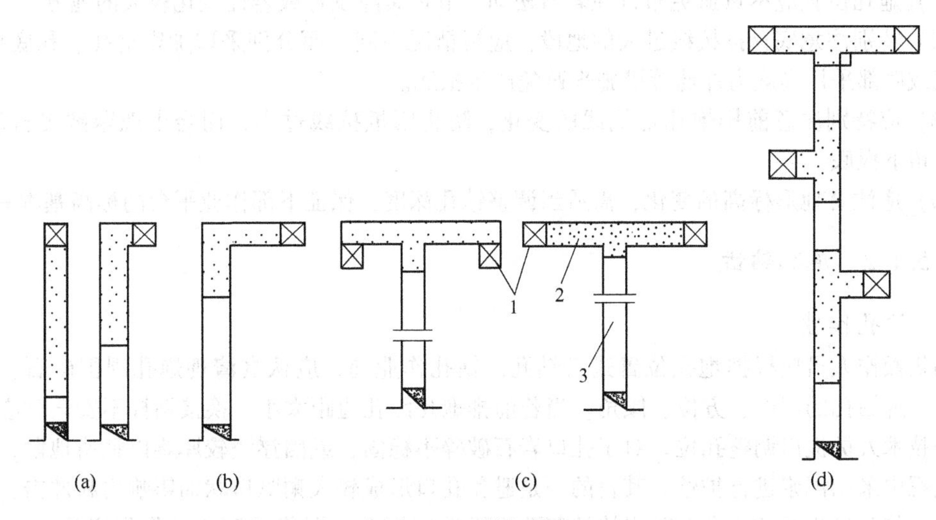

图6-25 硐室形式

(a) 直线式；(b) 直角式；(c) T字式；(d) 复合式

1—硐室；2—填塞材料；3—平硐

破时，硐室和平硐一般都在硬岩中开掘，所以，在多数情况下不必支护。硐室高度大多不超过2~2.5m，最大的也不超过4~5m。硐室宽度也以不大于5m为宜。平硐的作用一是作为开挖硐室和硐室装药的通道，二是用以堆积堵塞材料。堵塞要有足够长度，并且要堵塞密实，以保证爆破安全和良好爆破效果。

硐室的布置达到不超挖，不欠挖，符合设计规定；爆破参数选取要适当，爆破块度才能均匀，大块率低。硐室爆破的一般要求有：

（1）对于一般爆破工程，药包的最小抵抗线不大于50m，不小于5~7m。

（2）如果地形条件适当，爆破方量和抛掷方量都不过大时，应尽量采用单排硐室爆破。当然，如果由于地形条件不容许，单排硐室爆破满足不了对爆破方量和对破坏范围的要求时，则应考虑双排或多排硐室爆破。

（3）地形高差比较小时，硐室可按一层布置，破碎与抛掷效果均较好。

（4）地形高差大时，应考虑按双层或多层布置硐室，而且上、下层硐室之间，要采用间隔爆破。

6.5　露天爆破施工与效果

6.5.1　爆破施工

在工程爆破中，特别强调施工作业的条理性、准确性、安全性和可靠性，每一次成功的爆破都离不开参加人员在工作时精心施工、认真操作。为了保障施工的安全，并取得良好的爆破效果，要求参加各种作业的人员都应事先掌握施工作业的操作要领，了解注意事项，严格遵守各项有关规定，做到安全可靠、万无一失。

6.5.1.1　炮孔布置

炮孔布置应由爆破工程技术人员或者是有经验的爆破员来实施，并根据现场实际情况适当调整孔网参数。通常孔网参数调整幅度不超过10%，炮孔布置的原则是：

（1）炮孔位置应尽量避免布置在岩石松动、节理裂隙发育或岩性变化较大的地方。

（2）特别注意底盘抵抗线过大的地段，应视情况不同，而分别采取加密炮孔、孔底扩壶、预拉底或底部采用高威力炸药等措施来避免产生根底。

（3）应特别注意前排炮孔抵抗线的变化，防止因抵抗线过小，而会出现爆破飞石事故，过大会留下根底。

（4）应注意地形标高的变化，需适当调整钻孔深度，保证下部作业平台的标高基本一致。

6.5.1.2　炮孔钻凿

A　钻孔作业

钻机操作人员应根据炮孔位置进行钻孔。钻孔作业前，应认真清理炮孔周围碎石、松石等，并了解钻孔的深度、方位、倾角。当若前排炮孔因孔边距太小，换接钻杆不安全时应及时向工程技术人员提出调整孔位。对于孔口岩石破碎不稳固，或因浮渣较厚难以钻凿地段，应在钻孔过程中采用泥浆进行护壁。其目的一是避免孔口形成较大喇叭口状而影响岩粉冲击，二是在钻孔、装药过程中防止孔口碎岩块掉落孔内而造成堵孔。泥浆护壁法操作程序是：（1）炮孔钻凿2~3m；（2）在孔口堆放一定量的含水黏黄泥；（3）用钻杆上下移动，将黄泥带入孔内并浸入碎岩缝内；（4）检查护壁是否达到要求。

在终孔前钻杆上下移动，尽可能将岩粉吹出孔外，保证钻孔深度，提高钻孔利用率。

B 炮孔验收

炮孔验收的主要内容有检查孔网参数和炮孔深度、复核前排各炮孔的抵抗线以及查看孔中含水情况。

炮孔深度的检查是用测绳（或软尺）前端系上重锤来测量炮孔深度，测量时要做好编录。根据经验，炮孔深度不能达到设计要求的主要原因有：孔壁破碎岩石掉落孔内造成堵塞、炮孔钻凿过程中岩粉吹得不干净、孔口封盖不严造成雨水冲垮孔口。

为了防止堵孔，应该做到：(1) 每个炮孔钻完后应立即将孔口用编织袋塞堵好，防止其他杂物或雨水等进入孔内；(2) 孔口周围的碎石块应清理干净，防止掉落孔内；(3) 一个爆区钻孔完毕后应尽快组织实施爆破。

在炮孔验收过程中发现堵孔、孔深不够，应及时进行补钻或透孔。在补孔、补钻或透孔过程中，应注意别破坏周边炮孔。在装药前应保证所有炮孔都符合设计要求。

检查孔内是否有水，通常是丢进孔中一块小石头，听是否有水声。如果有水，应用皮尺测量水深度，检查后仍需将孔口堵塞好，并在炮孔堵塞物上做标记（如在上面压放一块较大的石块），以便装药前进行排水或采取其他防水措施。

C 装药作业

(1) 装药前准备工作。1) 在爆破技术人员根据炮孔验收情况编写施爆设计后，按装药卡分配各孔装药的品种和数量。2) 根据爆破设计准备所需要的爆破器材及其段别和数量。3) 清理炮孔附近的浮渣、碎石及孔口覆盖物。4) 检查炮杆上的刻度标记是否准确，明显。5) 炮孔中有水时可采取措施将孔内水排出，常用的排水方法有四种：一是采用高压风管将孔内的水吹出，二是用炸药将炮孔内的水泄出，三是当水量不太大时可直接装入防水炸药（如筒状乳化炸药），四是用水泵将孔内水排出。

(2) 起爆药包的制作。目前多选用筒状 2 号岩石炸药或乳化炸药作为起爆药包。其起爆药包制作程序为：1) 根据爆破设计在每个炮孔孔口附近放置相应段别的雷管。2) 将雷管插入筒状乳化炸药或 2 号岩石炸药内，并用胶布（或绑绳）将雷管脚线（或导爆管）与炸药绑扎结实，防止脱落。3) 根据炮孔深度加长雷管连接线，其长度应保证起爆网路的敷设。

(3) 装药。起爆药包的位置，通常有四种形式：一是正向起爆，起爆药包放在孔内药柱上部；二是反向起爆，起爆药包放在孔底；三是中间起爆，起爆药包放在炮孔内药柱的中部；四是起爆药包放置在距装药底部 1/4 处。在工程实践中经常采用第四种形式。

装药的操作程序具体如下：

1) 主装药为散状铵油炸药：①爆破员分组，两人为一组；②一名爆破员手持木质炮棍放入炮孔内，另一名爆破员手提铵油炸药包进行装药；③散状铵油炸药顺着炮棍慢慢倒入炮孔内，同时将炮棍上下移动；④根据倒入孔内炸药量估算装药位置，达到设计要求放置起爆药包的位置时停止装药；⑤取出炮棍，采用吊绳等方法将起爆药包轻轻放入孔内；⑥再放入炮棍，继续慢慢将铵油炸药倒入孔内；⑦根据炮棍上刻度确定装药位置，确保填塞长度满足设计要求。

2) 主装药为筒状乳化炸药。①直接（或用吊绳）将筒状乳化炸药一节一节慢慢放入孔内；②根据放入孔内炸药量估算装药位置，设计要求放置起爆药包的位置时停止装药；③用吊绳等方法将起爆药包轻轻放入孔内；④继续慢慢将筒状乳化炸药一节一节放入孔内；⑤接近装药量时，先用炮棍（或皮尺）上的刻度确定装药位置，然后逐节放入炸药，保证填塞长度满足设计要求。

3）孔内部分有水，主装药为散状铵油炸药。①爆破员分组，两人为一组；②直接（或用吊绳）将筒状乳化炸药一节一节慢慢放入孔内，保证筒状乳化炸药沉入孔底，并且节与节之间要接触上；③根据放入孔内炸药量估算装药位置，达到起爆药包的设计位置时停止装药；④用吊绳等方法将起爆药包轻轻放入孔内，孔内水深时，起爆药包可放置在乳化炸药装药段；⑤孔内存水范围内需全部装乳化炸药，高出水面约1m以上，可开始装散状铵油炸药。散状铵油炸药的装药程序见前述。

4）装药过程注意事项。①结块的铵油炸药应敲碎后放入孔内，防止堵塞炮孔，破碎药块时只能用木槌不能用铁器；②乳化炸药在装入炮孔前一定要整理顺直，不得有压扁等现象，防止堵塞炮孔；③根据装入炮孔内炸药量估算装药位置，发现装药位置偏差较大时，应立即停止装药，并报告爆破技术人员处理，出现该现象的原因一是炮孔堵塞炸药无法装入，二是炮孔内部出现裂缝、裂隙等，造成炸药漏掉的现象；④装药速度不宜过快，特别是水孔装药速度一定要慢，要保证乳化炸药沉入孔底和互相接触；⑤放置起爆药包时，雷管脚线要顺直，轻轻拉紧并贴在孔壁一侧，可避免脚线产生死弯而造成芯线折断、导爆管折断等，同时，可减少炮棍捣坏的机会；⑥要采取措施，防止起爆线（或导爆管）掉入孔内。

（4）装药超量时采取的处理方法。①装药为铵油炸药时往孔内倒入适量水溶解炸药，降低装药高度，保证填塞长度符合设计要求。②装药为筒状乳化炸药时采用炮棍等将炸药一节一节提出孔外，满足炮孔填塞长度。处理时，一定要注意导爆管或雷管脚线不得受到损伤，否则应通报爆破技术人员处理。

（5）装药过程中发生堵孔时采取的措施。根据以往爆破工程的经验，发生堵孔原因有：①在水孔中由于炸药在水中下降慢，装药速度过快而造成堵孔；②炸药块度过大，在孔内下不去；③装药时将孔口浮石带入孔内或将孔内松石碰到孔中间，而造成堵孔；④水孔内水面因装药而上升，将孔内松石冲出而造成堵孔；⑤起爆药包卡在孔内某一位置，未装到接触炸药处，而继续装药就造成堵孔。

所以，首先了解发生堵孔的原因，以便在装药操作过程中予以注意。起爆药包未装入炮孔之前，可采用木制炮棍捅透装药，疏通炮孔；在起爆药包装入炮孔以后，严禁用力直接捅压起爆药包，可请现场爆破技术人员提出处理办法。

D　填塞作业

（1）填塞前准备工作。①利用皮尺或带有刻度的炮棍校核填塞长度是否满足设计要求。若填塞长度偏大可补装炸药达到设计要求；若填塞长度不足，应采取上述方法将多余炸药取出或降低装药高度。②填塞材料一般为岩粉、黏土、粗沙，并将其堆放在炮孔周围。若是水平孔填塞应用报纸、塑料袋等将填塞材料按炮孔直径要求制作成炮泥卷，放至炮孔周围。

（2）填塞。①将填塞材料慢慢放入孔内，并用炮棍轻轻压实，堵严。②填塞段有水时，最好是用粗沙等填塞，每填入30~50cm后，用炮棍检查是否沉到底部，并且要压实。防止填塞材料悬空，炮孔填塞不密实。③对水平孔、缓倾斜孔填塞时，应采用炮泥卷填塞。炮泥卷每放入一节后，应用炮棍将炮泥卷捣烂压实，防止炮孔填塞不密实。

（3）填塞注意事项。①填塞材料中不得含有碎石块和易燃材料。②填塞过程中应防止导线、导爆管被砸断、砸破。

E　施工现场注意事项

（1）施工现场严禁烟火。

（2）采用电力起爆法时，在加工起爆药包、装药、填塞、网路敷设等爆破作业现场，均不得使用手机、对讲机等无线电通讯设备。

6.5.1.3　岗位操作要求

A　穿孔司机安全操作规程

(1) 穿孔机在开车前，应检查各机械电气部位零件是否完好，并佩戴好劳动防护用品，方准开车。

(2) 穿孔机稳车时，千斤顶距阶段坡线的最小距离为2.5m，穿第一排孔进，穿孔机的水平纵轴线与顶线的最小夹角为45°，禁止在千斤顶下面垫石块。

(3) 穿孔机顺阶段坡线行走时，应检查行走线路是否安全，其外侧突出部分距分阶段坡顶线距离为3m。

(4) 起落穿孔机架时，禁止非操作人员在钻机上危险范围停留。

(5) 挖掘每个阶段的爆堆的最后一个采掘带时，上阶段正对挖掘作业范围内第一排孔位上，不得有穿孔机作业或停留。

(6) 运转时，设备的转动部分禁止人员检修、注油和清扫。

(7) 设备作业时，禁止人员上下；在危及人身安全的范围内，任何人不得停留或通过。

(8) 终止作业时，必须切断动力电源，关闭水、气阀门。

(9) 检修设备应在关闭启动装置、切断动力电源和安全停止运转后，在安全地点进行，并应对紧靠设备的运动部件和带电器件设置护栏。

(10) 设备的走台、梯子、地板以及人员通行的操作的场所，应保证通行安全，保持清洁。不准在设备的顶棚存放杂物，要及时清除上面的石块。

(11) 供电电缆必须保持绝缘良好，不得与金属管（线）和导电材料接触，横过公路、铁路时，必须采取防护措施。

(12) 钻机车内，必须备有完好的绝缘手套、绝缘靴、绝缘工具和器材等。停、送电和移动电缆时，必须使用绝缘防护用品和工具。

B　牙轮钻司机岗位安全操作规程

(1) 钻机启动前，发出信号，做到呼唤应答，否则不准启动。

(2) 起落钻架吊装钻杆，吊钩下面禁止站人，牵引钻杆时，应用麻绳远距离拉线。

(3) 如遇突然停电，应及时与有关人员联系，拉下所有电源开关，否则不准做其他工作。

(4) 夜间作业，禁止起落钻架，更换销杆。没有充足的照明不准上钻架。严禁连接加压链条。

(5) 工作中发现不安全因素，应立即停机停电处理。

(6) 人员站在小车上为齿条刷油时，不准用力提升。

(7) 上钻架处理故障时，要带好安全带，将安全带大绳拴在作业点上方，六级以上大风或雷雨天禁止上钻架。

(8) 一切安全防护装置不准随意拆卸和移动。

(9) 检查和移动电缆时，要用电缆钩子。处理电气故障时，要拉下电源开关。

(10) 禁止在高压线及电缆附近停留或休息。

(11) 配电盘及控制柜里禁止放任何物品。

(12) 用易燃物擦车时，要注意防火。

(13) 岗位必须常备灭火器和一切安全防护用品。

(14) 钻机结束作业或无人值班时，必须切断所有电源开关，门上锁。

(15) 钻机稳车时，千斤顶到阶段边缘线的最小距离为2.5m 。禁止千斤顶下垫石头。

C　露天爆破工岗位操作要求

（1）爆破工必须进行专门培训，经过系统的安全知识学习，熟练掌握爆破器材性能，经有关业务部门考试取得爆破证者，方准进行爆破作业。

（2）运输爆破材料时，禁止炸药、雷管混装运输。

（3）严格遵守爆破材料的领取、保管、消耗和运输等项制度。

（4）爆破前必须抓好岗哨，加强警戒，点燃后立即退到安全地带。

（5）加工导爆索时，必须用刀切割，禁止用钳子和其他物品切割。

（6）采区放大炮时，其填塞物必须用沙土，不许用碎石充填。

（7）无论放大炮、小炮，必须在炮响5min后方准进入爆破现场，如有盲炮时，要及时采取安全措施处理。

（8）剩余的爆破材料，必须做退库处理，不准私存乱放。

（9）所有爆破材料库不得超量储存，不得发放、使用变质失效或外部破损的爆破材料。

（10）不得私藏爆破材料，不得在规定以外的地点存放爆破材料。

（11）丢失爆破材料，必须严格追查处理。进行爆破作业，必须明确规定警戒区范围和岗哨位置以及其他安全事项。

（12）爆破后留下的盲炮（瞎炮），应当由现场作业指挥人和爆破工组织处理。未处理妥善前，不许进行其他作业。

D　爆破工作其他注意事项

（1）领用爆破器材，要持有效证件、爆破器材领用单及规定的运输工具，要仔细核对品种、数量、规格。

（2）装卸爆破器材要轻拿轻放，严禁抛掷、摩擦、撞击。

（3）作业前要仔细核对所用爆破器材是否正确，数量是否与设计相符，核对无误后方可作业。

（4）装卸、运输爆破器材时及作业危险区内，严禁吸烟、动火。

（5）操作过程中，严禁使用铁器。

（6）爆破危险区禁止无关人员、机动车辆进入。

（7）多处爆破作业时，要设专人统一指挥，每个作业点必须二人以上方可作业。

（8）严禁私自缩短或延长导火索的长度。

（9）炸药和雷管不得一起装运，不能放在同一地点。

（10）爆破前，应确认点炮人员的撤离路线及躲炮地点。采场内通风不畅时，采场内禁止留人。

6.5.2　爆破效果

露天深孔爆破的效果，应当从以下几个方面来加以评价：

（1）矿岩破碎后的块度应当适合于采装运机械设备工作的要求，要求大块率应低于5%，以保证提高采装效率。

（2）爆下岩堆的高度和爆堆宽度应当适应采装机械的回转性能，使穿爆工作与采装工作协调，防止产生铲装死角和降低效率。

（3）台阶规整，不留根底和伞檐，铁路运输时不埋道，爆破后冲小。

（4）人员、设备和建筑物的安全不受威胁。

（5）节省炸药及其他材料，爆破成本低，延米炮孔崩岩量高。

为了达到良好的爆破效果，就应正确选择爆破参数，选用合适的炸药和装药结构；正确确定起爆方法和起爆顺序，并加强施工管理。但在实际生产中，由于矿岩性质和赋存条件不同，以及受设备条件的限制和爆破设计与施工不周全等因素影响，仍有可能出现爆破后冲、根底、大块、伞檐以及爆堆形状不合要求等现象。下面分别讨论这些不良爆破现象产生的原因及处理方法。

6.5.2.1 爆破后冲现象

爆破后冲现象是指爆破后矿岩在向工作面后方的冲力作用下，产生矿岩向最小抵抗线相反的后方翻起并使后方未爆岩体产生裂隙的现象，如图6-26所示。在爆破施工中，后冲是常常遇到的现象，尤其在多排孔齐发爆破时更为多见。后翻的矿岩堆积在台阶上和由于后冲在未爆台阶上造成的裂隙，都会给下一次穿孔工作带来很大的困难。

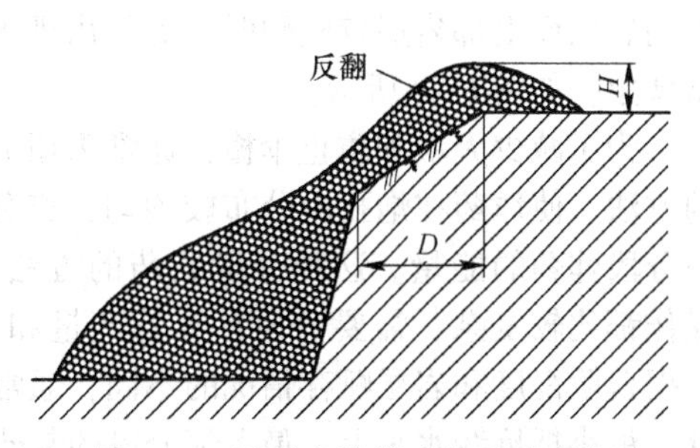

图 6-26 露天台阶爆破的后冲现象
H—后冲高度；D—后冲宽度

产生爆破后冲的主要原因是：多排孔爆破时，前排孔底盘抵抗线过大，装药时充填高度过小或充填质量差，炸药单耗过大；一次爆破的排数过多等。

采取下列措施基本上可避免后冲的产生：

(1) 加强爆破前的清底（又叫拉底）工作，减少第一排孔的根部阻力，使底盘抵抗线不超过台阶高度。

(2) 合理布孔，控制装药结构和后排孔装药高度，保证足够的填塞高度和良好的填塞质量。

(3) 采用微差爆破时，针对不同岩石，选择最优排间微差间隔时间。

(4) 采用倾斜深孔爆破。

6.5.2.2 爆破根底现象

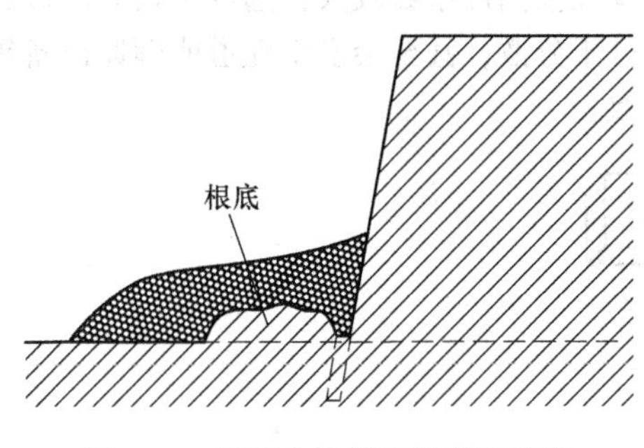

图 6-27 露天台阶爆破的根底现象

如图 6-27 所示，根底的产生，不仅使工作面凸凹不平，而且处理根底时会增大炸药消耗量，增加工人的劳动强度。

产生根底的主要原因是：底盘抵抗线过大，超深不足，台阶坡面角太小（如仅为50°~60°以下），工作线沿岩层倾斜方向推进等。

为了克服爆后留根底的不良现象，主要可采取以下措施：

(1) 适当增加钻孔的超深值或深孔底部装入威力较高的炸药。

(2) 控制台阶坡面角，使其保持 60°~75°。若边坡角小于 50°~55°时，台阶底部可用浅眼法或药壶法进行拉根底处理，以加大坡面角，减小前排孔底盘抵抗线。

6.5.2.3　爆破大块及伞檐

大块的增加使大块率比例增大、二次破碎的用药量增大，也增大了二次破碎的工作量，降低了装运效率。

产生大块的主要原因是：炸药在岩体内分布不均匀，炸药集中在台阶底部，爆破后往往使台阶上部矿岩破碎不良，块度较大；尤其是当炮孔穿过不同岩层而上部岩层较坚硬时，更易出现大块或伞檐现象，如图6-28所示。

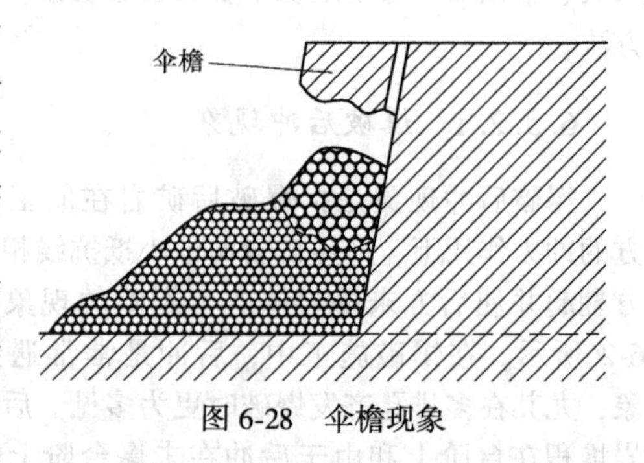

图6-28　伞檐现象

为了减少大块和防止伞檐，通常采用分段装药的方法，使炸药在炮孔内分布较均匀，充分利用每一分段炸药的能量。这种分段装药的方法，施工、操作都比较复杂，需要分段计算炸药量和充填量。根据台阶高度和岩层赋存情况的不同，通常分为两段或三段装药，每分段的装药中心应位于该分段最小抵抗线水平上。最上部分段的装药不能距孔口太近，以保证有足够的堵塞长度。各分段之间可用砂、碎石等充填，或采用空气间隔装药。各分段均应装有起爆药包，并尽量采用微差间隔起爆。

6.5.2.4　爆堆形状

爆堆形状是很重要的一个爆破效果指标。在露天深孔爆破时，爆堆高度和宽度对于人员、设备和建筑的安全有重要影响，而且，良好的爆堆形状还能有效提高采、装、运设备的效率。

爆堆尺寸和形状主要取决于爆破参数、台阶高度、矿岩性质以及起爆方法等因素。单排孔齐发爆破的正常爆堆高度一般为台阶高度的0.5～0.55倍，爆堆宽度为台阶高度的1.5～1.8倍。

值得注意的是，当采用多排孔齐发爆破时，由于第二排孔爆破时受第一排孔爆破底板处的阻力，常常出现根底。第二排孔爆破时，因受剧烈的夹制作用，有一部分爆力向上作用而形成爆破漏斗，底板处可能出现“硬墙”。

还应注意，某些较脆或节理很发育的岩石，虽然普氏坚固性系数较大，选取了较大的炸药单耗，即孔内装入炸药较多，但因爆破较易，使爆堆过于分散，甚至会发生埋道或砸坏设备等事故。遇到这类情况时应当认真考虑并选择适当的参数。

复习思考题

6-1　露天深孔爆破的特点是什么？

6-2　露天深孔爆破的布孔方式有几种，各有什么特点？

6-3　露天深孔爆破的爆破参数有哪些，如何确定？

6-4　在露天矿山开采过程中，如何综合应用各种爆破技术以取得最好的爆破效果？

6-5　如何衡量露天深孔爆破的爆破效果，其不良现象常见的有哪些，产生的原因是什么，如何预防？

6-6　做一个露天深孔台阶爆破设计。

7 金属矿地下爆破

7.1 平巷施工爆破

井巷掘进是矿山生产中重要的作业，主要包括中段运输巷道、井底车场、部分水平采准巷道、硐室开凿。目前工程中主要用浅孔爆破方法来施工，炮孔长度多为 2～4m、直径 30～46mm。

平巷掘进时，爆破条件往往很差，技术要求严格。其技术上的特点是：爆破自由面少，一般只有一个，且多与炮孔方向垂直；自由面不大，炮孔密度较大，药量较多；但总炮孔数不大，爆破网络较简单；巷道规格要求严格，既要防止超挖增大成本和破坏井巷稳定性，又要防止欠挖致使巷道过窄而无法使用，要求严格控制井巷轮廓。

通常，对平巷掘进爆破的要求有：（1）巷道断面规格、巷道掘进方向和坡度要符合设计要求；（2）炮孔利用率要高，材料消耗少，成本低而掘进速度快；（3）块度均匀，爆堆集中，以利提高装岩效率；（4）爆破对巷道围岩震动和产生的裂隙少，周壁平整，以保证井巷的稳定性，确保掘进作业的安全。

掘进爆破中需正确解决的技术问题是：确定爆破参数，选择炮孔排列方式，采用正确的控制轮廓措施，采取有效的施工安全措施。

7.1.1 炮孔分类

炮孔按用途不同，将工作面的炮孔分为三种（见图 7-1）。

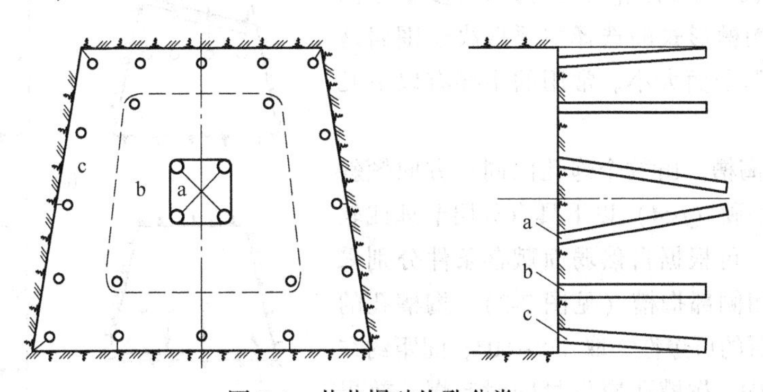

图 7-1 井巷爆破炮孔分类

a—掏槽孔；b—辅助孔；c—周边孔

（1）掏槽孔。掏槽孔的作用是将自由面上某一部位岩石首先掏出一个槽子，形成第二个自由面，为其余的炮孔爆破创造有利条件。掏槽孔的爆破比较困难（只有一个垂直炮孔的自由面），因此，在选择掏槽形式和位置时应尽量利用工作面上岩石的薄弱部位。为了提高爆破效果充分发挥掏槽作用，掏槽眼应比其他炮孔加深 10～15cm，装药量增加 15%～20%。

（2）辅助孔。辅助孔是破碎岩石的主要炮孔，是进一步扩大槽子体积和增大爆破量，并为周边眼爆破创造平行于炮孔的自由面，爆破条件大大改善，故能在该自由面方向上形成较大体积的破碎漏斗。根据岩石的可爆性不同，辅助眼间距一般可取 0. 4～0. 8m。

（3）周边孔。周边孔可以控制爆破后的巷道断面形状、大小和轮廓，其作用是使爆破后的井巷断面规格和形状能达到设计的要求。周边孔的孔底一般不应超出巷道的轮廓线，但在坚硬难爆的岩石中可超出廓线 10～20cm。这些炮孔应力求布置均匀以便充分利用炸药能量。辅助孔和周边孔的眼底应落在同一个垂直于巷道轴线的平面上，尽量使爆破后新工作面平整。周边孔间距取 0. 5～1m，孔口距巷道轮廓线 0.1～0. 3m。周边孔又可分为顶孔、底孔和帮孔。各类炮孔的排列及其爆破崩落范围如图 7-2 所示。

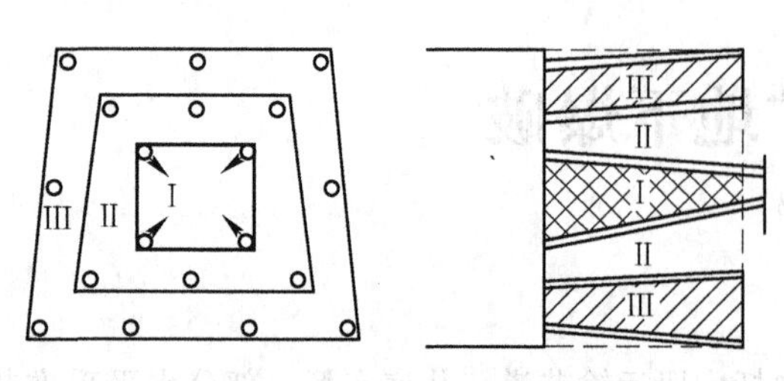

图 7-2　各类炮孔的爆落范围
Ⅰ—掏槽孔的爆落范围；Ⅱ—辅助孔的爆落范围；
Ⅲ—周边孔的爆落范围

7. 1. 2　平巷爆破掏槽方式

在平巷的开挖过程中，在掘进工作面上，总是首先钻少量炮孔，起爆后形成一个适当的空间，形成新的自由面，使周围其余部分的岩石，都顺序向这个空间方向崩落，以获得较好的爆破效果。形成这个空间的过程，通常称为掏槽。掏槽孔爆破时，是处于一个自由面的条件下，破碎岩石的条件非常困难，而掏槽的好坏又直接影响了其他炮孔的爆破效果，必须合理选择掏槽形式和装药量，使岩石完全破碎形成掏槽空间和达到较高的槽孔利用率。

掏槽爆破炮孔布置有多种不同的形式，归纳起来可分为两大类：斜孔掏槽和直孔掏槽。

7. 1. 2. 1　斜孔掏槽

斜孔掏槽是掏槽孔与自由面（掘进工作面、掌子面）倾斜成一定角度。斜孔掏槽有多种不同的形式，各种掏槽形式的选择主要取决于围岩地质条件和掘进掌子面大小。常用的主要有以下几种形式：

（1）单向掏槽。由数个炮孔向同一方向倾斜组成。适用于中硬（f<4）以下具有分层节理或软夹层的岩层中。可根据自然弱面赋存条件分别采用顶部、底部和侧部掏槽（见图 7-3）。掏槽孔的角度可根据岩石的可爆性，取 45°～60°，间距约在 30～60cm 范围内。掏槽孔应尽量同时起爆，效果更好。

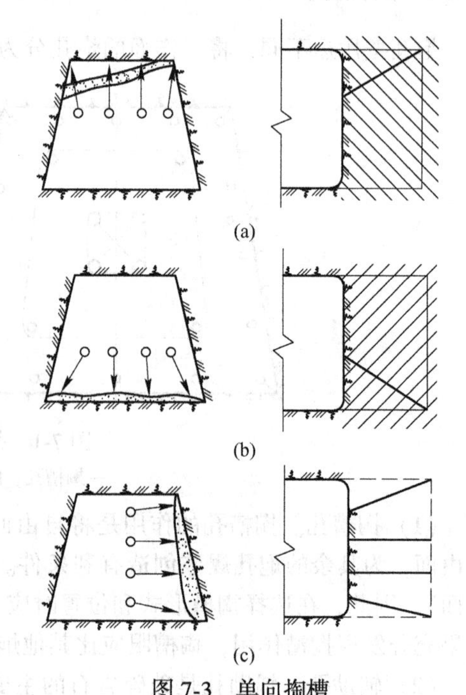

图 7-3　单向掏槽
（a）顶部掏槽；（b）底部掏槽；（c）侧向掏槽

（2）锥形掏槽。锥形掏槽由数个共同向中心倾斜的炮孔组成（见图 7-4）。爆破后掏槽空间呈锥形。锥形掏槽适用于 f>8 的坚韧岩石，其掏槽效果较好，但钻眼困难，主要适用于竖井掘进，其他巷道很少采用。

（3）楔形掏槽。楔形掏槽由数对（一般为 2～

4 对）对称的相向倾斜的炮孔组成，爆破后形成楔形掏槽空间（见图 7-5）。适用于各种岩层，特别是中硬以上的稳定岩层。这种掏槽方法爆力比较集中，爆破效果较好，形成的掏槽体积较大。掏槽炮孔两眼底部相距 0.2~0.3m，炮孔与工作面相交角度通常为 60°~75°，根据炮孔角度分为水平楔形、垂直楔形。对于岩石特别坚硬，难爆或孔深超过 2m 时，可增加 2~3 对初始掏槽孔，形成双楔形复式掏槽。

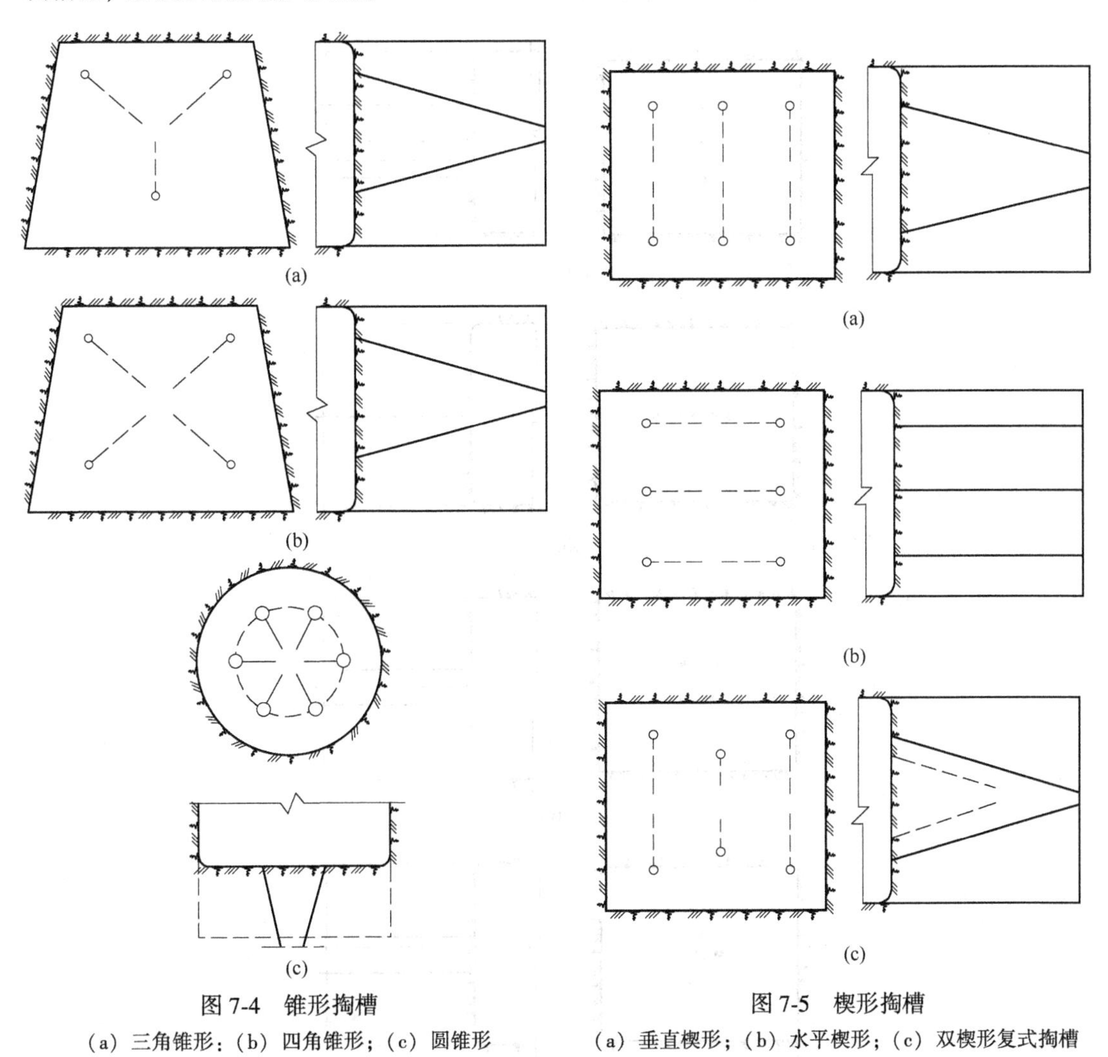

图 7-4 锥形掏槽
（a）三角锥形；（b）四角锥形；（c）圆锥形

图 7-5 楔形掏槽
（a）垂直楔形；（b）水平楔形；（c）双楔形复式掏槽

斜孔掏槽的优点：

（1）适用于各种岩层并能获得较好的掏槽效果；

（2）所需掏槽孔数目较少，单位耗药量小；

（3）槽眼位置和倾角的精确度对掏槽效果的影响较小。

斜孔掏槽的缺点：

（1）钻眼方向难以掌握，要求钻眼工人具有熟练的技术水平；

（2）炮孔深度受井巷断面的限制，尤其在小断面井巷中更为突出；

（3）全断面井巷爆破下，岩石的抛掷距离较大、爆堆分散，容易损坏设备和支护。

7.1.2.2　直孔掏槽

直孔掏槽是掏槽孔与工作面垂直，且相互平行，有时为了增加辅助自由面和破碎的补偿空间，其中可钻几个空孔，空孔的作用是给装药眼创造自由面和作为破碎岩石的膨胀空间，通常又分龟裂掏槽、桶形掏槽和螺旋形掏槽，如图 7-6 所示。

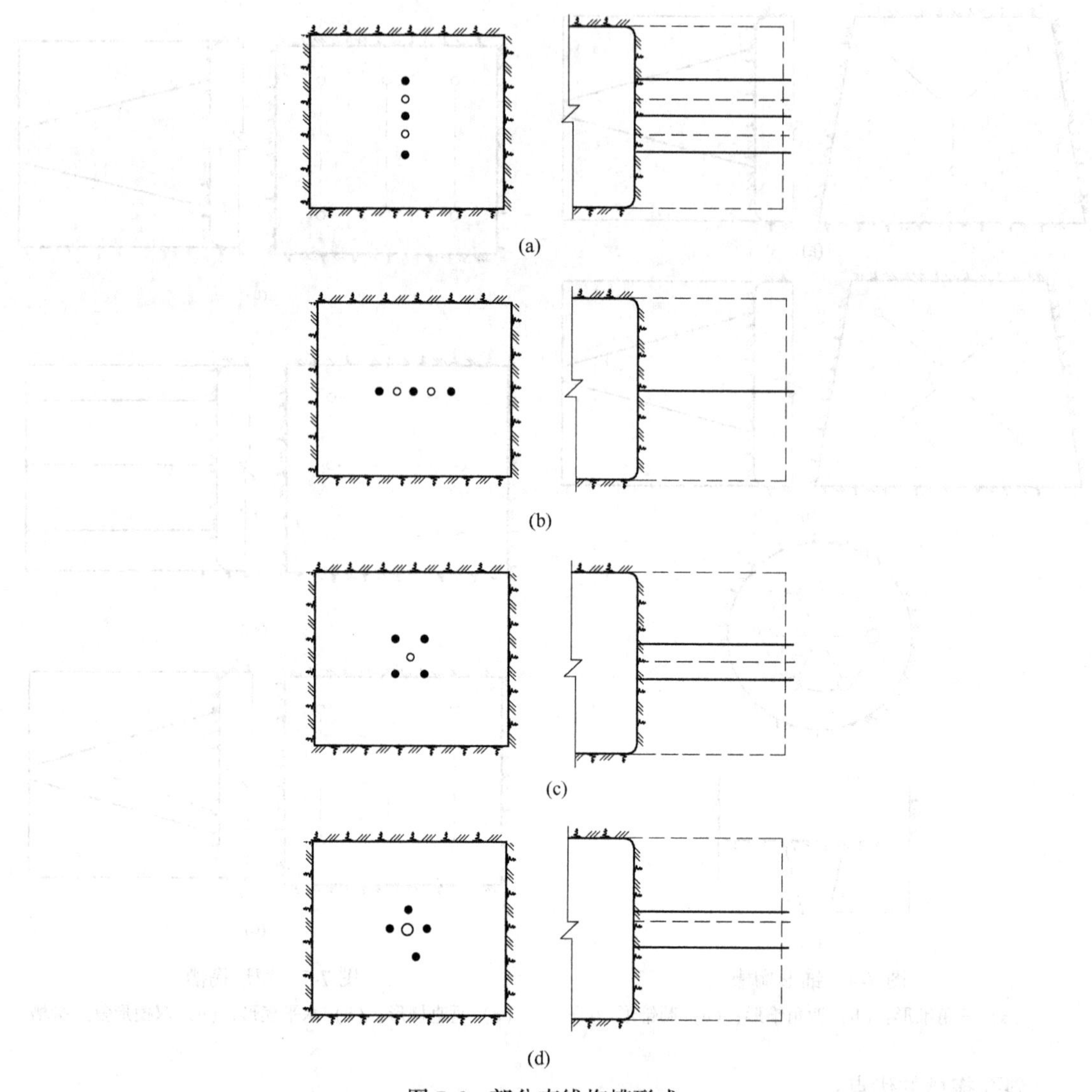

图 7-6　部分直线掏槽形式

（a）垂直龟裂掏槽；（b）水平龟裂掏槽；
（c）桶形掏槽；（d）空孔螺旋形掏槽

（1）龟裂掏槽。龟裂掏槽的掏槽孔布置在一条直线上且相互平行，隔孔装药，各孔同时起爆，爆破后，在整个炮孔深度范围内形成一条稍大于炮孔直径的条形槽口，为辅助眼创造爆破自由面。根据掏槽方向分为水平和垂直两种，适用于中硬以上或坚硬岩石和小断面巷道。炮孔间距视岩层性质，一般取 1~2 倍空孔直径，装药长度一般不小于炮孔深度的 90%。在多数情况下，装药孔与空孔的直径相同。

（2）桶形掏槽。桶形掏槽的掏槽孔按各种几何形状布置，使形成的槽腔呈角柱体或圆柱体，装药孔和空孔数目及其相互位置与间距是根据岩石性质和井巷断面来确定的。空孔直径可以采用等于或大于装药眼的直径。大直径空孔可以形成较大的人工自由面和膨胀空间，孔的间距可以扩大。各种形式如图 7-7 所示。

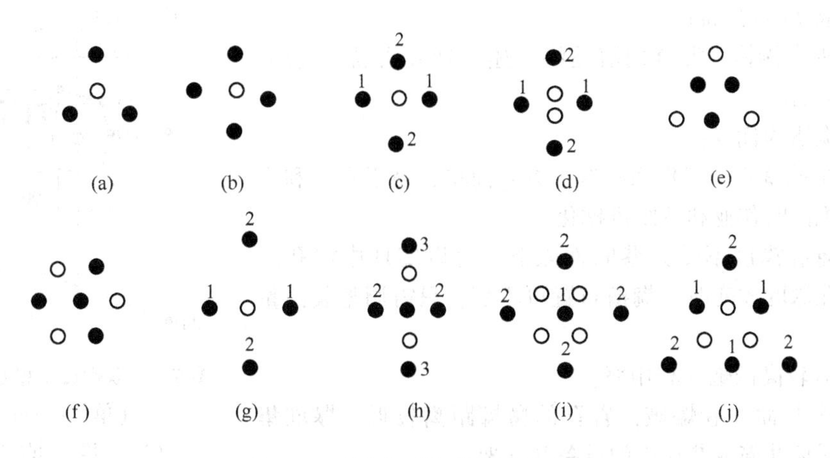

图 7-7 桶状掏槽孔的布置形式

（a），（e）三角柱掏槽；（b）四角柱掏槽；（c）单空孔菱形掏槽；（d）双空孔菱形掏槽；（f）六角柱掏槽；（g），（h）大空孔菱形掏槽；（i）五星掏槽；（j）复式三角柱掏槽

○—空孔；●—装药孔；1~3—起爆顺序

（3）螺旋形掏槽。螺旋形掏槽的所有装药孔围绕中心空孔呈螺旋状布置（见图 7-8），并从距空孔最近的炮孔开始顺序起爆，使掏槽空间逐步扩大。此种掏槽方法在实践中取得了较好的效果。其优点是可以用较少的炮孔和炸药获得较大体积的掏槽空间，各后续起爆的装药孔，易于将碎石从掏槽空间抛出。但是，若延期雷管段数不够，就会限制这种掏槽的应用。空孔距各装药孔的距离可依次取空孔直径的 1~1.8 倍、2~3 倍、3~4.5 倍、4~4.5 倍等。当遇到特别难爆的岩石时，可以增加 1~2 个空孔。为使掏槽空间内岩石抛出，有时将空孔加深 300~400mm，在底部装入适量炸药，并使之最后起爆，这样可以将掏槽空间内的碎石抛出。装药孔的药量约为炮孔深度的 90%左右。

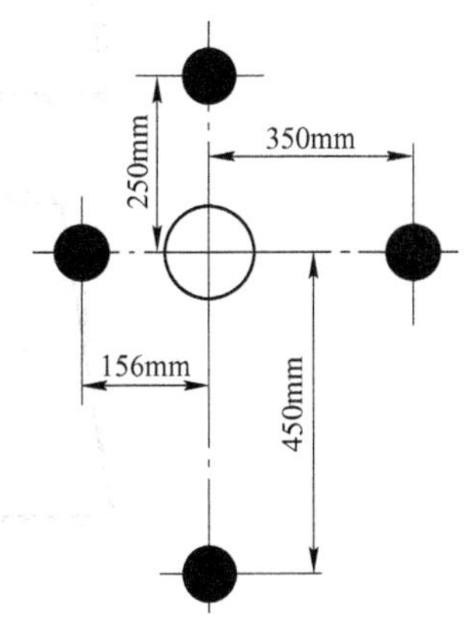

图 7-8 螺旋掏槽炮孔布置

当需要提高掘进速度时，可采用图 7-9 所示的双螺旋掏槽方式，装药孔围绕中心大空孔沿相对的两条螺旋线布置。其原理与螺旋形掏槽相同。中心空孔一般采用大直径钻孔，或采用两个相互贯通的小直径空孔（形成“8”字形空孔）。为了保证打孔规格，常采用布孔样板来确定孔位。此种掏槽适用于坚硬、密实、无裂缝和层节理的岩石。

实验表明，直孔掏槽的孔距（包括装药孔到空孔间距和装药孔之间的距离）对掏槽效果影响很大。孔距是影响掏槽效果最敏感的参数，与最优孔距稍有偏离，可能就会出现掏槽失败。

孔距过大，爆破后岩石仅产生塑性变形而出现“冲炮”现象；孔距过小，会将邻近炮孔内的炸药“挤死”，使之拒爆，或使岩石“再生”。围岩不同，装药孔与空孔之间的距离也不同。装药孔直径与空孔直径均为 32~40mm 时，装药炮孔距空孔一般为：软的石灰岩、砂岩等，取 150~170mm；硬的石灰岩、砂岩等，取 125~150mm；软的花岗岩、火成岩，取 110~114mm；硬的花岗岩、火成岩，取 80~110mm；硬的石英岩等，取 90~120mm。

（4）混合掏槽。混合掏槽是将上述两种方法混合使用，如图 7-10 所示。

直孔掏槽的优点：

（1）炮孔垂直于工作面布置，方式简单，易于掌握和实现多台钻机同时作业和钻眼机械化。

（2）炮孔深度不受井巷断面限制，可以实现中深孔爆破；当炮孔深度改变时，掏槽布置可不变，只需调整装药量即可。

（3）有较高的炮孔利用率。

（4）全断面井巷爆破，岩石的抛掷距离较近，爆堆集中，不易崩坏井筒或巷道内的设备和支架。

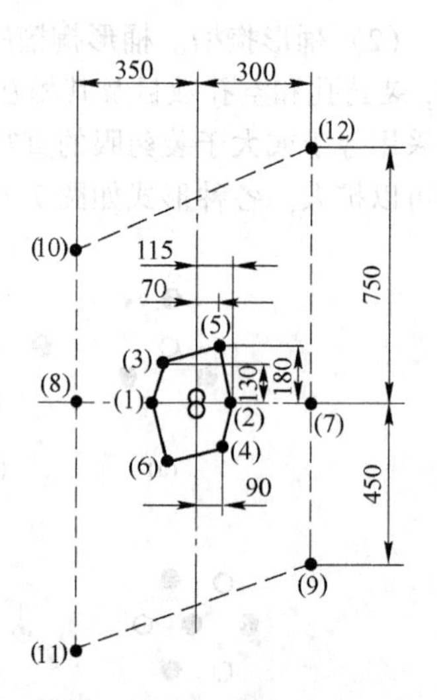

图 7-9 双螺旋掏槽炮孔布置
（单位：mm）
（1）~（12）—起爆顺序

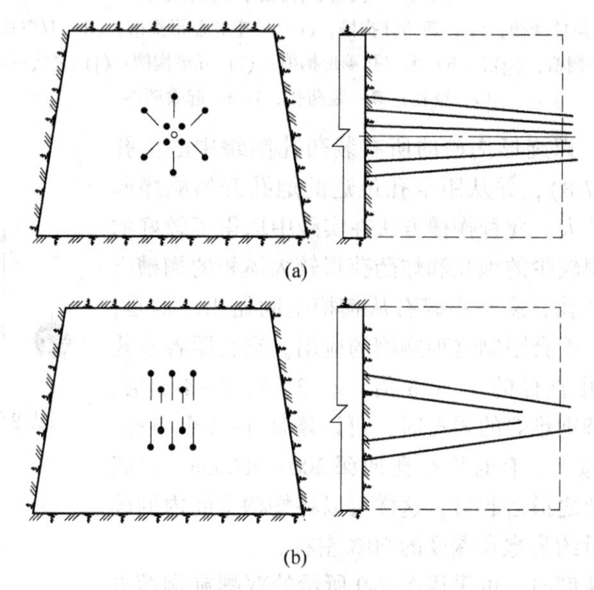

图 7-10 混合掏槽形式
（a）桶形和锥形；（b）复式楔形

直孔掏槽的缺点是：

（1）需要较多的炮孔数目和较多的炸药。

（2）炮孔间距和平行度的误差对掏槽效果影响较大，必须具备熟练的钻孔操作技术。

7.1.3 平巷爆破参数的确定

7.1.3.1 炮孔深度的确定

炮孔深度是指孔底到工作面的平均垂直距离。它是一个很重要的参数，直接与成巷速度、巷道成本等指标有关。炮孔深度的确定，主要依据巷道断面、岩石性质、凿岩机具类型、装药结构、劳动组织及作业循环而定。

一般说来，炮孔加深可以使每个循环进尺增加，相对地减少了辅助作业时间，爆破材料的单位消耗量也可相应降低；但炮孔太深时，凿岩速度就会明显降低，而且爆破后岩石块度不均匀，装岩时间拖长，反而使掘进速度降低。从我国一些矿山的具体情况看，采用气腿凿岩机时，炮孔深度一般为1.8~2.0m，采用凿岩台车时，一般2.2~3.0m较为合适。

此外炮孔深度也可根据月进度计划和预定的循环时间进行估算。

7.1.3.2 炮孔直径

炮孔直径应和药卷直径相适应：炮孔直径小了，装药困难；而过大的孔直径，将使药卷与炮孔内空隙过大，影响爆破效果。目前我国普遍采用的药卷直径为ϕ32mm和ϕ35mm两种，而钎头直径一般为ϕ38~42mm。

7.1.3.3 炸药消耗量

由于岩层多变，单位炸药消耗量目前尚不能用理论公式精确计算，一般由实际经验按表7-1选取。表中所列数据系指2号岩石硝铵炸药；若采用其他炸药时，则需根据其爆力大小加以适当修正。

表7-1 平巷掘进炸药单耗 (kg/m³)

掘进断面/m²	岩石的坚固性系数*f*值				掘进断面/m²	岩石的坚固性系数*f*值			
	4~6	8~10	12~14	15~20		4~6	8~10	12~14	15~20
<4	1.77	2.48	2.96	3.36	10~12	1.01	1.51	1.90	2.10
4~6	1.50	2.15	2.64	2.93	12~15	0.92	1.36	1.78	1.97
6~8	1.28	1.89	2.33	2.59	15~20	0.90	1.31	1.67	1.85
8~10	1.12	1.69	2.09	2.32	>20	0.86	1.26	1.62	1.80

巷道断面确定后，可根据岩石坚固性系数查表找出单位炸药消耗量q，则一茬炮的总药量Q(kg)可按下式计算：

$$Q = qSL\eta \tag{7-1}$$

式中，q为单位炸药消耗量，kg/m³；S为巷道掘进断面积，m²；L为炮孔平均深度，m；η为炮孔利用率。

上面的q和Q值是平均值，至于各个不同炮孔的具体装药量，则应根据各炮孔所起的作用及条件不同而加以分配。掏槽孔最重要，而且爆破条件最差，应分配较多的炸药，辅助孔次之，周边孔药量分配最小。周边孔中，底孔分配药量最多，帮孔次之，顶孔最少。采用光面爆破时，周边孔数目相应增加，但每孔药量适当减少。

7.1.3.4 炮孔数目

炮孔数目直接决定每个循环的凿岩时间，在一定程度上又影响爆破效果。实践证明，炮孔过多，在炸药量一定的条件下，每个炮孔的装药量减少，炸药过分集中于眼底，爆落岩块不均匀，将给装岩工作造成困难；炮孔过少，炮孔利用率会降低，崩落岩石少，崩出的巷道设计轮廓不规整。

炮孔数目的确定，一般根据岩石性质、巷道断面积、掏槽方式、爆破材料种类等因素作出炮孔布置图，经过实践最后确定合适的炮孔数目。表 7-2 为实践的炮孔数目经验值。

表 7-2　每平方米掘进工作面上所需的炮孔数 N 值

岩石坚固性系数 f 值	巷道断面积/m^2					
	4	6	8	10	12	14
5	2.65	2.39	2.09	1.81	1.81	1.70
8	3.00	2.78	2.50	2.21	2.20	2.05
10	3.25	3.05	2.77	2.48	2.35	2.20
12	3.61	3.33	3.04	2.74	2.45	2.35
14	3.91	3.60	3.31	3.01	2.71	2.50
18	4.45	4.15	3.85	3.54	3.24	2.99

也可根据将一个循环所需的总炸药量平均装入所有炮孔内的原则进行估算，作为实际排列炮孔时的参考。

一次爆破所需的总炸药量确定后，则炮孔数目可按下式计算：

$$Q = \frac{NLap}{m} \tag{7-2}$$

式中，N 为炮孔数目，个；a 为装药系数（一般为 0.5~0.7）；p 为每个药卷质量，kg；m 为每个药卷的长度，mm。

由式（7-1）和式（7-2）相等得炮孔数为：

$$N = \frac{qS\eta m}{ap} \tag{7-3}$$

如前所述，上述公式只是一种估算方法。更切合实际的合理炮孔数目，目前只能从实际炮孔排列着手，经过实践不断调整完善。

7.1.4　炮孔布置

除合理选择掏槽方式和爆破参数外，为保证安全，提高爆破效率和质量，还需合理布置工作面上的炮孔。

合理布置炮孔的要求有：

（1）有较高的炮孔利用率；

（2）先爆炸的炮孔不会破坏后爆炸的炮孔，或影响其内装药爆轰的稳定性；

（3）爆破块度均匀，大块率少；

（4）爆堆集中，飞石距离小，不会损坏支架或其他设施；

（5）爆破后断面和轮廓符合设计要求，壁面平整并能保持井巷围岩本身的强度和稳定性。

平巷炮孔布置方法如下：

（1）工作面上各类炮孔布置是“抓两头、带中间”。即首先选择适当的掏槽方式和掏槽位置，其次是布置好周边孔，最后根据断面大小布置辅助孔。

（2）掏槽孔的位置会影响岩石的抛掷距离和破碎块度，通常布置在断面的中央偏下，并考虑使辅助孔的布置较为均匀。

（3）周边孔一般布置在断面轮廓线上。按光面爆破要求，各炮孔要相互平行，孔底落在同一平面上。底孔的最小抵抗线和炮孔间距通常与辅助孔相同，为保证爆破后在巷道底板不留“根底”，并为铺轨创造条件，底孔孔底要超过底板轮廓线。

（4）布置好周边孔和掏槽孔后，再布置辅助孔。辅助孔是以掏槽空间为自由面而层层布置，并均匀地分布在被爆岩体上，再根据断面大小和形状调整好最小抵抗线和邻近系数。图7-11是平巷炮孔布置实例。

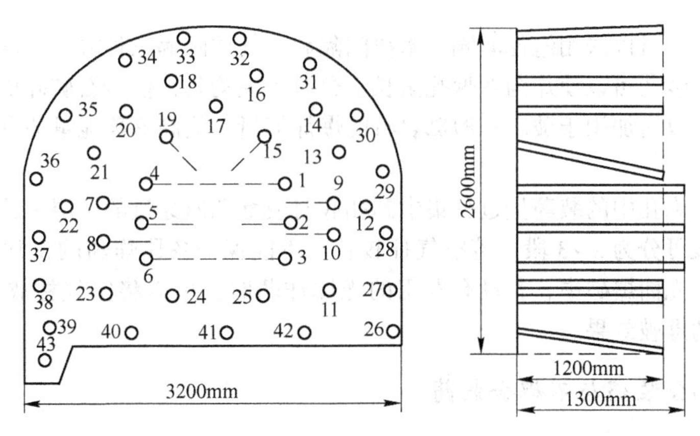

图7-11 平巷炮孔布置实例

7.1.5 装药结构

装药结构是指炸药在炮孔内的装填情况，装药结构有以下几种（见图7-12）：

（1）连续装药。装药在炮孔内连续装填，没有间隔。

（2）间隔装药。装药在炮孔内分段装填，装药之间有炮泥、木垫或空气使之隔开。

（3）耦合装药。装药直径与炮孔直径相同。

（4）不耦合装药。装药直径小于炮孔直径。

（5）正向起爆装药。起爆雷管在炮孔孔口处，爆轰向孔底传播。

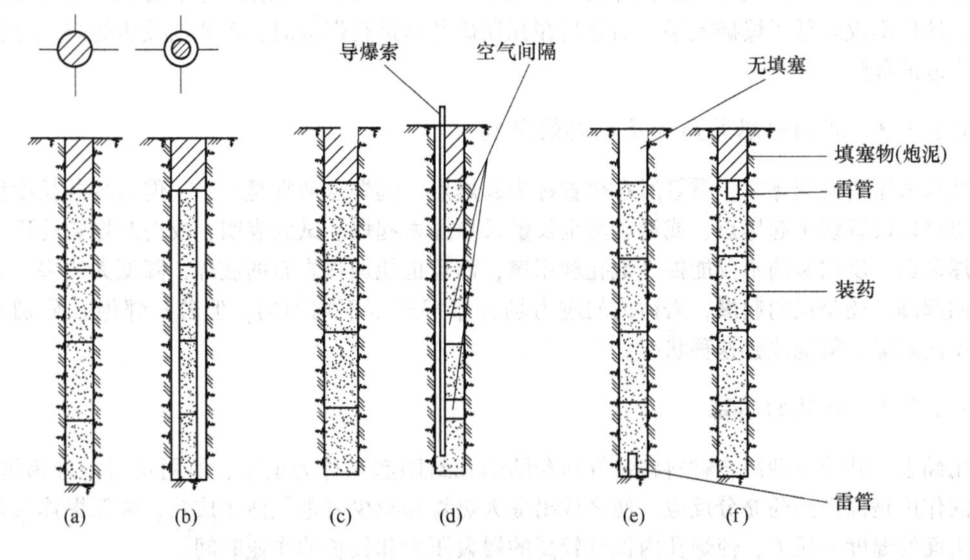

图7-12 装药结构

（a）耦合装药；（b）不耦合装药；（c）连续装药；（d）间隔装药；（e）无填塞反向起爆装药；（f）正向起爆装药

(6) 反向起爆装药。起爆雷管在炮孔孔底处，爆轰向孔口传播。

(7) 无堵塞装药结构。不用堵塞炮孔。

7.1.5.1　连续装药和间隔装药

在间隔装药中，可以采用炮泥间隔、木垫间隔和空气柱间隔三种方式。试验表明，在较深的炮孔中采用间隔装药可以使炸药在炮孔全长上分布得更均匀，使岩石破碎块度均匀。采用空气柱间隔装药，可以增加用于破碎和抛掷岩石的爆炸能量，提高炸药能量的有效利用率，降低炸药消耗量。

当分配到每个炮孔中的装药量过分集中到孔底时或炮孔所穿过的岩层为软硬相间时，可采用间隔装药。一般可分为2~3段，若空气柱较长，不能保证各段炸药的正常殉爆，要采用导爆索连接起爆。在光面爆破中，若没有专用的光爆炸药时，可以将空气柱放于装药与炮泥之间，可取得良好的爆破效果。

7.1.5.2　耦合装药与不耦合装药

炮孔耦合装药爆炸时，孔壁受到的是爆轰波的直接作用，在岩体内一般要激起冲击波，造成粉碎区，而消耗了炸药的大量能量。不耦合装药，可以降低对孔壁的冲击压力，减少粉碎区，激起应力波在岩体内的作用时间加长，这样就加大了裂隙区的范围，炸药能量利用充分。在光面爆破中，周边孔多采用不耦合装药，炮孔直径与装药直径之比，称为不耦合值或不耦合系数。

在矿山井巷掘进中，大多采用粉状硝铵类炸药和乳化炸药。炮孔直径一般为32~42mm，药卷直径为27~35mm，径向间隙量平均为4~7mm，最大可达8~13mm。大量试验结果表明，对于混合炸药，特别是硝铵类混合炸药，在细长连续装药时，如果不耦合系数选取不当，就会发生爆轰中断，在炮孔内的装药会有一部分不爆炸，这种现象称为间隙效应，或称管道效应。矿山小直径炮孔（特别是增大炮孔深度时）往往产生“残炮”现象，间隙效应则是主要原因之一。这样不仅降低了爆破效果，而且当在瓦斯矿井内进行爆破时，若炸药发生燃烧，将会有引起事故的危险。

7.1.5.3　正向起爆装药和反向起爆装药

装药采用雷管起爆时，雷管所在位置称为起爆点。起爆点通常是一个，但当装药长度较大时，也可以设置多个起爆点，或沿装药全长敷设导爆索起爆。试验表明，反向起爆装药优于正向起爆装药，反向装药不仅能提高炮孔利用率，而且也能加强岩石的破碎，降低大块率。无论是正向起爆，还是反向起爆，岩体内的应力场分布都是很不均匀的，但若相邻炮孔分别采用正、反向起爆，就能改善这种状况。

7.1.5.4　炮孔的填塞

用黏土、砂或土砂混合材料将装好炸药的炮孔封闭起来称为填塞，所用材料统称为炮泥。炮泥的作用是保证炸药充分反应，使之放出最大热量和减少有毒气体生成量；降低爆炸气体逸出自由面的温度和压力，使炮孔内保持较高的爆轰压力和较长的作业时间。

特别是在有瓦斯与煤尘爆炸危险的工作面上，炮孔必须填塞，这样可以阻止灼热的固体颗粒从炮孔中飞出。除此之外，炮泥也会影响爆炸应力波的参数，从而影响岩石的破碎过程和炸药能量的有效利用。试验表明，爆炸应力波参数与炮泥材料、炮泥填塞长度和填塞质量等因素有关。合理的填塞长度应与装药长度或炮孔直径成一定比例关系。生产中常取填塞长度相当于0、35~0.50倍的装药长度。在有瓦斯的工作面，可以采用水炮泥，即将装有水的聚乙烯塑料袋作为填塞材料，封堵在炮孔中，在炮孔的最外部仍用黏土封口。水炮泥可以吸收部分热量，降低喷出气体的温度，有利于安全。

7.1.6 平巷掘进爆破说明书

7.1.6.1 说明书的内容

（1）爆破作业的原始条件，包括井巷的用途、掘进井巷的种类、断面形状和尺寸、岩石的性质及有无瓦斯等。

（2）选用凿岩设备和爆破器材。包括凿岩机型号和工作面同时工作的台数、凿岩生产率、炸药品种、雷管的种类等。

（3）确定凿岩爆破参数，包括炮孔直径、炮孔深度、炮孔数目、单位炸药消耗量、装药量等。

（4）炮孔的布置，包括掏槽孔、辅助孔和周边孔的数目，各炮孔的起爆顺序和炮孔布置三面投影图，各炮孔药量、装药结构和起爆药包位置及其草图。

（5）预期爆破效果，包括炮孔利用率、每循环进尺、每循环炸药消耗量、每循环爆破实体岩石量、单位雷管消耗量、单位炮孔消耗量等。

7.1.6.2 作业循环图表。

表7-3为掘进一断面为2.5m×2m的平巷作业循环图表实例，共布置20个炮孔，炮孔深2.2m，炮孔利用系数为90%，岩石碎胀系数为1.25。

表7-3 井巷掘进的作业循环图表

工序名称	工作量	效 率	所需时间/h	进度/h														
				0.5	1.0	1.5	2.0	2.5	3.0	3.5	4.0	4.5	5.0	5.5	6.0	6.5	7.0	7.5
准备工作			0.5	—														
凿岩	44m	22m/h	2		—	—	—	—										
装药爆破			0.5						—									
通风			0.5							—								
出渣	12.5m^3	5m^3/h	2.5								—	—	—	—	—			
铺轨接线	2m		1.5													—	—	—

7.2 井筒掘进爆破

井筒泛指竖井、斜井和天井，也包括斜坡道、盲竖井、盲斜井。竖井通常由井颈、井身和井窝组成。

在地下矿山为使矿体与地表相通，首先要掘进一系列的井巷，称为开拓。按井巷形式不同，分为平硐开拓、竖井开拓、斜井开拓、斜坡道开拓和联合开拓。竖井就是服务于各种工程、在地层中开凿的直通地面的垂直通道，而斜井是在地层中开凿的直通地面的倾斜巷道。斜坡道从施工方面类似斜井，是一种无轨开拓矿体的运输方式。盲井是不能直接通达地表的地下井筒，按其倾斜与否有盲竖井、盲斜井。

盲竖井、盲斜井设计所需资料及施工与竖井、斜井相同。不同之处在于盲竖井、盲斜井的井架、卷扬机硐室和其他辅助硐室均布置在井下，因此对工程地质和水文地质的要求比竖井、斜井要严格些，但是就爆破技术来说二者没多大差别。

7.2.1 竖井工作面炮孔布置

竖井一般均采用圆形或椭圆形断面，其优点是承压性能好、通风阻力小和便于施工。炮孔呈同心圆布置。同心圆数目一般为3~5圈，其中最靠近开挖中心的1~2圈为掏槽孔，最外一圈为周边孔，其余为辅助孔。

7.2.1.1 掏槽孔的形式

竖井掏槽孔的形式最常用的有以下两种：

（1）圆锥形掏槽。圆锥形掏槽与工作面的夹角（倾角）一般为70°~80°，掏槽孔比其他炮孔深0.2~0.3m，各孔底间距不得小于0.2m，如图7-13（a）所示。

（2）直孔桶形掏槽。圈径通常为1.2~1.8m，孔数为4~7个。在坚硬岩石中爆破时，为减少岩石夹制力，除选用高威力炸药和增加装药量以外，尚采用二级或三级掏槽，即布置多圈掏槽，并按圈分次爆破，相邻每圈间距为0.2~0.4m左右，由里向外逐圈扩大加深，如图7-13（b）、（c）、（d）所示，各圈孔数分别控制在4~9个左右。

为改善岩石破碎和抛掷效果，也可在井筒中心钻凿1~3个空孔，空孔深度较其他炮孔深0.5m以上，并在孔底装入少量炸药，最后起爆。

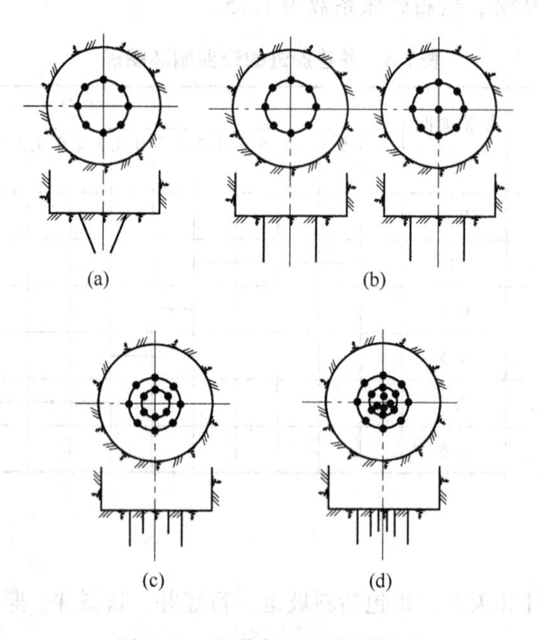

图7-13 竖井掘进的掏槽形式

（a）圆锥掏槽；（b）一级桶形掏槽；（c）二级桶形掏槽；（d）三级桶形掏槽

采用圆锥形和直线桶形掏槽时，掏槽圈直径和炮孔数目可参考表7-4选取。

表 7-4 掏槽圈直径和炮孔数目

掏槽参数		岩石坚固性系数 f				
		1~3	4~6	7~9	10~12	13~16
掏槽圈直径/m	圆锥掏槽	1.8~2.2	2.0~2.3	2~2.5	2.2~2.6	2.2~2.8
	桶形掏槽	1.8~2.0	1.6~1.8	1.4~1.6	1.3~1.5	1.2~1.3
炮孔数目/个		4~5	4~6	5~7	6~8	7~9

7.2.1.2 辅助孔和周边孔布置

辅助孔介于掏槽孔和周边孔之间，可布置多圈。其最外圈与周边孔距离应满足光爆层要求，以 0.5~0.7m 为宜。其余辅助孔的圈距取 0.6~1.0m，按同心圈布置。孔距 0.8~1.2m 左右。

周边孔布置有两种方式：

（1）采用深孔光面爆破，将周边孔布置在井筒轮掌线上、孔距取 0.4~0.6m。为便于打孔，孔略向外倾斜，孔底偏出轮廓线 0.05~0.1m。

（2）采用非光面爆破时，则将炮孔布置在距井帮 0.15~0.3m 的圆周上，孔距 0.6~0.8m。孔向外倾斜，使孔底落在掘进面轮廓线略外些。与深孔光面爆破相比，井帮易出现凸凹不平，岩壁破碎，稳定性差。

7.2.2 竖井爆破参数确定

7.2.2.1 炮孔直径

炮孔直径在很大程度上取决于使用的钻孔机具和炸药性能。

采用手持式凿岩机，在软岩和中硬岩石中孔径为 39~46mm，孔深 2m。随着钻机机械化程度的提高，孔径和孔深都有增大的趋势。采用伞式钻架（由钻架和重型高频凿岩机组成的风液联动导轨式凿岩机具），钻头直径为 35~50mm，孔深 3.5~4.0m。

7.2.2.2 炮孔深度

影响炮孔深度的主要因素有：

（1）钻孔机具。手持式凿岩机孔深以 2m 为宜，伞式钻架孔深 3.5~4.0m 效果最佳。

（2）掏槽形式。目前大多采用直孔掏槽，最大孔深是 4.4~5m 左右，当孔深超过 6m 以后，钻速显著下降，眼底岩石破碎不充分，岩块大小不均，岩帮也难以平整。

（3）炸药性能。对于药卷直径为 32mm 的岩石铵梯炸药，一个雷管只能引爆 6~7 个药卷，最大传爆长度 1.5~2.0m（相当于 2.5m 左右的孔深）。若药卷过长，必然引起爆轰不稳定，甚至拒爆，因此，进行中深孔和深孔爆破时，应改善炸药的爆炸性能或采用电力起爆和导爆索起爆的复式起爆网路。

（4）井筒直径。一般来讲，井筒直径越大，掏槽效果越好，炮孔深度可取大值。

炮孔深度的确定，可在充分考虑上述影响因素的同时，按计划要求的月进度，根据下式进行计算：

$$I = \frac{Ln_1}{24n\eta_1\eta} \tag{7-4}$$

式中，I 为按月进度要求的炮孔深度，m；L 为计划的月进度，m；n_1 为每循环小时数；n 为每月掘井天数，根据掘砌作业方式而定，平行作业可取 30 天，单行作业在采用喷锚支护时为 27 天，在采用混凝土或料石永久支护时为 18~20 天；η 为炮孔利用率，一般为 0.8~0.9；η_1 为循环率，一般可取 80%~90%。

7.2.2.3　炮孔数目

炮孔数目（N）的确定通常先根据单位炸药消耗量进行初算，再根据实际统计资料用工程类比法初步确定炮孔数目，作为布置炮孔时的依据，然后再根据炮孔布置情况，适当加以调整，最后予以确定。

根据单位炸药消耗量进行估算时，可按下式进行计算：

$$N = \frac{qS\eta m}{\alpha G} \tag{7-5}$$

式中，q 为单位炸药消耗量，kg/m^3；S 为井筒的掘进断面，m^2；η 为炮孔利用率；m 为每个药包的长度，m；G 为每个药包的质量，kg；α 为炮孔平均装药系数，当药包直径为 32mm 时取 0.6~0.72，当药包直径为 35mm 时取 0.6~0.65。

7.2.2.4　单位炸药消耗量

影响单位炸药消耗量的主要因素有岩石坚固性、岩石结构构造特性、炸药威力等。井筒断面越大，单位炸药消耗量越低。

单位炸药消耗量的确定方法有：

（1）参照国家颁布的预算定额选定（见表 7-5）。

（2）试算法。根据以往经验，先布置炮孔，并选择各类炮孔的装药系数，依次求出各炮孔的装药量、每循环的炸药量和单位炸药消耗量。

（3）类比法。参照类似工程选取（见表 7-6）。

表 7-5　竖井掘进炸药单耗　　（kg/m^3）

掘进断面		岩石的坚固性系数 f 值			
形　状	面积/m^2	4~6	8~10	12~14	15~20
圆　形	<16	1.26	2.10	2.62	2.79
	16~24	1.13	1.82	2.22	2.31
	24~34	0.99	1.62	2.01	2.25
	>34	0.87	1.41	1.78	1.95
矩　形	<7	1.61	2.27	2.82	3.34
	7~12	1.50	2.14	2.56	2.98
	12~16	1.38	2.00	2.40	2.80
	>16	1.29	1.87	2.22	2.62

表 7-6 部分井筒的爆破参数

井筒名称	掘进断面/m^2	岩石性质	炮孔深度/m	炮孔数目/个	掏槽方式	炸药种类	药包直径/mm	雷管种类	爆破进尺/m	炮孔利用率/%	单耗/$kg \cdot m^{-3}$
凡口新副井	27.34	石灰岩 $f=8\sim10$	2.8	80	锥形	甘油与硝铵炸药	32	毫秒	2.18	81	1.96
铜山新大井	29.22	花岗岩，长岩，大理岩 $f=4\sim6$，$f=8\sim10$	3~3.8	62	直孔	含 20%~30% TNT 和 2% TNT 的硝铵	32	毫秒	平均 2.51	75.3	1.67
安庆铜矿副井	29.22	页岩，角页岩，细砂岩	2~2.3	70~95	锥形	硝铵黑	32	毫秒，秒差	2.7~3.31	77	3.14
凤凰山新副井	26.4	大理岩 $f=8\sim10$	4.3~4.5	104	复锥	2 号岩石硝铵炸药	32	秒差	1.5~1.7	75	2.15
桥头河 2 号井	26.4	石灰岩 $f=6\sim8$	1.83	65	锥形	40%硝化甘油炸药	35	毫秒	1.6	87.85	1.97
万年 2 号风井	29.22	细砂岩，砂质泥岩 $f=4\sim6$	4.2~4.4	56	直孔	铵梯黑	45	毫秒	3.86	89	2.28
金山店主井	24.6	$f=10\sim14$	1.3	60	锥形	2 号岩石硝铵炸药	32	毫秒	0.85	70	1.79
金山店西风井	24.6	$f=10\sim14$	1.5	64	锥形	2 号岩石硝铵炸药	32	毫秒	1.11	85	1.79
凡口矿主井	26.4	石灰岩 $f=8\sim10$	1.3	63	锥形	2 号岩石硝铵炸药	32	秒差	1.1	85	1.70
程潮铁矿西副井	15.48	$f=12$	2.0	36	锥形	硝化甘油炸药	35	秒差	1.74	93	1.22

7.2.2.5 竖井爆破掏槽方法

竖井一般为圆形断面、椭圆形断面，炮孔呈同心圆分布，同心圆数目为 2~3 圈。开挖的掏槽方法一种圆锥形掏槽，掏槽孔与工作面的夹角一般为 70°~80°，比其他炮孔要深 0.2~0.3m，其间距不小于 0.2m；另一种是直孔桶形掏槽，直径通常为 1.2~1.8m，孔数为 4~7 个；还有一种是台阶式单项掏槽（如图 7-14 所示）。在坚硬岩石中，可布置多圈（2~3 圈）掏槽，相邻间距为 0.2~0.3m，由里向外逐圈扩大加深，孔数在 4~9 个左右。

7.2.2.6 竖井爆破炮孔布置

在圆形竖井中，炮孔通常采用同心圆布置。布置的方法是，首先确定掏槽孔形式及其数目，其次布置周边孔，再次确定辅助孔的圈数、圈径及孔距。

掏槽孔的布置是决定爆破效果、控制飞石的关键，一般布置在最易爆破和最易钻凿炮孔的井筒中心。掏槽形式有：（1）斜孔掏槽。孔数 4~6 个，呈圆锥形布置，倾角一般为 70°~80°，掏槽孔比其他孔深 200~300mm，各孔底间距不得小于 200mm。采用这种掏槽形式，打斜孔不

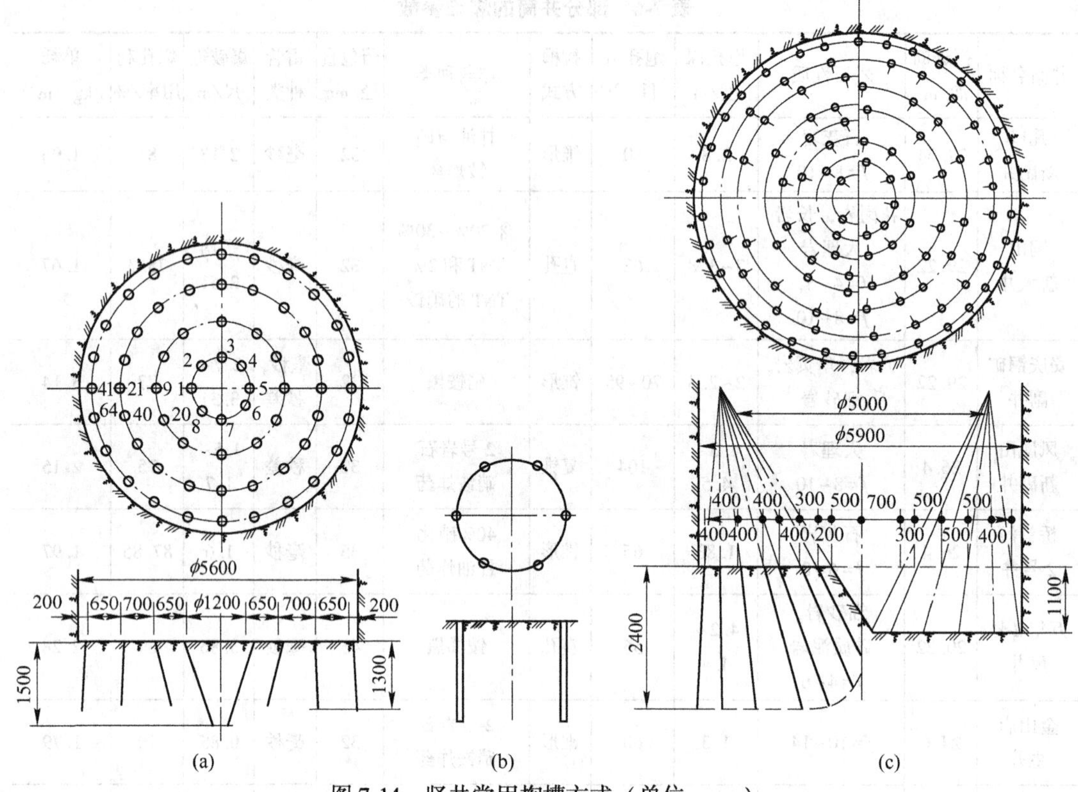

图 7-14　竖井常用掏槽方式（单位：mm）

(a) 圆锥形掏槽；(b) 直孔桶形掏槽；(c) 台阶式单项掏槽

易掌握角度，一般在井筒中心打一个空孔，孔深为掏槽孔的 1/2~1/3，借以增加岩石碎胀的补偿空间。(2) 直孔掏槽。圈径 1.2~1.8m，孔数 6~8 个，打直孔方向易掌握，也便于机械化施工。但直孔，特别是较深炮孔时，往往受岩石的夹制作用而使爆破效果不佳。为此，可采用多阶（2~3 阶）复式掏槽 。后一阶的槽孔依次比前一阶的槽孔深，各掏槽孔圈间距也较小，一般为 250~360mm，分次顺序起爆。但后爆孔装药顶端不宜高出先爆孔底位置。孔内未装药部分，宜用炮泥填塞密实。为改善掏槽效果，要求提高炮泥的堵塞质量以增加封口阻力，而且必须使用高威力炸药。

周边孔布置，一般距井壁 100~200mm，孔距 500~700mm，最小抵抗线为 700mm 左右。

辅助孔布置，辅助孔圈数视岩石性质和掏槽孔至周边孔间距而定，一般控制各圈圈距为 600~1000mm，硬岩取小值，软岩取大值，孔距约为 800~1000mm。图 7-15 是某竖井施工炮孔布置图实例。

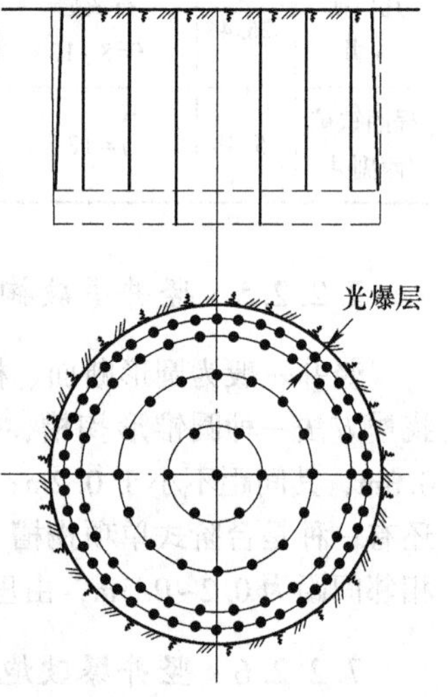

图 7-15　竖井炮孔布置

7.2.2.7　竖井爆破的起爆网路

竖井掘进爆破，大多采用电雷管起爆网路或导爆管雷管起爆网路；对于深孔（孔深大于 2.5m），也可采用电雷管-导爆索复式起爆网路。

在电雷管起爆网路中，广泛采用并联网路和串并联网路，而串联网路由于工作条件差易发生拒爆现象，在竖井掘进中极少采用。

起爆电源大多采用地面的220V或380V的交流电流。在并联网路中，随着雷管并联组数目的增加，起爆总电流也增大，必须采用高能量的起爆电源。

7.2.3 斜井掘进爆破参数

斜井爆破法与平巷爆破法相比有诸多相似之处，不同之处是斜井倾斜10°~25°，甚至有35°的倾角，给钻孔、爆破、装岩、排水等工序都带来了难度。

斜井掘进作业的特点有：

(1) 以大扒斗、大箕斗、大提升机和大矸石仓（简称“三大一仓”）为主的斜井作业线逐步完善，经验证明，斜井中的“三大一仓”是提高掘进速度的有效途径。

(2) 爆破工艺必须与斜井机械化配套相适应。钻眼机具多用YT-28凿岩机，钎头直径42~44mm；根据国内目前钻孔机具和爆破器材的现状，大力推广使用中深孔（孔深2~2.5m）、全断面一次光面爆破和抛渣爆破。

斜井掘进爆破参数的确定方法如下：

(1) 岩石坚固性系数$f=10$，中深孔爆破一般采用直孔掏槽和圆锥形掏槽。为了在硬岩中实现中深孔爆破，应改进掏槽方法。采用了微斜角与楔形加中辅助的掏槽方式，效果良好。

(2) 岩石坚固性系数$f=10$，采用中深孔光面爆破和抛渣爆破，当斜井井筒倾角$\alpha<15°$时，采用抛渣爆破，提高了装岩机效率。

(3) 可以通过微机辅助设计，根据工作面的岩石变化及时调整爆破参数，通过优化爆破参数，可以比常规爆破的循环进度提高15%~20%。

(4) 斜井掘进工作面往往会有积水，必须选用抗水炸药。

7.2.4 天井掘进爆破

天井用于连接矿山上下两个开采水平，提升下放设备、材料、行人，以及用于通风、勘探矿体等。专门用于放矿的天井，也称溜井。

由于天井用途不同，其断面形状和尺寸也不相同。断面形状一般为矩形和圆形。断面尺寸为1.5m×1.5m~3.0m×3.0m。

7.2.4.1 浅孔爆破法

天井自下而上的掘进称为反向掘进，工人站在人工搭筑的工作台上进行钻孔、爆破作业。工作台每循环架设一次，工作台与工作面距离为2~2.5m。采用上向式凿岩机打孔。

炮孔数目计算和炮孔布置原则与水平巷道掘进相同，表7-7为天井爆破炸药单耗。

表7-7 天井掘进炸药单耗 (kg/m^3)

掘进断面/m^2	岩石的坚固性系数f值		
	4~6	8~10	12~14
<4	1.70	2.15	2.70
4~6	1.60	2.03	2.55
6~8	1.50	1.92	2.40

炮孔深度为 1.6~1.9m，孔数为 2.5~3.5 个/m²。掏槽方式常用直孔或半楔形掏槽，如图 7-16所示。

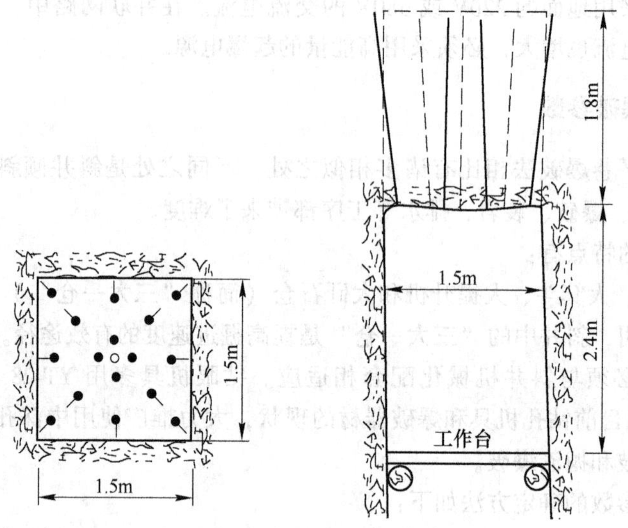

图 7-16　浅孔爆破法

这种方式在掘进高天井时，通风、提升条件差，工效低且不安全，仅在掘进盲短天井或在岩层破碎地带以及掘进某些特殊形式的天井时应用。

图 7-17 所示为天井炮孔排列的几种形式，常用的炮孔排列有螺旋形掏槽、对称直线掏槽、三角柱掏槽、不规则桶形掏槽等。具体尺寸要求视岩石情况而定，一般孔深 1.7m 左右。

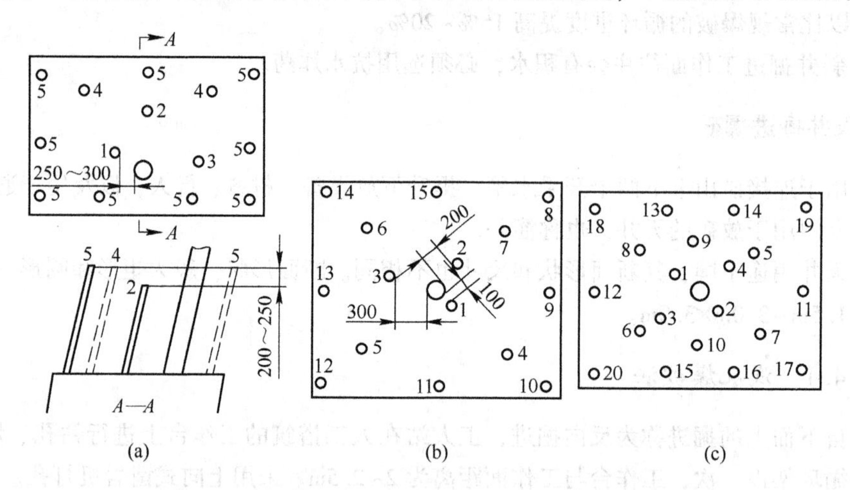

图 7-17　天井炮孔布置（单位：mm）

（a）斜天井螺旋形掏槽；（b）螺旋形掏槽；（c）对称直线掏槽

7.2.4.2　深孔爆破法

深孔爆破法用深孔钻机自上而下或自下而上沿天井全高钻凿一组平行深孔，然后分段，自下而上依次爆破，形成所需的断面和一定高度的天井。

掘进过程中，工人不进入天井内作业，其优点是工作安全，作业条件好，是近期掘进天井行之有效的一种方法。

（1）炮孔布置。炮孔布置与竖井掘进时的炮孔布置相同，也有掏槽孔、辅助孔、周边孔之分。不同之处是掏槽孔布置有两种，即以空孔为自由面的掏槽方式和以工作面为自由面的漏斗掏槽（漏斗爆破）法，前者应用较为广泛。由于天井断面较小，爆破时岩石夹制力较大，故在以空孔为自由面的掏槽中大多采用小直径深孔、大直径空孔的直孔掏槽，以利于提高爆破效果（见图 7-18）。其炮孔布置应根据岩性、孔径、掏槽方式及天井断面大小确定。

在分段爆破时，第一段掏槽孔至空孔的距离要小一些。以确保岩渣清除干净，一般为空孔直径的 2.6~5 倍。

每段掏槽孔的深度（h）按下式计算：

$$h=\frac{973D^2d^2}{a(D+d)-0.8(D^2+d^2)} \tag{7-6}$$

式中，d 为掏槽孔直径，m；D 为空孔直径，m；a 为掏槽孔至空孔中心的距离，m。

当 $D=d$，取 $a=3.2d$ 时，$h=200d$。

漏斗爆破法是在天井内穿凿若干大直径炮孔，炮孔位置应根据大孔径的爆破漏斗试验结果和天井断面大小与形状来确定。一般方形断面的天井至少布置 5 个深孔。爆破时以单孔爆破漏斗方式掏槽，然后按一定顺序分段起爆，每段只爆一个孔，并为下一个孔的爆破开创自由面（见图 7-19）。

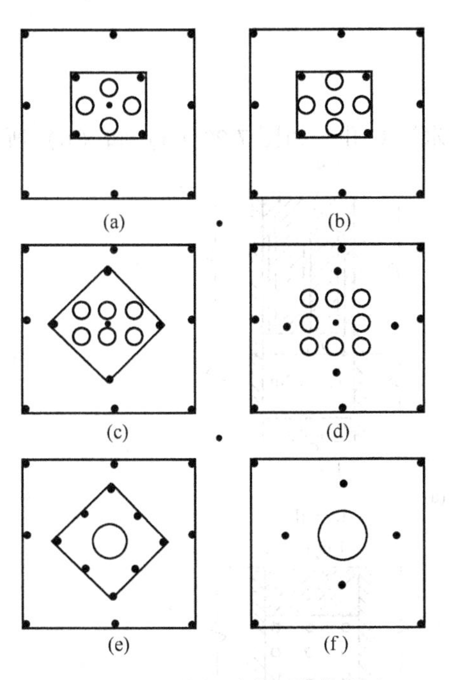

图 7-18 反井掘进典型掏槽方式

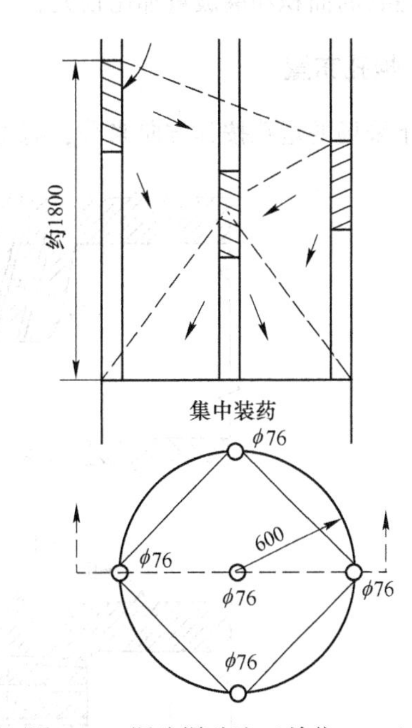

图 7-19 漏斗爆破法（单位：mm）

（2）炮孔直径。采用潜孔钻时，孔径为 90~150mm，采用 FJI-700 型深孔钻机时，孔径为 51~76mm。

（3）炮孔数目。炮孔数目一般根据类似矿山经验和试验结果确定，也可按下式计算：

$$N=\frac{KqS}{r} \tag{7-7}$$

式中，K 为断面系数，参考表 7-8；r 为每米炮孔装药量，kg/m；S 为天井断面，m^2；q 为单位炸药消耗量，kg/m^3。

表 7-8　断面系数

断面尺寸/m×m	K
2×2	1.0
1.2×1.5	1.04
1.5×1.5	1.2

（4）分段高度。深孔爆破法掘进天井时，虽然是一次钻完炮孔全部深度，但由于岩石爆破后产生膨胀，为了保证每次爆破所需的补偿空间，要采取分段爆破。分段高度取决于岩石性质、天井断面、孔径大小等因素，一般情况下，岩石易爆时，段高较大；岩石难爆时，段高则较小。例如：云南某铁矿采用深孔爆破法掘进天井时，由于该矿的岩石节理、裂隙发育、爆破性好，同时又采用100~110mm直径的深孔，因此在长度为15m以内的天井，采用一次起爆；15~25m长的天井，分两段爆破；大于25m的天井分3段爆破，爆破效果良好。在爆破条件较好时，天井长度在20~40m以内，一次起爆也获得了满意的效果。

7.3　地下采场浅孔爆破

地下采场浅孔爆破与井巷掘进爆破同样都属于浅孔爆破，不同的是采场浅孔爆破有两个自由面，爆破的面积和爆破量都比较大。

7.3.1　炮孔布置

地下采场的炮孔按其方向来分，有上向炮孔和水平炮孔，如图7-20（a）和（b）所示。

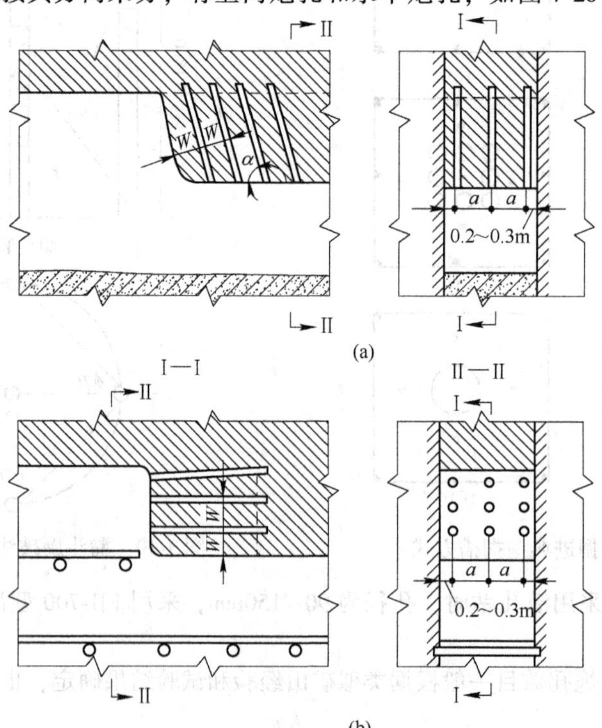

图 7-20　上向炮孔和水平炮孔

（a）上向炮孔；（b）水平炮孔

α—炮孔倾角；a—炮孔间距；W—抵抗线

其中上向炮孔应用较多。爆破工作面以台阶形式向前推进，炮孔在工作面的布置有方形（矩形）排列和三角形排列（见图7-21）。方形（矩形）排列一般用于矿石比较坚硬、矿岩不易分离、采幅较宽的矿体。三角形排列时，炸药在矿体中的分布比较均匀，崩落矿石块度的大小较一致，当采幅较窄时，效果更为显著。

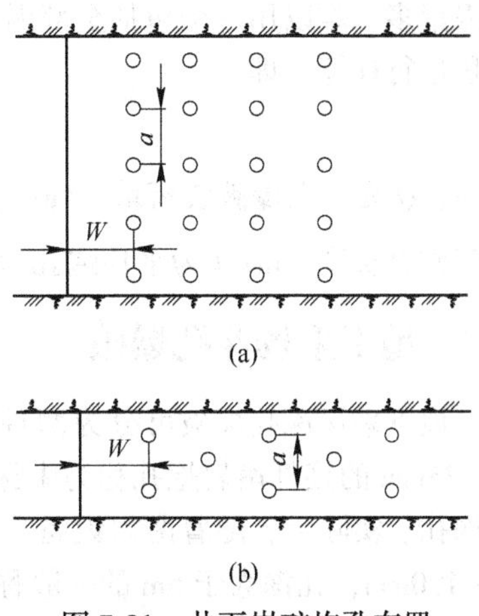

图7-21 井下崩矿炮孔布置

(a) 方形布置；(b) 三角形布置

7.3.2 爆破参数

7.3.2.1 炮孔直径

影响炮孔直径的因素除了7.1节中谈到的内容之外，还有矿床赋存条件。我国炮孔落矿广泛采用32mm的药卷直径，其相应的炮孔直径为38~42mm。不少有色金属矿山也用25~28mm的小直径药卷爆破，在控制采幅宽度、降低损失贫化方面取得了较显著的效果。

7.3.2.2 炮孔深度

炮孔深度与矿体、围岩性质、矿体厚度及其边界形状等因素有关。例如，采用浅孔留矿采矿法时，当矿厚大于1.5~2.0m，矿岩稳固时，孔深常为2m左右，个别矿山采厚矿体时孔深达3~4m；当矿厚小于1.5m时，随着矿厚不同，孔深变化于1.0~1.5m之间。在开采薄矿脉时，孔深与孔径一般取小值。

7.3.2.3 最小抵抗线和炮孔间距

采场浅孔爆破时，最小抵抗线就是炮孔的排距。炮孔间距是排内炮孔之间的距离。这两个参数的大小对爆破效果影响很大。一般说来，最小抵抗线越大，炮孔间距也越大，则爆下的矿石大块率增大。如果最小抵抗线和炮孔间距过小，矿石被过度破碎，既浪费了爆破材料，又给易氧化、易黏结、易自燃的矿石装运工作带来困难。

通常，最小抵抗线（W）和炮孔间距（a）按下列经验公式选取：

$$W = (25 \sim 30)d \tag{7-8}$$

$$a = (1 \sim 1.5)W \tag{7-9}$$

式中，d 为炮孔直径，m；系数依岩石性质而定，岩石坚硬，取较小值，反之取大值。

7.3.2.4 单位炸药消耗量

单位炸药消耗量除与矿石性质、炸药性能、孔径、孔深有关外，还与矿床赋存条件有关。一般说来，矿体厚度越小，孔越深，单位炸药消耗量越大。表7-9列出的经验数值是在使用2号岩石铵梯炸药时获取的。

表7-9 采取浅孔落矿时单位炸药消耗量

岩石坚固性系数 f	<8	8~10	10~15
单位炸药消耗量/$kg \cdot m^{-3}$	0.26~1.0	1.0~1.6	1.6~2.6

采矿时，一次爆破装药量 Q 与采矿方法、矿体赋存条件、爆破范围等因素有关。由于影

响因素多，难以用一个包括全部因素的公式计算，通常只根据单位炸药消耗量和欲崩落矿石的体积进行计算，即

$$Q=qB_{\mathrm{m}}L_{\mathrm{j}}\bar{l} \tag{7-10}$$

式中，Q 为一次爆破装药量，kg；q 为单位炸药消耗量，kg/m³；B_{m} 为矿体厚度，m；L_{j} 为一次落矿总长度，m；$\bar{l}$ 为平均炮孔深度，m。

7.4　地下采场深孔爆破

地下采场深孔爆破可分为两种，即中深孔爆破和深孔爆破。国内矿山通常把钎头直径为51~75mm的接杆凿岩炮孔称为中深孔，而把钎头直径为95~110mm的潜孔钻机钻凿的炮孔称为深孔。实际上，随着凿岩设备、凿岩工具的改进，二者的界限有时并不显著。所以，孔径75~120mm，孔深大于5m的一般称为深孔，深孔崩落矿石的特点是效率高、速度快、作业条件安全，广泛应用于厚矿床的崩矿回采。

随着大量崩矿采矿方法的应用，深孔大爆破在黑色和有色金属矿山得到了广泛应用。爆破规模日趋增大，爆破方法也逐步完善。

深孔爆破相对于浅孔爆破具有以下优点：

（1）一次爆破量大，可大量采掘矿石或快速成井。

（2）炸药单耗低，爆破次数少，劳动生产率高。

（3）爆破工作集中便于管理，安全性好。

（4）工程速度快，有利于缩短工期，对于矿山而言，有利于地压管理和提高回采强度。

同时，深孔爆破也有一些缺点：

（1）需要专门的钻孔设备，并对钻孔工作面有一定的要求。

（2）对钻孔技术要求较高，容易超挖和欠挖。

（3）由于炸药相对集中，块度不均匀，大块率较高，二次破碎工作量大。

7.4.1　深孔炮孔布置

7.4.1.1　炮孔分类

深孔炮孔布置方式有平行布孔、扇形布孔及束状孔。平行布孔是在同一排面内，深孔互相平行，深孔间距在孔的全长上均相等，如图7-22（a）所示。扇形布孔是在同一排面内，深孔排列成放射状，深孔间距自孔口到孔底逐渐增大，如图7-22（b）所示。束状孔是以某点为圆心向外发散，应用较少。

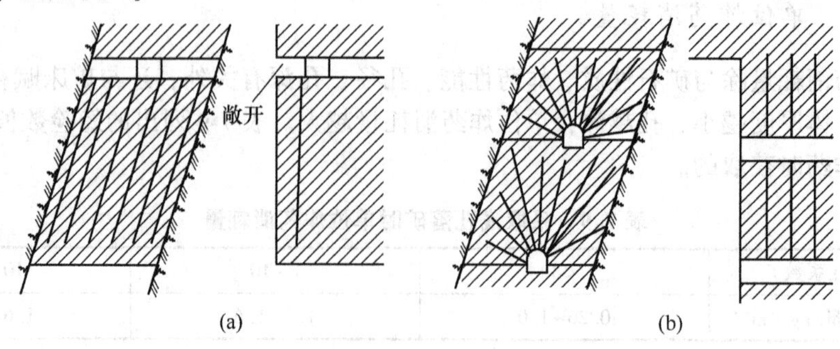

图7-22　深孔布置

（a）平行布孔；（b）扇形布孔

根据炮孔的方向不同，又可分为上向孔（见图7-23）、下向孔（见图7-24）、水平孔（见图7-25）和倾斜孔（见图7-26）四种。

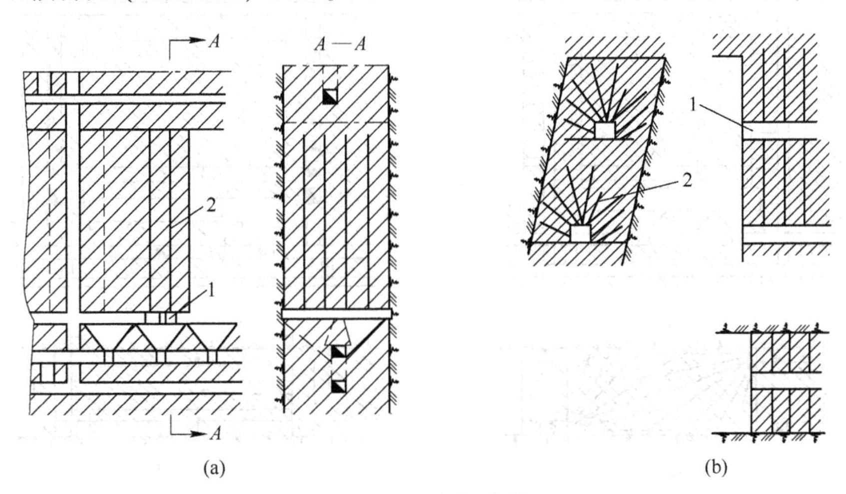

图7-23　上向深孔崩矿

（a）上向平行深孔；（b）上向扇形深孔

1—凿岩巷道；2—深孔

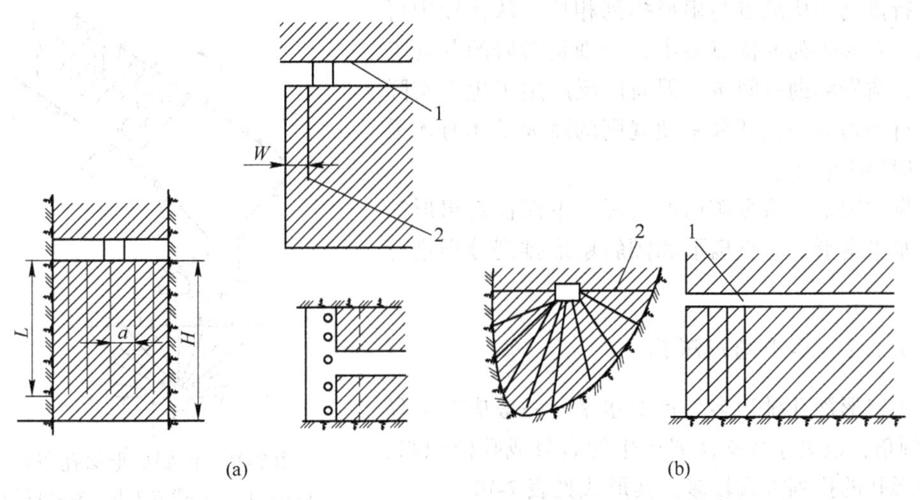

图7-24　下向深孔崩矿

（a）下向平行深孔；（b）下向扇形深孔

1—凿岩巷道；2—深孔

扇形排列与平行排列相比较，其优点是：

（1）每凿完一排炮孔才移动一次凿岩设备，辅助时间相对较少，可提高凿岩效率。

（2）对不规则矿体布置深孔十分灵活。

（3）所需凿岩巷道少，准备时间短。

（4）装药和爆破作业集中，节省时间，在巷道中作业条件好，也较安全。

其缺点是：

（1）炸药在矿体内分布不均匀，孔口密，孔底稀，爆落的矿石块度不均匀。

（2）每米炮孔崩矿量少。

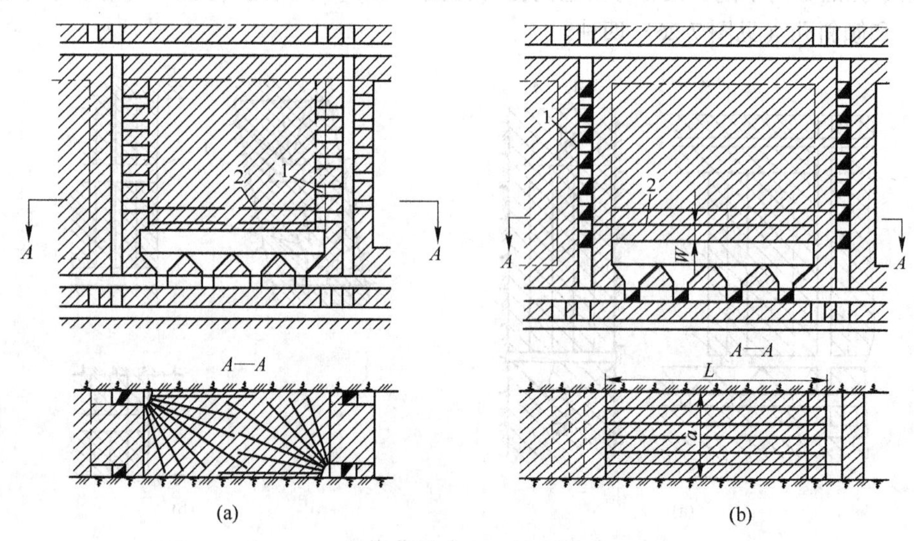

图 7-25　水平深孔崩矿
（a）水平扇形深孔；（b）水平平行深孔
1—凿岩巷道；2—深孔

平行排列的优缺点与扇形排列相反。从比较中可以看出，扇形排列的优点突出，特别是凿岩的井巷工作量少，凿岩辅助时间少，因而广泛应用于生产实际中。平行排列只是在开采坚硬规则的厚大矿体时才采用，一般很少使用。

根据我国地下冶金矿山的实际，下面仅就扇形深孔中的水平扇形、垂直扇形和倾斜扇形排列分别进行介绍。

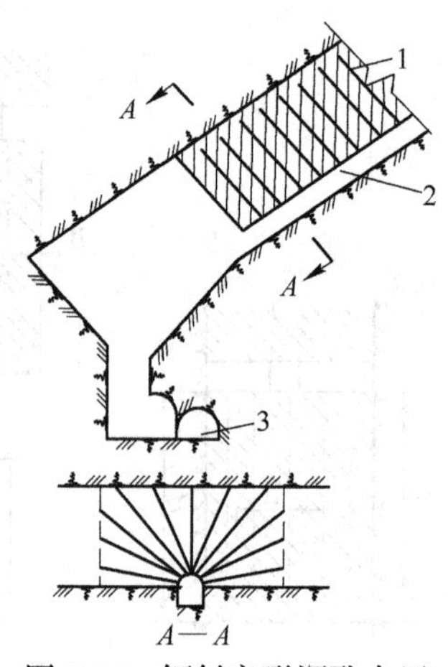

图 7-26　倾斜扇形深孔布置
1—深孔；2—凿岩天井；3—电耙道

7.4.1.2　水平扇形深孔

水平扇形深孔排列多为近似水平，一般应向上呈 3°~5°倾角，以利于排除凿岩产生的岩浆或孔内积水。水平扇形孔的排列方式较多，其形式见表 7-10。

表 7-10　水平扇形深孔布置方式比较

编号	炮孔布置示意图（40m×16m 标准矿块）	凿岩天井位置	炮孔数/个	总孔深/m	平均孔深/m	最大孔深/m	每米炮孔崩矿量/m^3	优缺点和应用条件
1		下盘中央	18	345	19.2	24.5	15.5	总炮孔深小（凿岩天井或凿岩硐室），掘进工程量小；可用接杆式凿岩或潜孔凿岩进行施工

续表 7-10

编号	炮孔布置示意图（40m×16m 标准矿块）	凿岩天井位置	炮孔数/个	总孔深/m	平均孔深/m	最大孔深/m	每米炮孔崩矿量/m^3	优缺点和应用条件
2		对角	20	362	18.1	22.5	14.9	控制边界整齐，不易丢矿，总炮孔深小。在深孔崩矿中应用较广
3		对角	18	342	19.0	38.0	15.7	控制边界尚好，但单孔太长，交错处邻孔易炸透。使用于潜孔凿岩崩矿爆破
4		一角	13	348	26.8	41.5	15.5	掘进工程量小，凿岩设备移动次数少，但大块率较高，单孔长度过大。用于潜孔凿岩深孔爆破崩矿
5		矿块中央	24	453	18.9	21.5	11.9	总炮孔深大，难控制边界，易丢矿。分次崩矿对天井维护困难。多用矿体稳固时的接杆凿岩深孔爆破崩矿
6		中央两侧	44	396	9.0	12.0	13.6	大块率低，凿岩工作面多，施工灵活性大，但难以控制边界。用于矿体稳固时的接杆凿岩深孔爆破崩矿

具体的选择应用需结合矿体的赋存条件、采矿方法、采场结构、矿岩的稳固性和凿岩设备等具体情况来确定。水平扇形炮孔的作业地点可设在凿岩天井或凿岩硐室中。前者掘进工作量少，但作业条件相对较差，每次爆破后维护工作量大；后者则相反。接杆凿岩所需空间小，多采用凿岩天井；而潜孔凿岩所需的空间大，常用凿岩硐室。用凿岩硐室凿岩时，上下硐室要尽量错开布置，避免硐室之间由于垂直距离小而影响硐室稳定性，引发意外事故。

7.4.1.3 垂直扇形排列

垂直扇形排列的排面为垂直或近似垂直。按深孔的方向不同，又可分为上向扇形和下向扇形。垂直上向扇形与下向扇形相比较，其优点是：

（1）适用于各种机械进行凿岩，而垂直下向扇形只能用潜孔钻或地质钻机凿岩。

（2）岩浆容易从孔口排出。

（3）凿岩效率高。

其缺点是：

（1）钻具磨损大。

（2）排岩浆的过程中，水和岩浆易灌入电机（对潜孔而言），工人作业环境差。

(3) 当炮孔钻凿到一定深度时，随孔深的增加，钻具的质量也随之加大，凿岩效率有所下降。

垂直下向扇形炮孔排列的优缺点正好相反。由于垂直下向扇形深孔钻凿时存在排岩浆比较困难等问题，它仅用于局部矿体和矿柱的回采。生产上广泛应用的是垂直上向深孔，其作业地点是在凿岩巷道中。当矿体较小时，一般将凿岩巷道掘在矿体与下盘围岩交界处；当矿体厚度较大时，一般将凿岩巷道布置于矿体中间。

7.4.1.4　倾斜扇形排列

倾斜扇形深孔排列，多用于无底柱崩落采矿法的崩矿爆破中，如图 7-27（a）所示。用倾斜扇形深孔崩矿的目的是为了放矿时椭球体发育良好，避免覆盖岩石过早混入，从而减少贫化和损失。

有的矿山矿体倾角 40°～45°，这种倾角矿体崩下的矿石容易发生滚动，不宜使用机械运搬，否则作业不安全。此时可使用倾斜的扇形深孔进行爆破，利用炸药爆炸的一部分能量，将矿石直接抛入受矿漏斗，如图 7-27（b）所示，实现爆力运搬。

一些矿山，采用侧向倾斜扇形深孔进行崩矿，见图 7-27（c），可增大自由面，是垂直扇形深孔爆破自由面的 1.5～2.5 倍，爆破效果好，大块率可减少到 3%～7%，特别是对边界复杂的矿体，可降低矿石的损失和贫化，被认为是扇形深孔排列中比较理想的排列方式。

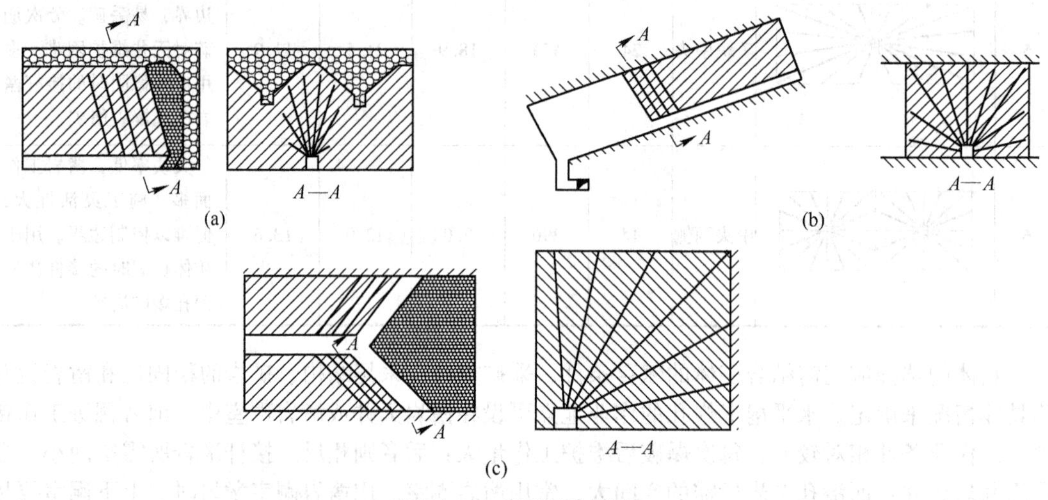

图 7-27　扇形深孔爆破
（a）无底柱分段崩落法倾斜扇形炮孔；（b）爆力运搬扇形炮孔；（c）侧向倾斜扇形深孔

7.4.2　爆破参数

7.4.2.1　深孔直径

深孔直径的大小对凿岩劳动生产率和爆破效果影响很大。影响孔径的主要因素是使用的凿岩设备和工具、炸药的威力、岩石特征。

采用接杆凿岩时，主要决定于连接套直径和必需的装药体积，孔径一般为 50～75mm，以 55～65mm 较多。采用潜孔凿岩时，因受冲击器的制约，孔径较大，为 90～120mm，以 95～105mm 较多。在矿石节理裂隙发育、炮孔容易变形的情况下，采用大直径深孔则是比较合理的。

7.4.2.2 炮孔深度

孔深对凿岩速度、采准工作量影响很大，随着孔深的增加，凿岩速度下降，深孔偏斜增大，施工质量变差。但是，孔深的增加使凿岩巷道之间的距离加大，因而采准工作量降低。选择孔深主要取决于凿岩机类型、矿体赋存条件、矿岩性质、采矿方法和装药方式等因素。目前，使用YT-23型（7655）凿岩机时，孔深一般为6~8m，最大不超过10~12m；使用YG-80和BBC-120F凿岩机时，孔深一般为10~15m，最大不超过18m；使用BA-100和YQ-100潜孔凿岩机时，一般为10~20m，最大不超过25~30m。

7.4.2.3 最小抵抗线、孔间距和密集系数

最小抵抗线就是排距，即爆破每个分层的厚度。

孔间距是排内深孔之间的距离。对于扇形深孔来说，孔间距常用孔底距和孔口装药处的垂直距离表示。如图7-28所示，孔底距$b_{大}$是指较浅的深孔孔底至相邻深孔的垂直距离。孔口装药处的垂直距离$b_{小}$是指堵塞较深的深孔装药处至相邻深孔的垂直距离。前者用于布置深孔时控制孔网密度，后者用于装药时控制装药量。

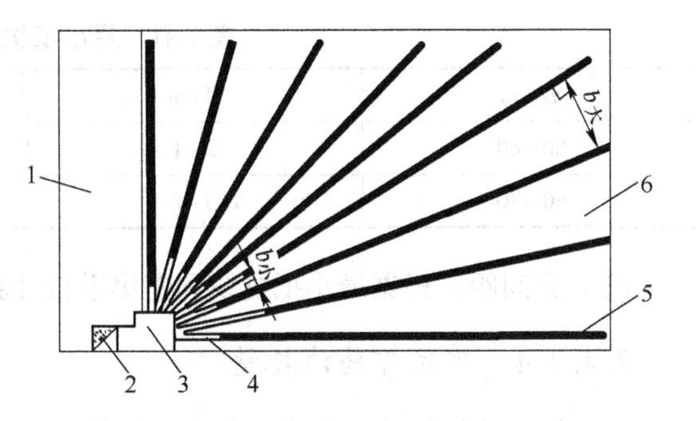

图7-28 扇形孔装药处的孔口及孔底距离

1—间柱；2—采区天井；3—凿岩硐室；4—炮孔未装药部分；5—炮孔装药部分；6—矿房

密集系数是孔间距与最小抵抗线的比值，即

$$m=\frac{a}{W} \tag{7-11}$$

式中，m为密集系数；a为孔间距，m；W为最小抵抗线，m。

对于扇形深孔来说，常用孔底密集系数和孔口密集系数表示。孔底密集系数是孔底距与最小抵抗线的比值，孔口密集系数是孔口装药处垂直距离与最小抵抗线的比值。

以上三个参数直接决定着深孔的孔网密度，其中，最小抵抗线反映了排与排之间的孔网密度；孔间距反映了排内深孔的孔网密度；而密集系数则反映了它们之间的相互关系。它们的确定正确与否，直接关系到矿石的破碎质量，影响着每米崩矿量、凿岩和出矿劳动生产率、爆破器材消耗、矿石的损失和贫化以及其他一些技术经济指标。

以下分别叙述上述三个参数的确定方法。

(1) 密集系数。密集系数的选取是根据经验来确定的。通常，平行孔的密集系数为0.8~1.1，以0.9~11较多。扇形孔时，孔底密集系数为0.9~1.5，以1.0~1.3较多；孔口密集系数为0.4~0.7。选取密集系数时，矿石越坚固，要求的块度越小，应取较小值；否则，应取较大值。

(2) 最小抵抗线。确定最小抵抗线，主要有以下三种方法。

1) 平行布孔时，仍可按巴隆公式计算：

$$W=d\sqrt{\frac{7.85\rho\tau}{qm}} \tag{7-12}$$

式中，d为炮孔直径，dm；ρ为装药密度，kg/dm^3；τ为装药系数，$\tau=0.7\sim0.85$；q为单位炸药消耗量，kg/m^3。

式（7-12）是平行布孔的最小抵抗线，如果是扇形布孔的最小抵抗线也可利用式（7-12），但应将式中的密集系数和装药系数改为平均值，平均密集系数一般为1~1.25；平均装药系数可根据实际资料选取。

2）根据最小抵抗线和孔径的比值选取。从式（7-12）可知，当单位炸药消耗量和密集系数一定时，最小抵抗线和孔径成正比。实际资料表明，最小抵抗线和孔径的比值一般在下列范围：

坚硬的矿石　　$W/d=23\sim30$

中等坚硬矿石　　$W/d=30\sim35$

较软矿石　　$W/d=35\sim40$

当装药密度越高、炸药的威力越大时，则该比值越大；相反，该比值越小。

3）根据矿山实际资料选取。矿山常用的最小抵抗线数值见表7-11。

表7-11　最小抵抗线与炮孔直径

d/mm	W/m	d/mm	W/m
50~60	1.2~1.6	70~80	1.8~2.5
60~70	1.5~2.0	90~120	2.5~4.0

（3）孔间距。根据最小抵抗线和密集系数计算。

7.4.2.4　单位炸药消耗量

单位炸药消耗量的大小直接影响岩石的爆破效果，其值大小与岩石的可爆性、炸药性能和最小抵抗线有关。通常，参考表7-12选取，也可根据爆破漏斗试验确定。

表7-12　地下深孔单位炸药消耗量

岩石坚固性系数f	3~5	5~8	8~12	12~16	>16
一次爆破单位炸药消耗量/$kg\cdot m^{-3}$	0.2~0.35	0.35~0.5	0.5~0.8	0.8~1.1	1.1~1.5
二次爆破单位炸药消耗量所占比例/%	10~15	15~25	25~35	35~45	>45

平行深孔每孔装药量（Q）为：

$$Q=qaWL=qmW^2L \tag{7-13}$$

式中，L为深孔长度，m。

扇形深孔每孔装药量因其孔深、孔距均不相同，通常先求出每排孔的装药量，然后按每排的总长度和总堵塞长度，求出每米孔的装药量，最后分别确定每孔装药量。每排孔装药量为：

$$Q_{排}=qWS \tag{7-14}$$

式中，$Q_{排}$为排深孔的总装药量，kg；S为排深孔的负担面积，m^2。

表7-13列出了我国部分地下矿山深孔爆破参数。

表7-13　部分地下矿山深孔爆破参数

矿山名称	矿石坚固性系数	深孔排列方式	深孔直径/mm	最小抵抗线/m	孔底距/m	孔深/m	一次单位炸药消耗量/$kg\cdot t^{-1}$	二次单位炸药消耗量/$kg\cdot t^{-1}$	每米深孔崩矿量/t
胡家峪铜矿	8~10	上向垂直扇形	65~72	1.8~2.0	1.8~2.2	12~15	0.35~0.40	0.15~0.25	5~6

续表 7-13

矿山名称	矿石坚固性系数	深孔排列方式	深孔直径/mm	最小抵抗线/m	孔底距/m	孔深/m	一次单位炸药消耗量/kg·t^{-1}	二次单位炸药消耗量/kg·t^{-1}	每米深孔崩矿量/t
篦子沟铜矿	8~12	上向垂直扇形	65~72	1.8~2.0	1.8~2.0	<15	0.442	0.183	5
铜官山铜矿	3~5	水平或上向垂直扇形	55~60	1.2~1.5	1.2~1.8	3~5	0.25	0.16	6~8
云锡松树脚锡矿	10~12	上向垂直扇形	50~54	1.3	1.3~1.5	5~8	0.245	0.267	6.33
红透山铜矿	8~12	水平扇形	90~110	3.5	3.8~4.5	10~25	0.21	0.60	15~20
狮子山铜矿	12	水平扇形	90~110	2.0	2.5	15~20	0.45~0.50	0.1~0.2	11~12
易门铜矿风山坑	4~8	水平扇形或束状	105~110	2.5~3.0	2.5~4.0	<30	0.45	0.0213	10~15
易门铜矿狮山坑	4~6	水平扇形或束状	105	3.2~3.5	3.3~4.0	5~20	0.25	0.074	16~26
狮子山铜矿	12~14	垂直扇形	90~110	2.0~2.2	2.5	10~15	0.40~0.45	0.10~0.20	11~12
东川因民铜矿	8~10	垂直扇形	90~110	1.6~2.0	2.0~2.5	<15	0.445	0.0643	7.9
红透山铜矿	8~10	水平扇形	50~60	1.4~1.6	1.6~2.2	6~8	0.18~0.20	0.40	4~5
青城子铅矿	8~10	倾斜扇形	65~70	1.5	1.5~1.8	4~12	0.25	0.15	5~7
金岭铁矿	8~12	上向垂直扇形	60	1.5	2.0	8~10	0.16	0.246	6
程潮铁矿	2~6	上向垂直扇形	56	2.5	1.2~1.5		0.218	0.01	8
核工业总公司794矿	8~10	垂直扇形中深孔	65	1.2	1.8	4~12	0.75		3
核工业总公司719矿	8~12	垂直扇形	70 75	1.2	0.8~1 1.8~2.2	1.5~1.8 35~40	0.45 0.9~1.08	0.01	
兰家金矿（长春）	11~12	水平，下向炮孔	38~42	0.85	0.85（孔间距）	2~3 2~4	0.5		2.14

7.4.3 深孔爆破设计

深孔爆破设计是回采工艺中的重要环节，它直接影响崩矿质量、作业安全、回采成本、损失贫化和材料消耗等。合理的深孔设计应是：

（1）炮孔能有效地控制矿体边界，尽可能使回采过程中的矿石损失率、贫化率低。

（2）炮孔布置均匀，有合理的密度和深度，使爆下矿石的大块率低。

（3）炮孔的效率要高。

（4）材料消耗少。

（5）施工方便，作业安全。

7.4.3.1　布孔设计的资料与内容

A　布孔设计需要的基础资料

（1）采场实测图。图中应标有凿岩巷道或硐室的相对位置、规格尺寸、补偿空间的大小和位置，原拟定的爆破顺序和相邻采场的情况。

（2）矿岩凿岩爆破性质，矿体边界线，简单的地质说明。

（3）矿山现有的凿岩机具、型号及性能等。

B　布孔设计的基本内容

（1）凿岩参数的选择。

（2）根据所选定的凿岩参数，在采矿方法设计图上确定炮孔的排位和排数，并按炮孔的排位作出剖视图。

（3）在凿岩巷道或硐室的剖视图中，确定支机点和机高，并在平面图上推算出支机点的坐标。

（4）按所确定的孔间距，在剖视图上作出各排炮孔（扇形排列炮孔时，机高点是一排炮孔的放射点），然后将各深孔编号，量出各孔的深度和倾角，并标在图纸上或填入表中。

上述各项内容，从生产实践角度出发，往往集中用作图软件或图纸来表示，必要时可在设计图纸用简短的文字加以说明。

7.4.3.2　布孔设计的方法和步骤

布孔设计方法与步骤通过下述实例来说明。

如图 7-29 所示。有底柱分段凿岩阶段矿房采矿法采场，切割槽布置于采场中央；用 YG-80 型凿岩机钻凿上向垂直扇形炮孔；分段巷道断面 2m×2m。爆破顺序是由中央切割槽向两侧顺序起爆。矿石坚硬稳固，可爆性差，$f=12$。完成采场炮孔布孔设计。

（1）参数选择。

1）炮孔直径：$D=65\text{mm}$。

2）最小抵抗线：$W=(23\sim30)d=1.5\sim2.0\text{m}$，因矿石坚硬稳固，取 $W=1.5\text{m}$。

3）孔底距：在本采场采用上向垂直扇形炮孔，用孔底距表示炮孔的密集程度。因为炮孔的直径是 65mm，在排面上将炮孔布置稀一些，但考虑到降低大块的产生，将前后排炮孔错开布置。取邻近系数 $m=1.35$，所以，孔底距 $a=mV=1.35\times1.5=2\text{m}$。

4）最小抵抗线：取 $W=1.5\text{m}$，在分段巷道 2480、2470 和 2460 中，决定炮孔的排数和排位，并标在图上。

（2）按所定的排位，作出各排的剖视图。作出切割槽右侧的第一排位的剖视，并标出有关分段凿岩巷道的相对位置，如图 7-30 所示。

（3）在剖视图上有关巷道中，确定支机点。为便于操作，机高取 1.2m，支机点一般设在巷道的中心线上。

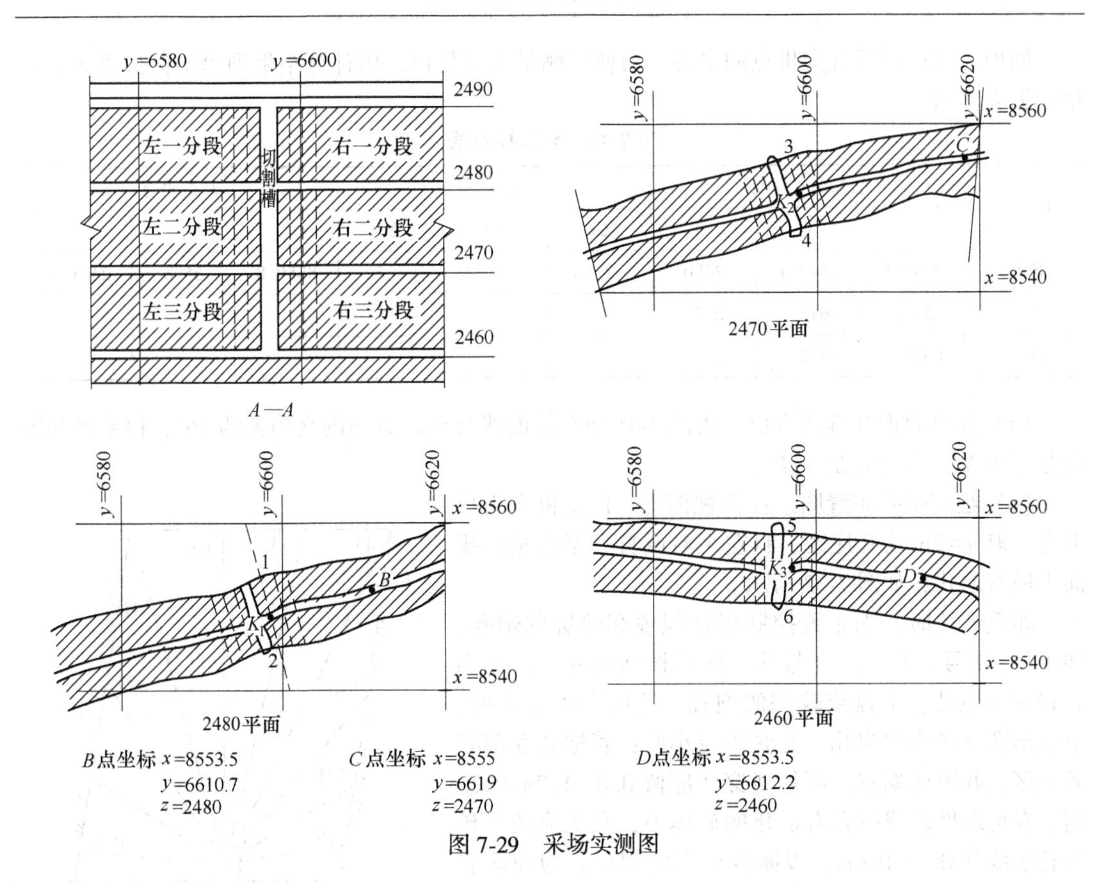

图 7-29　采场实测图

(4) 根据巷道中的测点，例如 B、C、D 点的坐标，推算出各分段巷道中的支机点 K_1、K_2、K_3的坐标，具体做法如图 7-31 所示。

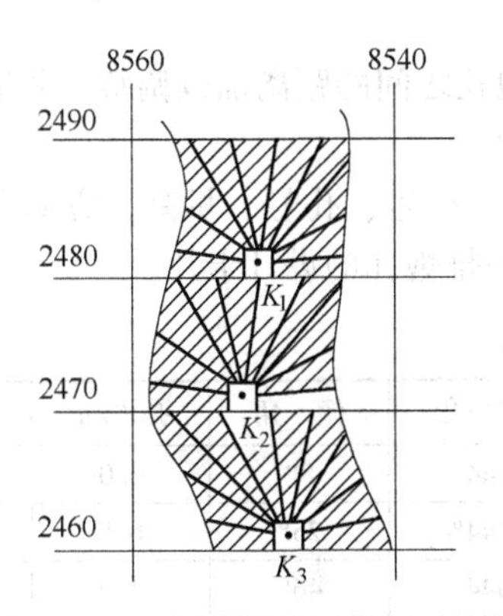

图 7-30　右侧第一排位剖视图的炮孔布置

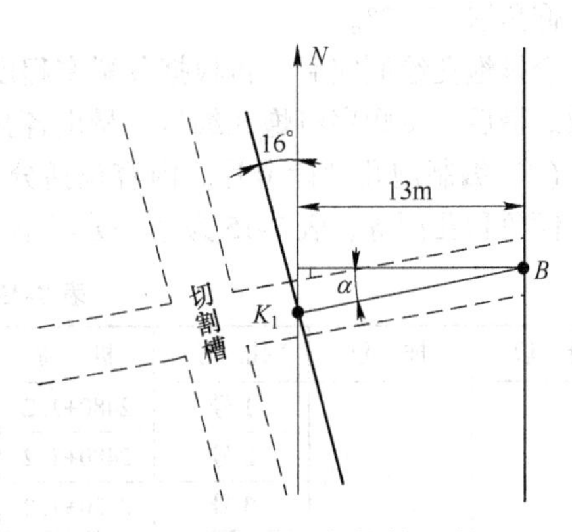

图 7-31　支机点坐标推算示意图

1) 连接 BK_1线段；

2) 过 B 点作直角坐标，用量角器量得 BK_1的象限角 $\alpha=12°$；$BK_1=13\text{m}$；

3) 推算得 K_1点的坐标为：

$$x_{K_1}=x_B-\Delta x=x_B-13\sin12°=8553.5-2.7=8550.8$$

$$y_{K_1}=y_B-\Delta y=y_B-13\cos12°=6610.7-12.7=6598$$

$$z_{K_1}=2480+1.2=2481.2$$

同理，可求得所有支机点的坐标。为便于测量人员复核，用计算结果列出坐标换算表，其格式见表 7-14。

表 7-14　坐标换算表

点　号	已知测点坐标			坐标增量			*K* 点坐标		
	x	*y*	*z*	Δ*x*	Δ*y*	Δ*z*	*x*	*y*	*z*
$B\text{-}K_1$	8553.5	6610.7	2480	−2.73	−12.74	1.2	8550.8	6598	2481.2
$C\text{-}K_2$	8555.0	6618.5	2470						
$D\text{-}K_3$	8553.5	6612.2	2460						

（5）计算扇形孔排面方位。由图 7-31 炮孔排面线与正北方向的交角偏西 16°，得扇形孔方向是 N16°W，方位角是 344°。

（6）绘制炮孔布置图。在剖视图上，以支机点为放射点，取 a=2m 为孔底距，自左至右或自右至左画出排面上所有炮孔，如图 7-32 所示。

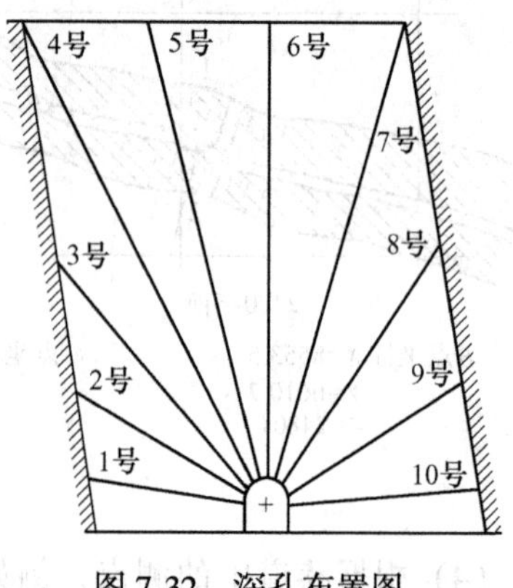

图 7-32　深孔布置图

布置炮孔时，先布置控制爆破规模和轮廓的炮孔，如 1 号、7 号、4 号、10 号孔，然后根据孔底距，适当布置其余炮孔。上盘或较深的炮孔，孔底距可稍大些；下盘炮孔或较浅的炮孔，孔底距应小些；若炮孔底部有采空区、巷道或硐室，不能凿穿，应留 0.8～1.2m 的距离。在可爆性差或围岩有矿化的矿体中，孔底应超出矿体轮廓线外 0.4～0.6m，以减少矿石的损失；为使凿岩过程中排粉通畅，边孔不能水平，应有一定的仰角，一般孔深在 8m 以下时，仰角取 3°～5°；孔深在 8m 以上时，仰角取 5°～7°。

全排炮孔绘制完后，再根据其稀密程度和死角，对炮孔之间的距离加以调整，并适当增减孔数。最后，按顺序将炮孔编号，量出各孔的倾角和深度。

（7）编制炮孔设计卡片。内容包括分段（层）名称、排号、孔号、机高、方向角、方位角、倾角和孔深等，表 7-15 为第一分段第一分层右侧每一排炮孔的设计卡片。

表 7-15　炮孔设计卡片

分　段	排　号	孔　号	机　高	方向角	方位角	倾　角	孔深/m	说　明
第一分段	右侧第一排	1 号	2480+1.2	N16°W	344°	8°	6.0	
		2 号	2480+1.2	N16°W	344°	25°	6.5	
		3 号	2480+1.2	N16°W	344°	46°	7.9	
		4 号	2480+1.2	N16°W	344°	79°	11.5	
		5 号	2480+1.2	N16°W	344°	85°	10.7	
		6 号	2480+1.2	N16°W	344°	104°	10.5	
		7 号	2480+1.2	N16°W	344°	126°	10.9	
		8 号	2480+1.2	N16°W	344°	138°	9.4	
		9 号	2480+1.2	N16°W	344°	150°	8.3	
		10 号	2480+1.2	N16°W	344°	175°	6.2	

7.4.3.3 炮孔施工和验收

炮孔设计完成后开施工单，交测量人员现场标设。施工人员根据施工单进行炮孔施工。要求边施工、边验收，这样才能及时发现差错并及时纠正，以免造成不必要的麻烦。

验收的内容包括炮孔的方向、倾角、孔位和孔深。方向和倾角用深孔测角仪或罗盘测量，孔深用节长为1m的木制或金属制成的折尺测量。测量时对炮孔的误差各个矿山不同，如某矿对垂直扇形深孔的排面施工误差允许±1°、倾角±1°、孔深±0.5m。验收的结果要填入验收单，对于孔内出现的异常现象（如偏离、堵孔、透孔、深度不足等），均要标注清楚。根据这些标准和实测结果要计算炮孔合格率（指合格炮孔占总炮孔的百分比）和成孔率（指实际钻凿炮孔数占设计炮孔总数的百分比），一般要求两者均应合格。

验收完毕后，要根据结果绘成实测图，填写表格，作为爆破设计、计算采出矿量和损失贫化等指标的依据和重要资料。

7.4.3.4 爆破方案选择

选择爆破方案要依据爆破基础资料，它包括采场设计图、地质说明书、采场实测图、炮孔验收实测图，邻近采场及需要进行特殊保护的巷道、设施等相对位置图，矿山现用爆破器材型号、规格、品种、性能等资料。

上述资料由采矿、地质和测量人员提供。爆破设计人员除认真熟识这些资料外，尚需对现场进行调查研究，根据情况变化进行重新审核和修改。另外，爆破器材性能需进行实测试验。

爆破方案主要决定于采矿方法的采场结构、炮孔布置、采场位置及地质构造等。方案主要内容包括爆破规模、起爆方法（含网路）、爆破顺序和雷管段别的安排等。

(1) 爆破规模。爆破规模与爆破范围是密切相关的。一次爆破范围是一个采场，还是几个采场，或者是一个采场分几次爆破，这些直接影响着爆破规模的大小。但这部分内容在采场单体设计时都已初步确定，爆破工作者的任务则是根据变化了的情况进行修改和作详细的施工设计。

爆破规模对于每个矿山都有满足产量的合适范围，一般情况下不会随便改变。只有在增加产量、地质构造变化或有控制地压的需要时等，才扩大爆破规模或缩小爆破范围。在正常情况下，一般爆破范围以一个采场为一次爆破的较多。

(2) 起爆方法。起爆方法的选择可根据本矿的条件及技术水平、工人的熟练程度具体确定。

在深孔爆破中，使用最广泛的是非电力起爆法（一般采用导爆管起爆与导爆索辅爆的复式起爆法）。20世纪80年代初，冶金矿山均用电力起爆法。但导爆管非电起爆法的推广使用，逐渐取代了电力起爆法，因为非电起爆系统克服了电力起爆法怕杂散电流、静电、感应电的致命缺点。这种导爆管与导爆索的复式起爆法的起爆网路安全可靠，连接简便，但导爆索用量大，起爆前网路不能检测。

(3) 起爆顺序和雷管段别的安排。为了改善爆破效果，必须合理地选取起爆顺序。

1) 回采工艺的影响。为了简化回采工艺和解决矿岩稳固性较差和暴露面过大等问题，许多矿山将切割爆破（扩切割槽与漏斗）与崩矿爆破同时进行。对于水平分层回采而言，可由下而上地按扩漏、拉底、开掘切割槽（水平或垂直的）和回采矿房的先后顺序进行爆破；也有些矿山采用先崩矿后扩漏斗的爆破顺序，以保护底柱、提高扩漏质量和避免矿石涌出，以及防止堵塞电耙道。

2）自由面条件。由于爆破方向总是指向自由面，故自由面的位置和数目对起爆顺序有很大的影响。当采用垂直深孔崩矿，补偿空间为切割立槽或已爆碎的矿石时，起爆顺序应自切割立槽往后依次逐排爆破。当采用水平深孔崩矿补偿空间为水平拉底层时，起爆顺序应自下而上逐层爆破。

3）布孔形式的影响。水平、垂直或倾斜布置的深孔，应取单排或数排为同段雷管，逐段爆破。束状深孔或交叉布置的深孔，则宜采取同段雷管起爆。

为了减少爆破冲击波的破坏作用，应适当增加起爆雷管的段数，降低每段的装药量，并力求分段的装药量均匀。

雷管段别的安排是由起爆顺序来决定的，先爆的深孔安排低段雷管，后爆的深孔安排高段雷管。为了起爆顺序的准确可靠，在生产中不用一段管而从二段管开始。例如起爆顺序是1、2、3，安排雷管的段别是2段、3段、4段等。为保证不因雷管质量原因产生跳段，一般采用1段、3段、5段等形式。

（4）爆破网路的设计和计算。不论选用何种起爆法，其正确与否都对起爆的可靠性起决定性作用。必须进行精心设计和计算。值得一提的是，对于规模较大的爆破，一般要预先将网路在地面做模拟试验，符合设计要求后才能用。

（5）装药和材料消耗。深孔装药都属柱状连续装药，装药系数一般为65%～85%。扇形深孔为避免孔口部分装药过密，相邻深孔的装药长度应当不相等。通常根据深孔的位置不同，用不同的装药系数来控制。起爆药包的个数及位置，不同矿山不尽相同，有些矿山一个深孔中装两个起爆药包，一个置于孔底，一个置于靠近堵塞物。而大多数矿山每个深孔只装一个起爆药包，置于孔底，或者置于深孔装药的中部，并且再装一条导爆索。

装药可采用人工装药和机械装药两种方式。

1）人工装药。人工装药是用组合炮棍往深孔内装填药卷，装药结构是属柱状连续不耦合装药。扇形深孔的装药量取决于深孔邻近系数、炮孔的位置和炮孔深度，然后根据每个深孔的装药系数，计算出该孔装药长度，再根据药卷长度决定每个深孔的装药卷个数（取整数），知道每个药卷的质量，就可计算出每个深孔内所装药卷总质量，进而求出全排扇形深孔的装药量。人工装药比较困难，特别是上向垂直扇形深孔装药。

2）机械装药。在井下和露天的中深孔和深孔爆破中，装药量较大，人工装药效率较低，可采用机器装药。该方法操作人员少，效率高，装药密度大，连续装药，可靠性好。这种方法主要用于地下的掘进和采矿的大规模爆破。

材料消耗包括总装药量、雷管数、导爆索或导线总长度，最后求出单位材料消耗量，应用表格统计并计算出来。

（6）深孔爆破的通风和安全工作。深孔爆破后产生的炮烟（有毒有害气体），相当部分随空气冲击波的传播扩散到邻近各井巷和采场中，造成井下局部地段的空气污染而无法工作。故应从地表将大量的新鲜空气输送入爆区，把有毒有害的炮烟按一定的线路和方向排出地面，这就是井下深孔爆破的通风。一般通风时间需要连续几个作业班。通风后能否恢复作业，必须先由专业人员戴好防毒面具进行现场测定，空气中的有毒有害气体含量达到规定的标准后才能恢复工作。所需风量的计算等问题可参考《矿井通风与防尘》等教材。

由于一次爆炸的炸药量很大，地下深孔爆破会产生强烈的空气冲击波和地震波，空气冲击波和地震震动会引起地下坑道、线路、管道、支护和设备的破坏或损伤，甚至危及地面建筑物和构筑物。因此，在深孔爆破设计时，必须估算其危害的范围。

深孔大爆破必须做好组织工作。在井下进行深孔大爆破时，由于时间要求短、工序多、任务重，每道工序的具体工作都要求严格、准确、可靠。但爆破工作面狭窄，同时从事作业的人员多，因此必须有严密的组织，使工作有条不紊地进行，在规定的时间内保质保量地完成。

7.4.4 球形药包爆破（VCR 采矿法）

7.4.4.1 炮孔布置

在 VCR 法中，一般炮孔直径 165mm，通常钻孔偏斜不超过 1%～2%；孔距 3m，排距 1.2m。（见图 7-33）每层爆高 3m，药包高度 0.6～1m；最后距上水平 9m 时，可将 3 层的药包同时爆破。

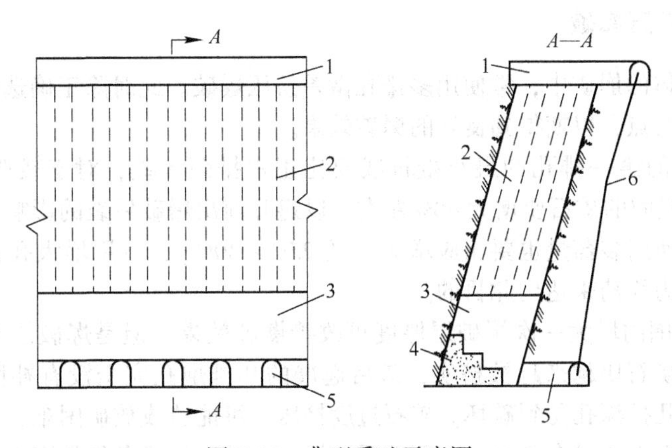

图 7-33 典型采矿示意图

1—凿岩巷道；2—大孔径深孔；3—拉底空间；4—充填台阶；5—装矿巷道；6—运输巷道

7.4.4.2 装药起爆

爆破采用 CLH 型或 HD 型高能乳化炸药。CLH 型乳化炸药是高密度（1.35～1.55g/cm^3）、高爆速（4500～5500m/s）、高体积威力（以 2 号岩石铵梯炸药为 100 时，其相对体积威力为 150～200）。

装药程序如下：

（1）清孔并用测量绳量测孔深；

（2）用绳将孔塞放入孔内，按爆破设计的位置固定好；

（3）孔塞上面堵塞一定高度的岩屑；

（4）装入下半部炸药；

（5）装入起爆药包；

（6）装入上半部炸药；

（7）用砂或水袋堵塞至设计规定的位置；

（8）连接起爆网路，通常采用电力起爆法、电力起爆和导爆索起爆法、导爆索和非电导爆管起爆法。

每个深孔只装一层药包进行爆破的称为单层爆破，药包的最佳埋置深度因矿石性质和炸药特性不同而异，各矿山应根据小型爆破漏斗试验的结果，按几何相似的原理进行立方根关系换算求得最佳埋置深度，并在实践中不断调整，以取得最好爆破效果。一般中硬矿石为 1.8～

2.5m，每次崩下矿石层厚度为3m左右。同层药包可采用同时起爆，但为降低地震和空气冲击波的影响，可采用毫秒爆破，毫秒延期间隔时间为25~50ms，起爆顺序从深孔中部向边角方向进行。为了减少分层爆破次数，每孔一次可装2~3层，按一定顺序起爆称为多层起爆。无论单层或多层爆破，必须有足够的爆破补偿空间。

7.4.4.3　VCR法爆破方法的优点

（1）工人不必进入敞开的回采空间，安全性好。
（2）破碎块度比较均匀，所需炸药消耗量较少。
（3）采准工作量小。

7.4.5　地下深孔挤压爆破

在中厚和厚矿体的崩矿中，常使用多排孔微差挤压爆破。此时除正确选用爆破参数和工艺外，还须注意以下几点，以期得到良好的爆破效果。

（1）每次爆破的第一排孔的最小抵抗线要比正常排距大些，对于较坚固的矿石要增大20%左右，对于不坚固的矿石要增大40%左右，以避开前次爆破后裂的影响。由于第一排孔最小抵抗线增大，其所用装药量也要相应增大（约25%~30%），可用增大孔径或孔数、提高装药密度或采用高威力炸药来达到此目的。

（2）在一定范围内增大一次爆破层厚度可改善爆破效果。但是爆破层太厚，随着爆破排数的增加，破碎的矿石块越来越被挤实，最后起爆的几排炮孔完全没有补偿空间可供破碎膨胀，结果将使最后几排深孔受到破坏。矿石过度挤压，可能造成放矿困难，甚至放不出来。一次爆破层厚度可根据矿床赋存条件、矿石性质、爆破参数、挤压条件等因素来确定。一般中厚矿体的挤压爆破可用10~20m爆破层厚度；厚矿体的挤压爆破可用15~30m爆破层厚度。我国几个矿山的地下挤压爆破参数列于表7-16中。

表7-16　地下挤压爆破参数

矿山名称	矿体厚度/m	矿石坚固性系数	崩矿参数					挤压条件	一次崩矿厚度/m
			深孔排列方式	单位炸药消耗量/kg·t^{-1}	孔径/mm	孔深/m	最小抵抗线/m		
篦子沟矿	30~50	8~2	垂直扇形深孔	0.446	65~74	10~15	1.8	向相邻松散矿石挤压	15~18
易门铜矿狮子坑	20~30	4~6	垂直及水平扇形深孔		105~110	15		向相邻松散矿石挤压	20
								两侧有松散矿石，向两侧挤压	30
胡家峪矿	15	8~10	垂直扇形深孔	0.479	65~72	12~15	1.8	向相邻松散矿石挤压	6~13

（3）多排孔微差挤压爆破的炸药单位消耗量比普通的微差爆破高一些，一般为0.4~0.5kg/t。装药不可过量，否则将造成过度挤压。扇形炮孔的装药不可过长，否则不利于爆炸能的利用，故孔口装药端的相互间距不应小于0.8倍最小抵抗线，而孔口不装药的长度应不小

于最小抵抗线的1.2倍。

(4) 多排孔微差挤压爆破排间间隔时间应比普通微差爆破长30%~60%，以便使前排孔爆破的岩石产生位移形成良好的空隙槽，为后排创造补偿空间，发挥挤压作用。一般崩落矿石产生位移移动时间为15~20ms，挤压爆破的排间间隔时问必须大于此值。通常对坚硬的脆性矿石可取小的微差间隔时间，对松软的塑性矿石则可取长些的间隔时间。

(5) 爆破后松散矿石压实后，密度较高。为使下一次爆破得到足够的补偿空间和提高炸药爆炸的能量利用率，必须在下一次爆破前进行松动放矿，放矿量为前次崩落矿量的20%~30%。

(6) 补偿系数。补偿空间的容积 V_B 与崩落矿石原体积 V 之比，称为补偿系数 K_B。

$$K_B = \frac{V_B}{V} \times 100\% \tag{7-15}$$

挤压爆破的补偿系数一般为10%~30%。

7.5 地下采矿凿岩爆破工作

7.5.1 凿岩工作

7.5.1.1 凿岩前注意事项

凿岩前必须做到：

(1) 开动局扇通风，清洗掌头或采场作业面岩帮，保持工作面空气良好。

(2) 工作面安设良好照明。

(3) 工作以前必须做好安全确认，处理一切不安全因素，达到无隐患再作业。检查有无炮烟和浮石，做好通风，撬好顶帮浮石，防止炮烟中毒和浮石落下伤人。保证作业环境安全稳固。对现场作业环境的各种电器设施要首先进行安全确认，防止漏电伤人。

(4) 在有立柱的采场作业时，要检查工作面的立柱、棚子、梯子和作业平台是否牢固，如有问题应先处理好。

(5) 检查工作面有无盲炮残药，发现有盲炮残药必须及时进行处理。处理方法：1) 用水冲洗；2) 装起爆药包点火起爆；3) 距盲炮孔0.3m以上打平行孔起爆，严禁打盲炮孔、残药炮孔或掏出、拉出起爆药包。

(6) 检查好凿岩机具、风绳、水绳等是否完好。

7.5.1.2 凿岩过程中注意事项

在凿岩过程中必须做到：

(1) 经常注意工作面的变化情况，发现问题及时处理；遇有冒水或异常现象，立即退出现场并发出警戒信号。

(2) 坚持湿式凿岩，严禁干式凿岩。不是风水联动的凿岩机，开机时应严格执行先给水后给风，停机时先停风后停水。

(3) 为确保凿岩机良好运转，开机时要遵守“三把风”的操作程序，风门开启由小到大渐次进行，严禁一次开启到最大风门，以免凿岩机遭到损坏。

(4) 凿岩时应做到“三勤”，耳勤听、眼勤看、手勤动。随时注意检查凿岩机运转、钻具和工作面情况，若发现异常应及时处理后再作业。要防止顶帮掉浮石、钎杆折断、风水绳脱机等伤人事故的发生。

（5）发生卡钎或凿岩机处于超负荷运转时，应立即通过减少气腿子推力和减小风量来处理，严禁用手扳、铁锤类工具猛敲钎杆。

（6）凿岩时操作工人应站在凿岩机侧面，不准全身压在或两腿跨驾在气腿子上面。在倾角大于45°以上的采场作业，操作工不准站在凿岩机的正面；打下向孔时，不准全身压在凿岩机上，防止断钎伤人。正在运转的凿岩机下面，禁止来往过人、站人和做其他工作。

（7）打上向炮孔退钎子时，要降低凿岩机运转速度慢慢拔出钎子。如发现钎子将要脱离开凿岩机时，要立即手扶钎子以防其自然滑落伤人。

（8）严禁在同一工作面边凿岩边装药的混合作业法。

（9）上风水绳前要用风水吹一下再上，必须上牢，防止松扣伤人。

（10）开机前先开水后开风，停机时先闭风后闭水，开机时机前面禁止站人，禁止打干孔和打残孔。

（11）浅孔凿岩时应慢开孔，先开半风，然后慢慢增大，不得突然全开以防断杆伤人。打水平孔两脚前后叉开，集中精力，随时注意观察机器和顶帮岩石的变化。天井打孔前，应检查工作台板是否牢固，如不符合安全要求时停机处理安全后再作业。

7.5.1.3　中深孔凿岩注意事项

中深孔凿岩必须做到：

（1）检查机器、架件、导轨等的螺丝是否坚固可靠。

（2）凿岩时禁止用手握丝杆等旋转部位、冲击部位及夹钎器。

（3）接杆、卸杆时，要注意把身体躲开落钎方向的位置，防止钎杆落下伤人等。

（4）进入作业现场，首先详细检查照明通风是否良好，帮顶是否有浮石，各类支护，安全防护设施是否齐全完好，处理好不良隐患，确认安全后方可作业。

（5）开机前检查设备顶柱是否牢靠，各风水管连接是否处于良好状态，各部件等是否牢固可靠，确认无误时，方可开机工作。

（6）开门时距机器2m内严禁站人，先小风开进，机器上方必须设有坚固完好的防护板，并保证先开水后开风，严禁干式开门。

（7）安装、拆卸钻杆时，一定两人操作，互相配合，上下杆时必须使用专用工具卡钳子，不得用其他任何非标准工具代替，上卸杆时，对位置后，必须停止一切操作，待卸杆人员将卡钳子卡住、通知操作人员并退后2m时，操作人员方可开风转动卸杆。

（8）钻杆扭断处理时，作业人员必须避开孔下部，不得拆除防护板，并做好防护措施，严防杆坠落伤人。

（9）开、关风水时严禁面对风水头，注油紧固螺丝及处理，清扫机器时，一定关闭风源。

（10）作业完毕一定要用小风流将冲击器马达中杂物吹出，关好风水，清扫污物，回收用过的磨具，有安全防护设施的一定要挂好、安牢，不得留下任何隐患。

（11）操作台必须处在安全朝上风头方向的位置，操作台距钻机不少于2m，开门时操作人员不得正视钻头。

（12）钻机周围不许有杂物影响操作，各种物品的摆放必须标准规范。

（13）台架在安装时一定要多人配合，垫板坚实，地面、顶板平整无浮石，立柱摆直一定要紧牢，大臂螺丝一定紧固牢靠。

（14）钻孔完成后，拆卸钻机时，一定要先拆风管，然后按着先小、后大的方法，最后放倒支柱。

(15) 钻机挪运安装之前，将作业现场及所行走的通道，清理平整，符合安全要求，挪运安装必须多人合作，抬放时口令一致。

(16) 捆绑设备的绳索一定结实可靠，抬运用的木杠一定坚固抗压，并绑牢、捆好。

7.5.1.4 使用凿岩台车注意事项

使用凿岩台车时必须做到：

(1) 操作凿岩台车人员必须经过培训合格后，方可操作。

(2) 操作前必须处理好浮石，检查台车上电气、机械、油泵等是否完整、好使。

(3) 凿岩前必须将台车固定牢固，防止移动伤人。

(4) 检查好各输油管、风绳、水绳等及其连接处是否有跑、冒、滴、漏，如有问题须处理后开车。

(5) 凿岩前应先空运转检查油压表、风压表及按钮是否灵活好使。

(6) 凿岩台车必须配有足够的低压照明。

(7) 大臂升降和左右移动，必须缓慢，在其下面和侧旁不准站人。

(8) 打孔时要固定好开孔器。

(9) 在作业过程中需要检查电气、机械、风动等部件时，必须停电、停风。

(10) 凿岩结束后，收拾好工具，切断电源，把台车送到安全地点。

(11) 台车在行走时，要注意巷道两帮，要缓慢行驶，以防触碰设备、人员等。

(12) 禁止打残孔和带盲炮作业。

(13) 禁止在换向器的齿轮尚未停止转动时强行挂挡。

(14) 禁止非工作人员到台车周围活动和触摸操纵台车。

7.5.1.5 其他注意事项

凿岩工作还需注意以下几点：

(1) 采用新型凿岩机作业时，要遵守新的凿岩机的操作规程。

(2) 在高空或有坠落危险的地方作业时，必须系好安全带。

(3) 打完孔后，应用吹风管吹干净每个炮孔，吹孔时要背过面部，防止水砂伤人。

(4) 完成凿岩任务时，卸下水绳，开风吹净凿岩机内残水，以防机件生锈，然后卸下风绳。

(5) 清理好所有的凿岩机具，搬到指定的安全地点，风水绳要各自盘把好，严禁凿岩机、风水绳与供风（水）管线连接在一起。

7.5.2 爆破工作

7.5.2.1 爆破工作一般规定

爆破工作应注意以下几点：

(1) 爆破工必须经过专门培训、考试取得爆破证者，方准从事爆破作业。背运爆破材料时，禁止炸药、雷管混合装、背、运。

(2) 凿岩工作尚未结束，机具和无关人员尚未撤出危险地点，未放好爆破警戒前，禁止进行爆破作业。

（3）有冒顶危险或危及设备，无有效防护措施，禁止进行爆破作业。

（4）需要支护不支护或工作面支护损坏，通道不安全或阻塞，禁止进行爆破作业。

（5）爆破材料不准乱放。爆破作业结束后须将剩余的爆破材料交回炸药库，并做好交接班工作。

（6）一个工作面禁止使用不同燃速的导火线，响炮时应数清响炮数，最后一炮算起，至少经15min（经过通风吹散炮烟后），才准爆破人员进入爆破作业地点，严禁看回头炮。

（7）导爆管起爆时，连线起爆应由一人进行。

（8）爆破作业应有可靠照明。

（9）打大块时先检查有无残药，打大锤应注意周围人身的安全和自身安全。

（10）危险地点作业时，须采用临时支护或其他安全措施后再作业，特别危险地点作业时，须经有关人员检查，采取有效安全措施后方可作业。

（11）采场放炮，必须事先通知相邻采场、工作面作业人员，并加强警戒。

（12）爆破作业必须两人以上，禁止单人作业。

（13）矿山要统一放炮时间。

（14）二次爆破处理悬顶时，严禁进入悬拱和立槽下进行处理。

7.5.2.2　爆破材料的领退

领退爆破材料时应注意：

（1）应根据当班的爆破作业量，填写好爆破材料领料单，领取当班的爆破材料。

（2）当班剩余的爆破材料应当班退回库房，严禁自选销毁或私人保管。

（3）领退爆破材料的数量必须当面点清，若有遗失或被窃，应立即追查和报告有关领导。

7.5.2.3　爆破材料的运输

运输爆破材料时应注意：

（1）领取爆破材料后，必须直接送到工作面或专有的临时保管库房（必须有锁），严禁他人代运代管，不得在人群聚集的地方停留。炸药和雷管必须分别放在各自专用的袋内。

（2）一人一次运搬爆破材料的数量：同时运搬炸药和起爆材料不得超过30kg；背运原包装炸药不得超过一箱；挑运原包装炸药不得超过两箱。

（3）爆破材料必须用专车运送，严禁炸药、雷管同车运送。除爆破人员外，其他人员不准同车乘坐。

（4）汽车运输不得超过中速行驶，寒冬地区冬季运输，必须采取防滑措施；遇有雷雨停车时，车辆应停在距建筑物不小于200m的空旷地方。

（5）竖井、斜井运送爆破材料时，爆破工必须遵守下列规定：

1）事先通知卷扬司机和信号工；

2）在上下班人员集中的时间内，禁止运爆破材料；

3）运送爆破材料时，除爆破材料外，严禁搭载其他物品；

4）严禁爆破材料在井口或井底车场停放。

（6）用电机车运送爆破材料时，必须遵守下列规定：

1）列车前后应设有“危险”标志；

2）电机车运行速度不超过2m/s；

3）如雷管、炸药和导爆索同一列车运送时，其各车厢之间应用空车隔开；

4）驾线电机车运送时，装有爆破材料的车厢与机车之间必须用空车隔开；运送电雷管时，必须采取可靠的绝缘措施。

7.5.2.4 爆破准备及信号规定

爆破准备及信号规定如下：

（1）在爆破作业前，应对爆破区进行安全检查，有下列情况之一者，禁止爆破作业。

1）有冒顶塌帮危险。

2）通道不安全或通道阻塞2/3，或无人行梯子，有可能造成爆破工不能安全撤退。

3）爆破矿岩有危及设备、管线、电缆线、支护、建筑物、设施等的安全，而无有效防护措施。

4）爆破地点光线不足或无照明。

5）危险边界或通路上未设岗哨和标志或人员未撤除。

6）两次爆破互有影响时，只准一方爆破。贯通爆破时，两工作面距离达15m时，不得同时爆破；达7m时，须停止一方作业，爆破时，双方均应警戒。

7）爆破点距离炸药库存50m以内时。

（2）加工起爆药包应遵守下列规定：

1）起爆药包的加工，只准在爆破现场的安全地方进行，每次加工量不超过该次爆破需要量；雷管插入药包前，必须用铜、铝或木制的锥子在药卷端中心扎孔。

2）加工起爆药包地点附近，严禁吸烟、烧火，严禁用电或火烤雷管。

（3）设立警戒和信号应遵守下列规定：

井下爆破时，应在危险区的通路上设立警戒红旗，区域为直线巷道50m，转弯巷道30m。严禁以人代替警戒红旗。全部炮响后，须经15min后方能撤除警戒；若响炮数与点火数不符，须经20min后方能撤除警戒。严禁挂永久红旗。

7.5.2.5 装药与点火爆破

装药与点火爆破的注意事项及操作规程如下：

（1）装药前应对炮孔进行清理和检查。

（2）装起爆药包和硝酸甘油炸药时，禁止抛掷或冲击。

（3）药壶扩底爆破的重新装药时间，硝铵炸药至少经过15min；硝酸甘油炸药至少经过30min。

（4）深孔装药炮孔出现堵塞时，在未装入雷管、黑梯药柱等敏感爆炸材料前，可用铜或非金属长杆处理。

（5）使用导爆管起爆时，其网路中不得有死结，炮孔内的导爆管不得有接头。禁止将导爆管对折180°，禁止损坏管壁、异物入管、将导爆管拉细等影响导爆管爆轰波传播的操作。

（6）用雷管起爆导管时，导爆管应均匀敷设在雷管周围。

（7）装药时禁止烟火、明火照明；装电雷管起爆体开始后，只准用绝缘电筒或蓄电池灯照明。

（8）禁止单人装药放炮（补炮、糊大块除外），爆破工点完炮后必须开动局扇或打开风门（喷雾器）。

（9）装药时不许强冲击，禁止用铁器装药，要用木棍装。

（10）严禁无爆破权的人进行装药爆破工作。

（11）电气爆破送电未爆进行检查时，必须先将开关拉下，锁好开关箱，线路短路 15min 后方可进入现场检查处理。

（12）炸卡漏斗大块矿石时，禁止人员钻入漏斗内装药爆破。

（13）炮孔堵塞处理工作必须遵守下列规定：

1）装药后必须保证堵塞质量。

2）堵塞时，要防止起爆药包引出的导线、导火线、导爆索被破坏。

3）深孔堵塞不准在起爆药包后直接填入木楔。

（14）明火起爆时应遵守下列规定：

1）必须采用一次点火，成组点火时，一人不超过五组。

2）二次爆破单个点火时，必须先点燃信号管或计时导火线，其长度不超过该次点燃最短导火线的 1/3，但最长不超过 0.8m。

3）导火线的长度须保证人员撤到安全地点，但最短不小于 1m。

4）竖井、斜井和吊罐天井工作面爆破时，禁止采用明火爆破。

5）点燃导火线前，切头长度不小于 5cm，一根导火线只准切一次，禁止边装边点或边切边点。

6）从第一个炮响算起，井下 15min 内不得进入工作面，烟未排出，禁止进入。

（15）电力起爆必须符合下列规定：

1）只准用绝缘良好的专用导线做爆破主线、区域线或支线。露天爆破时，主线允许用架设在瓷瓶上的裸线，爆破线路不准同铁轨、铁管、钢丝绳和非爆破线路直接接触。禁止利用水、大地或其他导体做电力爆破网路中的导线。

2）装药前要检查爆破线路、插销和开关是否处于良好状态，一个地点只准设一个开关和插座。主线段应设两道带箱的中间开关，箱要上锁，钥匙由连线人携带。脚线、支线、区域线和主线在未连接前，均需处于短路状态。只准从爆破地点向电源方向联结网路。

3）有雷雨时，禁止用电力起爆；突然遇雷时，应立即将支线短路，人员迅速撤离危险区。

（16）导爆索起爆时应遵守下列规定：

1）导爆索只准用快刀切割。

2）支线应顺主线传爆方向连接，搭接长度不小于 15cm；支线与主线传爆方向的夹角不大于 90°。

3）起爆导爆索时，雷管的集中穴应朝导爆索传爆方向。

4）与散装铵油炸药接触的导爆索须采取防渗油措施。

5）导爆索与导爆管同时使用时不应用导爆索起爆导爆管，因导爆索爆速大于导爆管，易引起导爆索爆炸时击坏导爆管。

7.5.2.6 盲炮处理

处理盲炮时应注意：

（1）发现盲炮必须及时处理，否则应在其附近设明标志，并采取相应的安全措施。

（2）处理盲炮时，在危险区域内禁止做其他工作。处理盲炮后，要检查清除残余的爆破材料，并确认安全时方准作业。

（3）电爆破有盲炮时，需立即拆除电源，其线路须及时短路。

（4）炮孔内的盲炮，可采用再装起爆药包或打平行孔装药（距盲炮孔不小于 0.3m）爆破处理，禁止掏出或拉出起爆药包。

（5）对于硐室盲炮，可清除小井、平硐内填塞物后，取出炸药和起爆体。

（6）内外部爆破网路破坏造成的盲炮，其最小抵抗线变化不大，可重新连线起爆。

7.5.2.7 高硫、高温矿爆破

高硫、高温矿爆破时应注意：

（1）高硫矿爆破时，炮孔内粉尘要吹净，禁止将硝铵类炸药的药粉与硫化矿直接接触，并禁止用高硫矿粉做填塞物。严防装药时碰坏药包。

（2）高温矿爆破时，孔底温度超过50℃，必须采取防止自爆的措施。

复习思考题

7-1 平巷掘进爆破中的炮孔按其位置和作用的不同分为哪几种，其作用各是什么（画图表示说明）？

7-2 掏槽孔主要有哪几类，其主要特点各是什么？

7-3 分别采用桶形、楔形、螺旋形掏槽方式绘出工作面各类炮孔的主视图和侧视图。

7-4 地下采场深孔爆破中，深孔的布置方式有哪几种，其各自的含义及优缺点是什么？

7-5 何为VCR法，其应用步骤是什么？

7-6 地下采场浅孔爆破与井巷掘进爆破的异同点是什么？

8 其他矿山爆破技术

爆破技术是矿山开采、土建施工、城市建设、水电建设、道路修筑主要的破碎岩石的手段，由于某些矿山的特殊性，对爆破具有特殊的要求。以下介绍煤矿、含硫矿山、建材矿山在爆破方面的特殊性。

8.1 煤矿爆破安全技术

在有瓦斯和煤尘矿井的爆破，不论是爆破器材或爆破方法都具有它的特殊性，不同于一般的爆破作业。

人们常说的瓦斯主要是指沼气（主要成分是 CH_2）。当采矿作面向前推进时，就会从新的自由面和煤堆里不断放出瓦斯，空气中瓦斯的含量达到4%～15%时，就形成了爆炸性的混合物，这种混合物遇到温度为65℃的热源，经 10s 的感应即可爆炸。

煤尘是指 0.75～1mm 的煤粉，当煤尘在空气中的达到一定数量时，遇到火源也可能发生爆炸。

无论是瓦斯爆炸，还是煤尘爆炸都是一场灾难。因为这些有很大的破坏作用，同时产生有毒气体、高温和爆炸火焰，造成人员伤亡、设备或建设物损坏，使生产中断。若两者同时爆炸，则其危害更大。

8.1.1 防止瓦斯与空气混合物被引燃的方法

为了提高在有爆炸危险气体的地下巷道中进行爆破作业全程度，制定和采用了各种不同的预先净化气体的方法，包括在炮孔爆炸瞬间在工作面形成高惰性的安全介质区。

为了防止瓦斯与空气混合物或粉尘与空气混合物被引燃，可采用喷雾、高频空气机械泡沫、长期作用的喷水帷幕和用泡沫或气体状消焰剂等使工作面空间惰性化。

喷雾方法是在巷道工作面附近的空间建立一个区域，这个区域内充满着细粒分散的水雾，水雾阻止爆炸气体混合物引燃反应的发展。为建立喷雾水帷，可采用装有水的体积为 20～25L 的容器挂在巷道内，或者体积为 40～45L 装有水的容器放在底板上。喷雾药包与工作面全部炮孔相连接并同时起爆，通常超前 15～30ms。一个容器的水帷有效作用半径为 2.5～3m。作用时间为 0.5～0.6s，水量消耗为 $1m^2$ 巷道不少于 5L。

高频机械空气泡沫与喷雾相比，其主要优点是作用时间长。它不仅可防止由于爆炸过程中的爆轰而引燃有爆炸危险的数量级合物，而且也可以防止燃烧的药包引燃有爆炸危险的混合物。机械空气泡沫充满巷道，可使巷道中的粉尘降低 1/2～7/8，空气中有毒气体降低 1/3～1/2。

长期作用的喷水帷幕是利用细粒分散水雾的消焰作用。它借助于专门的喷水装置给予它的压力，通过多孔分配管喷水。为了可靠地防止瓦斯与空气混合物被药包引燃，水帷中的水的含量为每立方米不小于 0.1kg，颗粒分散度小于 100μm。

此外，还可以用专门的炮孔药包喷射消焰剂，药包埋设在孔底。主要的消焰剂有碘化钾和碘化钠、溴化钠、氯化钠、氯化钾、碳酸氢钠、氯化铵和磷酸铵。

8.1.2 煤矿爆破对炸药的要求

（1）为了使炸药爆炸后不会引起矿井局部高温，要求煤矿用炸药爆热、爆温和爆压都要相对低一些。

（2）有较好的起爆感度和传爆能力，保证稳定爆轰。

（3）排放的有毒气体符合国家标准，炸药配比应接近零氧平衡。

（4）炸药成分中不含金属粉末。

在煤矿许用炸药中要加入一定的消焰剂，其作用是：

（1）吸收一定的爆热，从而避免在矿井大气中造成局部高温。

（2）对沼气和空气混合物的氧化反应起抑制作用，能破坏沼气燃烧时连锁反应的活化中心，从而阻止了沼气-空气混合物的爆炸。

消焰剂是煤矿许用炸药必不可少的组分，常用的消焰剂是食盐，一般占炸药成分的10%~20%。

煤矿许用炸药的种类很多，有粉状硝铵类炸药、硝酸甘油类炸药、含水炸药（乳化炸药、水胶炸药）、离子交换炸药、当量炸药和被筒炸药等，可以按照满足各种场合的不同要求选择使用。表8-1是常用的煤矿许用粉状硝铵类炸药的性能参数。

表8-1 煤矿许用硝铵类炸药的组成、性能与爆炸参数计算值

炸药品种		1号煤矿硝铵炸药	2号煤矿硝铵炸药	1号抗水煤矿硝铵炸药	2号抗水煤矿硝铵炸药	2号煤矿铵油炸药	1号抗水煤矿铵沥蜡炸药
组成/%	硝酸铵	68±1.5	71±1.5	68.6±1.5	72±1.5	78.2±1.5	81.0±1.5
	梯恩梯	15±0.5	10±0.5	15±0.5	10±0.5		
	木粉	2±0.5	4±0.5	1.0±0.5	2.2±0.5	3.4±0.5	7.2±0.5
	食盐	15±1.0	15±1.0	15±1.0	15±1.0	15±1.0	10±0.5
	沥青			0.2±0.05	0.4±0.1		0.9±0.1
	石蜡			0.2±0.05	0.4±0.1		0.9±0.1
	轻柴油					3.4±0.5	
性能	水分（不大于）/%	0.3	0.3	0.3	0.3	0.3	0.3
	密度/g·cm^{-3}	0.95~1.10	0.95~1.10	0.95~1.10	0.95~1.10	0.85~0.95	0.85~0.95
	猛度（不小于）/mm	12	10	12	10	8	8
	爆力（不小于）/mL	290	250	290	250	230	240
	殉爆Ⅰ/cm	6	5	6	4	3	3
	殉爆Ⅱ/cm			4	3	2	2
	爆速/m·s^{-1}	3509	3600	3675	3600	3269	2800
爆炸参数值	氧平衡/%	-0.26	1.28	-0.004	1.48	-0.68	0.67
	质量体积/L·kg^{-1}	767	782	767	783	812	854
	爆热/kJ·kg^{-1}	3584	3324	3605	3320	3178	3350
	爆温/℃	2376	2230	2385	2244	2092	2222
	爆压/Pa	3078298	3239978	3376394	3239978	2671578	1997338

注：殉爆Ⅰ是浸水前的参数；殉爆Ⅱ是浸水后的参数。

8.1.3 煤矿爆破的安全技术要求

在有瓦斯和煤尘的矿井爆破时，必须注意以下几点：

（1）在装药起爆前爆破人员必须检查距爆破地点20m以内风流中的沼气，沼气浓度应小于1%，如果发现沼气浓度超过1%时，禁止装药爆破。

（2）稀释采掘工作面前后20m内空气中的瓦斯和煤尘的浓度，或使其惰性化。

（3）在有瓦斯或煤尘爆炸危险的煤层中爆破时，禁止使用明火起爆和裸露爆破法，因为裸露爆破炸药是在岩块的表面爆炸的，爆炸火焰直接暴露在矿井空气中，最容易引起瓦斯和煤尘爆炸。采用电雷管起爆时，必须使用瞬发电雷管，若使用毫秒延期电雷管时，最后一段的延期时间不得超过130ms，其目的是为了防止先起爆的药包引起瓦斯或煤尘爆炸。

（4）应根据瓦斯矿井的等级选择相应等级的煤矿安全炸药。

矿井瓦斯的等级，按照平均日产一吨煤漏出的瓦斯量和瓦斯涌出形式，划分为：低瓦斯矿井，$10m^3$及其以下；高瓦斯矿井，$10m^3$及其以上；煤尘与瓦斯突出矿井。

根据近年来的瓦斯或煤尘爆炸事故分析，发现有的高瓦斯矿井煤层采掘工作面采用一级煤矿许用炸药，由于炸药安全等级低，安全性差，曾引起过多起瓦斯或煤尘爆炸事故。因此，国际《爆破安全规程》规定：无沼气岩巷掘进工作面可以使用非煤矿许用炸药：低瓦斯矿井，有瓦斯或煤尘爆炸危险的采掘工作面，必须使用一级或一级以上的煤矿许用炸药，高瓦斯矿井，有瓦斯或煤尘爆炸危险的采掘工作面，必须使用二级或二级以上的煤矿许用炸药，有煤尘与瓦斯突出危险的采掘工作面，必须使用三级或三级以上的煤矿许用炸药，严禁使用黑火药。

（5）炮孔深度不得小于0.65m，在煤层内的爆破，填塞长度至少应为炮孔深度的1/2；使用截煤机掏槽时，填塞长度不得小于0.5m；在岩层内爆破，炮孔深度在0.9m以下时，装药长度不得超过炮孔深度的1/2；炮孔深度在0.9m以上时，装药长度不得超过炮孔深度的2/3，炮孔剩余部分都应用填塞材料填满。可用水炮泥或不燃性、可塑性的松散材料（如黏土和沙子的混合物等）填塞炮孔。水炮泥在爆破过程中，有明显的降尘、消焰、降低有害气体浓度的作用，在煤矿井下爆破应积极推广水炮泥。由于无填塞或填塞长度不足的炮孔爆破，曾发生过多起瓦斯或煤尘爆炸事故，因此，在使用水炮泥时，其后部必须用不小于0.15m的炮泥将炮孔填满堵严。无填塞或填塞长度不足的炮孔严禁爆破。工作面上所有的废炮孔在爆破前应用不燃性材料充满填实。

（6）在瓦斯危害严重的矿井里应安设瓦斯自动检测报警断电装置，防止爆破施工作业过程中瓦斯浓度超限，引起瓦斯爆炸事故发生。

（7）井下有关安全人员应随时携带瓦斯检定器进行检查，以便判定瓦斯浓度。在有瓦斯的矿井中要建立专门的管理制度，如加强通风，禁止明火，安设管道进行瓦斯抽排等。

8.1.4 煤矿许用爆破器材

煤矿井下爆破必须使用煤矿许用爆破器材，不同瓦斯等级的矿井应使用不同安全等级的煤矿爆破器材，具体规定如下。

（1）煤矿井下爆破使用电雷管时，应遵守下列规定：

1）使用煤矿许用瞬发电雷管或煤矿许用毫秒延期电雷管。

2）使用煤矿许用毫秒电雷管时，从起爆到最后一段的延期时间不应超过130ms。

3）不能使用导爆管或普通导爆索。

（2）井下爆破作业，必须使用煤矿许用炸药。并应遵守下列规定：

1）低瓦斯矿井的岩石掘进工作面必须使用安全等级不低于一级的煤矿许用炸药。

2）低瓦斯矿井的煤层采掘工作面、半煤岩掘进工作面必须使用安全等级不低于二级的煤矿需用炸药。

3）高瓦斯矿井、低瓦斯矿井的高瓦斯区域，必须使用安全等级不低于三级的煤矿许用炸药，有煤（岩）与瓦斯突出危险的工作面，必须使用安全等级不低于三级的煤矿许用。

8.2 硫化矿山爆破

在硫化矿中进行爆破作业，除了遵循一般爆炸作业规定以外，还需要预先考虑三个特殊的安全问题：

（1）硫化矿物及其氧化物与硝铵炸药之间发生反应，会形成炸药自爆。

（2）硫化矿物暴露于空气中氧化发热在一定条件下聚积以至燃烧，并由此带来高温爆破安全问题。

（3）爆破时产生的高温引起悬浮在空气中的硫化矿尘爆炸。

8.2.1 硫化矿中的药包自爆条件

硫化矿药包自爆的条件是：

（1）矿石氧化过程中产生的硫酸铁和硫酸亚铁离子量之和（Fe^{2+}+Fe^{3+}）在0.1%以上。没有这种物质，在30~70℃的温度下，炸药与硫化矿接触就不会加速温升，因而就没有发生自爆的可能。

（2）黄铁矿（FeS_2）的含量在30%以上。

（3）矿石中含水量3%~14%。水分太少，前述化学反应不易形成；水分太高，会使炸药潮解而失去反应能力。

（4）矿石温度在30℃以上。化学放热反应的快慢与温度成正比，没有氧化的井下硫化矿石温度一般在24℃以下，不至于引起药包自爆。

（5）使用粉状硝铵类炸药，如使用铵梯炸药、铵油炸药、铵松（沥）蜡炸药等以硝酸铵为主的混合炸药时，与具有一定浓度（3N以上）的硫酸作用，能促使硝酸铵分解产生二氧化氮与大量生成热。一般，硫化矿中所具有的硫酸浓度不超过1~2N，硫化矿与硝酸铵是一种吸湿性很强的盐，它吸收矿石中硫酸的水分，起到浓缩硫酸的作用。

（6）炸药与硫化矿直接接触。一个矿井中的硫化矿石能否使硝铵类炸药发生自爆，这是随时都应注意观察和检测，并作出判断的。无论是在矿床开拓时或平时的生产爆破之前都应采取矿样进行分析。主要应取氧化后带灰黑色的粉矿。如果是深孔或浅孔爆破，应设法将孔底的矿样（粉矿）取出分析，最好对炮孔进行测温以后，选择温度较高的炮孔取样进行分析试验。总之，所取样品要具有代表性，不能各点平均处理。为了防止水分蒸发，样品应用密闭容器封装。

8.2.2 防止硫化矿自爆的方法

将所取的样品，进行黄铁矿、Fe^{2+}、+Fe^{3+}和水分含量分析，与上述条件对比，然后采取防自爆措施。

防止硫化矿床中药包自爆的措施有：

（1）首先检测矿石成分是否具备炸药自爆的条件，主要是检测前述炸药自爆条件中的四项，其中三个需要化验分析，比较繁琐。为了简便，可以先测量矿石温度（不能用矿石的表面温度代替），若温度比一般矿井温度高或有怀疑时，再进一步进行其他条件的分析。

（2）不采用硝铵类粉状炸药，而采用抗水炸药，如胶质炸药、乳化炸药、水胶炸药等，这些炸药与硫化矿接触时不容易发生化学反应。

（3）不使炸药与硫化矿直接接触。硫化矿与粉状硝铵炸药（或铵油炸药）接触愈好，达到自爆所需的时间愈短。隔离的办法是加强和改善炸药包装，保证炸药不与矿石接触或炮孔灌浆降温。

（4）快速装药，缩短装药时间，把有自爆危险的炮孔留在最后装药，并采用孔口起爆，把起爆时间赶在加速反应之前，减少自爆危险。

（5）研究使用硫化矿用安全炸药。这种炸药一是在硝酸基炸药中加入具有物理性覆盖隔离作用的添加剂，使炸药组分不能直接与硫化矿及其他活性物质接触，从而不会互相作用产生化学反应；二是在硝酸基炸药中加入对分解和自然反应具有化学抑制、中和或减慢作用的添加剂（采用溶渗、固态混合或化学吸附结合等方式），从而保证炸药即使与活性物质接触或掺混也不起化学反应，这种炸药的热安定性一般大于硫化矿中高温炮孔温度。

8.2.3 硫化矿爆破高温预防

硫化矿中除药包自爆外，还有高温爆破的危险。黄铁矿和磁黄铁矿强氧化放出的热量使爆破区的矿石和空气温度一般在32~37℃，最高达60℃，炮孔温度一般为60~120℃，孔底最高温度高达200℃，爆炸材料在炮孔内受高温的影响，结构性能将发生变化，感度提高，在温度超过爆炸材料的临界温度时会发生爆炸事故或者因性能变化使拒爆率提高，给爆破安全工作带来严重威胁，因此；根据不同的炮孔温度，采用不同的爆破器材和不同的措施是很重要的。

温度对爆破器材有很大影响。将100发雷管在一定温度下连续受热48h，把有一发发生爆炸的最低温度作为雷管的自爆临界温度。经大量试验，普通工业雷管的自爆临界温度一般为100~1100℃之间。

温度超过100℃，普通雷管会发生爆炸，温度低于100℃，普通工业雷管的冲击摩擦感度、发火电流和电桥完好率也会发生变化。当温度为30℃时，冲击试验的爆炸率为20%；温度80℃时，爆炸率提高到90%，温度低于70℃，保持恒温17h以内，电桥完好率为100%；温度在80~90℃时，保持恒温24h后，电桥完好率只有43.5%。温度增高，最小发火电流下降，对杂电、静电的敏感度也将提高。

温度对延期雷管也有很大影响。用导火索作延期件的秒延期雷管，当温度为50℃时，保持恒温30h后发火率为31.2%，100℃时，保持恒温30h后发火率仅为6%。

导爆管在50~100℃时变软，强度降低，而且容易穿孔，影响秒量精度，出现串段现象。

硝铵类粉状炸药易溶于水，其溶解度随温度升高而提高，在高温炮孔中，炸药不但容易吸收矿石和空气中的水分，而且也容易加速分解造成燃烧事故。

预防硫化矿高温引起的早爆措施有：

（1）装药前三天准确测量炮孔底（或药室）的温度，并进行登记。

（2）杂散电流超过10mA时，应采取防杂散电流措施或采用非电起爆。

（3）孔底温度低于80℃，可用各种炸药爆破；孔底温度高于80℃，不应使用硝铵炸药、铵油炸药、铵松蜡和铵沥蜡炸药，应使用抗水硝铵炸药等防水炸药；孔底温度高于140℃，只能使用耐温炸药。

（4）孔底温度为60~80℃，只准使用沥青牛皮纸包装炸药；孔底温度为80~140℃，必须用石棉织物或其他耐高温的包装材料包装炸药，炸药不得与孔壁接触，温度低于60℃，可用普通牛皮纸包装。

（5）孔底温度低于80℃，可用铜、铁、铝雷管起爆；温度为60~80℃时自向孔内装药至爆破时间不得超过1h，温度为80~140℃时，只能采用防热处理的黑索金导爆索起爆；自装药至起爆的时间应经模拟试验确定。

8.2.4 硫化矿尘的爆炸预防

很多物质的粉尘以悬浮状态分散在空气中且有一定的浓度时，在一定热能作用下会发生燃烧或爆炸。不同的物质具有不同的爆炸范围。表 8-2 是一些物质的粉尘同空气混合时的爆炸浓度下限。粉尘爆炸除了与浓度有关外，还与空气中的氧含量、粉尘的含水量、粉尘的粒度和引爆能量的大小有关。表 8-3 是某些粉尘爆炸时的爆炸参数。

表 8-2 同空气混合的粉尘爆炸浓度下限

粉 体	爆炸下限/g · m^{-3}	粉 体	爆炸下限/g · m^{-3}
Zr	40	乙烯树脂	40
Mg	26	合成橡胶	30
Al	35	环六亚甲基四胺	15
Ti	45	无氮酞酸	15
Si	160	木粉	40
Fe	120	纸浆	60
Mn	216	淀粉	45
Zn	500	大豆	40
天然树脂	15	小麦	60
丙烯醛乙醇	35	砂糖	19
苯粉	35	硬质橡胶	25
聚乙烯	25	肥皂	45
醋酸纤维	25	硫磺	35
木素	40	煤	35
尿素	70		

表 8-3 几种粉尘的有关爆炸参数

粉尘种类	最低点火温度/℃	最小点火能量/mL	最大爆炸压力 /×9.807×10^4Pa
铝粉	610	10	8.89
铁粉（氢还原的）	320	80	4.47
镁	560	46	8.12
锰	460	305	8.71
锆	20	15	4.13
醋酸纤维素	420	15	5.95
尼龙	500	20	5.88
聚碳酸酯	710	25	6.72
聚氨基甲酸酯泡沫	550	15	6.72
聚乙烯	450	10	5.60
聚丙烯	420	30	5.32

续表 8-3

粉尘种类	最低点火温度/℃	最小点火能量/mL	最大爆炸压力 /$\times 9.807\times 10^4$Pa
虫胶	400	110	5.11
玉米粉	400	40	7.42
软木	460	35	6.72
麦乳精	400	35	6.65
面粉	440	60	6.79
锯末（松木）	470	40	7.91
阿司匹林	660	35	6.16
维生素 B	360	60	7.07
硫磺	190	15	5.46
煤粉	550		5.46

硫化矿中含有可燃性硫，当矿尘中含硫量达到一定数值时就具有爆炸性。矿尘的产生主要是打孔、放矿和放炮。当采用火雷管爆破或分段起爆时，先起爆的炸药爆炸提供热源便有可能引起矿尘爆炸。

8.2.4.1　硫化矿尘爆炸的条件

硫化矿尘爆炸需要具备的条件是：

（1）矿尘含量高于40%。

（2）矿尘含水量低于5%。

（3）矿尘浓度：黄铁矿大于0.39g/L；磁黄铁矿大于0.425g/L；黄铜矿大于0.505g/L；硫大于35g/L。

（4）有足够的引爆能量。

8.2.4.2　硫化矿尘爆炸的判别方法

爆破时将摄影胶卷做成旗状固定在离工作面一定距离（5~20m）的巷道壁上，一旦矿尘爆炸，胶卷将被灼烧，以此来判断何处曾发生硫化矿尘爆炸；或者借助于高温热敏电阻，测定距工作面7~10m以内的空气温度，若温度在100~700℃时，即可判定为曾发生矿尘爆炸。

8.2.4.3　预防硫化矿尘爆炸的措施

（1）不用火雷管爆破，采用电雷管爆破，并且尽量采用低段毫秒雷管。

（2）在药包上涂一层热容量（比热）较大的惰性物质（如硅胶），或者用水或惰性物质做充填物，这样爆破时能吸收大量的热，避免爆破后温度急剧升高。

（3）采用极限温度很低的炸药，如煤矿安全炸药。

（4）加强通风和喷雾洒水，使矿尘稀释和增湿，减少爆炸危险性。

（5）不采用反向起爆。反向起爆容易造成爆炸压力波及火焰集中现象，并经炮孔口喷出而引爆硫化矿尘。一些试验表明，在装药量较少时采用反向起爆就会引起瓦斯爆炸。但是，在相同条件下采用正向起爆，即使装药量大得多（多几倍），也不会引起瓦斯爆炸。有的国家煤矿安全规程明确规定，有瓦斯、煤尘爆炸危险的工作面不准采用反向起爆。我国煤炭部也有过类似规定。

（6）加强炮孔堵塞工作。试验资料表明，堵炮泥引爆矿尘的装药量，远比不堵炮泥引爆矿尘的装药量多得多。不堵、少堵或用炸药包装纸充当炮泥堵塞炮孔是十分危险的。在有硫化矿尘爆炸危险的地方应禁止采用不充填爆破。

（7）尽量采用深孔爆破，不用浅孔和覆土爆破。

8.3 石材矿山爆破

8.3.1 石材矿山爆破对炸药的要求

在石材开采技术中，一般常用"芬兰采石法"在开采建材的矿山一般使用K型炸药。该炸药的猛度和爆力介于黑火药和猛炸药之间，周围有空气缓冲层，不使炸药直接接触孔壁，爆破效果很好。对于石材矿山对炸药有下列要求：

（1）理想的炸药爆速。在冲击载荷作用之下，岩石的抗压强度要提高到原来静态状态抗压强度的若干倍，新型石材专用炸药，其爆速应当在1000m/s以下，才能适合于不同条件的石材开采，由爆轰理论可知，炸药爆速为1000m/s时，其引爆较为困难，难以实现稳定完整的爆轰，可以通过改进现有矿用炸药的规格和包装的形式，形成新型的石材爆破炸药。

（2）装药直径。不耦合装药起爆，爆生气体膨胀作用在孔壁上，根据爆轰基本理论的计算，对于2号岩石炸药其不耦合系数为大理石不小于3.1，花岗岩不小于2.8，辉绿岩不小于2。

在我国，矿山使用的钻头直径一般为36~42mm，由此计算结果，可计算出药卷直径为：大理岩11~13mm，花岗岩13~15mm，辉绿岩18~21mm。

（3）炸药密度。大量实验证明，单质炸药的爆轰速度随着装药密度的增加而提高，且在一定范围内，这种关系呈线性关系。对于正氧平衡和负氧平衡的混合炸药，情况比较复杂一些，开始是爆速随密度的增大而增大，随着密度继续增大，爆速开始下降，爆轰性能变坏。

对应于爆速最高的密度点称为最佳密度。对于常规的硝铵作药卷，最佳密度一般为$1g/cm^3$，即当炸药的密度低于$1g/cm^3$时，随着密度的降低，其爆速也降低。因此，在石材开采时，应尽量降低炸药的装药密度，使其爆炸作用转化为准静态作用，以减少爆炸作用对石材形成的损伤。在保证爆裂管装药充实的前提下，稳定爆轰的装药密度为$0.8g/cm^3$，此时的爆速为1900m/s，猛度为7mm左右。

（4）炸药的组分及氧平衡。为了降低炸药的猛度及爆速，我们向炸药中掺入了钝感剂，以减轻炸药对岩体的损伤。由于2号岩石炸药呈细粉状，流散性差，在小装药直径的情况下，装药较为困难，无法实现炸药的机械化装药，为此，经多次实验之后，我们发现，炸药呈粒状时，不仅可以不影响其爆轰性能，还可以实现机械化装药，故爆裂管炸药的组分为2号岩石炸药94%，钝感剂4%，赋形剂2%。

（5）炸药稳定爆轰的实现。在装药直径、装药密度等参数给出之后，炸药在炮孔中的稳定爆轰是最关键的问题，限制炸药在炮孔中的稳定爆轰主要有两个因素，即炸药的临界直径和炸药在炮孔中的管道效应。

在一定范围内，炸药爆速随装药直径的增加而增加，当直径小于某一数值，爆轰便不能维持而自行熄灭，这个使爆轰得以传播下去的最小直径称为该炸药的临界直径。研究结果表明，密度为$0.7g/cm^3$左右的纯硝酸铵的临界直径为100mm，炸药感度越高，其临界直径越小，实验表明，上述成分炸药的临界直径大于25mm，即我们设计的这一型号的炸药达不到该种炸药的临界直径，为了模拟在炮孔中的情况，我们设计了 ϕ14mm 的药卷，放入 ϕ40mm 的钢管中模拟实验，结果炸药不完全爆轰，仅与雷管相接能的一部分爆轰，其余部分被炸成蛇状。

在不偶合装药时，装药起爆后产生的爆轰波向前方运动时，它就像活塞推动前方空隙里的空气，从而形成一个高压、高速、超前运动的空气冲击波。使前方还未反应的炸药提前受到高温、高压的作用，而向侧向运动的波阵而遇到高密度和高强度的孔壁之后，则变为反射波和折射波，使后方正在反应的炸药层受到振动和搅和，这样，炸药的爆速逐渐降低，以至熄爆，从而表现出明显的管道效应，实验表明，石材开采专用炸药的管道效应是十分明显的。

为了炸药的稳定爆轰，我们采用导爆索作为引爆源，其上下贯穿了炮孔，其引爆性能十分可靠，完全能够满足自上而下的传爆。

为了炸药卷在炮孔中传爆时不出现管道效应，我们每隔 250mm 设置一个套环，将管状空隙隔断为每段 250mm 长，即可消除管道效应。

8.3.2 利用黑火药爆破石材实例

我国现使用的石材开采方法有手工劈裂法、爆破法、锯石机开采法。传统的手工劈裂法劳动强度大，生产效率低，荒料块度小，很难形成一定的生产能力。常规爆破法对矿体和成品荒料都造成严重破坏，成材率低。而锯石机开采由于受经济技术条件及设备供应等因素限制，在许多石材矿山，特别是中小型矿山仍不能使用。

（1）爆破条件。根据矿体赋存特征和矿岩物理力学性能制定了黑火药控制爆破开采花岗岩矿的实施方案，对开采要素和爆破参数等进行了多次试验，并在试验中不断加以修正。试验参数和爆破效果列于表 8-4。

表 8-4 部分试验的凿岩爆破参数

爆破次数	开采要素（长×宽×高）/m×m×m	切割面积/m²	炮孔直径/mm	炮孔间距/cm	装药孔数	装药系数/g·m⁻²	装药量/kg		爆裂缝宽/cm	爆破效果
							单孔	合计		
1	10×1.5×2.0	垂直 20	35	垂直 50	垂直 8	垂直 250	0.63	5.00	垂直 8	药量偏大
		水平 15	35	水平 40	水平 23	水平 400	0.27	6.00	水平 4	有明显裂纹
2	10×1.4×2.0	垂直 20	35	垂直 40	垂直 11	垂直 200	0.36	4.00	垂直 5	可见明显裂纹
		水平 14	35	水平 30	水平 31	水平 380	0.17	5.32	水平 3~4	有裂纹
3	10×1.3×2.0	垂直 20	22	垂直 30	垂直 16	垂直 170	0.21	3.40	垂直 3	切面整齐
		水平 13	22	水平 25	水平 38	水平 350	0.12	4.55	水平 2~3	切面整齐
4	8×1.5×2.2	垂直 17.6	22	30	16	160	0.17	2.82	2~3	切面整齐
5	8×1.4×2.3	垂直 18.4	22	30	16	150	0.17	2.76	2~3	切面整齐
6	8×1.3×2.4	垂直 19.2	22	30	16	165	0.20	3.17	2~3	切面整齐

（2）施工过程。首先清理工作面，根据矿体及其裂隙产状选择垂直和水平排孔的布孔方向，然后用手持式风动凿岩机钻垂直炮孔和水平炮孔（水平面尽量利用层理面），然后进行装药和用发爆器同步起爆，把爆破切割下来的长条大块按荒料规格手工楔裂成荒料毛坯并整形，即可得成品荒料。

（3）开采要素。确定开采要素前应对拟开采矿段的节理裂隙走向、倾向、倾角、间距和性质等进行详细调查，为制定施工方案和细则提供依据。每次爆破后必须在现场对各要素作详细分析、鉴定，以便确定下一循环的施工细则。

1）分层高度（一次采厚）H=1.6~2.4m。

2）采掘带宽（一次推进进尺）B：按荒料最大块度的某个面（高或宽）的尺寸确定，一般B=1~1.6m。

3）一次采切大块体长（即预裂线长）L。一般沿矿体走向布置，为荒料规格长或宽的整数倍，或为垂直工作面走向的节理裂隙之间距。根据实践经验得知：当无节理裂隙时，L_{max}以不超过20m为宜，超过此限度，开掘横向楔形切割槽（楔形槽口宽b=1.2m，楔长为采掘带B，楔高为层厚H），使大块体的端部与原岩体分离（见图8-1）。

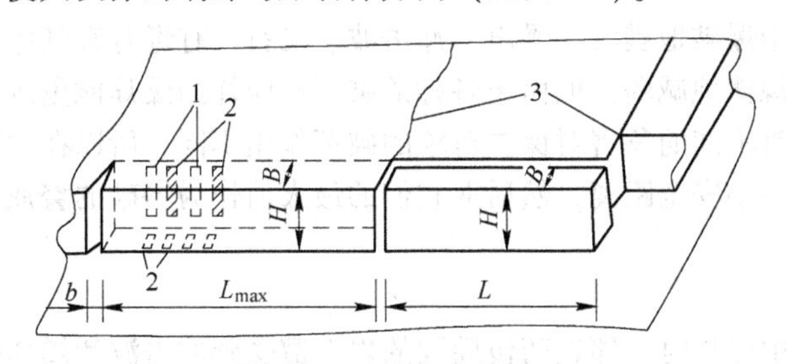

图8-1　开采要素图

1—导向孔；2—装药孔；3—天然裂隙

（4）爆破参数及爆破作业。

1）炮孔直径。为使孔中装药和爆轰压力尽可能布于全孔和切割面上，采用小直径炮孔（20~35mm）进行试验，结果表明20~22mm较好。

2）炮孔间距。根据花岗岩抗拉强度和爆压确定，垂直孔采用30~60cm进行试验；水平孔采用20~30cm进行试验。结果表明本矿体条件以垂直孔30cm、水平孔25cm为宜。

3）炮孔深度。以不超爆为准。试验中垂直孔1.5~2.2m，水平孔1~1.5m。

4）装药与填塞。垂直孔隔孔装药，水平孔每孔装药。

5）装药系数。垂直孔150~170g/m^2，水平孔330~350g/m^2。

为保证同步起爆，同批使用电雷管阻值误差应不超过0.2Ω。填塞用炮泥，填塞长一般为炮孔深度的1/3。

（5）连线与起爆。采用串联接线，垂直、水平同步起爆。

复习思考题

8-1　煤矿爆破起爆器材有什么特殊要求？

8-2　煤矿爆破对炸药有什么特殊要求？

8-3　高硫矿山爆破注意事项有哪些？

8-4　高硫矿山爆破对炸药有什么要求？

8-5　高硫矿山爆破常见危害有哪些？

8-6　高硫矿山爆破危害的预防有哪些措施？

8-7　石材矿山炸药特点是什么？

9 爆破危害与爆破事故

9.1 爆破危害

爆破危害主要是指爆破地震波、噪声、冲击波、飞石、有毒有害气体等。这些危害都随距爆源距离的增加而有规律地减弱，但由于各种危害所对应炸药爆炸能量的比重不同，能量的衰减规律也不相同，同时不同的危害对保护对象的破坏作用不同，所以在规定安全距离时，应根据各种危害分别核定最小安全距离，然后取它们的最大值作为爆破的警戒范围。

9.1.1 爆破地震波

当炸药包在岩石中爆炸时，邻近药包周围的岩石遭受到冲击波和爆炸生成的高压气体的猛烈冲击而产生压碎圈和破坏圈的非弹性变化过程。当应力波通过破碎圈后，由于应力波的强度迅速衰减，它再也不能引起岩石破裂，而只能引起岩石质点产生扰动，这种扰动以地震波的形式往外传播，形成地动波。

爆破产生的震动作用有可能引起土岩和建筑（构）物的破坏。为了衡量爆破震动的强度，目前国内外用震速作为判别标准。当被保护对象受到爆破震动作用而不产生任何破坏（抹灰掉落开裂等）的峰值震动速度称为安全震动速度。

为减少爆破地震波对爆区周围建筑物的影响，可以采取下列措施：

（1）采用分段起爆，严格限制最大一段的装药量。总药量相同时，分段越多，则爆破震动强度越小。

（2）合理选取微差间隔时间和爆破参数，减少爆破夹制作用。

（3）选用低爆速的炸药和不耦合装药。

（4）采取预裂爆破技术，预裂缝有显著的降震作用。露天深孔爆破时，防止超深过大。

（5）在被保护对象与爆源之间开挖防震沟是有效的隔震措施。单排或多排的密集空孔、其降震率可达 20%~50%。

9.1.2 爆破冲击波

无约束的药包在无限的空气介质中爆炸时．在有限的空气中会迅速释放大量的能量，导致爆炸气体产物的压力和温度局部上升。高压气体在向四周迅速膨胀的同时，急剧压缩和冲击药包周围的空气，使被压缩的空气的压力急增，形成以超音速传播的空气冲击波。装填在药室、深孔和浅孔中的药包爆炸产生的高压气体通过岩石裂缝或孔口泄漏到大气中，也会产生冲击波。空气冲击波具有比自由空气更高的压力（超压），会造成爆区附近建、构筑物的破坏和人类器官的损伤或心理反应。

9.1.3 噪声

空气冲击波随着距离的增加波强逐渐下降而变成噪声和亚声，噪声和亚声是空气冲击波的继续。超压低于 7×10^3Pa 为噪声和亚声。

爆破产生的噪声不同于一般噪声（连续噪声），它持续时间短，属于脉冲噪声。这种噪声对人体健康和建筑物都有影响，120dB 时，人就感到痛苦，150dB 时，一些窗户破裂。

在井下爆破时，除了空气冲击波以外，在它后面的气流也会造成人员的损伤。如当超压为 $(0.03 \sim 0.04) \times 10^5$Pa，气流速度达到 60～80m/s，更加加重了对人体的损伤。

在露天的台阶爆破中，空气冲击波容易衰减，波强较弱，它对建筑物的破坏主要表现在门窗上，对人的影响表现在听觉上。

空气冲击波的危害范围受地形因素的影响，遇有不同地形条件可适当增减。如在狭谷地形进行爆破，沿沟的纵深或沟的出口方向，应增大 50%～100%；在山坡一侧进行爆破对山后影响较小，在有利的地形条件下，可减少 30%～70%。为了预防空气冲击波的破坏作用，可采取以下措施：

(1) 保证合理的填塞长度、填塞质量和采取反向起爆。

(2) 大力推广导爆管，用导爆管起爆来取代导爆索起爆。

(3) 合理确定爆破参数，合理选择微差起爆方案和微差间隔时间，以消除冲天炮，减少大块率，进而减少因采用裸露药包破碎大块时，产生冲击波破坏作用。

(4) 在井下进行大规模爆破时，为了削弱空气冲击波的强度，在它流经的巷道中，应使用各种材料（如砂袋或充水等）堆砌成阻波墙或阻波堤。

9.1.4 爆破飞石

爆破飞石产生的原因是炸药爆炸的能量一部分用于破碎介质（岩石等），多余的能量以气体膨胀的形式强烈的喷入大气并推动前方的碎块岩石运动，从而产生飞石。

在爆破中，飞石发生在抵抗线或填塞长度太小的地方。由于钻孔时，定位不准确和钻杆倾角不当等都会使实际爆破参数比计算参数或大或小，若抵抗线偏小，则会产生飞石。

如果炮孔未按预定的顺序起爆或炮孔装药量过大，也会产生飞石。

此外地形、地质条件（山坡、节理、裂缝、软夹层、断层等）和气候条件等也与飞石的产生有关。

在矿山爆破中，可采取下列措施来控制个别飞石：

(1) 设计药包位置时，必须避开软夹层、裂缝或混凝土接合面等，以免从这些方面冲出飞石。

(2) 装药前必须认真校核各药包的最小抵抗线，严禁超装药量。

(3) 确保炮孔的填塞质量，必要时，采取覆盖措施。

(4) 采取低爆速炸药、不耦合装药、挤压爆破和毫秒微差起爆等。

9.1.5 有毒有害气体

炮烟是指炸药爆炸后产生的有毒气体生成物。工业炸药爆炸后产生的毒气主要是一氧化碳和氧化氮，还有少量的硫化氢和一氧化硫。

一氧化碳（CO）是无色、无味、无嗅的气体，比空气轻。它对人体内血色素的亲和力比对氧的亲和力大 250～300 倍，所以当吸入一氧化碳后，将使人体组织和细胞因严重缺氧而中毒，直到窒息死亡。

氧化氮主要是指一氧化氮（NO）和二氧化氮（NO_2），它对人的眼、鼻、呼吸道和肺部都有强烈的刺激作用，其毒性比一氧化碳大得多，中毒严重者因肺水肿和神经麻木而死亡。

为了防止炮烟中毒，可采取下列措施：

(1) 采用零氧平衡的炸药，使爆后不产生有毒气体；加强炸药的保管和检验工作，禁用过期变质的炸药。

(2) 保证填塞质量和填塞长度，以免炸药发生不完全爆炸。

(3) 爆破后，必须加强通风，按规定，井下爆破需等 15min 以上，露天爆破需等 5min 以上，炮烟浓度符合安全要求时，才允许人员进入工作面。

(4) 露天爆破的起爆站及观测站不许设在下风方向，在爆区附近有井巷、涵洞和采空区时，爆破后炮烟浓度有可能窜入其中，积聚不散，故未经检查不准入内。

(5) 井下装药工作面附近，不准使用电石灯、明火照明，井下炸药库内不准用电灯泡烤干炸药。

(6) 要设有完备的急救措施，如井下设有反风装置等。

9.2 非正常起爆与预防

9.2.1 电力起爆的早爆、迟爆和拒爆及预防

9.2.1.1 电力起爆的早爆及预防

A 高压电引起的早爆及预防

高压电在其输电线路、变压器和电器开关的附近，存在着一定强度的电磁场，如果在高压线路附近实施电爆，就可能在起爆网络中产生感应电流，当感应电流超过一定数值后，就可引起电雷管爆炸，造成早爆事故。

预防高压电感应早爆的方法：

(1) 尽量采用非电起爆系统。

(2) 当电爆网络平行于输电线路时，两者的距离应尽可能加大。

(3) 两条母线、连接线等，应尽量靠近，以减小线路圈定的面积。

(4) 人员撤离爆区前不要闭合网路及电雷管。

B 静电引起的早爆及预防

炮孔中爆破线上、炸药上以及施工人员穿的化纤衣服上都能积累静电，特别是使用装药器装药时，静电可达 20～30kV。静电的积累还受喷药速度、空气相对湿度、岩石的导电性、装药器对地电阻、输药管材质等因素的影响。当静电积累到一定程度时，就可能引爆电雷管，造成早爆事故。

减少静电产生的方法：

(1) 用装药器装药时，在压气装药系统中要采用半导体输药管，并对装药工艺系统采用良好的接地装置。

(2) 易产生静电的机械、设备等应与大地相接通，以疏导静电。

(3) 在炮孔中采用导电套管或导线，通过孔壁将静电导入大地，然后再装入雷管。

(4) 采用抗静电雷管。

(5) 施工人员穿不产生静电的工作服。

C 射频电引起的早爆及预防

由广播电台、电视台、中继台、无线电通讯台、转播台、雷达等发射的强大射频能，可在电爆网络中产生感应电流。当感应电流超过某一数值时，会引起早爆事故。在城市控制爆破中，采用电爆网络起爆时更应加以重视。《拆除爆破安全规程》对爆区距射频发射天线的最小

安全距离作了具体规定。

为了防止由于射频电引起早爆，可采取以下方法：

(1) 要调查爆区附近有无广播、电视、微波中继站等电磁发射源，有无高压线路或射频电源。必要时，在爆区用电引火头代替电雷管，做实爆网络模拟试验，检测射频电对电爆网路的影响。在危险范围内，应采用非电爆破。

(2) 爆破现场进行联络的无线电话机，宜选用超高频的发射频率。因频率越高，在爆破回路中的衰减也越大。应禁止流动射频源进入作业现场。已进入且不能撤离的射频源，装药开始前应暂停工作。

D 杂散电流引起的早爆及预防

所谓杂散电流，是指由于泄漏或感应等原因流散在绝缘的导体系统外的电流。杂散电流一般是由于输电线路、电器设备绝缘不好或接地不良而在大地及地面的一些管网中形成的。在杂散电流中，由直流电力车牵引网络引起的直流杂散电流较大，在机车起动瞬间可达数十安培，风水管与钢轨间的杂散电流也可达到几安培。因此，在上述场合施工时，应对杂散电流进行检测。当杂散电流大于30mA时，应查明引起杂散电流的原因，采用相应的技术措施，否则不允许施爆。

对杂散电流的预防可采取以下方法：

(1) 减少杂散电流的来源，如对动力线加强绝缘，防止漏电，一切机电设备和金属管道应接地良好，采用绝缘道渣、焊接钢轨、疏干积水及增设回馈线等。

(2) 采用抗杂散电雷管，或采用非电起爆系统等。

(3) 采用防杂散电流的电爆网路，杂散电流引起早爆一般发生在接成网路后爆破线接触杂散电流源，在电雷管与爆破线连接的地方，接入氖灯、电容、二极管、互感器、继电器、非线性电阻等隔离元件。

(4) 撤出爆区的风、水管和铁轨等金属物体，采取局部停电的方法进行爆破。

E 雷电引起的早爆及预防

由于雷电具有极高的能量，而且在闪电的一瞬间产生极强的电磁场，如果电爆网络遭到直接雷击或雷电的高强磁场的强烈感应，就极有可能发生早爆事故。雷电引起的早爆事故有直接雷击、电磁场感应和静电感应3种形式。

预防雷电引起的早爆方法：

(1) 及时收听天气预报，禁止在雷雨天进行电气爆破。

(2) 采用非电起爆。

(3) 采用电爆时，在爆区设置避雷系统或防雷消散塔。

(4) 装药、联线过程中遇有雷电来临征兆或预报时，应立即拆开电爆网络的主线与支线，裸露芯线用胶布捆扎，并对地绝缘，爆区内一切人员迅速撤离危险区。

9.2.1.2 电力起爆的延迟爆炸及预防

A 电力起爆延迟爆炸的主要原因

(1) 雷管起爆力不够，不能激发炸药爆轰，而只能引燃炸药。炸药燃烧后，才把拒爆的雷管烧爆，结果烧爆的拒爆雷管又反过来引爆剩余的炸药，由于这个过程需要一定的时间，从而发生了延迟爆炸。

(2) 炸药钝感，雷管起爆以后，并没有引爆炸药，而只是引燃了炸药。当炸药烧到拒爆或助爆的雷管时，被烧爆的雷管又起爆了未燃炸药（这部分炸药不太钝感），结果发生了延迟爆炸事故。

B　预防电力起爆延迟爆炸的方法

（1）必须加强爆破器材的检验，不合格的器材不准用于爆破工程，特别是起爆药包和起爆雷管，应经过检验后方可使用。

（2）在起爆雷管的近处增设所库存助爆雷管，对延迟爆炸有害无益，应禁止使用。

（3）消除或减少拒爆，也是避免迟爆事故发生的重要措施。

9.2.1.3　电力起爆的拒爆及预防

A　电力起爆的拒爆原因及预防

（1）雷管制造。雷管制造造成拒爆的主要原因：

1）桥丝焊接（压接）质量不好，个别雷管的桥丝与脚线连接不牢固，有“杂散”电阻（电阻不稳定）的雷管未被挑出，通电时使这个雷管或全部串接的雷管拒爆。

2）雷管的正起爆药压药密度过大，呈“压死”现象，或由于受潮变质，引火头不能引爆而产生拒爆。

3）毫秒（或半秒）延期药密度过大或受潮变质（特别是纸壳雷管）而引起的拒爆。

4）引火药质量不好或与桥丝脱接引起拒爆。

5）用导火索做延期件的秒差雷管，因导火索的质量、连接、封口、排气孔等原因而引起拒爆。

（2）预防因雷管制造造成拒爆的方法：

1）应该加强电雷管的检测验收，尽量把不合格的产品排除在使用之前。

2）在网路设计中，应该采取准确可靠起爆的网路形式。

B　网络设计

（1）网络设计引起拒爆的原因：

1）计算错误或考虑不周，致使起爆电源能量不足，有的未考虑电源内阻、供电线电阻，使较钝感的雷管拒爆。

2）使用不同厂、不同批生产的雷管同时起爆，使雷管性能差异较大，在某种电流条件下，较敏感的雷管首先满足点燃条件而发火爆炸，切断电源，致使其余尚未点燃的雷管拒爆。

3）网络设计不合理，各组电阻不匹配，使各支路电流差异很大，导致部分雷管拒爆。

（2）预防设计方面引起拒爆的方法：

1）加强基本知识的训练。

2）网络设计时最好有电气方面的技术人员参加。

3）加强设计的复核和审查，使在网络设计方面尽量不出差错。

C　施工操作

（1）施工操作引起拒爆的原因：

1）导线接头的绝缘不好，使电流旁路而减少了通过雷管的电流，引起部分雷管拒爆。

2）采用孔外微差时（包括微差起爆器起爆），由于间隔时间选择不合理，使先爆炮孔的地震波、冲击波、飞石把后爆炮孔的线路打断，从而使得不到电流的雷管发生拒爆。

3）施工组织不严密，操作过程混乱，造成线路连接上的差错（如漏接、短接），又没有逐级进行导通检查，就盲目合闸起爆，结果使部分药包拒爆。

4）技术不熟练，操作中不谨慎，装填中把脚线弄断又没有及时检测，使这部分药包拒爆。

5）在水下爆破时，药包和雷管的防潮措施不好而发生拒爆，特别是在深水中爆破，显得更为突出。

（2）预防操作引起拒爆的方法：

1）加强管理，加强教育，严格执行操作规程，对操作人员一定要经过培训、考核，方可作业。

2）一些技术性比较强的工序，应在技术人员指导下进行施工。

9.2.2 导爆管起爆系统的拒爆原因及预防

9.2.2.1 产品质量不好造成的拒爆

A 产品质量不好造成拒爆的原因

（1）导爆管生产中由于药中有杂质或下药机出问题未及时发现，使断药长度达 15cm 以上，这种导爆管使用时，不能继续传爆而造成拒爆。

（2）导爆管与传爆管或毫秒雷管连接处卡口不严，异物（如水、泥沙、岩屑）进入导爆管。管壁破损，管径拉细；导爆管过分打结、对折。

（3）采用雷管或导爆索起爆导爆管时捆扎不牢，四通连接件内有水，防护覆盖的网路被破坏，或雷管聚能穴朝着导爆管的传爆方向，以及导爆管横跨传爆管等。

（4）延期起爆时首段爆破产生的振动飞石使延期传爆的部分网路损坏。

B 预防产品质量不好造成拒爆的方法

（1）加强管理和检验。购买导爆管要严格挑选，导爆管和非电雷管购回后和使用前，应该进行外观检查和性能检验，若发现有不封口和断药等，应严格进行传火和爆速试验。若在水中起爆（如露天水孔、海底爆破等），非电雷管应该在高压水中做浸水试验。若防水性能不好，只能用在无水的工作面，或采取防水措施后（如加防水套、接口涂胶等）方可使用。若发现管壁破损、管径拉细的剪去不用。

（2）严格按操作要求作业，防止网路被损坏及确保传爆方向正确。

9.2.2.2 因起爆系统造成的拒爆

对起爆系统性能不够了解造成拒爆：

（1）用雷管或导爆索捆扎起爆时，对它的有效范围了解不够，一次起爆的根数过多造成拒爆。一个雷管虽然一次能起爆 100 根左右，但一般不宜超过 50 根，否则容易拒爆。

（2）当爆区范围较长时，始发段雷管选择不当会引起拒爆。导爆管的固有延时为 0.5～0.6m/s，而地震波的传播速度高达 5000m/s，这个速度比导爆管的阵面速度高 2 倍多，当爆区较长时，首段爆炸产生的地震波比导爆管的爆轰波传播快，超前到达未起爆的区域，由于地震波的拉伸和压缩作用，使未爆的网络拉断或拉脱而造成拒爆。

9.2.2.3 因起爆网络造成的拒爆

A 因起爆网路连接不好引起拒爆的主要原因

（1）用雷管或导爆索起爆时，导爆管捆扎不牢，约束力不够，雷管或导爆索爆炸时把外层抛开而引起拒爆。

（2）分枝导爆管因弯曲等原因与连接接触时，分枝导爆管会被连接块中的传爆雷管或导爆索打断而造成相应的非电毫秒雷管拒爆。

（3）导爆管与导爆索或雷管集中穴的射流线的夹角偏小，因导爆索或雷管射流的速度比导爆管传爆快，如果角度偏小，导爆索会把与它接近的尚未传爆的导爆管炸断而造成拒爆。

（4）导爆索双环结起爆时，双环结打得松和结扎错了都将引起拒爆。

（5）导爆索斜绕木芯棒起爆时，导爆索与木芯棒轴线的斜交角小于45°或未拉紧而引起拒爆。

（6）导爆管捆扎时过于偏离一边而引起拒爆。

B　防止因操作不当而引起拒爆的方法

（1）加强基本知识和基本功训练。

（2）网络连好后要严格进行检查；

（3）雷管起爆时，雷管集中穴要朝向导爆管传爆的相反方向；

（4）导爆管与导爆索的夹角应大于250°；

（5）把导爆管捆扎在雷管或导爆索上时，应绕3~5层以上的胶布，外层最好再绕一层细铁丝，以增加反作用而防止拒爆。

9.3　盲炮的原因、预防及处理

盲炮又称瞎炮、哑炮，系指炮孔装炸药、起爆材料回填后，进行起爆，部分或全部产生不爆现象。若雷管与部分炸药爆炸，但在孔底还残留未爆的药包，则称为残炮。

爆破中发生盲炮（残炮）不仅影响爆破效果，尤其在处理时危险性更大。如未能及时发现或处理不当，将会造成伤亡事故。因此，必须掌握发生盲炮的原因及规律，以便采取有效的防止措施和安全的处理方法。

9.3.1　盲炮产生的原因

造成盲炮的原因很多，可归纳为下列几种。

9.3.1.1　由于炸药

（1）炸药存放时间过长，受潮变质。

（2）回填时由于工作不慎，石粉或岩块落入孔中，将炸药与起爆药包或者炸药与炸药隔开，不能传爆。

（3）在水中或有水汽过浓的地方，防水层密闭不严或操作不慎擦伤防水层，炸药吸水产生拒爆。

（4）由于炸药钝感，起爆能力不足而拒爆。

9.3.1.2　由于雷管

（1）雷管钝感、加强帽堵塞或失效。

（2）火雷管受潮或有杂物落入管内，不能引爆。

（3）电雷管的桥丝与脚线焊接不好，引火头与桥丝脱离，延期导火索未引燃起爆等。

（4）电雷管不导电或电阻值大。

（5）雷管受潮或同一网络中使用不同厂家、不同批号和不同结构性能的电雷管，由于雷管电阻差太大，致使电流不平衡，从而每个雷管获得的电能有较大的差别，获得足够起爆电能的雷管首先起爆而炸断电路，造成其他雷管不能起爆。

9.3.1.3 由于电爆网路

（1）电爆网路中电雷管脚线、端线、区域线、主线联结不良或漏接，造成断路；

（2）电爆网路与轨道或管道、电气设备等接触，造成短路。

（3）导线型号不符合要求，造成网路电阻过大或者电压过低。

（4）起爆方法错误，或起爆器、起爆电源、起爆能力不足，通过雷管的电流小于准爆电流。

（5）在水孔中，特别是溶有铵梯类炸药的水中，线路接头绝缘不良造成电流分流或短路。

9.3.1.4 由于导爆索

（1）导爆索质量不符合标准或受潮变质，起爆能力不足。

（2）导爆索连接时搭接长度不够，传爆方向接反，连接或敷设中使导爆索受损；延期起爆时，先爆的药包炸断起爆网络，角度不符合技术要求，交叉甩线。

（3）接头与雷管或继爆管缠绕不坚固。

（4）导爆索药芯渗入油类物质。

（5）在水中起爆时，由于连接方式错误使导爆索弯曲部分渗水。

9.3.2 盲炮的预防

预防盲炮最根本的措施是对爆破器材要妥善保管，在爆破设计、施工和操作中严格遵守有关规定，牢固树立安全第一的思想，严格按照下列规范进行操作。

（1）爆破器材要严格检验和使用前试验，禁止使用技术性能不符合要求的爆破器材。

（2）同一串联支路上使用的电雷管，其电阻差不应大于0.8Ω，重要工程不超过0.3Ω；

（3）不同燃速的导火索应分批使用。

（4）提高爆破设计质量。设计内容包括炮孔布置、起爆方式、延期时间、网路敷设、起爆电流、网路检测等。对于重要的爆破，必要时须进行网路模拟试验。

（5）制作火线雷管时，一定要使导火线接触雷管的加强帽，并用特制的钳子夹紧，制作起爆药包时，雷管要放在药卷的中心位置上，并用细绳扎紧，以防松动脱落。

（6）在填装炸药和回填堵塞物时，要保护好导火线、导爆索电雷管的脚线和端线，必要时加以保护。使用防水药包时，防潮处理要严密可靠，以确保准爆。

（7）有水的炮孔，装药前要将水吸干，清涂灰泥，如继续漏水，应装填防水药包。

（8）采用电力起爆时，要防止起爆网路漏接、错接和折断脚线。网路上各条电线的绝缘要可靠，导电性能良好，型号符合设计要求，网路接头处用电工胶布缠紧。爆破前还应对整个网路的导电性能及电阻进行测试，网路接地电阻不得小于$1\times10^5\Omega$，确认符合要求方能起爆。

（9）采用导爆索和继爆管进行引爆时，对所用器材要进行测试和检查，保证性能良好。连接的方式应按设计文件和爆破施工图进行。尤其是微差爆破，各段母线的位置和间隔时间等，不能随意更改。

9.3.3 盲炮的处理

发现盲炮应及时处理，方法要确保安全，力求简单有效。因爆破方法的不同，处理盲炮的方法也有所区别。

（1）裸露爆破盲炮处理。处理裸露爆破的盲炮，允许用手小心地去掉部分封泥，在原有的起爆药包上重新安置新的起爆药包，加上封泥起爆。

（2）浅孔爆破盲炮处理。具体措施有：

1）重新连线起爆。经检查确认炮孔的起爆线路（导火索、导爆索及电雷管脚线）完好时，可重新联线起爆。这种方法只适用于因联线错误和外部起爆线破坏造成的盲炮。应该注意的是，如果是局部盲炮的炮孔已将盲炮孔壁抵抗线破坏时，若采用二次起爆应注意产生飞炮的危险。

2）另打平行孔装药起爆。当炮孔完全失去了二次起爆的可能性，而雷管炸药幸免未失去效能，可另打平行孔装药起爆。平行孔距盲炮孔口不得小于0.4m，对于浅孔药壶法，平行孔距盲炮药壶边缘不得小于0.5m，为确保平行炮孔的方向允许从盲炮孔口起取出长度不超过20cm的填塞物。当采用另打平行孔方法处理局部盲炮时，应由测量人将盲炮的孔位、炮孔方向标示出来，防止新凿炮孔与原来炮孔的位置重合或过近，以免触及药包造成重大事故。因另打平行孔的方法较为可靠和安全，故在实际中应用比较广泛。应注意的是：在另凿新孔时，不允许电铲继续作业（即使是采装已爆炮孔处的石料也是不允许的），因为这时可能造成误爆。这种方法多用于深孔爆破。当采用浅孔爆破时，成片的盲炮也可以采用这种方法处理。

3）掏出堵塞物另装起爆药包起爆。这种方法是用木、竹制或其他不发生火星的材料制成的工具，轻轻将炮孔内大部分填塞物掏出，另装起爆药包起爆，或者采用聚能穴药包诱爆，严禁掏出或拉出起爆药包。

4）采用风吹或水冲法处理盲炮。其方法是在安全距离外用远距离操纵的风水喷管吹出盲炮填塞物及炸药，但必须采取措施，回收雷管。

（3）深孔爆破盲炮处理。具体措施有：

1）重新联线起爆。爆破网路未受破坏，且最小抵抗线无变化者，可重新联线起爆；最小抵抗线有变化者，应验算安全距离，并加大警戒范围后再联线起爆。

2）另打平行孔装药起爆。在距盲炮孔口不小于10倍炮孔直径处另打平行孔装药起爆。爆破参数由爆破工程技术人员或领导人确定。

3）往炮孔中灌水后爆药失效。如是所用炸药为非抗水硝铵类炸药，且孔壁完好者，可取出部分填塞物，向孔内灌水使之失效，然后作进一步处理。这种方法比较多的是用在电雷管或导爆线确认已爆而孔内炸药未被引爆的盲炮处理。

4）用高压直流电再次强力起爆。对电雷管电阻不平衡造成的盲炮可采用这种处理方法。当炮孔中的连线损坏或电雷管桥丝已不导通时，可考虑采用这种方法处理。

5）取出盲炮中的炸药。采用导爆索起爆硝铵类炸药时，允许用机械清理附近岩石，取出盲炮中的炸药。

（4）硐室爆破盲炮处理。具体措施有：

1）重新连线起爆。如能找出起爆网路的电线、导爆索或导爆管，经检查正常仍能起爆者，可重新测量最小抵抗线，重新划警戒范围，连线起爆。

2）取出炸药和起爆体。沿竖井或平酮清除堵塞物后，取出炸药和起爆药包。

无论什么爆破方法出现的盲炮，凡能连线起爆者，均应注意最小抵抗线的变化情况，如变化较大时，在加大警戒范围，不危及附近建筑物时，仍可连线起爆。

在通常情况下，盲炮应在当班处理。如果不能在当班处理或未处理完毕，应将盲炮数目、炮孔方向、装药数量、起爆药包位置、处理方法和处理意见在现场交代清楚，由下一班继续处理。

9.3.4 盲炮处理程序

(1) 发生盲炮，应首先保护好现场，盲炮附近设置明显标志，并报告爆破指挥人员，无关人员不得进入爆破危险区。

(2) 电力起爆发生盲炮时，须立即切断电源，及时将爆破网路短路。

(3) 组织有关人员进行现场检查，审查作业记录，进行全面分析，查明造成盲炮的原因，采取相应的技术措施进行处理。

(4) 难处理的盲炮，应立即请示爆破工作领导人，派有经验的爆破员处理。大爆破的盲炮处理方法和工作组织，应由单位总工程师或爆破负责人批准。

(5) 盲炮处理后应仔细检查爆堆，将残余的爆破器材收集起来，未判明爆堆有无残留的爆破器材前，应采取预防措施。

(6) 盲炮处理完毕后，应由处理者填写登记卡片。

表 9-1 列出了常见盲炮现象、产生原因、处理方法、预防措施。

表 9-1 盲炮处理方法

现 象	产生原因	处理方法	预防措施
孔底剩药	(1) 炸药变潮变质，感度低； (2) 有岩粉相隔，影响传爆； (3) 管道效应影响，传爆中断，或起爆药包被邻炮带走	(1) 用水冲洗； (2) 取出残药卷	(1) 采取防水措施； (2) 装药前吹净炮孔； (3) 密实装药； (4) 防止带炮，改进爆破参数
只爆雷管火药未爆	(1) 炸药变潮变质； (2) 雷管起爆力不足或半爆； (3) 雷管与药卷脱离	(1) 掏出炮泥，重新装起爆药包起爆； (2) 用水冲洗炸药	(1) 严格检验炸药质量； (2) 采取防水措施； (3) 雷管与起爆药包应绑紧
雷管与炸药全部未爆	对火雷管起爆： (1) 导火索与火雷管质量不合格； (2) 导火索切口不齐或雷管与导火索脱离等； (3) 装药时导火索受潮； (4) 点火遗漏或爆序乱，打断导火索。 对电雷管起爆： (1) 电雷管质量不合格； (2) 网路不符合准爆要求； (3) 网路连接错误、接头接触不良等。 导爆索（管）同上	(1) 掏出炮泥，重新装起爆药包起爆； (2) 装聚能药包进行殉爆起爆； (3) 查出错联的炮孔，重新连线起爆； (4) 距盲炮 0.3m 以远，钻平行孔装药起爆； (5) 水洗炮孔； (6) 用风水吹管处理	(1) 严格检验起爆器材，保证质量； (2) 保证导火索与火雷管质量，装药时，导火索靠向孔壁，禁止用炮棍猛烈冲击； (3) 点火注意避免漏电； (4) 电爆网路必须符合准爆条件，认真连接，并按规定进行检测； (5) 点火及爆序不乱； (6) 保护网路

9.4 煤矿爆破事故及预防

9.4.1 煤尘简介

在煤矿开采或在附近有煤（气）层的地方进行隧道施工时，可能会发生瓦斯爆炸或煤尘爆炸，无论瓦斯爆炸还是煤尘爆炸，都是一场灾难，因为这种爆炸有很大的破坏作用，同时产生有毒气体、高温和爆炸火焰，将导致工作人员伤亡、设备或建筑物损坏，使生产中断，若两者同时发生爆炸，则其危害更大。

当矿井工作面向前推进时，瓦斯会从新的自由面和煤层里不断放出，一旦空气中瓦斯的浓度达到5%～16%时，就形成了爆炸性的气体混合物，这种混合物遇有温度为650℃的热源，经10s的感应时间，即可爆炸。爆炸可能引起瓦斯突出，爆破可以引燃引爆瓦斯。在井下作业工作面必须遵守《煤矿安全规程》规定的有关瓦斯标准（见表9-2）。

表9-2 煤矿作业瓦斯标准

地　　点	浓度/%	措　　施
总回风或一回风	0.75	总工程师立即查明原因，进行处理并报矿务局总工程师
采区风道或采掘面风道	1	停止工作，撤出人员，工程师采取有效措施处理
采掘工作面	1	停止电钻打孔
	1.5	停止工作，撤出人员，切断电源，进行处理
爆破地点20m内风流中	1	严禁爆破
电动机或其开关20m内风流中	1.5	停止运转，撤出人员，切断电源，进行处理
采掘工作面积大于0.5m	2.0	附近20m内停止工作，撤出人员，切断电源，进行处理

煤尘是指0.15～1.00mm的煤粉，当煤尘在空气中的含量达到一定数量时，遇到火源也可以发生爆炸。小于10μm的煤尘不仅对人的肺部危害很大，而且具有爆炸性；小于0.1μm的煤尘会长期游浮在空气中，0.2um的煤尘在静止空气中需46h才会停落。煤尘达到一定浓度又遇到火源或高温（700～800℃）时，容易发生爆炸。煤尘爆炸的特点是：（1）爆炸有连续性，爆炸点形成负压促使空气向爆区流动，当空气中有煤尘而爆区有热源时，引起二次爆炸，来回往复，危害更大；（2）距引爆点10～20m内破坏较轻，远处因往复爆炸破坏反而越加严重。

9.4.2 瓦斯及煤尘燃烧、爆炸的条件

（1）具有一定浓度的瓦斯或煤尘与空气混合形成爆炸气体的最低浓度称为爆炸下限，最高浓度称为爆炸上限。这种爆炸界限还与空气组成、混合气体的初始温度和压力有关。在一般条件下（空气中含氧量20%，1个大气压和常温），瓦斯的爆炸下限为5%、上限为16%；16%以上时，因含氧不够发生不完全燃烧。当空气中的瓦斯浓度为9.5%，含氧量为19%时，火焰传播速度最快，爆炸可能性最大，反应最完全，爆炸威力最强，破坏作用也最大。一般把瓦斯浓度、含氧量和点燃火源称为瓦斯爆炸的三要素。煤尘的爆炸界限变动范围较大：干燥的肥煤煤尘，其爆炸界限为50～1700g/m^3，其他品种的煤爆炸界限为10～2500g/m^3。爆炸产生破坏威力最大的煤尘浓度约为300g/m^3。

（2）加热温度不低于瓦斯的爆发点。在给定实验条件和有限时间内，能使瓦斯爆炸的最低温度称为爆发点。爆发点与瓦斯浓度、压力和散热条件有关。在标准实验条件下，瓦斯爆发点约为650℃，煤爆发点的变化范围约为750～1105℃。

（3）加热时间不低于引火延迟时间。由于瓦斯热容量大，据实验，1m^{3}瓦斯吸收3868.6kJ的热量时才开始分解与燃烧反应。因此，瓦斯与高温火源接触时要经过一定的时间才引燃，这一时间叫做引火延长时间。瓦斯的引火延长时间取决于火源温度的高低、火源表面积的大小、瓦斯浓度和压力。若压力保持不变，延长时间随温度上升而减小；若温度保持不变，延迟时间

随压力增大而减小，随瓦斯浓度增大而增加。

煤尘与空气发生反应之前须气化，所以煤尘与空气的混合物的延迟时间较瓦斯长。煤尘的爆炸多数是由瓦斯爆炸引起。

炸药爆炸时温度很高，达2000℃以上，但火源存在的时间极短，万分之一秒就熄灭，在这样短的时间内瓦斯来不及引燃。但应注意，当使用的炸药质量不好、炸药的结构不合理或爆破作业不合要求时，炸药爆炸火焰存在的时间就要延长，就有引燃瓦斯的危险。

9.4.3 爆破引起瓦斯、煤尘爆炸的主要原因

（1）爆炸气体产物的直接作用。炸药爆炸生成的高温高压气体产物，在扩散和渗透作用下，逐渐与瓦斯和空气相混合，形成爆炸产物、瓦斯和空气的可燃性气体。此时，如果温度还高于瓦斯爆发点，而且存在的时间超过引火延长的时间，就会燃烧或爆炸。爆温和爆热越大，炸药爆炸引燃瓦斯的可能性也越大。

（2）炽热固体颗粒的作用。如果爆炸产物中有炽热固体产物，或当炸药爆炸不完全，使部分正处于燃烧的炸药颗粒从炮孔中飞出混入瓦斯和空气的混合物中，且存在时间超过引火延迟时间，就会发火燃烧。因此要求炸药必须具有良好的爆炸性能，以保证炸药能完全爆炸，生成产物全为气体。

（3）爆炸冲击波作用。炸药爆炸时将产生冲击波，如果瓦斯和空气的混合物被冲击波压缩时产生的温度超过瓦斯爆发点，且冲击波正压区作用时间超过引火延迟时间，就能使瓦斯发火燃烧。

9.4.4 爆破引起瓦斯、煤尘爆炸的预防措施

防止爆破引起瓦斯和煤尘爆炸的方法：一是不在瓦斯超限和积存的情况下进行爆破；二是避免炸药爆炸释放的能量引燃瓦斯。主要措施是：

（1）爆破前必须检查爆区风流中的瓦斯浓度。当爆破地点附近20m以内风流中瓦斯浓度达到或超过1%时，禁止爆破。对爆破工作面和爆破地点要做到一炮一检查。

在有煤尘爆炸危险煤层中的掘进工作面爆破前，必须对作业面20m以内的巷道进行洒水降尘。

（2）使用煤矿许用爆破器材。应按危险程度选用相应安全等级的煤矿炸药；在低瓦斯矿井中有瓦斯或煤尘爆炸危险的采掘工作面，必须使用一级或一级以上的煤矿许用炸药；在高瓦斯矿井中有瓦斯或煤尘爆炸危险的采掘工作面，必须使用二级或二级以上的煤矿许用炸药；在有煤尘与瓦斯突出危险的采掘工作面，必须使用二级煤矿许用炸药。

在矿井下进行电力起爆时，低瓦斯矿井允许使用普通瞬发电雷管或毫秒电雷管；高瓦斯和有煤尘与瓦斯突出危险的采掘I作面，必须使用煤矿许用瞬发电雷管或毫秒电雷管。在上述情况下，使用毫秒电雷管和煤矿许用毫秒电雷管时，其总延长时间不超过130ms，严禁使用秒和半秒延时电雷管。

为了避免爆炸时发生炸药燃烧、缓爆、反应不完全等可能诱发瓦斯燃烧或爆炸的现象，禁止使用不合格或过期变质的爆破器材。

（3）为了防止起爆电源引起电爆网路的接头部位或开关接点产生火花，煤矿井下爆破必须使用防爆式起爆器，电力起爆的接线盒必须是防爆型的，并严格控制杂散电流。

（4）进行合理的设计和施工。按规程进行布孔、装药、填塞和起爆，以防爆破引爆瓦斯。

在煤层或岩层内爆破，炮孔深度不得小于0.65m；在煤层内爆破堵塞长度至少等于炮孔深

度的1/2；使用割煤机掏槽时，堵塞长度不得小于0.5m；在岩层内爆破，孔深在0.9m以下时，装药长度不得超过孔深的2/3，炮孔的剩余部分都要用堵塞物填满，堵塞物要用不燃性的、可塑性的松散材料（如砂子和黏土的混合物）制成，也可以使用水封炮泥，但其后部必须用不小于0.15m的堵塞物将炮孔堵满堵严；严禁裸露爆破和放糊炮；煤层内相邻炮孔之间的距离不得小于0.4m，在有几个自由面的工作面爆破时，应取$W \geqslant 0.5$m；爆破大块时，$W \geqslant 0.3$m；掘进爆破，应采用毫秒雷管一次分段起爆法；长壁回采工作面不准分区段同时爆破，不得在一个炮孔中使用两种不同品种的炸药；禁止使用火雷管起爆法。

（5）封闭采空区，以防氧气进入和瓦斯溢出。

除了上述预防爆破事故的各种技术措施外，加强组织管理、搞好爆破警戒、提高爆破作业人员素质、增强责任感等，也是保证爆破安全、防止爆破事故的重要措施。

复习思考题

9-1　说明盲炮、残炮的概念。

9-2　早爆是如何产生的，如何预防？

9-3　盲炮是如何产生的，如何预防，如何处理？

9-4　说明电雷管起爆常见故障及预防。

9-5　说明导爆索起爆常见故障及预防。

9-6　说明浅孔爆破盲炮的预防与处理。

9-7　说明深孔爆破盲炮的预防与处理。

10　爆破器材的安全管理

10.1　爆破器材的购买及储存

10.1.1　购买民用爆炸物品

10.1.1.1　爆炸物品的管理

国家对民用爆炸物品的生产、销售、购买、运输和爆破作业实行许可证制度，持有许可证才能购买并按指定路线运输。未经许可，任何单位或者个人不得生产、销售、购买、运输民用爆炸物品，不得从事爆破作业。严禁转让、出借、转借、抵押、赠送、私藏或者非法持有民用爆炸物品。

任何单位或者个人都有权举报违反民用爆炸物品安全管理规定的行为；接到举报的主管部门、公安机关应当立即查处，并为举报人员保密，对举报有功人员给予奖励。

民用爆炸物品生产、销售、购买、运输和爆破作业单位的主要负责人是本单位民用爆炸物品安全管理责任人，对本单位的民用爆炸物品安全管理工作全面负责。民用爆炸物品从业单位是治安保卫工作的重点单位，应当依法设置治安保卫机构或者配备治安保卫人员，设置技术防范设施，防止民用爆炸物品丢失、被盗、被抢。民用爆炸物品从业单位应当建立安全管理制度、岗位安全责任制度，制订安全防范措施和事故应急预案，设置安全管理机构或者配备专职安全管理人员。

民用爆炸物品从业单位应当加强对本单位从业人员的安全教育、法制教育和岗位技术培训，从业人员经考核合格的，方可上岗作业；对有资格要求的岗位，应当配备具有相应资格的人员。

10.1.1.2　国家对爆炸物品流向的管理

国家建立民用爆炸物品信息管理系统，对民用爆炸物品实行标识管理，监控民用爆炸物品流向。民用爆炸物品生产企业、销售企业和爆破作业单位应当建立民用爆炸物品登记制度，如实将本单位生产、销售、购买、运输、储存、使用民用爆炸物品的品种、数量和流向信息输入计算机系统。

国家鼓励民用爆炸物品从业单位采用提高民用爆炸物品安全性能的新技术，鼓励发展民用爆炸物品生产、配送、爆破作业一体化的经营模式。

10.1.1.3　国家对爆炸物品使用单位规定

申请从事爆破使用爆炸物品的单位，应当具备下列条件：

(1) 爆破作业属于合法的生产活动。

(2) 有符合国家有关标准和规范的民用爆炸物品专用仓库。

(3) 有具备相应资格的安全管理人员、仓库管理人员和具备国家规定执业资格的爆破作业人员。

（4）有健全的安全管理制度、岗位安全责任制度。

（5）有符合国家标准、行业标准的爆破作业专用设备。

（6）法律、行政法规规定的其他条件。

10.1.1.4 申请购买民用爆炸物品的规定

民用爆炸物品使用单位申请购买民用爆炸物品的，应当向所在地县级人民政府公安机关提出购买申请，并提交下列有关材料：

（1）工商营业执照或者事业单位法人证书；

（2）《爆破作业单位许可证》或者其他合法使用的证明；

（3）购买单位的名称、地址、银行账户；

（4）购买的品种、数量和用途说明。

受理申请的公安机关应当自受理申请之日起 5 日内对提交的有关材料进行审查，对符合条件的，核发《民用爆炸物品购买许可证》；对不符合条件的，不予核发《民用爆炸物品购买许可证》，书面向申请人说明理由。

《民用爆炸物品购买许可证》应当载明许可购买的品种、数量、购买单位以及许可的有效期限。购买民用爆炸物品，应当通过银行账户进行交易，不得使用现金或者实物进行交易。

10.1.1.5 申请购买民用爆炸物品程序

县级人民政府公安机关是民用爆炸物品购买运输发放机关。民用爆炸物品生产企业凭《民用爆炸物品生产许可证》购买爆炸性原材料（如炸药生产企业所需的硝酸铵或爆管生产企业所需的黑索今、太安等）无须申办《民用爆炸物品购买许可证》，但应在买卖成交 3 日内向所在地县级人民政府公安机关备案。生产企业购买民用爆炸物品成品，如炸药生产企业检测试验所需的雷管、导爆管等，仍需经公安机关许可购买。

民用爆炸物品销售企业凭《民用爆炸物品销售许可证》向民用爆炸物品生产企业购买民用爆炸物品，无须申办《民用爆炸物品购买许可证》，但应在买卖成交 3 日内向所在地县级人民政府公安机关备案。

民用爆炸物品使用单位购买民用爆炸物品，需向所在地县级人民政府公安机关申办《民用爆炸物品购买许可证》。

民用爆炸物品使用单位包括：爆破作业单位、教学科研单位等其他需要使用民用爆炸物品的单位，爆破作业单位应当凭《爆破作业单位许可证》提出申请，教学、科研等其他使用民用爆炸物品的单位应当凭科研合同、教学计划等证明文件由单位向所在地县级人民政府公安机关提出申请。

申请购买民用爆炸物品需提交下列有关材料：

（1）工商营业执照或者事业单位法人证书；

（2）《爆炸作业单位许可证》或者其他合法使用的证明；

（3）购买单位的名称、地址、银行账户；

（4）购买的品种、数量和用途说明。

10.1.2 爆破器材的储存

民用爆炸物品应当储存在专用仓库内，并按照国家规定设置技术防范设施。

（1）建立出入库检查、登记制度，收存和发放民用爆炸物品必须进行登记，做到账目清楚，账物相符。

（2）储存的民用爆炸物品数量不得超过储存设计容量，对性质相抵触的民用爆炸物品必须分库储存，严禁在库房内存放其他物品。

（3）专用仓库应当指定专人管理、看护，严禁无关人员进入仓库区内，严禁在仓库区内吸烟和用火，严禁把其他容易引起燃烧、爆炸的物品带入仓库区内，严禁在库房内住宿和进行其他活动。

（4）民用爆炸物品丢失、被盗、被抢，应当立即报告当地公安机关。

在爆破作业现场临时存放民用爆炸物品的，应当具备临时存放民用爆炸物品的条件，并设专人管理、看护，不得在不具备安全存放条件的场所存放民用爆炸物品。

民用爆炸物品变质和过期失效的，应当及时清理出库，并予以销毁。销毁前应当登记造册，提出销毁实施方案，报省、自治区、直辖市人民政府国防科技工业主管部门、所在地县级人民政府公安机关组织监督销毁。

10.1.2.1　储存爆炸物品一般规定

《爆破安全规程》对爆破器材贮存的一般规定：

（1）爆破器材应贮存在专用的爆破器材库里：特殊情况下，应经主管部门审核并报当地公安机关批准，才准在库外存放。

（2）爆破器材库的贮存量，应遵守下列规定：

1）地面库单一库房的最大允许存药量，不应超过表 10-1 的规定。

表 10-1　地面单一库房的最大允许存药量

序号	爆破器材名称	单一库房最大允许存药量/t	序号	爆破器材名称	单一库房最大允许存药量/t
1	硝化甘油炸药	20	8	爆炸筒	15
2	黑索金	50	9	导爆索	30
3	太安	50	10	黑火药、无烟火药	10
4	梯恩梯	150	11	导火索、点火索、点火筒	40
5	黑梯药柱、起爆药柱	50	12	雷管、继爆管、高压油井雷管、导爆管起爆系统	10
6	硝铵类炸药	200			
7	射孔弹	3	13	硝酸铵、硝酸钠	500

注：雷管、导爆索、导火索、点火筒、继爆管及专用爆破器具按其装药量计算存药量。

2）地面总库的炸药总容量不应超过本单位半年生产用量，起爆器材不应超过 1 年生产用量。地面分库的炸药总容量不应超过 3 个月生产用量，起爆器材不应超过半年生产用量。

3）硐室式库的最大容量不应超过 100t；井下只准建分库，库容量不应超过：炸药三昼夜的生产用量，起爆器材十昼夜的生产用量，乡、镇所属以及个体经营的矿场、采石场及岩土工程等使用单位，其集中管理的小型爆破器材库的最大贮存量应不超过 1 个月的用量，并应不大于表 10-2 的规定。

（3）爆破器材库宜单一品种专库存放。若受条件限制，同库存放不同的爆破器材则应符合表 10-3 的规定。

表 10-2　小型爆破器材库的最大贮存量

爆破器材名称	最大储存量	爆破器材名称	最大储存量
硝铵类炸药	3000kg	导火索	30000m
硝化甘油炸药	500kg	导爆索	30000m
雷　管	20000 发	塑料导爆管	60000m

表 10-3　爆破器材同库存放的规定

爆破器材名称	黑索金	梯恩梯	硝铵类炸药	胶质炸药	水胶炸药	浆状炸药	乳化炸药	苦味酸	黑火药	二硝基重氮酚	导爆索	电雷管	非电导爆系统
黑索金	+	+	+	–	+	+	–	–	–	–	+	–	–
梯恩梯	+	+	+	–	+	+	–	–	–	–	+	–	–
硝铵类炸药	+	+	+	–	+	+	–	–	–	–	+	–	–
胶质炸药	–	–	–	+	–	–	–	–	–	–	–	–	–
水胶炸药	+	+	+	–	+	–	–	–	–	–	+	–	–
浆状炸药	+	+	+	–	+	+	–	–	–	–	+	–	–
乳化炸药	–	–	–	–	–	–	+	–	–	–	–	–	–
苦味酸	+	+	–	–	–	–	–	+	–	–	+	–	–
黑火药	–	–	–	–	–	–	–	–	+	–	–	–	–
二硝基重氮酚	–	–	–	–	–	–	–	–	–	+	–	–	–
导爆索	+	+	+	–	+	+	–	–	–	–	+	–	–
电雷管	–	–	–	–	–	–	–	–	–	–	–	+	–
非电导爆系统	–	–	–	–	–	–	–	–	–	–	–	+	+

注：+表示可以同库存放，–表示不能同库存放。

（4）当不同品种的爆破器材同库存放时，单库允许的最大存药量仍应符合表 10-1 的规定；当危险级别相同的爆破器材同库存放时，同库存放的总药量不应超过其中一个品种的单库最大允许存药量；当危险级别不同的爆破器材同库存放时，同库存放的总药量不应超过危险级别最高的品种的单库最大允许存药量。

10.1.2.2　储存库的管理

A　库区的管理

进入库区不准携带烟火及其他引火物，不应穿带钉子的鞋和易产生静电的化纤衣服；不应使用能产生火花的工具开启炸药雷管箱。库区的消防设备、通讯设备、警报装置和防雷装置，应定期检查。从库区变电站到各库房的外部线路，应采用铠装电缆埋地敷设或挂设，外部电器线路不应通过危险库房的上空。

在通讯方面，库区内不宜设置电话总机，只设与本单位保卫和消防部门的直拨电话，电话机应符合防爆要求；库区值班室与各岗楼之间，应有光、音响或电话联系。

在消防设施方面，应根据库容量，在库区修建高位消防水池，库容量小于 100t 者，贮水池容量为 $50m^3$（小型库为 $15m^3$）；库容量 100～500t 者，储水池容量为 $100m^3$；库容量超过 500t 者，设消防水管。消防水池距库房不应大于 100m，消防管路距库房不应大于 50m。草原和森林地区的库区周围，应修筑防火沟渠，沟渠边缘距库区围墙不应小于10m，沟宽1～3m，深1m。在安全警戒方面，库区应昼夜设警卫，加强巡逻，无关人员不准进入库区。库区不应存放与管理无关的工具和杂物。

B　库房的管理

库房的照明，不应安装电灯，宜靠自然采光或在库外安设探照灯进行投射采光。电源开关和保险器，应设在库外面，并装在配电箱中。采用移动式照明时，应使用安全手电筒，不应使用电网供电的移动手提灯。应经常测定库房的温度和湿度，库房内要保持整洁、防潮和通风良好，杜绝鼠害。

每间库房贮存爆破器材的数量，不应超过库房设计的安全贮存药量。对爆破器材进行储存时，应使爆破器材码放整齐、稳当，不能倾斜。在爆破器材包装箱下，应垫有高度大于0.1m的垫木。爆破器材的码放，宜有0.6m以上宽度的安全通道，爆破器材包装箱与墙距离宜大于0.4m，码放高度不宜超过1.6m。存放硝化甘油类炸药、各种雷管和继爆管的箱（袋），应放置在货架上。

对井下爆破器材库的电器照明，应采用防爆型或矿用密闭型电器器材，电线应用铠装电缆。井下库区的电压宜为36V。贮存爆破器材的硐室或壁槽，不得安装灯具。电源开关和保险器，应设在外包铁皮的专用开关箱里，电源开关箱应设在辅助硐室里。有可燃性气体和粉尘爆炸危险的井下库区，只准使用防爆型移动电灯和安全手电筒。其他井下库区应使用蓄电池灯、安全手电筒或汽油安全灯作为移动式照明。对爆破器材库房的管理，应建立健全严格的责任制度、治安保卫制度、防火制度、保密制度等，宜分区、分库、分品种贮存，分类管理。

C　临时性爆破器材库和临时性存放爆破器材的管理

临时性爆破器材库应设置在不受山洪、滑坡和危石等威胁的地方，允许利用结构坚固但不住人的各种房屋、土窑和车棚等作为临时性爆破器材库。临时性爆破器材库的最大存药量为：炸药10t，雷管2万发，导爆索1万米。

临时性爆破器材库的库房宜为单层结构，地面应平整无缝，墙、地板、屋顶和门为木结构者，应涂防火漆，窗门应用外包铁皮的板窗门。宜设简易围墙或铁刺网，其高度不小于2m。库内应设置独立的发放间和雷管库房，发放间面积不小于9m^2。

不超过6个月的野外流动性爆破作业，用安装有特制车厢的汽车或马车存放爆破器材时，存放爆破器材量不得超过车辆额定载重量的2/3，同一车上装有炸药和雷管时，雷管不得超过2000发和相应的导火索。特制车厢应是外包铝板或铁皮的木车厢，车厢前壁和侧壁应开有0.3m×0.3m的铁栅通风孔，外部应设有外包铝板或铁皮的木门，门应上锁，整个车厢外表应涂防火剂，并设有危险标记，且不应将特制车厢做成挂车形式。在车厢内的右前角设置一个能固定的专门存放雷管的木箱，木箱里面应衬软垫，箱应上锁。车辆停放位置，应确保作业点、有人的建筑物、重要构筑物和主要设备的安全，白天、夜晚均应有人警卫。加工起爆管和检测电雷管电阻，允许在离危险车辆50m以外的地方进行。

D　井下炸药库的特殊规定

矿山井下只准建分库，库容量不应超过：炸药3天的生产用量；起爆器材10天的生产用量；井下爆破器材库不应设在含水层或岩体破碎带内，井下爆破器材库应设有独立的回风道，井下爆破器材库距井筒、井底车场和主要巷道的距离：硐室式库不小于100m，壁槽式库不小于60m，井下爆破器材库距行人巷道的距离：硐室式库不小于25m，壁槽式库不小于20m，井下爆破器材库距地面或上下巷道的距离，硐室式库不小于30m，壁槽式库不小于15m，井下爆破器材库应设防爆门，防爆门在发生意外爆炸事故时应可自动关闭，且能限制大量爆炸气体外溢，井下爆破器材库除设专门储存爆破器材的硐室和壁槽外，还应设联通硐室或壁槽的巷道和若干辅助硐室，储存雷管和硝酸甘油类炸药的硐室或壁槽，应设金属丝网门，储存爆破器材的各硐室、壁槽的间距应大于殉爆安全距离。

井下爆破器材库和距库房15m以内的联通巷道，需要支护时应用不燃材料支护，库内应备有足够数量的消防器材。有瓦斯煤尘爆炸危险的井下爆破器材库附近，应设置岩粉棚，并应定期更换岩粉，在多水平开采的矿井，爆破器材库距工作面超过2.5km或井下不设爆破器材库时，允许在各水平设置发放站。

井下爆破器材发放站应符合下列规定：

(1) 发放站存放的炸药不应超过0.5t。雷管不应超过1000发。

(2) 炸药与雷管应分开存放，并用砖或混凝土墙隔开，墙的厚度不小于0.25m。

(3) 井下爆破器材库区，不应设爆破器材检验与销毁场；爆破器材的爆炸性能检验与销毁，应在地面指定的地点进行。

(4) 不应在井下爆破器材库房对应的地表修筑永久性建筑物，也不应在距库房30m范围内掘进巷道。

(5) 井下爆破器材库应安装专线电话并装备报警器。

井下爆破器材库的电气照明，应遵守下列规定：

(1) 应采用防爆型或矿用密闭型电气设备，电线应采用铜芯铠装电缆。

(2) 照明线路的电压不应大于36V。

(3) 储存爆破器材的硐室或壁槽，不安装灯具。

(4) 电源开关或熔断器，应设在铁制的配电箱内，该箱应设在辅助硐室里。

(5) 爆破器材库和发放站的移动式照明，应使用防爆型移动灯具和防爆手电筒。

10.1.2.3　爆破器材的收存及发放

A　爆破器材的收存

爆破器材的收存和发放是爆破器材管理的重要内容，是防止爆破器材遗失、变质和禁止使用变质爆破器材的手段，是爆破器材保管员的主要职责。

入库时，保管员应对入库的爆破器材及入库文件、资料进行认真检查，有下列情况之一者，不准该批爆破器材入库：

(1) 入库手续不符合规定。例如，从外地运来的爆破器材没有《爆炸物品购买证》和《爆炸物运输证》，本企业下属单位运（或交）来的爆破器材违反企业爆破器材管理规定或退库手续等。

(2) 爆破器材的品种、数量与《爆炸物品购买证》或入库单等不一致。例如，某次爆破工程结束后，爆破工程领导人签写爆破器材退库单，指定爆破员持退库单和剩余的10发瞬发电雷管退回爆破器材库，途中爆破员将两发瞬发电雷管送人，保管员发现退库单上的数字与实物不符。

(3) 将要入库的爆破器材与库内原来存放的爆破器材不能共存者（见表10-3）。

(4) 库内储存的爆破器材已达到设计储存量。

(5) 变质、失效的爆破器材和超过储存期的爆破器材。

爆破器材入库后，保管员要在《爆炸物品购买证》或入库单、退库单等有关单据上签字，并开爆破器材入库收据。

B 爆破器材的发放

爆破器材的发放有两种，一是将爆破器材卖给外单位，购货者提货时的发放；二是爆破器材用于本单位的爆破施工，爆破员领取爆破器材时的发放。保管员在发放爆破器材时必须遵守下列规定：

（1）认真检查购货单位的提货单、《爆炸物品购买证》和《爆炸物品运输证》，发现疑点或不符合规定时不发。

（2）本单位爆破施工使用的爆破器材，应根据爆破工作领导人提出的爆破器材计划和签发的爆破器材领取单（或称发料单）发放。

（3）按爆破器材入库的先后顺序发放，即早入库的先发，晚入库的后发。

（4）禁止发放过期、失效和变质的爆破器材。

（5）只有在符合安全要求的运输工具和押运人员到达指定的爆破器材装卸地点后，才准搬运爆破器材。

C 账目

爆破器材要有总账和流水账，爆破器材的收存和发放均要及时记账，做到日清月结，账物相符。账目和建账的原始资料（如入库收据存根、发料单）要长期保存，不准轻易销毁，以备查询。当发现账物不符，爆破器材或账目丢失或被盗时，要立即报告上级主管部门和当地公安机关，并认真查找。

D 工业雷管的管理

每个工业雷管都有独立的编码，对工业雷管进行编码是为了加强民用爆炸物品的管理，了解民用爆炸物品的社会流向，遏制利用爆炸物品破坏社会安定的一种强制性措施。

（1）每发工业雷管出厂时必须有编码，且编码必须在10年内具有唯一性。

（2）在工业雷管基本包装盒内应装有《工业雷管编码信息随盒登记表》。其内容应包括生产企业名称及其代号、生产日期代号、特征号和盒号登记栏、与装盒规格对应的盒内所有雷管顺序号、异常码记录栏、领用人签名栏、发放人及发放日期、审核人及审核日期以及需要说明的其他事项。

（3）盒的外面应粘贴一张包含盒内雷管编码相关信息的一维条码，条码上应编有生产企业名称、产品、品种、装盒数量等汉字信息。

（4）在工业雷管包装箱内应装有《工业雷管编码信息随箱登记表》。其内容应包括：生产企业名称及其代号、生产日期号和箱号登记栏、与装箱规格对应的盒号、领用人签名栏、发放人及发放日期、审核人和审核日期以及需要说明的其他事项。

10.2 爆破器材的运输

10.2.1 一般规定

下面的规定涉及爆破器材生产企业外部运输爆破器材的相关规定：

（1）爆破器材运输车（船）应符合国家有关运输安全的技术要求；结构可靠，机械电器性能良好；具有防盗、防火、防热、防雨、防潮和防静电等安全性能。

（2）装卸爆破器材时，应认真检查运输工具的完好状况，清除运输工具内的一切杂物；装卸爆破器材的地点，应远离人口稠密区，并设明显的标志，白天应悬挂红旗和警标，夜晚应有足够的照明并悬挂红灯；有专人在场监督，设置警卫，无关人员不允许在场。

爆破器材和其他货物不应混装，雷管等起爆器材不应与炸药同时同地进行装卸；装卸搬运应轻拿轻放，装好，码平，卡牢，捆紧，不得摩擦、撞击、抛掷、翻滚、侧置及倒置爆破器材。装卸爆破器材时应做到不超高、不超宽、不超载；用起重机装卸爆破器材时，一次起吊重量不应超过设备能力的50%；分层装载爆破器材时，不应站在下层箱（袋）上装载另一层，雷管或硝酸甘油类炸药分层装载时不应超过2层。

遇暴风雨或雷雨时，应停止装卸。

（3）爆破器材从生产厂运出或从总库向分库运送时，包装箱（袋）及铅封应保持完整无损；同车（船）运输两种以上爆破器材时，应遵守安全规程的规定；在特殊情况下，经爆破工作领导人批准，起爆器材与炸药可以同车（船）装运，但数量不应超过：炸药1000kg，雷管1000发，导爆索2000m，导火索2000m。雷管应装在专用的保险箱里，箱子内壁应衬有软垫，箱子应紧固于运输工具的前部。炸药箱（袋）不应放在装雷管的保险箱上。

待运雷管箱未装满雷管时，其空隙部分应用不产生静电的柔软材料塞满。

装卸和运输爆破器材时，不应携带烟火和发火物品。

（4）车（船）运输爆破器材时，应用帆布覆盖，按指定路线行驶，并设明显的标志；押运人员应熟悉所运爆破器材性能，非押运人员不应乘坐。

气温低于10℃时运输易冻的硝酸甘油炸药和气温低于-15℃时运输难冻的硝酸甘油炸药时，应采取防冻措施；运输硝酸甘油类炸药或雷管等感度高的爆破器材时，车厢和船舱底部应铺软垫。

中途停留时，应有专人看管，不准吸烟、用火，开车（船）前应检查码放和捆绑有无异常；不准在人员聚集的地点、交叉路口、桥梁上（下）及火源附近停留。

车（船）完成运输后应打扫干净，清出的药粉、药渣应运至指定地点，定期进行销毁。

10.2.2 运输管理规定

运输民用爆炸物品，收货单位应当向运达地县级人民政府公安机关提出申请，并提交包括下列内容的材料：

（1）民用爆炸物品生产企业、销售企业、使用单位以及进出口单位分别提供的《民用爆炸物品生产许可证》、《民用爆炸物品销售许可证》、《民用爆炸物品购买许可证》或者进出口批准证明。

（2）运输民用爆炸物品的品种、数量、包装材料和包装方式。

（3）运输民用爆炸物品的特性、出现险情的应急处置方法。

（4）运输时间、起始地点、运输路线、经停地点。

受理申请的公安机关应当自受理申请之日起3日内对提交的有关材料进行审查，对符合条件的，核发《民用爆炸物品运输许可证》；对不符合条件的，不予核发《民用爆炸物品运输许可证》，书面向申请人说明理由。

《民用爆炸物品运输许可证》应当载明收货单位、销售企业、承运人，一次性运输有效期限、起始地点、运输路线、经停地点，民用爆炸物品的品种、数量。

10.2.3 运输民用爆炸物品注意事项

运输民用爆炸物品的，应当凭《民用爆炸物品运输许可证》，按照许可的品种、数量运输。

（1）携带《民用爆炸物品运输许可证》。

（2）民用爆炸物品的装载符合国家有关标准和规范，车厢内不得载人。

(3) 运输车辆安全技术状况应当符合国家有关安全技术标准的要求，并按照规定悬挂或者安装符合国家标准的易燃易爆危险物品警示标志。

(4) 运输民用爆炸物品的车辆应当保持安全车速。

(5) 按照规定的路线行驶，途中经停应当有专人看守，并远离建筑设施和人口稠密的地方，不得在许可以外的地点经停。

(6) 按照安全操作规程装卸民用爆炸物品，并在装卸现场设置警戒，禁止无关人员进入。

(7) 出现危险情况立即采取必要的应急处置措施，并报告当地公安机关。

民用爆炸物品运达目的地，收货单位应当进行验收后在《民用爆炸物品运输许可证》上签注，并在3日内将《民用爆炸物品运输许可证》交回发证机关核销。

禁止携带民用爆炸物品搭乘公共交通工具或者进入公共场所。禁止邮寄民用爆炸物品，禁止在托运的货物、行李、包裹、邮件中夹带民用爆炸物品。

10.2.4 具体运输工具规定

10.2.4.1 火车运输

使用火车运输爆破器材时，装有爆破器材的车厢不应溜放，应与其他线路隔开，专线停放，通往该线路的转辙器应锁住，车辆应楔牢，其前后50m处应设危险标志；装有爆破器材的车厢与机车之间，炸药车厢与起爆器材车厢之间，应用1节以上未装有爆破器材的车厢隔开；机车体停放位置与最近的爆破器材库房的距离，不应小于50m。

车辆运行的速度，在矿区内不应超过30km/h、厂区内不超过15km/h、库区内不超过10km/h。

10.2.4.2 水路运输

采用水路运输爆破器材时，不应用筏类工具运输爆破器材；船上应有足够的消防器材；船头和船尾设危险标志，夜间及雾天设红色安全灯；遇浓雾及大风浪应停航；停泊地点距岸上建筑物不小于250m。

运输爆破器材的机动船，装爆破器材的船舱不应有电源；底板和舱壁应无缝隙，舱口应关严；与机舱相邻的船舱隔墙，应采取隔热措施；对邻近的蒸汽管路进行可靠的隔热。

10.2.4.3 汽车运输

用汽车运输爆破器材时，应由熟悉爆破器材性能、具有安全驾驶经验的司机驾驶；车厢的黑色金属部分应用木板或胶皮衬垫，能见度良好时车速应符合所行驶道路规定的车速下限，天气不好时速度酌减；在平坦道路上行驶时，前后两部汽车距离不应小于50m，上山或下山不小于300m。车上应配备灭火器材，并按规定配挂明显的危险标志；在高速公路上运输爆破器材，应按国家的有关规定执行。

公路运输爆破器材途中避免停留住宿，禁止在居民点、行人稠密的闹市区、名胜古迹、风景游览区、重要建筑设施等附近停留。确需停留住宿必须报告住宿地公安机关。

10.2.4.4 飞机运输

用飞机运输爆破器材时，应严格遵守国际民航组织理事会批准和发布的《航空运输危险品安全运输的技术指令》及国家有关航空运输危险品的规定。

10.2.5 爆破器材的装卸

装卸爆破器材的地点要有明显的危险标志（信号），白天悬挂红旗和警戒标志，夜晚有足够的照明并悬挂红灯。根据装卸时间的长短，爆破器材的种类、数量和装卸地点的情况，确定警戒的位置和专门警卫人员的数量。禁止无关人员进入装卸场地，禁止携带发火物品进入装卸场地和严禁烟火。

爆破器材装入运输工具之前，要认真检查运输工具的完好状况，确认拟用的工具是否适合运输爆破器材，清扫运输工具内的杂物，清洗运输工具内的酸、碱和油脂痕迹。

装卸爆破器材时，要有专人在场监督装卸人员按规定装卸，轻拿轻放，严禁摩擦、撞击、抛掷爆破器材。不准站在下一层箱（袋）子上去装上一层，不得与其他货物混装。运输工具的装载量、装载高度、起重机的一次吊运量都必须按有关规定进行。

装卸爆破器材应尽可能在白天进行，雷雨或暴风雨（雪）天气，禁止装卸爆破器材。

10.2.6 爆破作业地点爆破器材的运输

在往爆破作业地点运输爆破器材时，运输人员应注意以下 4 点：

（1）在竖井、斜井运输爆破器材时，应事先通知卷扬司机和信号工；在上下班或人员集中的时间内，不应运输爆破器材；除爆破人员和信号工外，其他人员不应与爆破器材同罐乘坐；用罐笼运输硝铵类炸药，装载高度不应超过车厢边缘；运输硝酸甘油类炸药或雷管，不应超过两层，层间应铺软垫；用罐笼运输硝化酸油类炸药或雷管时，升降速度不应超过 2m/s；用吊桶或斜坡卷扬运输爆破器材时，速度不应超过 1m/s；运输电雷管时应采用绝缘措施；爆破器材不应在井口房或井底车场停留。

（2）用矿用机车运输爆破器材时，列车前后设“危险”标志；采用封闭型的专用车厢，车内应铺软垫，运行速度不超过 2m/s；在装爆破器材的车厢与机车之间，以及装炸药的车厢与装起爆器材的车厢之间，应用空车厢隔开；运输电雷管时，应采取可靠的绝缘措施；用架线式电力机车运输，在装卸爆破器材时，机车应断电。

（3）在斜坡道上用汽车运输爆破器材时，汽车行驶速度不超过 10km/h；不应在上、下班或人员集中时运输；车头、车尾应分别安装特制的蓄电池红灯作为危险的标志；应在道路中间行驶，会车让车时应靠边停车。

（4）不应一人同时携带雷管和炸药；雷管和炸药应分别放在专用背包（木箱）内，不应放在衣袋内；领到爆破器材后，应直接送到爆破地点，不应乱丢乱放；不应提前班次领取爆破器材，不应携带爆破器材在人群聚集的地方停留；一人一次运送的爆破器材数量不超过：雷管 1000 发；拆箱（袋）运搬炸药 20kg；背运原包装炸药 1 箱（袋）；拟运原包装炸药 2 箱（袋）。

用手推车运输爆破器材时，载重量不应超过 300kg，运输过程中应采取防滑、防摩擦和防止产生火花等安全措施。

10.3 爆破器材的检验与销毁

10.3.1 检验的主要内容与方法

按照《爆破安全规程》的规定，在实施爆破作业前，现场负责人员应对所使用的爆破器材进行外观检查，对电雷管进行电阻值测定，对使用的仪表、电线、电源进行必要的性能检测。对A级、B级岩土爆破工程和A级拆除爆破工程中爆破器材检测的项目有：炸药的爆速、爆破漏斗试验和殉爆距离测定；延时电雷管的延时时间；导爆索的爆速和起爆能力；导爆管传爆速度，延时导爆管雷管的延时时间等。

各类爆破器材的检验项目，应参见产品的技术条件和性能标准；检验方法应严格按照相应的国家标准或部颁标准；

爆破器材的爆炸性能的检测，应在安全的地方进行。

10.3.1.1　炸药的抽样检验

炸药爆炸性能的抽样检验主要包括炸药的爆速、猛度、殉爆距离或爆轰感度及做功能力的检验 。

炸药物理化学安定性的检验：

(1) 不含水硝铵炸药的水含量的测定。烘箱干燥法：这种方法适用于不含挥发性油类的硝铵炸药水含量的测定。水分测定器法：这种方法适用于含有挥发性油类的硝铵炸药的水分测定。

以上方法均做两次，取平均值，测定误差不得超过0.01%。一般爆破作业中不含水硝铵炸药的最高允许含水率为：井下使用炸药0.5%；露天使用炸药1.5%。

(2) 中包浸入试验。每班至少从包装箱中取出5个中包做浸入试验。室温浸入水下5cm，时间10min，取出擦干外面水珠，打开中包检查，最里面的中包层不漏水，合格率达80%以上。

(3) 药卷外观检验。用规定的上、下限样圈检查10个药卷，直径的误差±1mm。

(4) 药卷密度测定。测出药卷的直径和长度（从药卷一端凹陷处到另一端凹陷处）及药卷药量，即可计算出药卷的装药密度。

(5) 硝酸甘油炸药的渗油检验。若炸药箱和药包内外都无液体油迹时，即认为无渗油现象。若打开包装纸，在药包纸内部接触处的油线宽度大于6mm或在药包纸内外发现有液体油斑时，即证明有渗油现象。此时可用玻璃棒取一滴油珠放入有水试管中，若油珠下沉则说明渗油严重，该批炸药应按规程及时处理。

(6) 硝酸甘油炸药的化学安定性检验。硝酸甘油热分解时，放出二氧化氮。用碘化钾试纸检验时，如果有二氧化氮析出，则碘化钾与二氧化氮反应，产生碘，在试纸上有染色反应。

10.3.1.2　起爆器材的抽样检验

A　导爆索的检验

(1) 外观检查。外观应无严重折伤，外层线不得同时折断两根，断线长度不超过7m，无油渍、污垢，索头有防潮帽。

(2) 起爆性能试验。具体方法是：将200g梯恩梯压成100mm×50mm×25mm的药块，端面有小孔，将2m受试导爆索一头插入药块小孔内，再在药块上绕3圈，用线绳扎紧，使索与药面平贴，如图10-1所示。用雷管起爆导爆管另一端，整个药块全爆轰为合格。

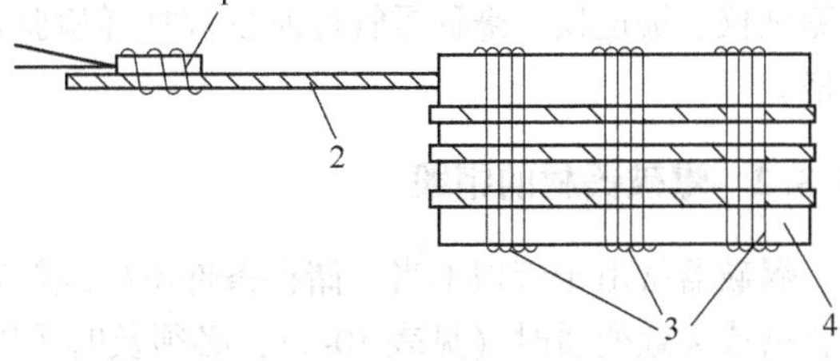

图10-1　导爆索起爆性能检验

1—雷管；2—导爆索；3—绑线；4—梯恩梯炸药（200g）

(3) 传爆性能的检验。具体方法是：取

8m 长的导爆索，切 1m 长 5 段，3m 长 1 段，按图 10-2 所示的方法连接。用 8 号雷管起爆后，各段导爆索完全爆轰为合格，平行做两次。导爆索爆速的测定方法可参照炸药爆速的测定方法。

（4）耐水性检验。具体方法是棉线导爆索取 5.5m 长导爆索，将索头密封，卷成小捆放入水深 1m，10~25℃静水中，浸泡 4h。取出后擦去表面水迹并切去索头，然后切成 1m 长 5 段，按图 10-3 方法连接，8 号雷管起爆，完全爆轰为合格。

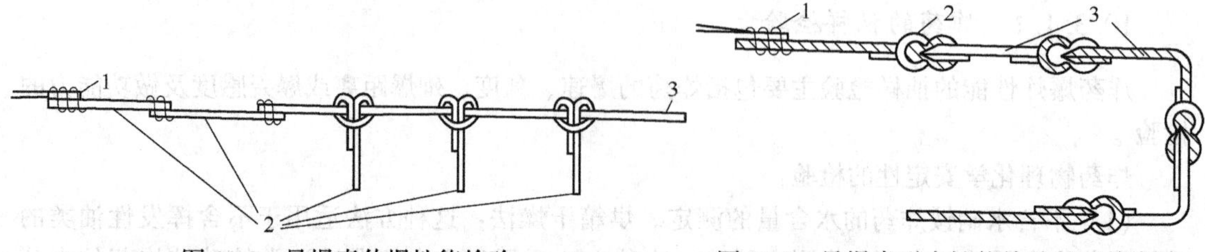

图 10-2　导爆索传爆性能检验
1—8 号雷管；2—1m 导爆索；3—3m 长导爆索

图 10-3　导爆索耐水性能检验的连接方法
1—8 号雷管；2—水手结；3—导爆索

塑料导爆索取 5.5m 长导爆索，将索头密封后放入 10~25℃静水中，加压至 50kPa，浸泡 5h。取出后擦去表面水迹并切去索头，然后切成 1m 长 5 段，按图 10-3 方法连接，8 号雷管起爆，完全爆轰为合格。

B　雷管的检验

（1）外观检验。管壳是否有裂隙、变形、锈斑、污垢、浮药、砂眼，脚线是否折断等。

（2）铅板穿孔试验。试验装置如图 10-4 所示，试验用铅板直径不小于 45mm（或正方形边长不小于 45mm），厚度为 5mm（对 8 号雷管）或 4mm（对 6 号雷管）。试验时将雷管垂直立在铅板中心，铅板放在直径不小于 40mm，高度不小于 50mm 的钢圈上并固定好，雷管起爆后，铅板被炸穿的孔径大于雷管外径，雷管的起爆能力判为合格。

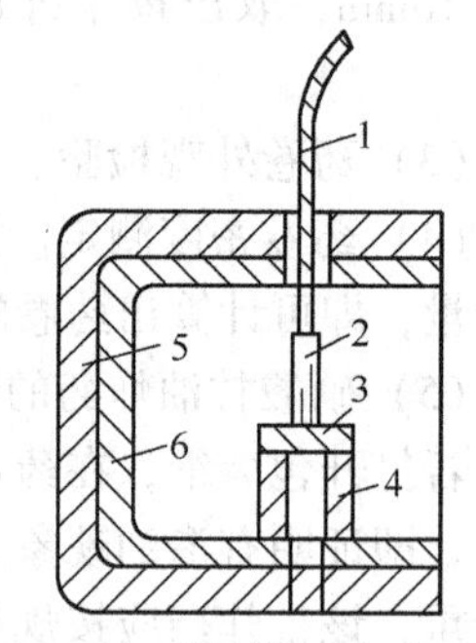

图 10-4　雷管铅板穿孔试验
1—导火索；2—雷管；3—铅板；4—钢圈；5—防爆箱；6—铅衬

（3）电阻值检验。外表检验合格后，抽样使用专用电桥逐个测雷管的电阻值，符合产品说明书规定的误差范围内的值视为合格。

（4）最大安全电流。恒定直流电为 0.20A，普通电雷管为 5min 不爆炸。

（5）单发发火电流。对普通电雷管通以恒定直流电，其发火电流的上限不应大于 0.45A。

（6）串联起爆电流。20 发普通电雷管串联，通 1.2A 恒定直流电应全爆。

（7）延期时间。用 DT-1 型时间间隔测量仪、DT-1 型电雷管特性测量仪、BQ-Ⅰ型综合参数测试仪、爆速仪、毫秒雷管计时仪等抽样检验延迟时间，符合说明书提供的误差范围者视为合格。

10.3.2　爆破器材的销毁

爆破器材由于管理不当、储存条件不好或储存时间过长等原因而导致爆破器材性能经检验不合格或失效变质时（见表 10-4），必须及时予以销毁。在处理盲炮后，也应将残余的爆破器材收集起来，及时销毁。爆破器材的销毁工作是与生产和使用密切相关的一个重要环节。为使销毁工作安全顺利进行，必须妥善选择场地，选择正确的销毁方法，严格遵守爆破器材销毁的安全技术规程。

表 10-4 常用爆破器材常见变质现象及储存原因

名 称	变质失效现象	储存方面的原因
火雷管	出现穿孔小，半爆甚至拒爆，加强帽松动	严重受潮，管体膨胀
电雷管	出现穿孔小 全电阻普遍增大，串联不串爆 出现大量拒爆，雷管不导通 封口塞脱落 延期秒量普遍不准	严重受潮 桥丝和脚线锈蚀 受潮，储存期过长，桥丝锈断 管体受潮膨胀 雷管受潮，储存期过长
导火索	外观有严重折损、变形、发霉、油污，不易着火，燃速不准	保管不善，严重受潮或受潮后自行干燥
导爆索	外观有严重折损、变形、发霉、油污，爆轰中断，爆速降低	保管不善，严重受潮或曾经在高温下存放过
导爆管	管壁折损、破洞，爆速或起爆感度降低	保管不善，严重受潮或超过储存期
非含水硝铵炸药	严重硬化 药卷变软滴水	吸潮、库房温度变化大 严重吸潮
硝化甘油炸药	渗油 严重老化	储存温度高、时间长 储存时间长
水胶炸药	凝胶变成糊状或出水	保管不善，或超过储存期
乳化炸药	有硬块或成分分离，破乳发生	通风不良、超过储存期等

10.3.2.1 一般规定

销毁爆破器材有以下五点规定：

（1）经过检验，确认失效及不符合技术条件要求或国家标准的爆破器材，都应销毁或再加工。

乡镇管辖的小型采矿场、采石场或小型爆破企业，对不合格的爆破器材，不应自行销毁或自行加工利用，应退回原发放单位按相关规定进行销毁或再加工。

（2）不能继续使用的剩余包装材料（箱、袋、盒和纸张），经过仔细检查，确认没有雷管和残药时，可用焚烧法销毁；包装过硝化甘油类炸药有渗油痕迹的药箱（袋、盒），应予以销毁。

（3）销毁爆破器材时，必须登记造册并编写书面报告；报告中应说明被销毁的爆破器材的名称、数量、销毁原因、销毁方法、销毁时间和地点，报上级主管部门批准。爆破器材的销毁工作应根据单位总工程师或爆破工作领导人的书面批示进行。

（4）销毁爆破器材，不应在夜间、雨天、雾天和3级风以上的天气里进行；销毁工作不应单人进行，操作人员应是专职人员并经过专门技术培训；不应在阳光下暴晒爆破器材。

（5）销毁爆破器材后应有两名以上销毁人员签名，并建立台账及档案；应对销毁现场进行仔细检查，如果发现有残存爆破器材，应收集起来，进行销毁。爆破器材的销毁场地应选在安全偏僻地带，距周围建筑物不应小于200m，距铁路、公路不应小于50m。

10.3.2.2　销毁方法

销毁爆破器材，可采用爆炸法、焚烧法、溶解法和化学分解法。不同销毁方法的适用范围如表10-5所示。

表10-5　爆破器材不同销毁方法的适用范围

销毁方法	适用范围	销毁方法	适用范围
爆炸法	能完全爆炸的爆破器材	溶解法	能溶解于水或其他溶剂而使其失去爆炸性能的爆破器材
焚烧法	没有爆炸性或已失去爆炸性、燃烧时不会爆轰的爆破器材	化学分解法	能为化学药品分解而失去爆炸性能的爆破器材

A　爆炸法

（1）用爆炸法或焚烧法销毁爆破器材，必须清除销毁场所周围半径50m范围内的易燃物、杂草和碎石；应有坚固的掩蔽体。掩蔽体至爆破器材销毁场所的距离，由设计确定。在没有人工或自然掩蔽体的情况下，起爆前或点燃后，参加爆破器材销毁的人员应远离危险区，此距离由设计确定；如果把拟全部销毁的爆破器材一次运到销毁地点，而又分批进行销毁，则应将待销毁的爆破器材放置在销毁场所上风向的掩蔽体后面；引爆或点火前应发出声响警告信号；在野外销毁时还应在销毁场地四周安排警戒人员，控制所有可能进入的通道，不准非操作人员和车辆进入。

（2）用爆炸法销毁爆破器材时应按销毁设计书进行，设计书由单位主要负责人批准并报当地公安机关备案；只有确认雷管、导爆索、继爆管、起爆药柱、射孔弹、爆破筒和炸药能完全爆炸时，才能允许用爆炸法进行销毁。用爆炸法销毁爆破器材应分段爆破，单响销毁量不得超过20kg，雷管4000发，其他导爆索等10kg以下，并应避免彼此间发生殉爆；应采用电雷管、导爆索或导爆管起爆，在特殊情况下，可以用火雷管起爆。

（3）导线必须有足够的长度，以确保全部从事销毁工作的人员能撤到安全地点，并将其拉直，覆盖砂土，以避免卷曲。雷管和继爆管应包装好后埋入土中销毁；销毁爆破筒、射孔弹、起爆药柱和爆炸危险的废弹壳，只准在2m深以上的坑或废巷道内进行并应在其上覆盖一层松土；销毁爆破器材的起爆药包应用合格的爆破器材制作；销毁传爆性能不好的炸药，可以增加起爆能的方法起爆。

B　焚烧法

（1）燃烧不会引起爆炸的爆破器材，可用焚烧法进行销毁。焚烧前，必须仔细检查，严防其中混有雷管和其他起爆材料。不同品种的爆破器材不应一起焚烧；应将待焚烧的爆破器材放在燃料堆上，每个燃料堆允许销毁的爆破器材不应超过10kg；药卷在燃料堆上应排列成行，互不接触。

（2）不应使用焚烧法销毁雷管、继爆管、起爆药柱、射孔弹和爆破筒。待焚烧的有烟或无烟火药，不应成箱成堆进行焚烧，应散放成长条状，其厚度不得小于10cm，条间距离不得小于5m，各条宽度不得大于30cm，同时点燃的条数不得多于3条。焚烧火药，应严防静电、电击引起火药燃烧。不应将爆破器材装在容器里燃烧。

（3）点火前，应从下风向敷设点火索和引爆物，只有在一切准备工作做完和全体工作人员撤至安全区后，才能点火。燃料堆应具有足够的燃料，在焚烧过程中不准添加燃料。

(4) 只有确认燃料堆已完全熄灭，才准走进焚烧场进行检查；发现未完全燃烧的爆破器材，应从中取出，另行焚烧。焚烧场地完全冷却后，才准开始焚烧下一批爆破器材。焚烧场地可用水冷却或用土掩埋，在确认不能再燃烧时，才允许撤离场地。

C 溶解法

不抗水的硝铵类炸药和黑火药可用溶解法销毁。在容器中溶解销毁爆破器材时，对不溶解的残渣应收集在一起，再用焚烧法或爆炸法销毁。不应直接将爆破器材丢入河塘江湖及下水道中溶解销毁，以防造成污染。

D 化学分解法

化学分解法适于处理数量较少，并能为化学药品所分解，又能消除爆破器材（起爆药和炸药）的爆炸性能。该方法的特点是费时少，操作比较安全。

但是注意必须根据所销毁炸药的性质，选择适合的销毁液。如雷汞禁用硫酸，与硫酸作用会发生爆炸；叠氮化铅禁用浓硝酸和浓硫酸处理。必须控制反应速度。销毁浓度越大，分解反应速度越快，放热效应则越大，就容易转化为爆炸反应。必须少量地向销毁液中投入废药或含药废液，并且一面投入一面搅拌，以防反应过热。

复习思考题

10-1 起爆器材、炸药的库存、库区安全技术有哪些？

10-2 爆破器材运输要求、注意事项是什么？

10-3 说明爆破器材铁路、公路运输安全事项。

10-4 说明爆破器材罐笼、巷道运输安全事项。

10-5 说明爆破雷管的检验项目与方法。

10-6 说明炸药的检验项目与方法。

10-7 说明炸药的销毁方法。

11 爆破工程管理

11.1 爆破施工单位的管理

11.1.1 国家对爆破施工单位的规定

11.1.1.1 从事爆破工作单位应具备的条件

（1）爆破作业属于合法的生产活动。

（2）有符合国家有关标准和规范的民用爆炸物品专用仓库。

（3）有具备相应资格的安全管理人员、仓库管理人员和具备国家规定执业资格的爆破作业人员。

（4）有健全的安全管理制度、岗位安全责任制度。

（5）有符合国家标准、行业标准的爆破作业专用设备。

（6）法律、行政法规规定的其他条件。

11.1.1.2 国家对从事爆破工作单位的规定

从事爆破作业的单位，应当按照国务院公安部门的规定，向有关人民政府公安机关提出申请，取得《爆破作业单位许可证》。

营业性爆破作业单位应持《爆破作业单位许可证》到工商行政管理部门办理工商登记后，方可从事营业性爆破作业活动。

爆破作业单位应当按照其资质等级承接爆破作业项目，爆破作业人员应当按照其资格等级从事爆破作业。

爆破作业单位跨省、自治区、直辖市行政区域从事爆破作业的，应当事先将爆破作业项目的有关情况向爆破作业所在地县级人民政府公安机关报告。

爆破作业单位应当对本单位的爆破作业人员、安全管理人员、仓库管理人员进行专业技术培训。爆破作业人员应当经设区的市级人民政府公安机关考核合格，取得《爆破作业人员许可证》后，方可从事爆破作业。

无民事行为能力人、限制民事行为能力人或者曾因犯罪受过刑事处罚的人，不得从事民用爆炸物品的购买、运输和爆破作业。

实施爆破作业，应当遵守国家有关标准和规范，在安全距离以外设置警示标志并安排警戒人员，防止无关人员进入；爆破作业结束后应当及时检查、排除未引爆的民用爆炸物品。

爆破作业单位应当如实记载领取、发放民用爆炸物品的品种、数量、编号以及领取、发放人员姓名。领取民用爆炸物品的数量不得超过当班用量，作业后剩余的民用爆炸物品必须当班清退回库。爆破作业单位应当将领取、发放民用爆炸物品的原始记录保存2年备查。

爆破作业单位不再使用民用爆炸物品时，应当将剩余的民用爆炸物品登记造册，报所在地县级人民政府公安机关组织监督销毁。发现、拣拾无主民用爆炸物品的，应当立即报告当地公安机关。

11.1.1.3 国家对特殊场所进行爆破的规定

国家对在城市、风景名胜区和重要工程设施附近实施爆破作业做了特殊规定，在城市、风景名胜区和重要工程设施附近实施爆破作业的，应当向爆破作业所在地设区的市级人民政府公安机关提出申请，提交《爆破作业单位许可证》和具有相应资质的安全评估企业出具的爆破设计、施工方案评估报告。对符合条件的，由受理申请的公安机关作出批准的决定；对不符合条件的，做出不予批准的决定，并书面向申请人说明理由。

实施上述爆破作业，还应当由具有相应资质的安全监理企业进行监理，由爆破作业所在地县级人民政府公安机关负责组织实施安全警戒。

11.1.2 从事爆破人员的岗位要求

爆破作业人员，是指从事爆破工作的工程技术人员、爆破员、安全员、保管员和押运员。爆破作业人员应参加培训经考核并取得有关部门颁发的相应类别和作业范围、级别的爆破安全作业证，持证上岗。

爆破员应参加发证机关认可的、开办时间不少于一个月的爆破员培训班、爆破器材保管员、安全员和押运员，应参加发证机关认可的、开办时间不少于半个月培训班。爆破员、保管员、安全员和押运员的考核由爆破安全技术考核小组领导进行。该小组由所在县（市）公安机关负责人和有经验的爆破工程技术人员组成。

11.1.2.1 国家对于从事爆破工作人员的规定

（1）年满18周岁，身体健康，无妨碍从事爆破作业的生理缺陷和疾病。

（2）工作认真负责，无不良嗜好和劣迹。

（3）具有初中以上文化程度。

（4）持有相应的安全作业证书。

国家GB 6722—2003《爆破安全规程》规定，爆破工作领导人应由从事过三年以上爆破工作，无重大责任事故，熟悉爆破事故预防、分析和处理并持有安全作业证的爆破工程技术人员担任，爆破班长应由爆破工程技术人员或有3年以上爆破工作经验的爆破员担任。

11.1.2.2 国家对爆破作业人员安全作业证的管理规定

（1）爆破员、爆破器材保管员、安全员和押运员的安全技术复审每两年进行一次。

（2）复审不合格者，应停止作业，吊销其安全作业证。

（3）爆破作业人员工作变动，需进行原证规定范围以外的爆破作业时，必须重新考核登记。

（4）爆破作业人员调动到或需到原发证机关管辖以外的地区，仍进行安全作业证中允许进行的爆破作业范围时，应到所在地区的发证机关进行登记。

（5）爆破作业人员三次违规或发生严重爆破事故时，应由原发证机关吊销其安全作业证。

11.1.2.3 爆破员必须熟练掌握的规定和安全作业技术

（1）爆破安全规程中所从事作业有关的条款和安全操作细则。

（2）起爆药包的加工和起爆方法。

（3）装药、填塞、网路敷设、警戒、信号、起爆等爆破工艺和操作技术。

（4）爆破器材的领取、搬运、外观检查、现场保管与退库的规定。

（5）常用爆破器材的性能、使用条件和安全要求。

（6）爆破事故的预防和抢救。

（7）爆破后的安全检查和盲炮处理。

11.1.2.4 爆破器材保管员和押运员必须熟练掌握的主要规定和相关知识

（1）爆破器材库的通讯、照明、温度、湿度、通风、防火、防电和防雷要求。

（2）爆破器材的外观检查、储存、保管、统计和发放。

（3）爆破器材的报废与销毁方法。

（4）意外爆炸事故的抢救技术。

11.1.3 从事爆破人员的岗位职责

11.1.3.1 爆破员的职责

（1）保管所领取的爆破器材，不得遗失或转交他人，不准擅自销毁和挪作他用。

（2）按照爆破指令单和爆破设计规定进行爆破作业。

（3）严格遵守爆破安全规程和安全操作细则。

（4）爆破后检查工作面，发现盲炮和其他不安全因素应及时上报或处理。

（5）爆破结束后，将剩余的爆破器材如数及时交回爆破器材库。

11.1.3.2 安全员的职责

（1）负责本单位爆破器材购买、运输、储存和使用过程中的安全管理。

（2）督促爆破员、保管员、押运员及其他作业人员按照本规程和安全操作细则的要求进行作业，制止违章指挥和违章作业，纠正错误的操作方法。

（3）经常检查爆破工作面，发现隐患应及时上报或处理，工作面瓦斯超限时有权制止爆破作业。

（4）经常检查本单位爆破器材仓库安全设施的完好情况及爆破器材安全使用、搬运制度的实施情况。

（5）有权制止无爆破员安全作业证的人员进行爆破工作。

（6）检查爆破器材的现场使用情况和剩余爆破器材的及时退库情况。

11.1.3.3 爆破器材保管员的职责

（1）负责验收、发放、保管和统计爆破器材，并保持完备的记录。

（2）对无爆破员安全作业证和领取手续不完备的人员，不得发放爆破器材。

（3）及时统计、报告质量有问题及过期变质失效的爆破器材。

（4）参加过期、失效、变质爆破器材的销毁工作。

11.1.3.4 爆破器材押运员的职责

（1）负责核对所押运的爆破器材的品种和数量。

（2）监督运输工具按照规定的时间、路线、速度行驶。

（3）确认运输工具及其所装运爆破器材符合标准和环境要求，包括几何尺寸、质量、温度、防振等。

（4）负责看管爆破器材，防止爆破器材途中丢失、被盗或发生其他事故。

11.1.3.5 爆破工作领导人的职责

（1）主持制定爆破工程的全面工作计划，并负责实施。

（2）组织爆破业务、爆破安全的培训工作和审查爆破作业人员的资质。

（3）监督爆破作业人员执行安全规章制度，组织领导安全检查，确保工程质量和安全。

（4）组织领导爆破工作的设计、施工和总结工作。

（5）主持制定重大或特殊爆破工程的安全操作细则及相应的管理规章制度。

（6）参加爆破事故的调查和处理。

11.1.3.6 爆破工程技术人员的职责

爆破工程技术人员应持有安全作业证。其职责是：

（1）负责爆破工程的设计和总结，指导施工、检查质量。

（2）制定爆破安全技术措施，检查实施情况。

（3）负责制定盲炮处理的技术措施，并指导实施。

（4）参加爆破事故的调查和处理。

11.1.3.7 爆破班长的职责

（1）领导爆破员进行爆破工作。

（2）监督爆破员切实遵守爆破安全规程和爆破器材的保管、使用、搬运制度。

（3）制止无安全作业证的人员进行爆破作业。

（4）检查爆破器材的现场使用情况和剩余爆破器材的及时退库情况。

11.1.3.8 爆破器材库（炸药库）主任的职责

（1）负责制定仓库管理条例并报上级批准。

（2）检查督促爆破器材保管员（发放员）履行工作职责。

（3）及时按期清库核账并及时上报质量可疑及过期的爆破器材。

（4）参加爆破器材的销毁工作。

（5）督促检查库区安全状况、消防设施和防雷装置，发现问题，及时处理。

11.2 爆破工程的设计与审批

11.2.1 爆破施工的组织

11.2.1.1 爆破工程分级

2014年国家有关部门公布的《爆破安全规程》中规定，爆破工程按工程类别、一次爆破总药量、爆破环境复杂程度和爆破物特征，分A、B、C、D四个级别，实行分级管理。不同爆破工程的分级列于表11-1。不同级别的爆破要按相应规定进行设计、施工和审批。

表 11-1　爆破工作的分级

作业范围	分级计量标准	级　　别			
		A	B	C	D
岩土爆破①	一次爆破药量 Q/t	$100 \leqslant Q$	$10 \leqslant Q < 100$	$0.5 \leqslant Q < 10$	$Q < 0.5$
拆除爆破	高度 H②/m	$50 \leqslant H$	$30 \leqslant H < 50$	$20 \leqslant H < 30$	$H < 20$
	一次爆破药量 Q③/t	$0.5 \leqslant Q$	$0.2 \leqslant Q < 0.5$	$0.05 \leqslant Q < 0.2$	$Q < 0.05$
特种爆破④	单张复合板使用药量 Q/t	$0.4 \leqslant Q$	$0.2 \leqslant Q < 0.4$	$Q < 0.2$	

①表中药量对应的级别指露天深孔爆破。其他岩土爆破相应级别对应的药量系数：地下爆破 0.5；复杂环境深孔爆破 0.25；露天硐室爆破 5.0；地下硐室爆破 2.0；水下钻孔爆破 0.1，水下炸礁及清淤、挤淤爆破 0.2。

②表中高度对应的级别指楼房、厂房及水塔的拆除爆破；烟囱和冷却塔拆除爆破相应级别对应的高度系数为 2 和 1.5。

③拆除爆破按一次爆破药量进行分级的工程类别包括桥梁、支撑、基础、地坪、单体结构等；城镇浅孔爆破也按此标准分级；围堰拆除爆破相应级别对应的药量系数为 20。

④其他特种爆破都按 D 级进行，分级管理见具体规定。

11.2.1.2　爆破作业单位的资质要求

爆破作业单位，是指具备《爆破作业单位资质条件和管理要求》（GA990）规定的条件，依法经公安机关审批并取得《爆破作业单位许可证》的单位，分为非营业性爆破作业单位和营业性爆破作业单位。其中，营业性爆破作业单位由省级公安机关许可，非营业性爆破作业单位由设区的市级公安机关许可。

爆破作业单位应具备下列条件：

（1）从事的爆破作业属于合法的生产活动；

（2）有健全的安全管理制度和岗位安全责任制度；

（3）设置技术负责人、项目技术负责人、爆破员、安全员和保管员等岗位，并配备相应人员。

11.2.1.3　营业性爆破作业单位

营业性爆破作业单位是指具有独立法人资格，承接爆破作业项目设计施工和/或安全评估和/或安全监理的单位。

营业性爆破作业单位的资质等级由高到低分为：一级、二级、三级、四级，从业范围分为设计施工、安全评估、安全监理。资质等级与从业范围的对应关系见表 11-2。

表 11-2　营业性爆破作业单位资质等级与从业范围对应关系表

资质等级	A 级爆破作业项目	B 级爆破作业项目	C 级爆破作业项目	D 级及以下爆破作业项目
一级	设计施工 安全评估 安全监理	设计施工 安全评估 安全监理	设计施工 安全评估 安全监理	设计施工 安全评估 安全监理
二级	—	设计施工 安全评估 安全监理	设计施工 安全评估 安全监理	设计施工 安全评估 安全监理

续表 11-2

资质等级	A 级爆破作业项目	B 级爆破作业项目	C 级爆破作业项目	D 级及以下爆破作业项目
三级	—	—	设计施工 安全监理	设计施工 安全监理
四级	—	—	—	设计施工

注：表中 A 级、B 级、C 级、D 级为表 11-1 中规定的相应级别。

（1）一级资质的营业性爆破作业单位应具备下列条件：

1）有或租用经安全评价合格的民用爆炸物品专用仓库。

2）注册资金 2000 万元以上，净资产不低于 2000 万元，其中爆破施工机械及检测、测量设备净值不少于 1000 万元。

3）近 3 年承担过的 A 级爆破作业项目的设计施工不少于 10 项，或 B 级及以上爆破作业项目的设计施工不少于 20 项，工程质量达到设计要求，未发生重大及以上爆破作业责任事故。

4）技术负责人具有理学、工学学科范围高级技术职称，有 10 年及以上爆破作业项目技术管理工作的经历，且主持过的 A 级爆破作业项目的设计施工不少于 5 项，或 B 级及以上爆破作业项目的设计施工不少于 10 项。

5）具有理学、工学学科范围技术职称的工程技术人员不少于 30 人（其中，高级爆破工程技术人员不少于 9 人，中级爆破工程技术人员不少于 6 人），爆破员不少于 10 人，安全员不少于 2 人，保管员不少于 2 人。

6）有钻孔机、空压机、测振仪、全站仪等爆破施工机械及检测、测量设备。

（2）二级资质的营业性爆破作业单位应具备下列条件：

1）有或租用经安全评价合格的民用爆炸物品专用仓库。

2）注册资金 1000 万元以上，净资产不低于 1000 万元，其中爆破施工机械及检测、测量设备净值不少于 500 万元。

3）近 3 年承担过的 B 级及以上爆破作业项目的设计施工不少于 10 项，或 C 级及以上爆破作业项目的设计施工不少于 20 项，工程质量达到设计要求，未发生重大及以上爆破作业责任事故。

4）技术负责人具有理学、工学学科范围高级技术职称，有 7 年及以上爆破作业项目技术管理工作的经历，且主持过的 B 级及以上爆破作业项目的设计施工不少于 5 项，或 C 级及以上爆破作业项目的设计施工不少于 10 项。

5）具有理学、工学学科范围技术职称的工程技术人员不少于 20 人（其中，高级爆破工程技术人员不少于 6 人，中级爆破工程技术人员不少于 4 人），爆破员不少于 10 人，安全员不少于 2 人，保管员不少于 2 人。

6）有钻孔机、空压机、测振仪、全站仪等爆破施工机械及检测、测量设备。

（3）三级资质的营业性爆破作业单位应具备下列条件：

1）有或租用经安全评价合格的民用爆炸物品专用仓库。

2）注册资金 300 万元以上，净资产不低于 300 万元，其中爆破施工机械及检测、测量设备净值不少于 150 万元。

3）近 3 年承担过的 C 级及以上爆破作业项目的设计施工不少于 10 项，或 D 级及以上爆破作业项目的设计施工不少于 20 项，工程质量达到设计要求，未发生重大及以上爆破作业责任事故。

4）技术负责人具有理学、工学学科范围高级技术职称，有5年及以上爆破作业项目技术管理工作的经历，且主持过的C级及以上爆破作业项目的设计施工不少于5项，或D级及以上爆破作业项目的设计施工不少于10项。

5）具有理学、工学学科范围技术职称的工程技术人员不少于10人（其中，高级爆破工程技术人员不少于3人，中级爆破工程技术人员不少于2人），爆破员不少于10人，安全员不少于2人，保管员不少于2人。

6）有钻孔机、空压机、测振仪、全站仪等爆破施工机械及检测、测量设备。

（4）四级资质的营业性爆破作业单位应具备下列条件：

1）有或租用经安全评价合格的民用爆炸物品专用仓库。

2）注册资金100万元以上，净资产不低于100万元，其中爆破施工机械及检测、测量设备净值不少于50万元。

3）技术负责人具有理学、工学学科范围中级及以上技术职称，有3年及以上爆破作业项目技术管理工作的经历。

4）具有理学、工学学科范围技术职称的工程技术人员不少于5人（其中，中级爆破工程技术人员不少于2人，初级爆破工程技术人员不少于1人），爆破员不少于10人，安全员不少于2人，保管员不少于2人。

5）有钻孔机、空压机、测振仪、全站仪等爆破施工机械及检测、测量设备。

11.2.1.4　非营业性爆破作业单位

非营业性爆破作业单位，是指仅为本单位合法的生产活动需要，在限定区域内自行实施爆破作业的单位。非营业性爆破作业单位不实行分级管理。

非营业性爆破作业单位应具备下列条件：

（1）有经安全评价合格的民用爆炸物品专用仓库。

（2）技术负责人具有理学、工学学科范围中级及以上技术职称，有2年及以上爆破作业项目技术管理工作的经历。

（3）爆破工程技术人员不少于1人，爆破员不少于5人，安全员不少于2人，保管员不少于2人。

（4）有爆破作业专用设备。

11.2.2　爆破工程的申报与审批

按照《爆破安全规程》的规定，对A级、B级、C级、D级爆破工程设计，应经有关部门审批，未经审批不准开工。设计文件应在设计人员、审核人员和设计单位主管领导签字后，才能上报主管部门；设计审查部门（或审批人）应在规定时限内完成审批，并将审批意见以书面形式通知报批单位。爆破拆除建（构）筑物，一般需经产权单位的上级部门同意，必要时还应报请政府主管部门批准。

行政和政府主管部门审定时，应考虑的主要问题是：

（1）拆除物有无继续使用和保留的价值。

（2）拆除物与城市建设规划的关系。

（3）采用爆破方法拆除对相邻建筑物、城市交通和市政、用设施相关联的安全问题。

矿山常规爆破审批不按等级管理，一般岩土爆破和矿山爆破设计书或爆破说明书由单位领导人批准。

按照《爆破安全规程》的规定，对 A 级、B 级、C 级和对安全影响较大的 D 级爆破工程，都应进行安全评估。未经安全评估的爆破设计，任何单位不准审批或实施。

合格的爆破设计方案应符合以下 3 项条件：

(1) 设计单位的资质符合规定。

(2) 承担设计和安全评估的主要爆破工程技术人员的资质及数量符合规定。

(3) 设计方案通过安全评估或设计审查认为爆破设计在技术上可行、安全上可靠。

使用爆破器材的单位，必须经上级主管部门审查同意。并应持有说明使用爆破器材的地点、品名、数量、用途、四邻距离的文件和安全操作规程，向所在地县、市公安部门申请领取《爆炸物品使用许可证》，才准使用。

在进行大型爆破作业或在城镇与其他居民聚居的地方、风景名胜区和重要工程设施附近进行控制爆破作业时，施工单位必须事先将爆破作业方案报县、市以上主管部门批准，并征得所在地县、市公安部门同意，才准进行爆破作业。

11.2.3 爆破工程安全监理

爆破安全监理工作经过科技人员多年的理论探索与工程实践，首次被纳入新的《爆破安全规程》中，这是将爆破工程项目管理与建设工程项目管理模式接轨的标志。这对保障爆破安全、保证爆破工程质量和提升爆破工程管理水平有着重要的意义。

《爆破安全规程》规定：各类 A 级爆破、B 级硐室爆破以及有关部门认定的重要或重点爆破工程应由工程监理单位实施爆破安全监理，承担爆破安全监理的人员应持有相应安全作业证。

爆破工程安全监理，应编制爆破工程安全监理方案，并按爆破工程进度和实施要求编制爆破工程安全监理细则，按照细则进行爆破工程安全监理；在爆破工程的各主要阶段竣工完成后，签署爆破工程安全监理意见。

爆破安全监理的内容应包括以下四点：

(1) 检查施工单位申报爆破作业的程序，对不符合批准程序的爆破工程，有权停止其爆破作业，并向业主和有关部门报告。

(2) 监督施工企业按设计施工，审验从事爆破作业人员的资格，制止无证人员从事爆破作业，发现不适合继续从事爆破作业的，督促施工单位收回其安全作业证。

(3) 监督施工单位不得使用过期、变质或未经批准在工程中应用的爆破器材；监督检查爆破器材的使用、领取和清退制度。

(4) 监督、检查施工单位执行本规程的情况，发现违章指挥和违章作业，有权停止其爆破作业，并向业主和有关部门报告。

11.3 爆破工程的施工与实施

11.3.1 爆破工作一般安全常识

11.3.1.1 一般安全要求

(1) 爆破作业人员必须树立安全第一、预防为主的思想，认真学习并严格遵守爆破安全规程和措施。

(2) 爆破工作要根据批准的设计文件或爆破方案进行，每个爆破工地都要有专人负责放炮指挥和组织安全警戒工作。

（3）从事爆破工作的人员必须受过爆破技术专门训练，熟悉爆破器材的性能、操作方法和安全规定。

（4）爆破作业中必须时刻提高警惕，预防事故发生，发现不安全因素，应及时采取措施处理。

（5）爆破材料必须符合工地使用条件和国家规定的技术标准，每批爆破材料使用前必须进行检查和作有关性能的试验。不合格的爆破材料禁止使用。

（6）在浓雾、闪电、雷雨及6级以上大风天气和黑夜时，不得进行露天爆破作业。

（7）进行爆破时，应同时使用音响及视觉两种信号，并通告使附近有关人员均能准确识别。只有在完成警戒布置并确认安全无误后才可发布起爆信号。在一个地区同时有几个场地进行爆破操作时，应统一行动，并有统一指挥。

（8）爆破后，必须及时检查爆破效果。采用火花起爆时应指定专人计算响炮数量，如点炮与响炮数量不一致时，应在最后一炮响后不少于20min，才允许进入爆破区检查。

采用电力或导爆索起爆时，炮响后即切断电源，待炮烟消散后，方可进入爆破区内检查。

（9）一切爆炸材料，严禁接近烟火。

（10）炮孔爆破后，不论孔底有无残药，不得打残孔。

11.3.1.2　一般安全措施

（1）爆破人员必须持有经县（市）公安局考试合格后发给的《爆破员作业证》上岗。

（2）起爆器材的加工应符合下列规定：

1）起爆器材（如药包等）的加工应在僻静、阴凉、干燥的安全处所进行。

2）火花起爆的导火线长度应根据点炮人员躲避时间而定，但在任何情况下，导火线长度不应短于1.2m，二次爆破不短于0.5m。

3）爆炸物品的领取、加工和使用必须在同一班次内完成。往炮孔装炸药时，无关人员必须离开工作场地；装药只准用木竹制品捣实。严禁边打孔、边装药、边放炮。

4）装有雷管的起爆药包，应小心地放入炮孔或硐室，不得冲击或猛力挤压。禁止从起爆药中拔出或拉动导火索、电雷管脚线及导爆索。

（3）爆破防护应遵守下列规定：

1）爆破必须按爆破设计要求的警戒范围设置防护。防护人员必须按规定执行警戒任务，不得擅离职守。

2）爆破危险区内，所有与爆破无关的人员、设备、工具（不能移动的除外）全部撤到安全处所；处于爆破危险区的铁路，应事先与车站联系，确认无列车通过，并在铁路上下行两端设停车防护信号和防护人员。

3）警戒防护的撤除，应在爆破最后一响20min以后进行。警戒铁路的防护人员，应检查线路，并确认完好后，方可撤回。

4）防护撤除后，应对采区内的建筑物、机电设备认真检查，并做好记录。

（4）爆破起爆应遵守下列规定：

1）爆破作业应在领工员或车间主任统一指挥下进行，指挥人员必须执行预报、警戒、解除3种信号规定。

2）进行爆破时应同时使用听觉和视觉两种信号。只有在完成警戒布置并加以确认后，方可发布爆破信号。

3）火花点炮应事先记清炮位，找好待避地点，检查导火线切口；听到起爆信号后应立即点炮，点炮应按先远后近、先长后短的顺序进行；听到撤离信号时，无论点完与否，均应迅速撤离。最后一炮响 20min 后，方可进入炮区检查。

山壁点炮，每人每次不得超过两个、平地点炮每人每次不得超过 5 个。一人点炮，炮位间的距离不得大于 5m。

深度超过 4m 的炮孔用火花起爆时，应装两个起爆雷管，并同时点燃；深度超过 10m 时。禁止用火花起爆。

4）电力起爆按《作业标准》和《爆破规程》执行。

11.3.2 施工组织设计

对于规模较小的爆破任务，一般应在工程开始之前，提出并落实钻孔劳动力安排及进度；建立爆破组织和安全警戒组；提出材料计划及劳动安全防护措施；拟定爆破时间和爆破实施要求；整个爆破工作都应有计划、有组织地进行。

对于大、中型控制爆破工程，应编制施工组织计划书，以加强施工管理，提高工程经济效益，保证质量和安全。施工组织计划书一般包括下列主要内容：（1）工程概况；（2）工程数量表；（3）施工进度表；（4）劳动力组织；（5）机械、工具表；（6）材料表；（7）施工组织措施及岗位责任；（8）安全措施。

大规模或高难度的爆破工程应成立爆破组织机构，其组成与任务如下所述。

（1）爆破指挥部。爆破指挥部由总指挥、副总指挥和各组组长组成。指挥部的主要任务是：

1）全面领导指挥爆破设计和施工的各项工作。

2）根据设计要求，确定爆破施工方案，检查施工质量，及时解决施工中出现的问题。

3）对全体施工人员进行安全教育，组织学习安全规程及进行定期和不定期的安全检查。

4）在严格检查爆破前各项条件已确实达到设计规定后，指挥发出爆破信号和下达起爆命令。

（2）爆破技术组。爆破技术组的任务是进行爆破设计。向施工人员进行技术交底及讲解施工要点：标定孔位，检验爆破器材：指导施工及解决施工中的技术问题。技术组长由爆破设计单位的领导或主要设计技术人员担任。

（3）爆破施工组。施工组长由施工单位指派的领导担任。该组的任务是：按设计要求进行钻孔；导通电雷管、导线及检测电阻；制作起爆药包、装药填塞；进行防护覆盖；检查电源，在总指挥命令下合闸起爆；进行爆破后的检查，如遇到拒爆的情况，应按安全规程进行处理。

（4）器材供应组。器材供应组组长由供应和保管部门的有关人员担任。该组的任务是：负责爆破器材的购买与运输工作；保管各种非爆破器材、机具及供应各种油料；供应各种防护材料及施工中所需的材料。

（5）安全保卫组。安全保卫组长由熟悉爆破安全规程、责任心强的人员担任。该组的任务是：负责爆破器材的保管、发放工作；组织实施安全作业，起爆前负责派出警戒人员，爆破后负责组织排除险情；负责向爆破区附近的单位、居民区和有关人员进行宣传和解释工作。

施工组织建立后，应召集会议，下达任务，明确要求，组织学习有关技术资料和爆破安全规程，从而保证安全、保证质量，按期完成爆破任务。

11.3.3 爆破施工

爆破施工主要包括钻孔、装药、堵塞、连线、警戒、起爆和爆后检查等工作。在各类爆破施工中，拆除爆破一般采用小孔直径（34~42mm）和分散装药结构，钻孔位置、药包位置及其药量的准确度要求高。拆除爆破大多在人口密集区和建筑群内进行，因此对于安全防护要求也很高，这些措施将直接影响爆破的效果和安全。

11.3.3.1 标孔和钻孔

A 标孔

标孔是按照爆破设计，将孔位准确地标定在被爆物体上。标孔前，首先要清除爆破目标表面的积土和破碎层，再用油漆或粉笔等标明各个孔位，标孔应注意以下事项：

(1) 不能随意变动钻孔的设计位置。遇有设计和实际情况不符时，应同技术人员协商处理。

(2) 一般先标边孔，后标其他孔。边孔自由面多，碎块易飞散。标定边孔时，应从主要防护方向上标起，以便保证这些孔的准确位置。

(3) 为了防止测量或设计中可能出现的偏差，在标定边孔或在梁、柱上标孔时，应校核最小抵抗线和构件的实际尺寸，使实际的最小抵抗线与设计的最小抵抗线基本相符，避免因两者偏差过大而出现碎块飞散或块度不匀的现象。

(4) 在钢筋混凝土上标孔时，如发现孔的设计位置已暴露出或由探测仪探出有钢筋，则可与技术人员商定，在垂直于最小抵抗线附近适当移动，避开钢筋。

(5) 在切割混凝土或预裂爆破时，对不装药的空孔，除标定孔位外，还应在孔的周围做出特殊标记，以防误装药。

(6) 所标定的孔应编号，使之与钻孔说明书上的孔号、孔深、方向及角度相符。

B 钻孔

拆除爆破常用的炮孔直径为34~42mm，孔深一般为0.5~2.0m。钎头形状以“一”字形和“十”字形为常见，钎刃镶有YG8或YG15等硬质合金片。目前在坚硬岩石中，钎头平均寿命可达钻孔100m以上。在钻孔的过程中应注意以下事项：

(1) 应准确地按标定的孔位钻孔，保证孔深、角度和方向合格。

(2) 边钻孔，边检查和验收。验收前，要进行编号、登记，防止漏钻。炮孔钻好后，应将炮孔吹净，并将孔口封盖，以防杂物堵塞炮孔。

(3) 遇有碎块卡在孔中，可将钢钎插入孔中，用锤击钎，使碎块坠入孔底。遇有钢筋卡住钎头，经处理后，在原孔附近适当位置另行钻孔。

(4) 未达到设计深度或角度的炮孔，应报废并重新补钻；超深的炮孔，应采用硬黏土填实到设计深度。

(5) 炮孔内有水时，要做好炮孔的排水或爆破材料的防水工作。

11.3.3.2 装药与填塞

A 药卷制作

爆破药卷的制作方法是，先按照设计的药卷直径制作纸筒，将称量的炸药装入纸筒（应在纸筒外面标明药包质量），然后把经过电阻测定的电雷管或预制好的带导爆管的雷管插入药中，将纸筒口收拢折转即可。药包包装要求捆扎规整、装药密实、雷管居中，当需要防潮时，在药卷外另套一塑料防水套，并处理好开口端的封口，也可以用乳化炸药等防水炸药。不管是用岩石硝铵炸药还是乳化炸药，药卷直径都不得小于各自的临界直径。药包的质量应准确称量。

B 装药

装药前，要仔细检查炮孔情况，清除孔内积水、杂物。检查孔深及药卷编号是否与设计相符。装药时，先将电雷管脚线展开适当长度，再将药卷置于孔口，一边握住脚线，一边用带刻度的木制炮棍轻轻推动药卷到达规定位置。要防止雷管和药包脱落，也要防止雷管脚线掉入炮孔内。

当装药的炮孔数目很多而且集中时，可按起爆的段数分配到各装药小组。炮孔分散、起爆段数较少时，可将炮孔分配到装药小组，再按起爆段数落实到装药工。每个装药小组和个人，必须明确自己承担的装药孔位、孔数、装药量和起爆段数。

整个装药过程，必须做到：

(1) 精心操作，严防装错药量及起爆雷管的段数。

(2) 装小直径药卷时，应防止偏斜，以免填塞时折断。

(3) 向孔内推送药卷时，应避免损伤电雷管脚线，防止脚线在孔内绕圈或掉入孔中。

(4) 分层装药的电雷管脚线较多。各段应有明显标志，以免连错。

C 填塞

(1) 填塞材料。爆破所用的炮孔填塞材料有黏土、沙、岩粉或水等。通常用黏土与沙的混合物，其混合比可取2∶1或3∶1，要求不混入石块和较大颗粒，含水量为15%~20%，使填塞材料用手握住略使劲时，能够成形。松手后不散且手上不沾水迹。为了便于使用，可制成直径30mm、长达80~100mm的炮泥。大量使用时，可采用炮泥机制作。对分层（间隔）装药，药包间的堵塞材料可用干沙。当垂直炮孔深度大于800mm时，可用干沙堵塞。不漏水的垂直炮孔，可用水作填塞，但应使用抗水处理的药卷。用水袋作填塞物，还有降尘的效果。

(2) 填塞长度。炮孔填塞长度不应小于最小抵抗线，一般为最小抵抗线的1.2倍，对于直径小于40mm的炮孔，应要求整个炮孔填满。如果使用水填塞时，药卷顶部的水深应超过400mm才有较好的填塞效果，否则不宜用水堵塞。

(3) 填塞方法。药卷已装在规定位置后，可先撒入30~50mm厚的干沙和岩粉，以起缓冲作用。然后将长度为80~100mm的炮泥逐段装入炮孔，边装边捣，防止出现“空段”，起初用力轻些，逐渐加力捣实。分段装药时药卷之间可以采用干沙或钻孔岩粉充塞，一般不必捣实。最上一段装药后要填塞至孔口，且必须捣实。

11.3.4 爆破现场

11.3.4.1 安全防护

防护是拆除爆破施工的重要环节，不仅可以围挡个别飞石，还可以起到减少噪声的作用。

(1) 爆破体防护 对爆破体的防护，主要是对装药区进行覆盖。在常用覆盖材料中，草袋比较廉价，在使用中，可将3~4个草袋用细绳或细铁丝连成一片，喷湿或内装少量沙土以加强覆盖防护效果。用废旧胶带或轮胎编制的胶帘具有较好的弹性，而且经久耐用，是良好的覆盖材料。

(2) 被保护对象的防护。对被保护对象的防护，主要是在离爆破体一定距离外，设立一定高度的排架，其材料可以用木板、荆笆或铁丝网。排架的高度由爆破体及其排架的位置决定，以能遮挡可能出现的个别飞石为宜。

防护材料覆盖时，要注意保护爆破网络，在采用铁丝网等金属覆盖材料时，还要注意不使裸露的电雷管脚线与金属网相接触，所有接头均应包缠完好，处于绝缘状态。

11.3.4.2 起爆前的撤离工作

为了保证施工现场附近居民、来往行人、施工人员及交通运输的安全，在爆破前必须做好撤离和警戒工作。根据设计方案和有关规定对人员、建筑物（或构筑物）及设备等的安全距离要求，经现场实地勘察，确定危险区界线和撤离地点。起爆前在选定的明显位置设立标志，交通路口设置警戒哨所，并将起爆时间、危险界线、要求撤离时间、起爆信号等，以书面形式事先通知当地有关部门和单位，以便做好撤离工作。

对危险区内的建筑物及设备，应根据设计方案确定爆破地震波、空气冲击波、个别飞石的影响范围，采取相应的防护措施或者撤离。

警戒人员要在起爆前彻底清查危险区内人员的撤离情况，确认危险区内人员全部撤离且撤离到指定的安全地点后，向爆破指挥部汇报撤离情况。

11.3.4.3 起爆站

起爆站应建在爆破危险区之外，一般建在爆区的上风向、交通方便、视野宽阔的地点。如果起爆站设在飞石危险区内，要设坚固的掩体，在面对爆区方向留出瞭望孔。起爆站内设备由专门警卫保护。当起爆站与爆破指挥部不设在一起时，应有比较可靠的通讯设施，站与站、站与指挥部之间要形成通讯联络网。

11.3.4.4 警戒信号

爆破前必须发出音响和视觉信号，使危险区内的人员都能清楚地听到或看到。

应使全体职工和附近居民，事先知道警戒范围、警戒标志和声响信号的意义，以及发出信号的方法和时间。

第一次信号——预告信号。所有与爆破无关人员应立即撤到危险区以外，或撤至指定的安全地点。向危险区边界派出警戒人员。

第二次信号——起爆信号。确认人员、设备全部撤离危险区，具备安全起爆条件时，方准发出起爆信号。根据这个信号准许爆破员起爆。

第二次信号——解除警戒信号。未发出解除警戒信号前，岗哨应坚守岗位，除爆破工作领导人批准的检查人员以外，不准任何人进入危险区。经检查确认安全后，方准发出解除警戒信号。

为了达到准确起爆的目的，应采用倒数计数法发布起爆口令。因为这种口令的程序十分科学，它简单明了，清楚准确，突出地表明了起爆的准备时间在逐渐减少，使人们思想集中，产生了准备时间即将完毕、起爆就要开始的紧迫感。

11.3.4.5 爆破的安全检查

爆破后，爆破员必须在规定的等待时间后再进入爆破地点，检查是否有冒顶、危石、支护破坏、盲炮，以及拆除爆破时建筑物未完全倒塌或倒塌未稳定等现象。如果检查有上述情况，都应及时处理，未处理前应在现场设立危险警戒和标志。在确认爆破地点安全后，方准人员进入现场。每次爆破后爆破员应认真填写爆破记录。

复习思考题

11-1 简述爆破工程的一般作业程序。

11-2 爆破施工准备应包括哪些主要内容?

11-3 简述爆破施工组织机构的组成与任务。

11-4 为什么要对爆破作业人员进行分类和管理?

11-5 各类爆破作业人员在爆破工程中的作用和职责分别是什么?

参考文献

[1] 汪旭光. 爆破设计与施工 [M]. 北京：冶金工业出版社，2011.
[2] 张应立. 工程爆破实用技术 [M]. 北京：冶金工业出版社，2005.
[3] 翁春林，叶加冕. 工程爆破 [M]. 3 版. 北京：冶金工业出版社，2016.
[4] 张敢生，戚文革. 矿山爆破 [M]. 北京：冶金工业出版社，2009.
[5] 东兆星，邵鹏. 爆破工程 [M]. 北京：冶金工业出版社，2005.
[6] 安全生产局. 爆破工 [M]. 北京：冶金工业出版社，2005.
[7] 王玉杰. 爆破安全技术 [M]. 北京：冶金工业出版社，2005.
[8] 王树刚. 矿山爆破安全便携手册 [M]. 北京：冶金工业出版社，2006.
[9] 顾毅成. 爆破安全技术知识问答 [M]. 北京：冶金工业出版社，2006.